中国石油大学(北京)学术专著系列

煤层气赋存与产出理论进展

李相方　石军太　张遂安　徐兵祥　等　著

科学出版社

北京

内 容 简 介

本书论述了煤层气储层在生烃演化过程中孔隙及割理发育和气水赋存特征、煤层气解吸渗流机理及产能评价模型、煤层气生产过程中压力传播规律、煤层气水平井煤粉颗粒运动力学特征与迁移规律，介绍了煤层气藏动态评价、煤层气试井、渗透率评价、动态储量评价、煤层气开发层系组合、井型井网设计及排采制度设计等方法。

本书涵盖了煤层气开发领域的大部分内容，可供从事煤层气开发理论与技术的科技工作者和管理人员参考和阅读，也可作为高等院校非常规油气开发方向研究生的参考教材。

图书在版编目(CIP)数据

煤层气赋存与产出理论进展/李相方等著.—北京：科学出版社，2019.8
(中国石油大学(北京)学术专著系列)
ISBN 978-7-03-060921-2

Ⅰ.①煤⋯ Ⅱ.①李⋯ Ⅲ.①煤层-地下气化煤气-油气开采-研究 Ⅳ.①P618.11

中国版本图书馆CIP数据核字(2019)第052176号

责任编辑：吴凡洁 冯晓利/责任校对：王 瑞
责任印制：吴兆东/封面设计：无极书装

科学出版社 出版
北京东黄城根北街 16 号
邮政编码：100717
http://www.sciencep.com
北京虎彩文化传播有限公司 印刷
科学出版社发行 各地新华书店经销
*

2019 年 8 月第 一 版 开本：720×1000 1/16
2019 年 8 月第一次印刷 印张：23 1/2
字数：458 000

定价：178.00 元
(如有印装质量问题，我社负责调换)

丛 书 序

  大学是以追求和传播真理为目的，并为社会文明进步和人类素质提高产生重要影响力和推动力的教育机构和学术组织。1953年，为适应国民经济和石油工业发展需求，北京石油学院在清华大学石油系并吸收北京大学、天津大学等院校力量的基础上创立，成为新中国第一所石油高等院校。1960年成为全国重点大学。历经1969年迁校山东改称华东石油学院，1981年又在北京办学，数次搬迁，几易其名。在半个多世纪的历史征程中，几代石大人秉承追求真理、实事求是的科学精神，在曲折中奋进，在奋进中实现了一次次跨越。目前，学校已成为石油特色鲜明，以工为主，多学科协调发展的"211工程"建设的全国重点大学。2006年12月，学校进入"国家优势学科创新平台"高校行列。

  学校在发展历程中，有着深厚的学术记忆。学术记忆是一种历史的责任，也是人类科学技术发展的坐标。许多专家学者把智慧的涓涓细流，汇聚到人类学术发展的历史长河之中。据学校的史料记载：1953年建校之初，在专业课中有90%的课程采用苏联等国的教材和学术研究成果。广大教师不断消化吸收国外先进技术，并深入石油厂矿进行学术探索。到1956年，编辑整理出学术研究成果和教学用书65种。1956年4月，北京石油学院第一次科学报告会成功召开，活跃了全院的学术气氛。1957~1966年，由于受到全国形势的影响，学校的学术研究在曲折中前进。然而许多教师继续深入石油生产第一线，进行技术革新和科学研究。到1964年，学院的科研物质条件逐渐改善，学术研究成果以及译著得到出版。党的十一届三中全会之后，科学研究被提到应有的中心位置，学术交流活动也日趋活跃，同时社会科学研究成果也在逐年增多。1986年起，学校设立科研基金，学术探索的氛围更加浓厚。学校始终以国家战略需求为使命，进入"十一五"之后，学校科学研究继续走"产学研相结合"的道路，尤其重视基础和应用基础研究。"十五"以来学校的科研实力和学术水平明显提高，成为石油与石化工业的应用基础理论研究和超前储备技术研究，以及科技信息和学术交流的主要基地。

  在追溯学校学术记忆的过程中，我们感受到了石大学者的学术风采。石大学者不但传道授业解惑，而且以人类进步和民族复兴为己任，做经世济时、关乎国家发展的大学问，写心存天下、裨益民生的大文章。在半个多世纪的发展历程中，石大学者历经磨难、不言放弃，发扬了石油人"实事求是、艰苦奋斗"的优良作风，创造了不凡的学术成就。

  学术事业的发展犹如长江大河，前浪后浪，滔滔不绝，又如薪火传承，代代相继,火焰愈盛。后人做学问,总要了解前人已经做过的工作,继承前人的成就和经验,在此基础上继续前进。为了更好地反映学校科研与学术水平,凸显石油科技特色,弘扬科学精神,积淀学术财富,学校从2007年开始,建立"中国石油大学(北京)学术专著出版基金",专款资助教师以科学研究成果为基础的优秀学术专著的出版,形成"中国石油大学(北京)学术专著系列"。受学校资助出版的每一部专著,均经过初审评议、校外同行评议、校学术委员会评审等程序,确保所出版专著的学术水平和学术价值。学术专著的出版覆盖学校所有的研究领域。可以说,学术专著的出版为科学研究的先行者提供了积淀、总结科学发现的平台,也为科学研究的后来者提供了传承科学成果和学术思想的重要文字载体。

石大一代代优秀的专家学者,在人类学术事业发展尤其是石油石化科学技术的发展中确立了一个个坐标,并且在不断产生着引领学术前沿的新军,他们形成了一道道亮丽的风景线。"莫道桑榆晚,为霞尚满天"。我们期待着更多优秀的学术著作,在园丁灯下伏案或电脑键盘的敲击声中诞生,展现在我们眼前的一定是石大寥廓邃远、星光灿烂的学术天地。

祝愿这套专著系列伴随新世纪的脚步,不断迈向新的高度!

中国石油大学(北京)校长

2008年3月31日

前　言

在非常规气藏大家族中，煤层气资源开发已成为天然气生产的一个重要组成部分。煤层气具有自生自储、源储一体、纳米孔隙吸附等特征，因此形成了一系列特色的煤层气地质理论和开发技术。

煤层气赋存状态分为游离态、溶解态与吸附态，其中吸附态煤层气一般占80%以上，且被认为满足Langmuir固气界面等温吸附定律。对应不同沉积环境、演化阶段与保存条件，储层孔隙裂隙发育差异大，气体赋存方式及其吸附量差异大。尽管在测试过程中煤岩常表现为弱水湿性，但是对于不同煤阶的煤层，甲烷气体在原生和后生孔隙中的吸附机理不同，其中储层原始孔隙水及热演化生成水对吸附影响很大。储层气体的赋存方式与气体产出具有对应关系，其中一些含水较多的孔隙也会存在满足Langmuir固液界面等温吸附定律情况。

煤层气井生产过程，通过排出割理水降低割理和基质孔隙压力，使基质孔隙吸附气解吸并输运到割理或较大孔隙中，该过程通常认为满足Fick分子扩散定律。同时认为这些气体在储层裂隙网络中渗流与生产井产出，并满足达西定律。然而分子扩散或者浓度扩散理论是在二元及以上组成的单相流环境下进行，且煤层气生产过程中，储层在一段时间为气水两相渗流，因此需要研究与探讨煤层气生产过程储层纳米孔隙流体输运及裂缝网络多相流体的渗流现象，进一步揭示煤层气的产出机理。

本书运用煤层气地质学、地球化学、吸附学、传质学、多孔介质渗流力学与气藏工程学等理论及方法，针对煤层气在储层原始赋存机理、影响因素及赋存状态进行了论述，对生产过程吸附气如何从基质孔隙输运到割理及渗流到生产井进行了阐述，试图进一步揭示煤层气在储层赋存及产出的机理，为更加科学开发煤层气提供一点理论支撑。但由于对多学科理论理解的局限性，会导致对问题的理解产生偏差。

全书共6章：第1章介绍了煤层气储层演化过程孔隙、割理、生烃、气体吸附及其赋存特征；第2章介绍了煤层气解吸渗流机理与模型及其实验方法；第3章介绍了煤层气生产过程井间单相与气水两相流体对压力传播影响的规律；第4章介绍了煤层气动态评价、煤层气试井、渗透率动态变化、动态储量评价等方法；第5章介绍了煤层气开发层系组合、井型井网及排采制度设计方法；第6章介绍了煤层气水平井煤粉颗粒运动力学特征与迁移规律。

本书的成果及认识主要来源于作者参加并完成的一些科研项目，包括国家科技重大专项"大型油气田及煤层气开发"的一级课题"煤层气藏合理开发模式和开发效果评价(编号:2008ZX05038-005)"、"煤层气数值模拟与开发综合评价技术(编号:2011ZX05038-004)"、"高产水/弱含水煤储层特性排采动态预测技术(编号:2011ZX05034-003)"、"煤层气井压力传播机理及影响因素研究(编号:2016ZX05042-001)"、"煤层气定量化排采工艺技术及设备研制(编号:2016ZX05042-004)";国家重点基础研究发展计划(973计划)项目的一级课题"煤层气开发井间压力传递规律(编号:2009CB219606)";国家自然科学基金项目"煤层气在基质孔隙中解吸传递机理及产能预测(编号:U1262113)";中国石油大学(北京)科研基金项目"煤层气藏开发扩散渗流机理及产气规律研究(编号:YJRC-2013-37)"等。在参与国家科技重大专项、973计划煤层气开发项目研究及本书撰写过程中,曾得到中石油煤层气有限责任公司与煤层气开发利用国家工程研究中心接铭训、胡爱梅、李景明、徐凤银、温声明、赵培华、吴仕贵、张冬玲、陈东、翟雨阳、肖芝华、侯伟与鹿倩等领导与专家的大力支持与指导。在参加973计划煤层气项目研究期间,也曾得到宋岩首席的大力支持和帮助;在长期的研究中,一直得到中国科学院郭尚平院士、贾承造院士和中国石油勘探开发研究院沈平平教授等专家的悉心指导。《石油钻采工艺》杂志社张振清主编详细认真地对本书进行了校稿工作,提出了详细的修改建议。中国石油大学(北京)相关领导和部门在出版过程中给予了资金支持和大力帮助。在此一并表示衷心感谢。

  在本书撰写过程,气藏工程课题组博士生与硕士生做了重要贡献:在煤层气吸附、解吸、扩散研究方面,李靖、彭泽阳、苗雅楠、吴克柳等博士和杜希瑶、蒲云超等硕士做出了重要贡献;在煤层气井压力传播与井网井距研究方面,孙政博士和侯晨虹、王珊等硕士做出了重要贡献;在生产动态评价与储量计算方面,胡小虎博士、李彦尊博士和胡素明、张磊、任维娜、李莹莹、常玉翠等硕士做出了重要贡献。在煤层气基质孔隙中的运移机理方面,北京大学李茹茵博士揭示出浓度扩散的条件须为多组分,对本书的研究成果具有重要贡献,在此一并表示感谢。书中借鉴与引用了许多文献,在此对这些文献的作者表示感谢。

  由于作者的水平有限,书中如有不妥之处,敬请读者指正,不胜感激。

作 者

2018年12月

目 录

丛书序
前言
第1章 煤层气储层特征及流体赋存机理 ·· 1
  1.1 煤层气储层基质孔隙类型及特征 ·· 1
    1.1.1 储层基质孔隙分类 ··· 1
    1.1.2 储层孔隙特征 ·· 2
  1.2 煤层气储层变质孔隙形成及其特征 ·· 4
    1.2.1 干酪根的基本概念 ··· 4
    1.2.2 低演化阶段煤岩流体生成及孔隙形成特征 ······································ 13
    1.2.3 中演化阶段煤岩流体生成及孔隙形成特征 ······································ 16
    1.2.4 高演化阶段煤岩流体生成及孔隙形成特征 ······································ 20
  1.3 煤层气储层割理类型及特征 ·· 24
    1.3.1 割理的定义与分类 ··· 25
    1.3.2 割理的特征 ·· 26
    1.3.3 割理特征对开发的影响 ··· 29
  1.4 煤层气储层的界面性质 ·· 31
    1.4.1 煤岩组成及结构 ·· 31
    1.4.2 煤层水的类型 ·· 32
    1.4.3 润湿性及润湿角模型 ·· 33
    1.4.4 煤岩界面润湿性及测量方法 ··· 36
    1.4.5 煤岩润湿性影响因素 ·· 37
    1.4.6 煤岩润湿性渗流与吸附特征不一致性 ··· 39
  1.5 不同储集特征煤岩气水分布方式 ··· 39
    1.5.1 储层局部生烃吸附与聚集 ·· 39
    1.5.2 富集甲烷溶解扩散异地吸附 ··· 41
    1.5.3 过量生成甲烷成泡形成自由气 ·· 43
    1.5.4 煤储层三类储集特征的划分及其气水分布特征 ······························· 48
  1.6 煤层气储层的吸附特征 ·· 53
    1.6.1 吸附概念 ·· 53
    1.6.2 煤层气储层固气界面吸附 ·· 54
    1.6.3 煤层气储层固液界面吸附 ·· 57

第2章 煤储层产气机理及产能评价模型···61

2.1 煤层气解吸机理、实验方法及解吸模型···61
- 2.1.1 煤层气解吸机理···61
- 2.1.2 煤层气吸附解吸实验方法···68
- 2.1.3 甲烷在液态水环境中吸附-解吸模型······································85

2.2 煤层气渗流机理及模型···95
- 2.2.1 多孔介质中渗流的基本概念··95
- 2.2.2 煤基质孔隙中的渗流机理及模型··97
- 2.2.3 煤储层割理中的渗流机理及实验··119
- 2.2.4 游离态煤层气在基质孔隙与割理之间冰融化方式传递机理········131

2.3 煤层气藏产气模型···137
- 2.3.1 煤层气藏现有的产气模型··137
- 2.3.2 煤层气藏双孔双渗产气模型建立··141

2.4 煤层气藏排采控制方法研究···158
- 2.4.1 现有煤层气藏开采阶段划分··158
- 2.4.2 稳套压提产-降流压套压稳开采控制方法·····························162

第3章 煤层气藏生产过程中压力传播规律···165

3.1 煤储层各生产阶段流体相态分布特征··165
- 3.1.1 储层单相水流动阶段···166
- 3.1.2 近井地带非饱和单相流动阶段···167
- 3.1.3 近井地带气、水两相流动阶段···167
- 3.1.4 储层单相气流动阶段···167

3.2 煤层气不同生产阶段压力传播机理及影响因素·······························168
- 3.2.1 单相水流动阶段压力传播机理···168
- 3.2.2 近井地带非饱和单相流动阶段压力传播机理························169
- 3.2.3 近井地带气水两相流阶段压力传播机理······························170
- 3.2.4 单相气阶段储层压力变化特征···172
- 3.2.5 煤层气压力传播影响因素分析···173

3.3 煤层气藏单井开发条件下压力传播特征··176
- 3.3.1 阶段性压降速度变化···177
- 3.3.2 不同井型压力传播形态···181
- 3.3.3 排水速率对煤层气压力传播的影响·····································183

3.4 煤层气藏多井开发条件下压力传播特征··184
- 3.4.1 煤层气藏多井生产时压力传递特征·····································184
- 3.4.2 煤层气藏多井开发条件下排采技术对策·······························189

3.5 基于压力传播机理的排液制度与解吸区扩展模型·····························190

3.5.1　煤层气开发初期排液制度确定…………………………………………190
　　3.5.2　煤层气井解吸区扩展及预测……………………………………………200

第4章　煤层气生产过程中动态评价方法……………………………………………212
4.1　典型曲线产能预测方法……………………………………………………………212
　　4.1.1　典型曲线法理论基础………………………………………………………212
　　4.1.2　煤层气产能预测方法………………………………………………………214
　　4.1.3　方法应用……………………………………………………………………216
4.2　数值模拟产能预测方法……………………………………………………………217
　　4.2.1　平面网格步长对产气影响…………………………………………………217
　　4.2.2　平面网格步长敏感性分析…………………………………………………218
4.3　煤层气试井方法……………………………………………………………………221
　　4.3.1　煤层气试井的作用…………………………………………………………221
　　4.3.2　煤层气常用试井方法………………………………………………………222
　　4.3.3　煤层气常用测试方法评价及应用…………………………………………224
　　4.3.4　煤层气两相流试井…………………………………………………………225
4.4　煤层气开发动态渗透率变化规律…………………………………………………231
　　4.4.1　压力拱效应与应力敏感……………………………………………………231
　　4.4.2　煤基质收缩效应……………………………………………………………241
4.5　使用生产动态数据估算储层渗透率的方法………………………………………243
　　4.5.1　模型建立……………………………………………………………………244
　　4.5.2　模型验证……………………………………………………………………246
　　4.5.3　方法应用……………………………………………………………………252
4.6　静态储量评估方法…………………………………………………………………254
　　4.6.1　体积法的基本原理…………………………………………………………254
　　4.6.2　参数确定……………………………………………………………………255
4.7　动态储量计算方法…………………………………………………………………257
　　4.7.1　物质平衡法…………………………………………………………………258
　　4.7.2　流动物质平衡方程…………………………………………………………269

第5章　煤层气开发方案设计及优化方法……………………………………………274
5.1　煤层气开发井型优选………………………………………………………………274
　　5.1.1　不同井型对产能的影响机理………………………………………………274
　　5.1.2　不同煤阶煤层气井型选择…………………………………………………278
5.2　煤层气开发井网优化………………………………………………………………294
　　5.2.1　不同煤储层的煤层气井网适应性图版……………………………………294
　　5.2.2　基于均衡降压的煤层气井网优化方法……………………………………298
　　5.2.3　考虑压裂裂缝的煤层气井网优化方法……………………………………305

5.3 煤层气多层合采适应性评价 ·· 310
 5.3.1 多层合采的优点 ·· 311
 5.3.2 影响煤层气多层合采效果的因素 ······································· 311
 5.3.3 对煤层气藏多层合采的新认识 ·· 315
5.4 煤层气井合理排采方案设计 ·· 318
 5.4.1 煤层气井排采过程需要考虑的问题及对策 ··························· 318
 5.4.2 煤层气井排采强度定量化控制理论及模型 ··························· 320
 5.4.3 实例分析 ·· 323

第6章 煤层气水平井煤粉迁移特征 ··· 326
6.1 煤粉颗粒迁移的运动学特征 ·· 326
 6.1.1 单颗粒煤粉受到的力 ··· 326
 6.1.2 水平井筒煤粉迁移状态 ·· 327
6.2 水平井筒液固两相流煤粉迁移规律 ·· 328
 6.2.1 液固两相流煤粉迁移流型 ··· 329
 6.2.2 液固两相流煤粉迁移启动条件 ·· 336
 6.2.3 液固两相流煤粉迁移模型 ··· 342
6.3 水平井筒气液固三相流煤粉迁移规律 ······································· 346
 6.3.1 气液固三相流煤粉迁移流型研究 ······································· 346
 6.3.2 气液固三相流煤粉迁移模型研究 ······································· 351

结束语 ·· 354

参考文献 ·· 355

第1章 煤层气储层特征及流体赋存机理

煤层气储层是煤层气藏开发的主要目标，也是流体赋存的主体，因此分析煤层气储层的孔隙特征以及其中流体的赋存方式，是进一步研究煤层气开发的先决条件。首先，本章分析研究了煤层气储层的基质孔隙特征，并对其中作为主要煤层甲烷气生成和储集空间的后生孔隙（气孔）按照煤的演化过程进行了详细的描述。其次，针对煤层气流体的主要渗流通道——割理进行了详细的分析，并总结了割理特征对实际开发的影响。再次，为了分析煤岩的气水分布方式，对煤层气储层的界面性质进行了研究，并给出了煤岩润湿性渗流与吸附特征存在不一致性的原因。最后，通过对煤储层形成过程及储层界面性质的分析，列出了三类不同的煤岩孔隙中气水的赋存方式，并由此引出了不同赋存方式下所对应的吸附特征。

1.1 煤层气储层基质孔隙类型及特征

煤层既是煤层气的源岩，又是煤层气储存的载体。作为储集层，它与常规天然气储层有明显不同的特征，最重要的区别在于煤储层是一种双孔隙介质岩层，即有基质孔隙和裂隙两种性质完全不同的孔隙介质。其中，煤中的自然裂隙由于独特的特性又被称之为割理。

割理作为煤特有的孔隙介质可以具体分为两类，即面割理和端割理，它们相互垂直，并与煤层层面正交或陡角相交。其中面割理是指延伸较长的主要割理，而端割理延伸受面割理的制约，由于煤储层中割理的渗透性不同，煤岩的渗透性具有明显的各向异性（张遂安，2008）。

基质孔隙和裂隙的大小、形态、孔隙度和连通性等性质直接决定了煤层气的储集、运移和产出，因此系统研究和认识煤中的孔隙和裂隙，对煤层气勘探开发至关重要。本节将从煤岩孔隙的形成过程出发，系统论述煤层气储层基质孔隙与裂隙的具体特征。

1.1.1 储层基质孔隙分类

基质孔隙可定义为煤的基质块体单元中未被固态物质充填的空间，由孔隙和通道组成。一般将较大的空间称为孔隙，其间连通的狭窄部分称为通道。

Gan 等（1972）最早按成因将煤孔隙划分为分子间孔、煤植体孔、热成因孔和裂缝孔以来，不同学者按照不同的分类依据给出了多种煤基质孔隙的分类结果，例如郝琦(1987)、张慧(2016)根据煤孔隙成因进行分类，Radke 等(1990)、吴俊(1991)利用压汞实验结果进行分类。本书采用张慧(2016)最新的研究成果，以扫描电镜形貌特征观测结果为主要依据，将煤孔隙按照成因类型划分为原生孔、后生孔、外生孔、矿物质孔四大类共九小类，具体划分类型如表 1-1 所示，各类孔隙的孔径范围及其在煤储层中的作用如表 1-2 所示。

表 1-1 煤储层基质孔隙分类及成因简述(张慧，2016)

成因类型		成因简述
原生孔	生物孔	成煤植物本身具有的各种孔隙
	屑间孔	碎屑镜质体、碎屑惰质体和碎屑壳质体等有机质碎屑之间的孔
后生孔	气孔	煤变质过程中由生气、聚气和气体逸散后留下的孔
外生孔	角砾孔	煤受构造应力破坏而形成的角砾之间的孔
	碎粒孔	煤受构造应力破坏而形成的碎粒之间的孔
	摩擦孔	压应力作用下面与面之间摩擦而形成的孔
矿物质孔	铸模孔	煤中矿物质在有机质中因硬度差异而铸成的印坑
	晶间孔	矿物晶粒之间的孔
	溶蚀孔	可溶性矿物质在长期气、水作用下受溶蚀而形成的孔

表 1-2 煤储层基质孔隙尺度级别及其在储层中的作用(张慧，2016)

类型	尺度级别	在储层中的作用	其他
生物孔	大孔级为主	储气	
屑间孔	大孔级为主	储气	在人工裂缝的沟通作用下，为主要参与渗流的孔隙
气孔	微孔级-大孔级	生气和储气	
角砾孔	大孔级	适当发育有利于提高渗透率	
碎粒孔	大孔级-中孔级	数量多时，堵塞裂隙，降低渗透率	与煤体结构关系密切
摩擦孔	大孔级-中孔级	储气	
铸模孔	大孔级-中孔级	储气	
晶间孔	大孔级-小孔级	储气	总体数量有限，对储层影响不大
溶蚀孔	大孔级-小孔级	储气	

1.1.2 储层孔隙特征

1. 原生孔

原生孔是指自煤沉积时便已经存在的孔隙，可进一步划分为生物孔(以往的分类文献中也称组织孔)和屑间孔两种。随着变质程度的加深或构造作用的影响，原生孔将逐渐发生变形、缩小、闭合乃至消失的不可逆演变。

生物孔是成煤植物本身所具有的各种孔隙。扫描电镜下常可见细胞腔（又称胞腔孔）等细胞结构，煤阶越低，保留的生物孔种类和数量越多。保存完成的生物孔一般排列有序，形状规则，大小均等，但连通性较差。

屑间孔是指煤中各种有机质碎屑体之间的孔隙，这里的有机质碎屑是指经过搬运和机械破坏的不规则的同沉积有机质，有碎屑镜质体、碎屑惰质体和碎屑类脂体，当组分特征不明显时，通常统称为碎屑体。屑间孔的形态以不规则状为主，孔的大小一般小于碎屑体。屑间孔在低阶煤和中阶煤中较多见，但由于大部分煤层气储层中碎屑体一般含量很少，屑间孔数量也有限，同时屑间孔连通性较差，因此屑间孔对煤储层性能影响不大。

2. 次生孔

张慧（2016）系统地表述了煤变质过程中次生孔或气孔的形成机理及其特征，根据张慧（2016）的分类，次生孔，又称后生孔，主要是指气孔，是煤变质过程中由煤层生气、聚气和气体逸散后留下的孔隙。我国煤中的气孔由戴金星和戚厚发（1982）最先发现，高阶煤、中阶煤、低阶煤中均有气孔发育。

根据张慧（2016）电镜扫描结果显示，气孔形状以圆形为主，其次有椭圆形、水滴形、漏斗形等，其边缘都很圆滑，轮廓清晰，通常无填充物，相互间连通少，有些相邻气孔彼此连通，较大的圆管形或港湾形气孔通常为多个气孔破裂连通形成的结果。气孔有成群成带发育的特点，气孔集合体的形状与所在组分分布有关。

与原生孔相似，随着煤的不断成熟，气孔也在不断变化，即低成熟阶段形成的气孔随着煤成熟度的不断提高而发生变形、缩小、闭合甚至消失，但同时二次生气还会产生新的气孔。

3. 外生孔

煤固结成岩后，受地质构造作用破坏而形成的孔隙为外生孔（又称构造孔）。与常规储层孔隙类似，依据变形程度可分为角砾孔、碎粒孔和摩擦孔。

角砾孔是煤受地质构造作用而形成的角砾之间的孔，角砾孔直径小于角砾，但属大孔级。原生结构煤和碎裂煤的镜质组中角砾孔发育较多，局部连通性好。在构造轻微变形的煤层中，角砾孔适度发育有助于提高储层渗透率。

碎粒孔是煤受较严重的构造破坏而形成的碎粒之间的孔，碎粒呈次圆状、条状或片状，其孔隙形状不规则。煤层在受压状态下，碎粒孔紧闭，其间的气体被压缩。煤层一旦释压，碎粒孔开启，气体即可流通。

摩擦孔是压应力作用下面与面摩擦而形成的孔，形状有短线状、沟槽状、长三角状等，并常具有方向性。边缘多为锯齿状，大小不等。由于摩擦孔仅局限于构造面上发育，通常连通性较差。

4. 矿物质孔

由于矿物质的存在而产生的各种孔隙统称为矿物质孔，常见的有铸模孔、晶间孔、溶蚀孔。矿物质孔在煤中含量有限、连通性较差，因此对煤储层影响不明显。

铸模孔是煤中矿物质在有机质中由于硬度差异而铸成的印坑，常见的有颗粒状原生矿物铸模孔、黄铁矿铸模孔，铸模孔在层面、裂面或组分界面处常见，有储气作用。

晶间孔是指矿物晶体颗粒间的孔，主要发育于晶形较好的矿物集合体（如方解石、黄铁矿、高岭石）中。孔径小于矿物粒径，有一定的储气作用。

溶蚀孔是可溶性矿物质在长期气水作用下受溶蚀而形成的孔。溶蚀孔最发育的是碳酸盐类矿物，溶蚀孔发育程度是煤层中径流水活动的反映。

1.2 煤层气储层变质孔隙形成及其特征

变质孔（气孔）作为煤岩中主要的生气及储气空间，其特性直接影响煤储层的工业开发能力及开发方案的制定。对于不同演化阶段的煤储层，有机质干酪根热演化过程中生烃成孔及官能团蜕变对储层孔隙气水赋存存在着约束作用，含水对产能起着重要的控制作用。煤岩干酪根在不同热演化阶段，生成的气体组分不同，变质孔隙的形状、尺寸及固相极性存在差异性，与储层原生孔隙特征一起决定储层孔隙气水赋存方式（宋岩和张新民，2005）。因此，对不同演化阶段煤岩生烃、成孔特征的研究有必要提高重视，这从根本上决定着煤层气井的产出能力。

1.2.1 干酪根的基本概念

Tissot 和 Welte（1978）将干酪根定义为沉积岩中既不溶于含水的碱性溶剂，也不溶于普通有机溶剂的有机组分，它泛指一切成油型、成煤型的有机物质，但不包括现代沉积物中的腐殖物质（图 1-1）。本书采用 Tissot 和 Welte（1978）的定义。干酪根是地球上有机碳的最重要形式（Hunt，1979），按有机质数量统计，干酪根是沉积岩有机质中分布最普遍的一类，约占地质体总有机质的95%（Weeks，1958）。

1. 干酪根母质的来源及形成过程

干酪根母质的生物来源主要有四类，包括浮游植物、细菌、高等植物和浮游动物。这些生物也是沉积有机质的主要来源。从前寒武纪到泥盆纪，海洋浮游植物是有机质最重要的来源；从泥盆纪看，陆地高等植物也成为其主要来源。据统计，目前有机碳数量的来源在海洋浮游植物和陆地高等植物的比例基本相等。

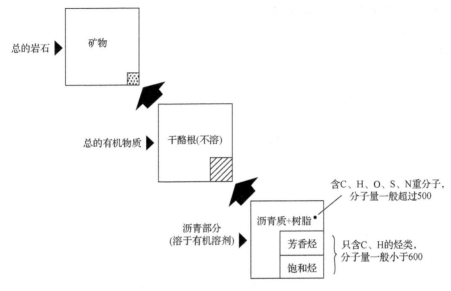

图 1-1 沉积岩中分散有机质的组成（Tissot and Welte，1978）

干酪根母质的组成主要取决于地质历史生物圈的演化及沉积环境。海相环境和陆相环境的微体古生物群组合存在很大的差异，地质历史不同时期中沉积有机质组合也存在差异性（图 1-2）。寒武纪—志留纪时期的沉积有机质主要由细菌、藻类和浮游动物组成；泥盆纪—侏罗纪则主要由藻类、浮游动物和细菌组成，此外，尤其在近岸环境中还含有高等植物；白垩纪至今的沉积岩中通常含有中等数量的浮游生物和细菌，并在近岸环境（包括近海岸和近内陆湖岸环境）中含有较多的高等植物来源的有机物质。

沉积物埋藏后的早期阶段或成岩作用阶段，沉积有机质发生了一系列的变化，包括与微生物作用有关的生物化学降解作用，以及缩聚作用和非溶解作用（傅家谟等，1990；傅家谟，1995），干酪根的生成主要发生在成岩作用阶段（图 1-3）。

2. 干酪根的类型

干酪根最早按照其组成与性质可划分为两大类，即腐泥质和腐殖质。腐泥质有机质主要来源于水中浮游生物及一些底栖生物、水生植物等，形成于滞水盆地条件，包括闭塞的潟湖、海湾、湖泊中。腐殖质有机质是指来源于高等植物为主的有机质，富含具芳香结构的木质素和丹宁及纤维素等，形成于沼泽、湖泊或与其有关的沉积环境中。

目前较流行的干酪根类型划分方法如下：煤岩学者根据煤和有机质在显微镜下的特征，将煤的有机显微组分划分为三大类：壳质组(稳定组或类脂组)、镜质组(腐殖组)和惰质组。石油有机地球化学工作者借用这一方法广泛应用于干酪根性质和类型研究。

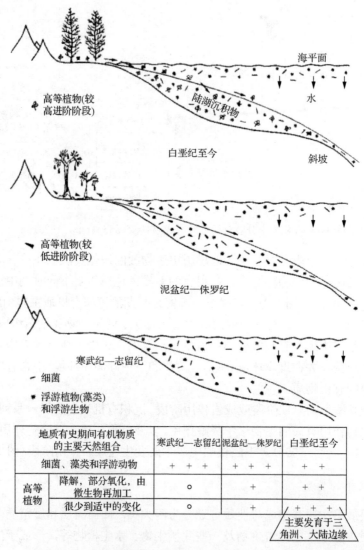

图 1-2　地质历史时期水介质环境中有机物质的天然组合(Tissot and Welte, 1984)

"○"表示无，"+"表示有，"+"越多，表示对应生物所占比例越大。寒武纪—志留纪沉积岩主要含有细菌、藻类和浮游动物的残迹；泥盆纪—侏罗纪的沉积岩一般含有细菌、藻类和浮游动物的残迹，同时在近岸环境，还有一些高等植物残迹；白垩纪至今的沉积岩中，一般含有少量的浮游生物有机体和细菌，并有较大部分的高等植物残迹

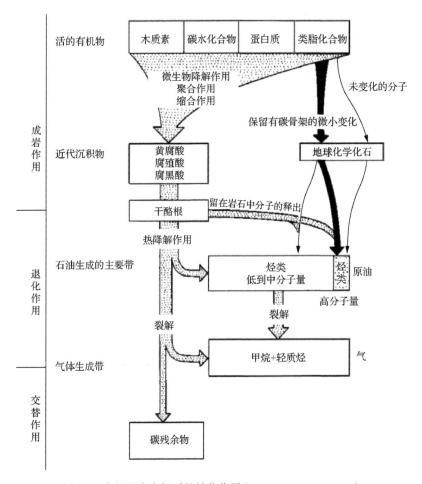

图 1-3 自然界中有机质的转化作用(Tissot and Welte, 1984)

另一种干酪根分类系统,也是地球化学的分类方法,即用 H/C 原子比和 O/C 原子比表示的干酪根分类,即范氏图(van Krevelen)。Ⅰ型干酪根的 H/C 原子比值高(等于或大于 1.5),而 O/C 原子比值低(通常小于 0.1)。这类干酪根富含脂肪结构,与某些藻类沉积有关,产油潜力大。Ⅲ型干酪根的 H/C 原子比值低(一般小于 1.0),原始的 O/C 原子比高(高达 0.2 或 0.3)。这类干酪根富含芳核和杂原子,生油潜力较低,但可成为气源母质。Ⅱ型干酪根介于二者之间。图 1-4 为三类干酪根在范氏图中的大致分布范围。

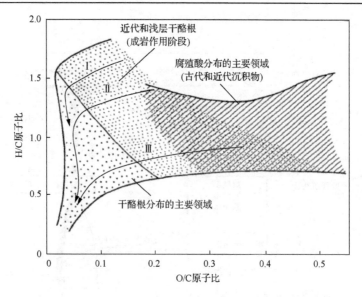

图 1-4　干酪根主要类型范氏图(Tissot and Welte，1984)

上述方法均可表征干酪根的性质和进行类型划分。不论采用何种方法，主要的类型是两大类，即腐泥型和腐殖型，详见表 1-3。

表 1-3　沉积岩中有机质的分类(Hunt，1979)

参数	腐泥型			腐殖型	
干酪根	藻类	无定形	草质	木质	煤质(惰性组)
煤的显微组分	稳定组			镜质组	惰性组
干酪根(以演化途径)	类型Ⅰ、Ⅱ	类型Ⅱ		类型Ⅲ	类型Ⅲ
H/C 原子比	0.3~1.7	0.3~1.4		1.0~3.0	0.3~0.45
O/C 原子比	0.02~0.1	0.02~0.2		0.02~0.4	0.02~0.3
有机质来源	海洋和湖泊	陆地		陆地	陆地和再循环
矿物燃料	主要是原油、油页岩、藻煤和烛煤	油和天然气		主要是气、腐殖煤	无油、少量的气

干酪根是一种复杂的高分子聚合物，没有固定的化学组成及化学方程式，因此多采用干酪根的元素组成来对干酪根进行描述，一般而言，干酪根主要以 C、H、O 元素为主，含有少量的 N、S、P 及微量金属元素。图 1-5 列出了各类型干酪根的元素组成。干酪根中 C 元素含量一般为 70%~85%，H 元素一般为 3%~10%，O 元素一般为 3%~20%。通常水生生物来源的干酪根富含 H、N，而以陆源高等植物来源的干酪根一般含 C 量较高；深水还原条件下或海相形成的干酪根中富含 H、N，而在近岸氧化环境中形成的干酪根则贫 H、N。随着有机质的热演化程度增加，油气的大量生成，残余干酪根中 C 含量相对增加。

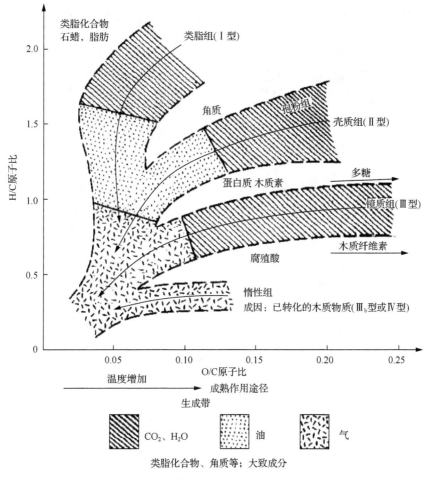

图 1-5 干酪根类型的元素组成分类(Brooks, 1981)

3. 干酪根结构的热演化途径

Ungerer(1990)在前人工作的基础上提出了干酪根演化成烃的两种途径：一种为解聚型，干酪根先热解聚为以沥青质与胶质等较大分子为主的可溶中间产物，然后进一步分解生成油与气，其反应属相继反应机制；另一种称为官能团脱除型，干酪根结构中的各种官能团按键接的强弱随着演化的加深依次脱除，生成油气，属平行独立依次反应机制。

Ⅰ型干酪根的演化多接近于解聚型，而Ⅲ型干酪根的演化则接近于官能团脱除型。图 1-6 为干酪根演化成烃两种途径的示意图，图中的圆代表干酪根中相对稳定的结构单元，例如脂环与芳环簇。解聚型的反应途径使干酪根中的绝大部分转化为可溶性大分子，然后再分解为油气小分子。官能团脱除型干酪根中存在很大部分的惰性骨架结构，只有一部分官能团能在热演化过程中依次脱除，直接成为油与气。

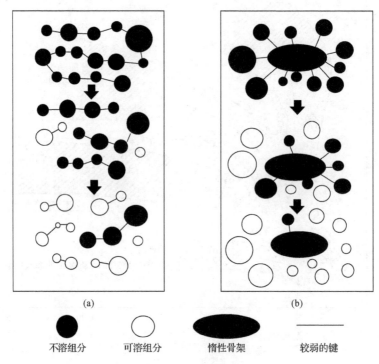

图 1-6　干酪根演化成烃的两种途径(Ungerer, 1990)
(a)解聚型；(b)官能团脱除型

秦匡宗和赵不裕(1990)将黄县褐煤在开放式人工热模拟装置中以不同终温处理，得到油、气和固体残渣及其含碳量的定量分析数据，同时用 ^{13}C 核磁共振 (nuclear magnetic resonance, NMR)技术分析固体残渣的结构组成，如图 1-7 所示，并通过该图观察干酪根有机碳结构的演化与油气生成的关系。

4. 不同类型干酪根的成烃模式

近年来，煤成油、未成熟石油及超深油气藏的发现、勘探与开发，对传统干酪根成烃作用模式提出了疑问，也为干酪根成烃规律的深入研究提供了新的研究课题，并在很大程度上促进了干酪根成烃理论的发展。人们逐渐认识到不同类型干酪根生烃规律不同。

总观近年来国内外所提出的众多干酪根成烃模式，均反映了以下四个方面的内容：①用成熟度指标所确定的成烃演化阶段；②干酪根的液态窗范围与特征；③干酪根在不同演化阶段产出液态烃与气态烃的数量；④产出烃类的有机地球化学特征。

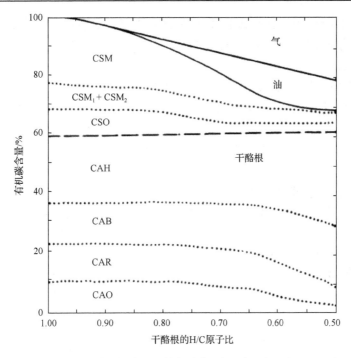

图 1-7 黄县褐煤有机碳组成的热演化(秦匡宗和赵丕裕,1990)

CSM 为次甲基碳;CSM_1 为脂构碳终端甲基;CSM_2 为脂构碳芳环甲基;CSO 为脂碳;CAH 为氢接芳碳;
CAB 为芳簇内桥接芳碳;CAR 为烷基接芳碳;CAO 为酚轻基碳

关于干酪根生烃门限的深浅,一般认为与其母质类型有关。综合国内外学者对世界主要油气盆地的研究结果,存在如下三种完全不同的观点。

(1) Ⅲ型先生烃。该观点的代表是黄第藩(1984),他们根据热模拟实验结果计算出我国三类典型干酪根热力学参数平均表观活化能,认为处于同一沉积盆地不同类型生油岩进入生烃门限的顺序应为:Ⅲ、Ⅱ,最后是Ⅰ型。

(2) Ⅱ型先生油。该观点代表是 Tissot 和 Welte(1984),他们从不同类型干酪根的化学结构出发,认为要断裂Ⅰ型干酪根的 C—C 键为主的化学结构所需的古地温最高,而Ⅱ型干酪根中含有大量杂原子化合物,最易受热裂解,因而生烃门限最浅,Ⅲ型介于两者之间,在 Tissot 和 Welte(1984)提出的不同类型干酪根成烃模式中,Ⅱ型干酪根的生烃门限在镜质组为 0.50%左右,Ⅲ型为 0.60%,Ⅰ型高达 0.70%。

(3) Ⅰ型先生油。该观点代表是杨万里等(1981),他们通过详细研究我国松辽盆地中生代不同类型干酪根的成烃规律,认为青山口组一段与嫩江组一段烃源岩干酪根在成因上属叠合型腐泥型干酪根,这种典型的Ⅰ型干酪根富含脂肪结构,在同一地质条件下,优先于较富含芳烃化合物的Ⅲ型与Ⅱ型干酪根裂解,形成液态烃。另外,从化学结构出发,他们认为破坏脂肪结构中 C—H 键和 C—C 键比破坏芳香族中 C—H 键和 C—C 键所需要的能量少。因此,Ⅰ型干酪根生烃门限比Ⅱ型、Ⅲ型要早。

干酪根的成烃规律在很大程度上受控于其有机显微组分组成（肖贤明等，1991a），因为它是成烃作用可划分的最基本的物质单位。众所周知，不仅不同类型的干酪根由不同类型显微组分按一定比例混合而成，就是同类型干酪根其显微组分组成亦可差别甚大。如通常指Ⅰ型干酪根在我国油气盆地至少存在六种显微组分组合。它们成烃规律不同，尤其是生油门限差别明显，因此，研究干酪根显微组分的成烃特点对进一步认清干酪根的成烃规律具有重要的意义。

肖贤明等（1991a）详细研究了我国烃源岩中有代表性的十种显微组分的成烃规律。

（1）树脂体及菌解无定形体均具有早期生油的特点；藻类体成烃作用的特征是生油较晚，结束得亦晚；木栓质体生烃晚，但结束得早；比较特殊的是角质体，其成烃特点与藻类体相似，而明显不同于其他类型壳质组，它具有生烃较晚，结束得晚等特点，液态窗范围大致在镜质组中，角质体的这种成烃规律很有可能与其所形成的特殊地质条件有关。

（2）显微组分生油峰期由低到高的顺序是：树脂体、菌解无定形体、木栓质体、藻类体。

（3）镜质组与丝质体不能产出可供运移的液态烃类，一般认为其在300℃前产出的气态产物基本上是非烃，最大产烃位置在干气阶段。

在此基础上，肖贤明等（1991a，1991b）建立起了我国烃源岩中七种有代表性显微组分的成烃模式。

该模式不同于国内外学者提出的各种类型干酪根生烃模式，但能解决前述模式中有争论的问题。例如，何种类型干酪根先生油的问题，从该模式图中可清楚看到，无论何种类型干酪根，只要其中含有一定数量的菌解无定形体或树脂体，就有可能早期生油，即干酪根生油门限的深浅取决于其显微组分组成，而与其所属类型无直接关系。以往提出的一些成烃模式均以混合干酪根为基础，不同类型干酪根，显微组分组成不同，其生油门限也不同。

5. 干酪根成烃的模拟方法

源岩生气是一个漫长而又非常复杂的地质过程。在地层温度、时间和压力等因素的综合地质条件影响下，源岩中的干酪根有机大分子通过复杂的有机化学反应向烃类缓慢转换，在漫长的地质时间内，通过热降解形成石油和天然气等产物的化学动力学过程。常规实验室内不可能重现这种低温、慢速的自然地质条件下的生气过程。

在地质领域，国外在20世纪五六十年代就开始采用绿河页岩等地质样品开展热模拟实验及煤热解和演化的研究。Connan（1974）、Waples和Sloan（1980）提出，可以使用温度对源岩生烃过程中的时间等地质效应进行弥补。随后，国外开始涌现出众多源岩的生烃模拟实验，主要依据干酪根热降解成烃的原理和有机质热演化的时间-温度补偿原理。

研究认为,有机质只有达到一定的热演化阶段才能热降解生烃。在不同的热演化阶段,有机质的产烃能力和产物不同,通常用成熟度来表征有机质的热演化阶段。成熟度的研究对油气资源评价具有重要的意义。利用镜质组反射率确定有机质的成熟演化程度已达成一致的认识,并成为确定干酪根成熟度的一种最有效的指标。当镜质组反射率 R_o 达到 0.5%~0.6%时,表明有机质开始进入成烃门限;R_o<0.8%为低成熟阶段;R_o 为 0.8%~1.3%为成熟阶段的成油主带;R_o 为 1.3%~2.0%时为深成作用阶段的高成熟凝析油和湿气带;当 R_o>2.0%时已达到准变质作用阶段,为只产甲烷的干气带。

在不同的热演化阶段下,煤岩干酪根生成烃类的特征存在差异(图 1-8)。对于不同煤阶煤岩干酪根生成的烃类特征的研究,可采用热重(TG)-质谱(MS)联用仪器检测到不同煅烧温度下产生的气体种类,如 H_2O、CO_2 等。对同步热分析仪的差示扫描量热计(DSC)曲线上的吸/放热峰进行分析,结合 TG 曲线的变化情况,可以获得各种相变发生的温度,以及发生相变物质的质量,通过分析 TG 曲线,可得出被测物质在某温度发生的变化。DSC 技术是研究有机化合物和无机化合物的熔融、蒸发、固-固转变、升华、脱水、分解、燃烧等现象的重要工具。质谱仪可进行同位素分析、化合物分析、其他成分分析,以及金属和非金属固体样品的超纯痕量分析。通过获得的 TG-DTG 曲线及 MS 谱图,可检测出物质燃烧、气化、热解整个过程中的某一特定挥发性气体在不同温度下的析出规律,从细节上解释煤热解、气化和燃烧的共性规律。

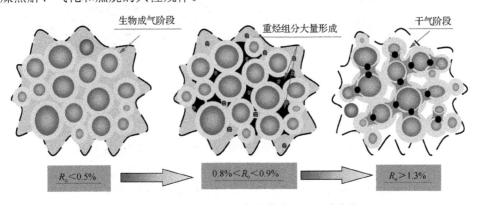

图 1-8 Ⅲ型干酪根不同热演化阶段下烃类变化

1.2.2 低演化阶段煤岩流体生成及孔隙形成特征

1. 流体生成

Tissot 等(1974)提出的干酪根成烃作用模式可作为干酪根成烃作用的经典模

式,将干酪根成烃作用的第一个阶段,即成岩作用阶段又划分为如下两个阶段,即年轻沉积物阶段及未成熟阶段。在浅埋作用阶段,主要特点是低温、低压和强烈的微生物活动。因此,沉积物中的干酪根主要受控于原始母质及微生物活动,其中所含烃类有两种成因:一部分继承了生物活体(又称地球化学化石);另一部分是微生物形成的甲烷气(亦称生物气)。在某些特殊地质条件下可形成工业气藏。随干酪根埋深进一步增加,进入未成熟阶段,主要特点是干酪根表现为强烈的去杂原子化,主要产物是 H_2O 与 CO_2,此外,干酪根还可裂解形成一些富沥青质与胶质的重烃。对于Ⅲ型干酪根,能形成一定数量的气态烃。

Cai 等(2016)的研究表明(图 1-9),在低煤阶原煤中,存在着凝胶煤素质、角质煤素质、小孢子体、碎屑壳质体、树脂体、大孢子体、结构藻类体等亚显微组分。当煤储层演化温度达到200℃时,即对应于低阶煤,镜质组反射率 R_o 为 0.5%~0.8%。亲油的亚显微组分,包括结构藻类体、小孢子体、大孢子体、树脂体等被分解,壳质体减少,角质组增加,惰质组增加。煤岩镜质组中,结构凝胶体和无结构腐殖体含量降低,孔隙度增加,挥发性物质和水分被排出。

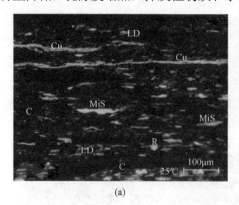
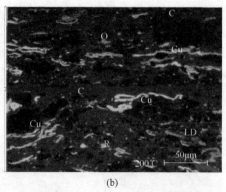

(a)　　　　　　　　　　　　　　　　(b)

图 1-9　煤样显微组分类型示意图

(a)原煤;(b)低阶煤。C 表示凝胶煤素质(collinite);Cu 表示角质煤素质(cutinite);
MiS 表示小孢子体(microsporinite);LD 表示碎屑壳质体(liptodetrinite);R 表示树脂体(resinite)

煤的热解过程研究也表明,从室温到活泼热分解温度(除无烟煤外,一般为 350~400℃)称为干燥脱气阶段,褐煤在 200℃ 以上发生脱羧基反应,约 300℃ 开始发生热解反应。烟煤和无烟煤的原始分子结构仅发生有限的热作用(主要是缩合作用)。120℃ 前主要脱水,约 200℃ 完成脱气(CH_4、CO_2 和 N_2)。

现有的大量页岩干酪根热演化研究也表明,干酪根热解初始阶段,发生脱水、脱气的物理反应,仅发生微量失重,表明各干酪根内含有少量的内部水及吸附气体。有机质转化为干酪根形式保存在储层中,干酪根的碳骨架主要由脂肪碳构成(86.1%),而其芳香碳含量较低(9.7%),干酪根中有机氧存在官能团结构,近一半的有机氮存在于各类芳香族杂环中。

据此作者认为，低煤化度煤结构疏松，结构中极性官能团多，其中羧基热稳定性差，在200℃即能分解，该键先断裂，生成CO_2和H_2O；脂肪侧链受热易裂解，生成气态烃，如CH_4、C_2H_6和C_2H_4等。该阶段产生的水是自由水的蒸发、吸附水的脱附作用形成的。因此，对于低演化阶段的煤，有机质演化产物，即演化后的流体主要为挥发性物质和水。

2. 孔隙特征

该演化阶段的煤样在扫描电镜下有些组织孔边缘圆滑，貌似气孔，且该演化阶段有时难以区分煤中组织孔和气孔。因油的亚显微组分（结构藻类体、小孢子体、大孢子体、树脂体）被分解，挥发性物质和水分被排出，从而形成更多微孔隙（图 1-10），变质孔隙类型可进一步划分为亚显微组分分子间孔，孔隙主要呈不规则状，孔隙尺度小于 1μm。

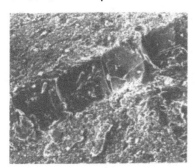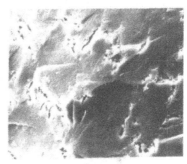

图 1-10　甘肃大滩低阶煤中的凝胶体扫描电镜示意图（张慧，2003）

Cai 等（2016）的研究表明，泥炭生成阶段，有机质在常温常压下经历生物化学作用，泥炭物质堆积松散，含水量高，存在分散的原始孔隙与裂缝。当热演化温度达到 200℃时，即对应于低阶煤，镜质组反射率 R_o 为 0.5%～0.8%。因热膨胀和挥发物质的释放，生成了部分孔隙、裂隙。低阶煤虽已经历成岩作用，但压实程度很低，尤其是年轻褐煤结构疏松，处于未成熟阶段，其中原生孔隙发育，气孔则很少，该阶段原生孔隙是生物气优先储存的场所。

现有大量页岩干酪根热演化研究也表明，泥页岩样品发育两种形态的有机质：第一种为不规则状有机质，内部发育微裂缝；第二种为块状有机质，内部不发育裂缝。这两种形态的有机质总体热演化趋势一致，即随着模拟温度的升高，有机质裂解生烃，形成有机质孔，最后有机质消失，演变为大孔隙，但二者在演变过程中表现出一定差异性。第一种发育微裂缝的有机质，其孔隙形成具有双向性：一是沿原有微裂缝在有机质内部扩展；二是在有机质与矿物基质之间形成微裂缝。第二种块状有机质整体收缩，有机质孔主要在有机质与矿物基质间形成。随着热演化程度的升高，有机质裂解程度加大，后期见部分矿物残留，扫描电镜能谱分析后确定残留部分主要是伊蒙混层或伊利石，这可能是后期黏土矿物总量增加的一个原因。达到中演化阶段时，有机质孔隙形态发生规律变化：从最初的有机质内部微裂缝到形成蜂窝状集合体。

3. 孔隙壁组成

由于煤的分子结构极其复杂，矿物质对热解有催化作用，不同演化程度下煤的侧链及官能团断裂情况差异性大。

根据煤的结构特点，其热解的化学反应大致有四类(何选明，2010)。低演化阶段下的煤结构疏松，主要存在如下侧链及含氧官能团的断裂。首先，桥键断裂生成自由基。联系煤的结构单元的桥键主要是：—CH_2—、—CH_2—CH_2—、—CH_2—O—、—O—、—S—、—S—S—等，它们是煤结构中最薄弱的环节，受热很容易裂解生成自由基碎片。电子自旋共振测量表明，自由基的浓度随加热温度升高，400℃之前自由基浓度缓慢增加。煤中的脂肪侧链受热易裂解，生成气态烃，如 CH_4、C_2H_6 和 C_2H_4 等。煤中含氧官能团的热稳定性顺序为：—OH>—COOH>—OCH_3。羧基热稳定性低，在200℃即能分解，生成 CO_2 和 H_2O。该热演化程度下，其他几类侧链及官能团均未达到其断裂条件。

因此，低演化阶段下的煤结构疏松，结构中极性官能团多，煤储层内孔隙的孔隙壁组成大部分的干酪根骨架，官能团结构有吸水能力(图1-11)。

1.2.3 中演化阶段煤岩流体生成及孔隙形成特征

1. 流体生成

Tissot 等(1974)提出的干酪根成烃作用模式可作为干酪根成烃作用的经典模式，将干酪根成烃作用的第二个阶段称为主成烃阶段，对应模式图中的"液态窗"。主生烃阶段又可划分为主成油与裂解湿气阶段。主成油阶段指在成岩作用的基础上，随埋深的增加，干酪根进入成熟阶段，大量裂解形成液态烃，形成的烃类具有中-低分子量(碳数范围 C_{15}～C_{30})，不具备生物型分子结构。伴随大量液态烃的生成，还能形成一些气态烃。凝析油及湿气阶段指在古地温进一步作用下，干酪根分子结构中 C—C 键断裂，已形成的重质烃类裂解为轻烃，导致低碳数烃类逐渐增加，当地层中温度与压力超过烃类相态转变的临界值时，这些轻烃溶解于气态烃中，形成凝析油与湿气。

当热演化温度增加到300～550℃时，即对应中煤阶的煤岩，镜质组反射率 R_o 为0.8%～2.0%。Cai 等(2016)的研究表明，该阶段大量的亚显微组分减少，特别是凝胶煤素质及角质煤素质、树脂体和结构藻类体在该阶段消失，壳质组消失，

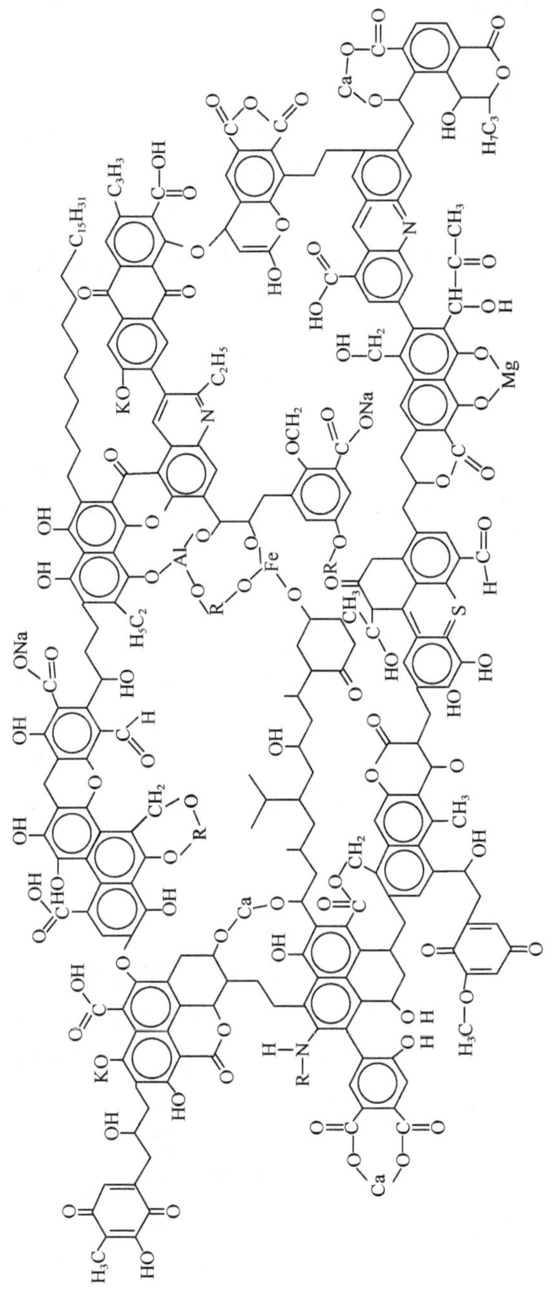

图1-11 低演化程度煤的结构模型(Klaus and Michenfelder, 1987)

因壳质组和镜质组的损失,惰质组含量增加。演化生成大量气体,包括 H_2O、CH_4、CO_x、C_nH_m、H_2。气体的释放导致了在煤上的堆叠,更多的油链出现,加热产生了更多气体及焦油。

随着热演化程度的提高,在中演化程度阶段,含氧官能团急剧降低,羰基在400℃左右裂解,生成 CO;含氧杂环在 500℃以上也可能断开,放出 CO,该阶段键的断裂达到最大值。此阶段演化后的水主要是部分吸附水、无机矿物的结晶水和黏土矿物外表面羟基的脱去所产生的水。因此,对于中演化阶段的煤,有机质演化产物主要为凝胶体、角质体、碎屑壳质体,流体主要包括 H_2O、CH_4、CO_x、C_nH_m、H_2。

煤的热解过程研究也表明,该阶段的特征是活泼分解,以解聚和分解反应为主,生成和排出大量挥发物(煤气和焦油),约450℃时排出的焦油量最大,在450~550℃气体析出量最多。烟煤约350℃开始软化,随后是熔融、黏结,到550℃时结成半焦。烟煤(尤其是中等变质程度烟煤)在这一阶段经历了软化、熔融、流动和膨胀,直到再固化,出现一系列特殊现象,并形成气液固三相共存的胶质体。液相中有液晶(中间相)存在。胶质体的数量和质量决定了煤的黏结性和结焦性。固体产物半焦与原煤相比,芳香层片的平均尺寸和真密度等变化不大,表明半焦生成过程中缩聚反应并不太明显。

现有大量的页岩热演化研究表明,该热解过渡阶段,各干酪根均有少量的失重现象,这取决于其内部发生结构解聚的物理变化及原料改性而释放出少量的小分子化合物的脱羧基化学变化,如 H_2O、CO_2 和 CO 等。该阶段温度超过了干酪根脂族 C—H 键释放温度,干酪根骨架脂族键断裂,脂肪烃结构从干酪根母体上脱落主要转化成液态烃,干酪根骨架转化为沥青芳族骨架,后液态烃热裂解为湿气,固体骨架以残碳、残渣形式保存。

2. 孔隙及孔隙壁特征

当热演化温度增加到 300~550℃时,即对应中煤阶的煤岩,镜质组反射率 R_o 为 0.8%~2.0%。气孔与原生孔有相似的变化,低成熟阶段形成的气孔在高成熟阶段也会变形、缩小、闭合,甚至消失,但同时二次生气还会产生新的气孔。根据电镜扫描结果显示(张慧,2001),该阶段的煤中气孔发育最多,很多气孔带、气孔窝、气孔群都发育于长焰煤、瘦煤中。该阶段气孔形状以圆形为主,其次有椭圆形、水滴形、漏斗形等,其边缘都很圆滑,轮廓清晰,通常无填充物,相互间连通少,有些相邻气孔彼此连通,较大的圆管形或港湾形气孔通常为多个气孔破裂连通形成的结果。气孔有成群成带发育的特点,气孔集合体的形状与所在组分分布有关。

该温度下部分亚烟煤热解,大量的亚显微组分减少,特别是凝胶煤素质、角质煤素质、树脂体和结构藻类体在该阶段消失,从而生成了大量的孔隙(图1-12)。该阶段变质孔隙尺度主要为 0.1~3μm,富氢组分发生沥青化作用,孔隙壁组成为凝胶体、角质体、碎屑壳质体残留骨架。中演化阶段煤储层内的孔隙类型可进一步划分为壳质体分子间孔、气孔。

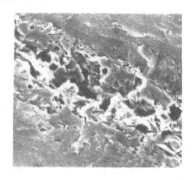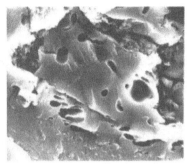

图 1-12　新疆乌鲁木齐中阶煤干酪根中的气孔带(张慧, 2003)

现有大量的页岩热演化研究表明, 该阶段孔隙系统快速发育阶段, 样品进入成熟到高成熟再到过成熟阶段, 随着热演化程度的增高, 有机质裂解生烃形成大量有机质孔, 有机质含量迅速降低, 从低熟阶段到成熟阶段, 岩石整体处于生油窗, 成岩压实作用影响较大, 孔隙增长幅度较小, 从成熟阶段到高成熟阶段, 岩石从生油窗进入生气窗, 岩石抗压强度增大, 压实作用等对孔隙系统的影响变小。由于煤化作用过程中上覆压力不断增大, 煤的孔隙度随之减小, 中阶煤中原生孔隙已明显减少, 但发育大量的变质孔隙(图 1-13)。

图 1-13　中阶煤的结构模型(Wiser et al., 1971)

1.2.4 高演化阶段煤岩流体生成及孔隙形成特征

1. 流体生成

Tissot 等(1974)提出的干酪根成烃作用模式可作为干酪根成烃作用的经典模式，干酪根成烃作用的第三个阶段，即深成作用阶段，干酪根长链结构基本完全脱落，再无生成液态烃的能力，但能进一步裂解形成大量气态烃，而本身芳构化作用增强，缩聚成富碳的残余物。同时，干酪根及岩石中吸附的轻质液态烃亦将裂解形成甲烷。该阶段的产物主要是甲烷，亦称干气作用阶段。

当温度达到 550℃，即对应高煤阶的煤岩，镜质组反射率 R_o>2.0%。Cai 等(2016)研究表明，该阶段主要发生缩聚反应，在半焦转化过程中二次生气，主要的亚显微组分均完全分解，生成油链，只有部分凝胶煤素质被保存下来。所有的壳质组的亚显微组分分解，导致孔径增加，孔隙度增大。该阶段释放出的水可能是煤中较稳定的含氧官能团和煤分子主链上的氢原子脱失结合形成的水分子，或无机黏土矿物内羟基断裂缩聚而成。因此，对于高演化阶段的煤，有机质演化产物主要为部分凝胶体、气体和水。

煤的热解过程研究中将阶段称为二次脱气阶段(550～1000℃)。在这一阶段，半焦变成焦炭，以缩聚反应为主。析出的焦油量极少，挥发分主要是煤气。煤气成分主要是 H_2，少量 CH_4 和 C 的氧化物。焦炭的挥发分小于 2%，芳香核增大，排列的有序性提高，结构致密、坚硬并有银灰色金属光泽。从半焦到焦炭，一方面析出大量煤气；另一方面焦炭本身的密度增加，体积收缩，导致生成许多裂纹，形成碎块。

现有大量的页岩热演化研究也表明，该阶段为干酪根的主热解阶段，即生油高峰期，放出大量挥发性气体和焦油。储层温度达到了沥青芳族 C—H 键释放温度，芳烃结构转化为聚合度和芳构化更高的稠环芳构态的半焦，此时固体骨架以残碳残渣为主，烃类产物以干气为主。

2. 孔隙形成

当温度高于 600℃时，对应高演化阶段的煤，镜质组反射率 R_o>2.0%。气孔在不同煤阶煤层中发育特征差异明显，中成熟阶段形成的气孔在高成熟阶段也会变形、缩小、闭合，乃至消失，二次生气作用还会生成新的孔隙。

该阶段下孔隙形态呈蜂巢状，这是由亚显微组分壳质组的分解形成的。与中演化阶段的煤相比，气孔的可见率较低。由于富氢组分已被大量降解，高演化阶段的煤中的气孔大小比较均匀，破裂与连通较少。

高演化阶段因煤岩有机质发生缩聚反应，在半焦转化过程中二次生气，主要的亚显微组分均完全分解，生成油链，只有部分的凝胶煤素质被保存下来，从而形成了凝胶体气孔。该阶段煤储层内的孔隙尺度一般小于 5μm，大量的渗流通道和裂缝出现，部分孔径大于 50μm，通常位于半丝质体和无结构腐殖体中。

现有大量的页岩热演化研究表明(图 1-14)，该阶段孔隙系统保持稳定阶段，样品进入高过成熟阶段，此时有机质生烃高峰已过，仅有少量残留的有机质发生裂解反应。同时，该阶段岩石已处于成岩作用晚期，骨架的抗压能力与稳定性均大大提高，因此压实作用对岩石孔隙结构的影响不大，相对稳定的流体环境降低了矿物内部无机质孔的发育比例，整体孔隙系统处于相对稳定状态。

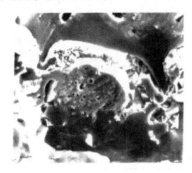 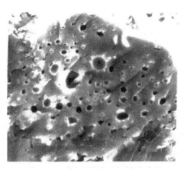

图 1-14　云南昭通无烟煤镜质体中的气孔扫描电镜示意图(张慧，2003)

3. 孔隙壁组成

高煤化度煤主要存在如下侧链及含氧官能团的断裂。桥键断裂生成自由基。联系煤的结构单元的桥键主要是：—CH_2—、—CH_2—CH_2—、—CH_2—O—、—O—、—S—、—S—S—等，当温度超过分解温度后自由基即突然增加，在近 500℃时达到最大值，550℃后急剧下降。羧基可在 400℃左右裂解，生成 CO。含氧杂环在 500℃以上也可能断开，放出 CO。羟基不易脱除，到 700~800℃以上，有大量氢存在时，可生成 H_2O。煤中以脂肪结构为主的低分子化合物受热后熔化，同时不断裂解，生成较多的挥发性产物。煤热解的前期以裂解反应为主，后期则以缩聚反应为主，生成油链，只有部分凝胶煤素质被保存下来。缩聚反应对煤的黏结、成焦和固态产品质量影响很大(图 1-15)。

据此，高演化阶段，煤储层内孔隙的孔隙壁组成为部分凝胶体骨架。

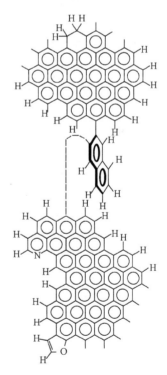

图 1-15　高演化程度煤的结构模型
(Spiro and Kosky，1982)

结合现有的大量研究，将不同热演化阶段对应的不同煤阶下的煤岩干酪根内孔隙、流体特征及形成机理总结如表 1-4 和图 1-16～图 1-19 所示。

表 1-4　不同热演化阶段煤岩干酪根内孔隙、流体特征及形成机理

成岩阶段	温度/℃	R_o/%	有机质演化产物	固体		热成因孔隙		有机质孔隙形成机理
				组成	性质	类型	尺寸/μm	
低成熟阶段	<300	0.5~0.8	干酪根+挥发性物质+H_2O	干酪根骨架	官能团结构有吸水能力	亚显微组分分子间孔	<0.1	亲油的亚显微组分(结构藻类体、小孢子体、大孢子体、树脂体)被分解；挥发性物质和水分被排出，形成更多微孔隙
成熟的成油主带阶段	300~550	0.8~1.3	凝胶体+角质体+碎屑壳质体+H_2O、CH_4、CO_x、C_nH_m、H_2	凝胶体+角质体+碎屑壳质体残留骨架	富氢组分发生沥青化作用，沥青骨架表现为极性	壳质体分子间孔、气孔	0.1~3	亚显微组分大量减少，特别是凝胶煤素质、角质煤素质。树脂体和结构藻类体在该阶段消失
高成熟凝析油和湿气带阶段		1.3~2.0	凝胶体残留骨架+湿气	凝胶体残留骨架	富氢侧链和键大量聚集，水分减少	壳质体气孔		
准变质作用阶段	>550	>2.0	部分凝胶体+气体	部分凝胶体骨架	富氢组分已大量降解	凝胶体气孔	<5	发生缩聚反应，在半焦转化过程中二次生气。主要的亚显微组分均完全分解，生成油链，只有部分凝胶煤素质被保存下来

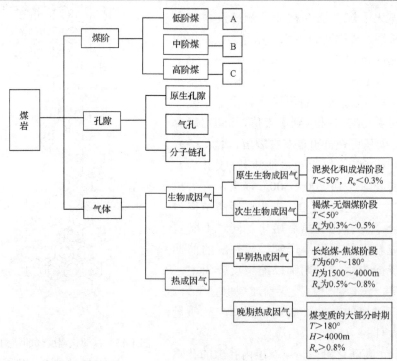

图 1-16　煤层气藏储层及流体特征框图

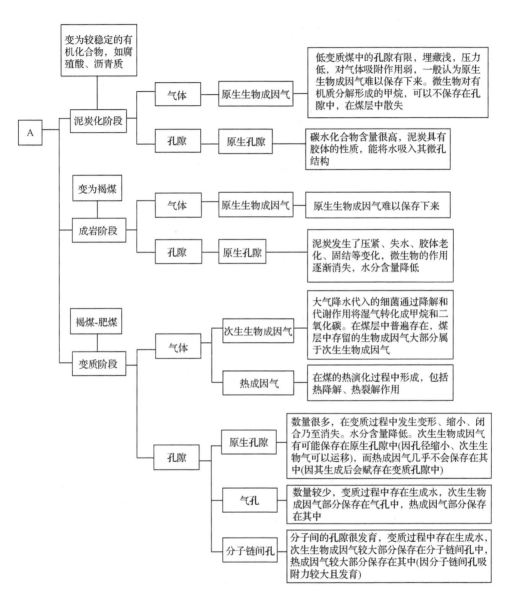

图 1-17 煤层气藏储层及流体特征框图 A 部分

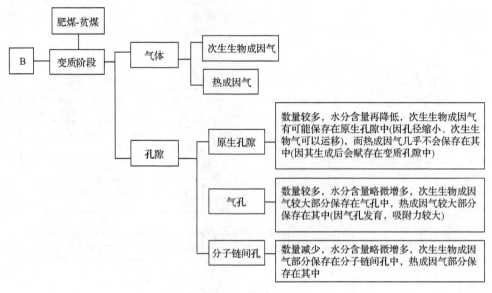

图 1-18 煤层气藏储层及流体特征框图 B 部分

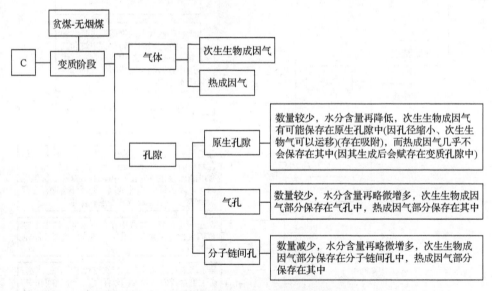

图 1-19 煤层气藏储层及流体特征框图 C 部分

1.3 煤层气储层割理类型及特征

煤中的基质孔隙大多以连通性较差的纳米级和微米级的小孔隙为主，因此主要通过吸附作用使孔隙作为煤层气储集的主要场所，而煤层气运移的主要通道则为割理和其他开放性裂隙,因此深入研究割理的发育及特征对评估煤储层的渗流能力和开发潜力是十分必要的。

1.3.1 割理的定义与分类

目前,由于国内外对于割理的定义、分类及特性仍然存在一定的分歧,本节将主要介绍目前国内外常用的一些割理的定义与分类。

"割理"一词最早起源于英国和美国煤矿工人使用的采矿术语,本意指煤中两组互相垂直、同时又垂直于煤层面的天然开放式破裂系统,并把其中延展较长的一组称为面割理(或称为主割理),而与之垂直并支撑面割理的一组称为端割理(或称为横割理、板割理),如图 1-20 所示。人们通常把面割理按照长度分为不同的等级,但在划分等级时部分学者(Ammosov and Eremin, 1963)将断层也纳入割理中,而部分学者(Laubach, 1998)则认为割理是煤层内的开放式断裂而不是断层。

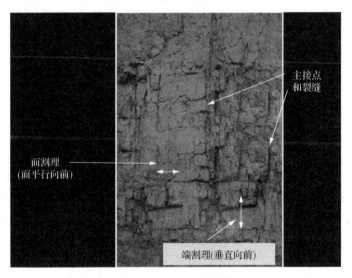

图 1-20 煤储层中的割理

最初人们将割理与节理混为一谈,并将面割理与端割理等同于岩石中的共轭剪节理,然而,有学者(Laubach et al., 1998)指出节理是指没有明显位移但仍有位移的构造裂隙,而割理不具有剪切错断特征,因此岩石中的节理不能作为煤割理的同义语。

在割理的分类研究方面,最早是 Ivanov(1939)和 Ammosov、Eremin(1963)从成因上将煤中的裂隙分为内生裂隙和外生裂隙两类,其中内生裂隙的形成与煤化作用和压实作用有关,而外生裂隙是构造应力作用的结果,包括与挤压、剪切作用有关的劈理和拉张作用形成的破裂两个亚类。Belitskii(1949)则根据裂隙面与煤层层面的关系,将煤中裂隙分为正交裂隙和斜交裂隙,其中正交裂隙相当于内生裂隙,斜交裂隙属于外生裂隙。Ez(1956)则按照裂隙面形态将裂隙分为五类:亮面裂隙、纹面裂隙、半亮面裂隙、镜面裂隙和暗面裂隙,其中亮面裂隙是内生裂隙,后四种裂隙属于外生裂隙。然而由于煤岩组分和煤化程度的不同会形成不同的裂面特征,这一分类在实践中很难应用。

我国对煤储层中裂隙的术语、定义及分类主要沿用苏联的研究成果,杨起和韩德馨(杨起和韩德馨,1979;韩德馨,1996)等学者将煤中裂隙分为内生裂隙和外生裂隙,而王景明(1988)进一步将煤中裂隙分为原生裂隙、构造裂隙、地压裂隙和外因裂隙,并认为原生裂隙相当于内生裂隙,其余裂隙类型则归外生裂隙;张慧(2016)则在坚持内在裂隙和外生裂隙两类分类的同时,从微观角度将裂隙进一步分为七个小类。此外,也有部分学者指出,除内生裂隙和外生裂隙以外,还应该存在具过渡性质的继承性裂隙。

虽然我国在裂隙分类上仍没有定论,但总体而言,大多学者在介绍裂隙时,将割理与内生裂隙等同。然而,无论从最初的定义还是国外对割理的研究来看,割理最基本的特征之一是存在互相垂直又同时垂直于煤层层面的面割理和端割理,而内生裂隙除了割理以外,还存在无规则分布的破裂面、节理等多种形式,因此不能简单地将割理与内生裂隙等同。

1.3.2 割理的特征

1. 割理长度和高度

割理长度是指在平行于层面的断面或煤岩类型界面上割理的横向连续延伸长度,割理高度指的是垂向上割理的连续延伸长度。煤层割理的长度和高度一般只有几厘米,通常难以识别其开度。美国新墨西哥州圣胡安盆地 Fruitland 组煤层割理长度和高度范围在几毫米到几米之间,在实际地层条件下煤层割理的宽度为 0.001~20mm (Laubach et al., 1998)。但是一般公布出来的割理宽度数据都是通过露头研究或显微镜观察得到的,不能够代表地层围压条件下的实际数据。如果割理空间被矿物充填,一般也会有可观宽度的缝隙在局部被保留(未充填部分),在美国西部白垩系煤层割理中,裂缝宽度甚至达到 0.5cm,这种情况下的割理开度比露头或岩心中观察到的更大。

2. 割理规模分级

对已知层内存在的割理规模进行分级:其范围由穿越一个或几个煤型(煤岩类型)层的一级割理,到同一煤型层内垂向不连续的二级或三级割理(图 1-21)。如果割理贯穿至少一个镜煤条带并延伸至顶/底的暗煤条带时,称之为主割理,如表 1-5 所示。

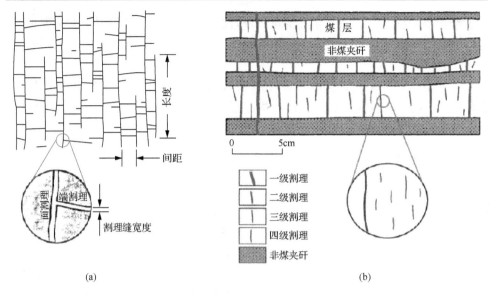

图 1-21 煤层割理发育分级特征示意图(Laubach et al., 1998)
(a)割理迹型式(平面); (b)割理等级(剖面)

表 1-5 Fruitland 组煤层割理尺寸分级

割理分级	主要特征描述	割理间距	割理高度
一级割理	割理贯穿至少一个镜煤条带并延伸至顶/底的暗煤条带时,称之为主割理,主割理是穿越数个煤层的一级割理	0.02~0.08m	几厘米至超过 1m
二级割理	二级割理是平行于一级割理的裂隙,它们在同一煤岩内垂向上不连续	盆地南部亚烟煤到高挥发分 C 型烟煤割理间距为 0.025~0.063m,在西部高挥发分 B 型烟煤为 0.006~0.012m,盆地北部高挥发分 A 型烟煤为 0.003~0.006m	一般小于 0.02m
三级割理	三级割理出现于主割理或二级割理之间,其密集程度通常在风化露头上较大,缺少矿物充填或浸染,形成于近地表面,在深部可能并不存在	0.001~0.003m, 甚至更小	0.001~0.003m, 甚至更小

裂隙尺寸分级既应用于面割理也应用于端割理。大多数端割理可被划分为二级割理,因为它们很少完全穿越整个煤层,纵横两向上也不如相关面割理稳定。在圣胡安盆地南部,端割理的间距一般要比面割理大,但在其中部和北部则常常类似或小于面割理间距。

3. 割理产状与分布

观测和实验结果表明,水平或近水平煤层内割理面倾角近乎 90°,倾斜煤层的割理面与煤层面呈正交关系,即同组两个互为正交的割理面同时垂直于煤层面,且其原始走向在相当大范围内保持不变。占全美煤层气资源 77% 的落基山前陆含煤盆地构造演化较为复杂，但在 Cordilleran 冲断带以东 800km 范围内，晚白垩世—始新世煤层的面割理走向几乎总是与冲断带、主要断层和褶皱轴垂直，说明面割理发育十分有序。

Kulander 和 Dean(1978)通过对 Allegheny 高原宾夕法尼亚纪和二叠纪煤的面割理进行了地质填图，以及对 1240 个煤层露头上割理的补充观测，认为割理域的形成与煤盆地基底构造、局部构造，以及古构造应力场、原地应力场有关。

4. 割理充填物特征及连通性

割理充填物类型、分布方式、充填程度决定了割理缝形状、大小及其连通性。只有部分充填或未被充填的割理才是储集、渗透和输导流体的有效空间。因此，割理充填状态及其连通性是影响煤层渗透率进而影响气井产量的一个关键因素。

张胜利和李宝芳(1996)将华北聚煤区一些煤田的煤层割理划分为完全充填割理、充填割理和未充填割理。割理充填物有无机矿物(如黏土、石英、方解石)、有机物，它们在割理中形成的顺序是不同的。英国威斯特伐利亚 A 期和美国伊利诺伊州的宾夕法尼亚纪煤割理的矿物共生序列大体是：首先形成硫化物矿物(黄铁矿、方铅矿、闪锌矿)；然后是黏土矿物和石英；最后为碳酸盐矿物(方解石、铁白云石)，且以无机矿物质为主。Rice 等(1989)也发现过有沥青充填并渗出镜质组割理缝的实例。煤割理充填物中复合矿物相与地下水系统的矿化类型有关，同时在不同区域和地质历史阶段表现出不同的特点。很多地区割理充填物类型和形态与周边砂泥岩的裂隙特征一致，表明割理形成后的很长时间内呈开启状态，或者至少呈幕式开放，并发生过流体运移和次生矿物沉淀。割理的连通性是通过充填物之间交切和支撑关系维持的。

5. 割理间距变化与煤阶的关系

早期研究认为割理间距由煤阶、煤岩类型和层厚控制(图 1-22)。圣胡安盆地的主割理间距取决于煤阶和煤岩类型；在煤阶相同的区域，在一定程度上取决于底层

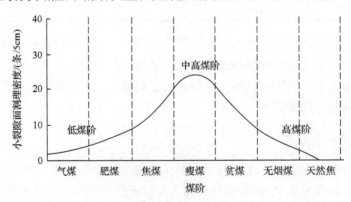

图 1-22　面割理密度与煤阶关系

和构造位置及煤层内的单个煤层厚度。在 Fruitland 组煤层中，盆地北部第三区的高阶煤中的平均主面割理要比盆地南部低阶煤中密集；富镜质组亮煤层中的割理间距小，在暗灰的富暗煤层中最大。一般而言，割理密度与煤阶关系如图 1-22 所示。

Levine 根据大量的数据，建立了一个经验公式来描述割理间距与煤阶的关系，即

$$s = 0.473 \times 10^{0.389/R_o} \tag{1-1}$$

式中，s 为割理间距，cm。

由式(1-1)可知，从褐煤到中挥发分烟煤割理间距逐渐降低，但镜质组反射率 R_o 在 1.5% 以上时几乎不变。

6. 割理的压力敏感性

由于基质收缩效应和割理孔隙变化仅与孔隙气体压力有关，因此，保持孔隙气体压力不变，并采用几乎不对煤产生吸附的氦气作载气，即可研究围压变化对割理孔隙的影响。

图 1-23 是在孔隙压力保持不变情况下，孔隙度随围压的变化曲线。可以看出，随围压增加，煤的割理孔隙明显降低，而同等条件下砂岩孔隙随围压变化不明显，说明割理的压敏性较强。

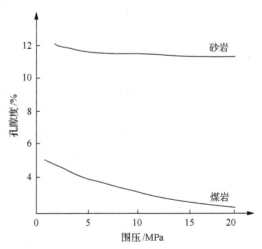

图 1-23 孔隙度随围压变化曲线(管俊芳和侯瑞云，1999)

1.3.3 割理特征对开发的影响

1. 割理对垂向渗透率的影响

根据对煤储层中割理分布的研究，面割理和端割理两个互为正交的割理面同

时垂直于煤层面,即当煤储层为水平储层时,垂向上会存在大量割理沟通。以澳大利亚二叠纪煤储层割理/裂缝分布剖面图为例(图1-24),其中1为单层镜煤中的割理,2为多层叠状镜煤中的割理,3为仅在暗煤中的割理,4为穿过镜煤和暗煤层的大割理,5为穿过很多岩层和割理系统的大割理或结合点。

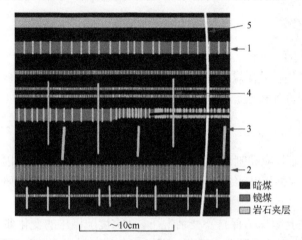

图1-24 澳大利亚二叠纪煤储层割理/裂缝分布示意图(Dawson and Esterle,2010)

可以看出,储层中大量分布有层内和层间的垂向割理,考虑到煤储层中割理为主要的渗流通道,因此储层的垂向渗透率会大幅提高,甚至大于端割理渗透率。

2. 割理对不同开发方式的影响

由于割理具有显著的方向性,可以分为面割理和端割理,而面割理和端割理的渗流能力往往具有极大的差异性。考虑到煤储层中主要是以割理为渗流通道,因此开发时井型与割理的相互位置关系将直接影响到开发时的渗流能力,进而影响开发效果。

如图1-25(a)所示,对直井而言,当直井压裂时,裂缝延伸方向通常为面割理

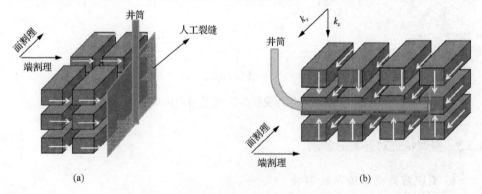

图1-25 不同压裂井型与割理关系及流动特征
(a)压裂直井;(b)水平井。k_x为面割理渗透率;k_z为垂向渗透率

方向，此时在煤层气井的生产过程中，煤层气井生产过程特别是中后期，流体主要沿着端割理方向流到裂缝，进入井底，因此，端割理方向渗透率对压裂直井产量影响很大。

水平井流动情况与直井不同，如图1-25(b)所示。水平井眼通常按照垂直于面割理方向钻进，此时流动分为平面上向井眼方向上的流动和垂向上向井筒的流动。显然，平面上流动受面割理方向渗透率影响很大；垂向上流动受垂向渗透率影响。因此水平井产能受面割理渗透率与垂向渗透率综合作用影响。

因此，若只考虑割理对开发的影响，那么对各向异性煤层来说，水平井能有效利用最大渗透率获取产能，而压裂直井渗流受端割理方向渗透率控制，因此，单从这方面来讲，水平井较压裂直井具有优势。

1.4 煤层气储层的界面性质

1.4.1 煤岩组成及结构

煤是一种有机岩类，包括三种成因类型：①主要来源于高等植物的腐殖煤；②主要由低等生物形成的腐泥煤；③介于前两者之间的腐殖-腐泥煤。

煤分子是由多个基本结构单元构成的高分子，基本结构单元的核心是缩合芳香核。由几个或十几个苯环、脂环、氢化芳香环及杂环(含氮、氧、硫等元素)缩聚而成，称为基本结构单元的核或芳香核。从褐煤开始，随煤化程度的提高，煤大分子基本结构单元的核缓慢增大，核中的缩合环数逐渐增多，当碳含量超过90%以后，基本结构单元核的芳香环数急剧增大，逐渐向石墨结构转变。煤分子结构单元含有不规则部分：侧链和官能团。煤分子上的官能团主要是：①含氧官能团(oxygen containing functional group)，如羟基(—OH)、羧基(—COOH)、羰基($>$C═O)、甲氧基(—OCH$_3$)、氧醚等；②含硫官能团(sulfur containing functional group)，如硫醇(—SH)、硫醚(R—S—R)、二硫化物(—S—S—)；③含氮官能团(nitrogen containing functional group)，如吡啶、喹啉的衍生物、氨基(—NH$_2$)。煤中也含低分子化合物，游离或镶嵌在煤大分子主体结构中。煤中含氧官能团随煤化程度提高而减少。其中甲氧基消失得最快，在年老褐煤中几乎不存在；其次是羧基，到中等煤化程度的烟煤时，羧基已基本消失；羟基和羰基在整个烟煤阶段都存在，甚至在无烟煤阶段还有发现。

将煤在显微镜下进行识别和区分，能观察到两种基本组成成分，称为显微组分，包括有机显微组分和无机显微组分。因此，煤也可认为是由有机显微组分和少量分散于有机组分或与有机组分结合的无机显微组分组成的复杂不均一物质。有机显微组分是指在显微镜下能观察到的煤中成煤原始植物组织转变而成的显微组分。腐殖煤的有机显微组分包括镜质组、惰质组、壳质组。无机显微组分是指在显微镜下能观察到的无机矿物质，煤的无机显微成分主要包括黏土矿物、黄铁矿、石英、方解石等。其中黏土类矿物包括高岭石、伊利石、水云母；硫化物类矿物包括黄铁矿、白铁矿；碳酸盐类矿物包括方解石、菱铁矿；氧化物类矿物有石英；硫酸盐类矿物有石膏，以颗粒状或团块状散布于煤中。

据统计，中国大多数腐殖煤都以镜质组为主。晚古生代煤中，镜质组含量一般为55%~80%；中生代煤中含量变化范围大，为40%~90%。

煤的性质主要由原始成煤物质及成煤过程中所经受的生物化学作用和物理化学作用两方面决定。各显微组分在煤化阶段所起的变化完全不同，因此，各显微组分的性质存在很大差异。每一显微组分都有其独特的物理化学特性，从而影响煤的整体性质。

1.4.2 煤层水的类型

煤中水分一般指以物理吸附态与煤表面结合在一起的水，与煤中的固体物质并无化学键链接，因此不包含结晶水，也不包含热解时由煤中的氧和氢化合而来的热解水。若非特别指明，煤中的水是指独立存在、游离于煤有机质分子和矿物质分子之外的那部分水。因此可称为游离水，它吸附在煤的外表面和内部孔隙的表面上，或凝聚在煤层中的微小孔隙中。煤中的游离水分为两种形态，即在常温的大气中易于失去的水分和不易失去的水分，前者吸附在煤粒的外表面和较大的毛细管孔隙中，称为外在水分；后者存在于较小的孔隙中，称为内在水分。

一般分析实验煤样水分就是内在水分，是指存在于煤的小毛细孔内的水分，这部分水因为毛细管作用，在常温大气中不易失去。

水分是一项重要的煤质指标，它在煤的基础理论研究和加工利用中都具有重要的作用。

煤中水分随煤的变质程度加深而呈规律性变化：从泥炭—褐煤—烟煤—年轻无烟煤，水分逐渐减少；而从年轻无烟煤—年老无烟煤，水分又增加（表1-6）。因此可以由煤的内在水分含量来大致推断煤的变质程度。许多国家还将它和发热量相结合，利用一项叫作"含水无灰基发热量"的指标进行年轻煤的细分类依据。

表1-6 煤中内在水分含量与煤的变质程度的关系

煤种	内在水分含量/%	煤种	内在水分含量/%	煤种	内在水分含量/%	煤种	内在水分含量/%
泥炭	5~25	气煤	1~5	瘦煤	0.5~2	年老无烟煤	2~9.5
褐煤	5~25	肥煤	0.3~3	贫煤	0.5~2.5		
长焰煤	3~12	焦煤	0.5~1.5	年轻无烟煤	0.7~3		

煤中水分按其结合状态可分为游离水和化合水（即结晶水）两大类。游离水是以物理吸附或吸着方式与煤结合的水分。化合水是以化合的方式同煤中的矿物质

结合的水，它是矿物晶格的一部分，如硫酸钙($CaSO_4 \cdot 2H_2O$)和高岭土($Al_2O_3 \cdot 2SiO_2 \cdot 2H_2O$)中的结合水。煤中的游离水于常压下在 105～110℃的温度下经过短时间干燥即可全部蒸发；而结晶水通常要在 200℃，有的甚至要在 500℃以上才能析出。在煤的工业分析中测定的水分只是游离水。

在实际测定中，煤从脱去表面水和内在水不是按其理论定义来划分的，而是按测定方法或测定条件来定义的。所谓表面水是指在环境温度和湿度下，煤与大气接近湿度平衡时失去的那部分水，而留下的水分则为内在水，这与以表面吸附和毛细管吸附为根据的理论划分法有所不同：第一，当煤与大气接近平衡时不仅失去表面吸附水，而且部分毛细管吸附水也要失去；第二，实测的表面水和内在水不是一个定值，它们随测定环境的温度和湿度等条件而改变。

1.4.3 润湿性及润湿角模型

在多相体系里，定义界面为相与相之间的分界面，界面通常分固气、液气、液液、固液和固固五种，通常将液气、固气界面称为表面，而将其他的统称为界面。润湿是指液体在界面张力的作用下沿固体表面流散的现象，体现液体在固体表面铺展的能力或倾向性，尽管用倾向性一词描述无生命的物体看似奇怪，但它却恰当说明了表面力与界面张力之间的平衡，润湿性并不是不变的，其改变反映了界面性质的动态变化。润湿性是固体表面重要性质之一，界面的润湿性与表面微观结构、界面能有关。

储层内流体通常有两相或者三相，存在多相流，因此对润湿性的了解显得很重要。储层孔隙表面的润湿性对油气原始赋存方式有重要影响，不同润湿性下油水的分布形态如图 1-26 所示。

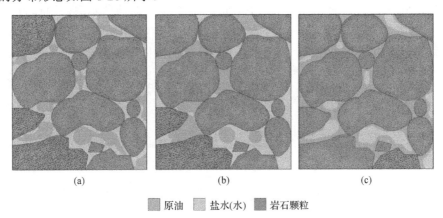

图 1-26 不同润湿情况下油水分布
(a)亲水；(b)混合润湿；(c)亲油

在亲水状态下[图1-26(a)],原油存在于孔隙的中心位置。如果所有表面亲油,情况则恰恰相反[图1-26(c)]。在混合润湿状态下,原油会驱替部分表面的水,但原油仍然在亲水孔隙的中心位置[图1-26(b)]。图1-26所示三种情况有相似的含油和含水饱和度。

在油气运移过程中及油气运移之后,地层的原始润湿性和改变后的润湿性会影响原始含水饱和度(S_{wi})剖面及地层的生产特性,影响着储层裂隙气水两相流动的残余水饱和度及其最终采收率。

固体的润湿性通常用润湿角表示,当液滴(水滴)滴在固体表面时,润湿性不同出现的形状也不同,将液滴在固液接触边缘的切线与固体平面间的夹角称为润湿角。按照润湿角的大小可将润湿性分为三类:①水润湿,润湿角小于90°,水可以润湿岩石,岩石亲水性好;②油润湿,润湿角大于90°,油可以润湿岩石,岩石亲油性好;③中性润湿,润湿角等于90°,油、水润湿岩石的能力相当,岩石既不亲水也不亲油。

除上述三类润湿性之外,也有学者提出其他润湿性类型。Brown等(2014)基于岩石润湿性因吸附原油组分而改变的实验结果提出了部分润湿,也叫不均匀润湿性或斑点状润湿性,部分润湿性指岩石的不同部位具有不同的润湿偏向性。Salathiel(1973)提出了混合润湿性,可用混合润湿一词来描述具有非均匀润湿性的任何物质。必须注意,中性润湿状态(缺乏较强的润湿倾向)与混合润湿状态(有不同的润湿倾向,可能包括中性润湿)之间存在根本区别。

1. Young润湿方程

将一滴液体滴在玻璃板上,如果液滴(如水滴)在玻璃板上迅速铺开,说明液体润湿固体表面;如果液滴不散开(如水银),则说明液体不湿润固体表面。如图1-27所示,通过气液固三相交点做气液界面的切线,切线与固液界面之间的夹角称为润湿角,用θ表示,并规定θ从极性大的液体一面算起。

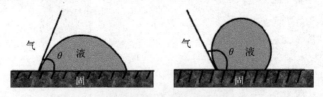

图1-27 不同润湿结果润湿角示意图

润湿角实际上是σ_{ls}与σ_{sl}之间的夹角,润湿角的大小与种界面张力的相对大小有关,之间的关系式为Young润湿方程:

$$\cos\theta = (\sigma_{gs} - \sigma_{ls})/\sigma_{gl} \tag{1-2}$$

式中,σ_{gs}为气固界面张力;σ_{ls}为液固界面张力;σ_{gl}为气液界面张力。

Young 润湿方程只适用于理想的刚性、均一、光滑、惰性表面，不适用于实际表面。

2. Wenzel 模型

当表面存在微观粗糙构造时，表面的表观润湿角与本征润湿角存在一定的差值。当固体表面是化学均一的粗糙表面时，Wenzel(1949)认为粗糙表面的存在使得实际固液接触面积大于表观几何接触面积，在几何上增强了疏水性(或亲水性)。假设液体始终填满表面上的凹槽结构[图 1-28(a)]，粗糙表面的表观润湿角 θ^* 与光滑平坦表面本征润湿角 θ 存在以下关系：

$$\cos\theta^* = r(\sigma_{gs} - \sigma_{ls})/\sigma_{gl} = r\cos\theta \tag{1-3}$$

式中，r 为材料表面的粗糙度因子，为固液界面实际接触面积 S_a 与表观接触面积 S_p 之比，$r \geqslant 1$。当固体表面为疏水表面时，即 $\cos\theta < 0$、$90°<\theta<180°$时，则 $\cos\theta^* < \cos\theta$、$\theta^* > \theta$，表明粗糙度会使疏水表面更疏水。当固体表面为亲水表面时，即 $\cos\theta > 0$、$0°<\theta<90°$时，则 $\cos\theta^* > \cos\theta$、$\theta^* < \theta$。

3. Cassie 模型

Cassie(1948)认为，液滴在粗糙表面上的接触是一种复合接触，在疏水表面上的液滴不能填满粗糙表面上的凹槽，凹槽中液滴下存有截留空气，从而表观上的固液接触实际是由固液、固气接触共同组成。从热力学角度考虑，平衡时，粗糙表面表观润湿角 θ^* 是光滑平坦表面本征润湿角 θ 和 180°的平均值，即有以下关系：

$$\cos\theta^* = f_s(1+\cos\theta) - 1 \tag{1-4}$$

式中，f_s 为复合接触面中突起固体面积 S_s 与表观接触面积 S_p 之比($f_s<1$)。

对于疏水表面，f_s 越小则表观润湿角 θ^* 越大。对于高粗糙表面，当表面足够疏水或粗糙度因子 r 足够大时，f_s 趋近于 0°，θ^* 趋近于 180°，液滴处在"针尖"上。

Wenzel 模型和 Cassie 模型的区别在于对粗糙表面处与液滴的接触面假设不同，具体假设区别如图 1-28 所示。

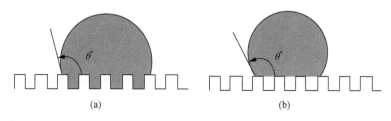

图 1-28 Wenzel 模型和 Cassie 模型
(a) Wenzel 模型；(b) Cassie 模型

4. Cassie-Baxter 模型

Cassie 模型和 Baxter 模型从热力学角度得到适合任何复合表面接触的 Cassie-Baxter 方程：

$$\cos\theta^* = f_1 \cos\theta_1 + f_2 \cos\theta_2 \tag{1-5}$$

式中，θ_1、θ_2 分别为两种介质在固体表面上的本征润湿角；f_1、f_2 分别为两种介质在固体表面上所占面积的比例，$f_1+f_2=1$。

对于煤岩，煤岩包括多种显微组分，如镜质组、惰质组、壳质组和矿物等，Cassie-Baxter 方程可以扩展为

$$\cos\theta^* = \sum_{i=1}^{n} f_i \cos\theta_i \tag{1-6}$$

式中，f_i 为组分 i 在复合表面所占的面积分数；θ_i 为组分 i 的润湿角；n 为组分数。

1.4.4 煤岩界面润湿性及测量方法

固液间的润湿角是一种很好的表征固液间润湿性能大小的方法，煤作为一种固体，与液体间的润湿性（主要是煤与水间的润湿性）也满足润湿角模型。因此，对煤的润湿性的测定，可以通过测定煤与水的润湿角来得到。

1. 煤岩界面润湿性

傅贵等（1997）采用快速照相法研究了我国几个重要矿区煤的水润湿性，他们认为煤岩的水润湿性在无机质性质相同的情况下主要由其有机质性质决定，并采用成型粉煤的压缩平面液滴法测定了平庄、安阳、大同等七个矿区的煤水润湿角，其静态润湿角为 17°～61.3°，属于水润湿性范围。

王政华和康天合（2012）采用煤岩学的制片方法，为确保块煤表面的磨光程度，选择在原煤抛光表面上测定平衡润湿角，煤样对水的润湿角为 68°～72°，呈现弱水湿性。

2. 煤岩界面润湿性测量方法

润湿性测量方法可分为定量测量和定性测量两类。定量测量方法包括润湿角法、Amott 润湿性指数法等，定性测量方法主要包括渗吸法、显微镜检验法、相对渗透率方法、真实砂岩微观模拟方法等。

润湿角的测试方法比较多，按照所测物理量将这些方法大致分为测角法、测高法和测重法三类。由测试达到平衡需要的时间不同又可以分别得到静态润湿角

(static contact angle，SCA)和动态润湿角(dynamic contact angle，DCA)。由于静态润湿角是在平衡条件下测试得到，它只能反映平衡时的润湿性，无法揭示表面结构的变化信息，对研究材料表面结构与润湿性关系及表面结构的精确调控无能为力，而动态润湿角恰好弥补了这一缺点。动态润湿角可以提供材料表面的粗糙程度、化学性质的均匀性、亲/疏水链段的重构等信息。

目前，测试动态润湿角的方法有两种：测角法和测重法，其中测重法的精度更高。Wilhelmy吊片法(测重法)的测量润湿角的精度可以达到±0.1°，而影像分析法润湿角仪测量标准样板的不确定度为 0.5°～1.0°，其中因基线位置的不确定性和液滴轮廓线拟合方法不同导致的测量结果变异是该法测量不确定度最主要的来源。

1.4.5 煤岩润湿性影响因素

煤的润湿性体现出煤吸附液体的一种能力。当煤与液体接触时，如果固体煤的分子对液体分子的作用力大于液体分子之间的作用力，则固体煤可以被润湿，煤的表面黏附该液体。相反，若液体分子之间的作用力大于固体煤分子对液体分子的作用力，则固体煤不能被润湿。对于同一种固体，不同液体的润湿性不同；对于不同的固体，同一种液体的润湿性也不同。

煤岩表面为非均相结构，有机物和无机物非常复杂地结合在一起，因此，煤岩的润湿性不仅受原煤无机物含量的影响，也受其有机含量和性质的影响。

村田逞诠(1992)通过大量实验认为，煤的润湿性主要有以下几个特点：①煤岩灰分越高，煤在水中越易润湿。②随氧含量的增加(尤其是含氧官能团的增加)，亲水性越强。③煤的有机化学结构与润湿性的关系是在烟煤阶段，对芳香环少的烟煤，随芳香环的增多，煤的疏水性越强；对芳香环多的烟煤，随连接芳香环的脂肪族碳氢链的减少，煤的疏水性越弱。

1. 有机显微组分对润湿性的影响

煤的有机质主要显微组分(镜质组分和惰性组分)含量对煤的水润湿性影响很大。一般认为，惰质组亲水性比镜质组亲水性更好，但镜质组的亲水性更强。镜质组含量越高，润湿角越小，润湿性越好；惰性组分含量越高，润湿角越大，润湿性越差。碳含量越高，润湿性越不好，而氧含量越高，润湿性越好。

2. 无机显微组分对润湿性的影响

煤岩中的无机显微组分主要是黏土矿物，黏土矿物主要有高岭石、蒙脱石、伊利石等。一般认为，煤中的无机矿物质较多地倾向于亲水。因此矿物含量对煤的润湿性有很大的影响，即随着矿物含量的增加、表面矿物面积比例及矿物颗粒的增大，煤样润湿性越好。

3. 含氧官能团对润湿性的影响

所有的煤都含氧，包括有机质中的有机氧、矿物质和水分中的无机氧，其中对煤的性质影响较大的是以含氧官能团形式存在的有机氧。煤表面的含氧官能团，包括醇基、醚基、酚基、醛基等，一般存在于煤表面上，它们易形成氢键而亲水。煤氧化导致醚键和酚基、羧基官能团的形成。

含氧官能团的数量、类型及排列方式对煤的性质，尤其是表面性质，如亲水性、疏水性、表面电性等的影响较大。

含氧官能团越多，煤表面亲水性越大，这将会对煤的物理化学性质带来明显影响，进而对煤岩润湿性产生影响。含氧官能团越多，吸附位越多，对水的吸附能力越强。

羟基、羧基、酚羟基等是极性官能团，其极性较强，可以以偶极作用力与水分子的氢以氢键的形式缔合，所以相对活性较强，属于活性含氧基团，醚氧基等非极性含氧官能团，且含氧基团中氧的偶极作用较弱，因而与水分子中氢的缔合力较小，可称为非活性氧。

总的来说，羧基含量是影响煤表面润湿性最主要的因素，如从水悬浮度角度考虑，褐煤表面化学性质由羧基官能团控制，羟基对润湿性的影响仅次于羧基。对于羰基、醚基，从化学结构上可以看出，它们对润湿性的影响甚微，与润湿角之间不存在相关性。因此，煤的含氧量及含氧官能团不同会导致它们的表面润湿性不同。

4. 煤阶对润湿性的影响

煤阶类型不同，煤分子表面官能团也有所不同，因此煤阶类型显著影响煤的润湿性。在低煤阶的褐煤阶段，煤岩表面极性官能团较多，一般含有较少的聚合芳环，表面镶嵌分布着较多的羧基、酚羟基等亲水性含氧官能团，因此，低演化程度煤是亲水而疏甲烷的，煤储层水分含量非常高。随煤演化程度加深，羟基和羧基官能团大量脱落，煤的芳环逐渐增大，煤大分子结构芳香性程度增强，排列逐渐有序，造成煤的亲甲烷能力显著增强。在烟煤阶段，对芳香环少的烟煤，随芳香环的增多，煤的疏水性增强，无烟煤的润湿性最差；而对芳香环多的烟煤，随连接芳香环的脂肪族碳氢链的减少，煤的疏水性反而减弱。

5. 煤的表面电性对润湿性的影响

在水介质中，煤粒表面各种含氧官能团、碳氧复合体、无机矿物质等与分散介质相互作用，会产生解离和表面吸附，使煤表面具有多极性，既有亲水部位，又有疏水部位，既有荷正电区域，又有荷负电区域，这些区域的综合效应构成煤颗粒整体上的表面电性。

因此，煤颗粒在水相中都具有一定的电动电位，且综合电动势均为负值。因此，煤表面会吸附水相中的异性电荷，从而产生双电层，离子在运动时产生电动电位，即ζ电位。煤表面与周围介质形成双电层所产生的ζ电位，不仅与介质的电性相关，也与煤表面的官能团特性相关，是煤表面微观性质的宏观反映，同时对煤岩润湿性有着重要影响。

煤所处环境的酸碱度不同，煤表面所带电荷不同，使同一煤样呈现出不同的润湿性。当处在碱性环境中，煤表面将会有较多的活性氢离子解离下来，使煤表面负电荷量增加，电动电位随 pH 的增大，其绝对值增大，增加了煤岩亲水性；若处于弱酸性环境中，煤样周围氢离子数量增加，使煤表面负电荷量减少，电动电位的绝对值减小。当酸性达到一定程度时，颗粒表面呈电中性，这一变化导致煤岩亲水性减弱；若溶液酸性继续增强，煤颗粒表面开始吸附较多的氢离子，以至于电动电位值变正，并随之增大。

1.4.6 煤岩润湿性渗流与吸附特征不一致性

在吸附学中，固体表面水湿通常意味着该固体更容易吸附水相而不是气相，但对煤岩而言，大量的实验表明尽管煤岩表现为弱水湿性，但在吸附过程中更容易吸附甲烷。这是因为目前测量润湿性的方法通常采用力学方法，而对煤岩来说，由于煤岩表面同时具有大量作用力较弱的非极性分子和少量作用力极强的极性分子，采用力学方法获得的润湿性是平均润湿性。由于极性分子作用力极强，因此尽管极性分子较少，最终结果仍然呈现弱水湿，这对于考虑"平均值"的渗流过程是正确的，但对于考虑"数量"的吸附过程而言，由于非极性分子数目更多，因此无论测试结果如何，煤岩始终更容易吸附甲烷。

1.5 不同储集特征煤岩气水分布方式

1.5.1 储层局部生烃吸附与聚集

1. 生烃前孔隙为饱和水环境

在煤层气藏的形成过程中，植物碎屑沉积变为煤的过程存在着生物化学作用(biochemistry)与无机热化学作用(geochemistry)。生物化学过程中植物碎屑的降解是在沼泽水、氧气及其供应量下的细菌/真菌环境下进行的，该阶段生成部分CH_4、CO_2、N_2等气体，并伴随水的生成，如图1-29所示。无机热化学过程中，沼泽逐渐被埋藏，同时伴随地表水沉积，植物和动物残留物裸露在逐渐增加的温度和压力下最终变为煤。水不仅是成煤作用的重要条件之一，同时还是成煤作用主要的产物(植物变成褐煤及进一步变成烟煤的过程中，1单位的植物转化会生成

64 单位的水、8 单位的甲烷和 2 单位的二氧化碳;在烟煤变成半无烟煤的过程中,1 单位的烟煤会生成 7.87 单位的水、9.23 单位的甲烷和 3 单位的二氧化碳;在半无烟煤变成无烟煤的过程中,1 单位的半无烟煤会生成 1 单位的水和 36 单位的甲烷)。普遍认为煤层气藏游离气较少,表明储层孔隙含水饱和度高。煤岩基质孔隙度极低(1%~5%),且通常被水充填。

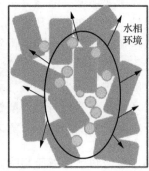

图 1-29　煤中有机质在水环境下生成甲烷(Romeo,2014)

2. 局部生烃阶段甲烷运移过程

煤层气藏形成过程一般要延续几百万年,假设储层不同位置产气强度与产气时期具有差异性,且在大面积范围内岩石组成及岩石孔隙半径分布存在差异。如图 1-30 所示,区域 A 煤岩颗粒优先产生甲烷气,产出的甲烷气首先在满足该区域基质颗粒表面吸附,额外的甲烷溶解到储层水中。

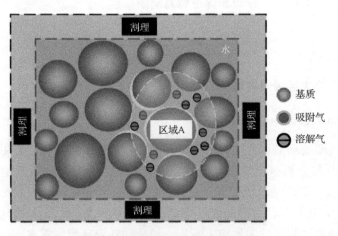

图 1-30　煤层气局部生烃过程示意图

1.5.2 富集甲烷溶解扩散异地吸附

1. 生烃过程中的甲烷扩散机理

煤储层成藏过程中存在着甲烷的溶解扩散现象，无论气相还是液相，物质传递的机理有两种。

(1) 分子扩散。当流体内部存在某一组分的浓度差，则因分子的无规律的热运动使该组分由浓度较高处传递至浓度较低处，这种现象称为分子扩散，如香水的气味扩散。分子扩散也可由温度梯度、压力梯度产生，由温度梯度产生的分子扩散叫热扩散，如湿木棍一头加热，另一端会冒出热气或水滴。此处讨论的分子扩散仅因浓度梯度产生的。分子扩散与传热中由于温度差而引起的热传导相似。

(2) 对流扩散。在流动的流体中的传质不仅会有分子扩散，而且有流体的宏观运动也将导致物质的传递，这种现象称为对流传质。对流传质与对流传热类似，且通常是指流体与某一界面之间的传质。

单相流体中的传质称为扩散传质，即二元混合扩散体系中，静止流体或层流流体，任意组元分子由高浓度区向低浓度区自发运动的过程。从分子运动学的角度来说，气体扩散实际上是气体分子随机运动的结果。

扩散可以在压力梯度、温度梯度、外部力场和浓度梯度下进行，进而分为压力扩散、热扩散、强迫扩散和分子扩散四种。其中，单相流体的分子扩散可以用克努森数(Kn)将扩散分为最普通的菲克型扩散、克努森型扩散、过渡型扩散及连续流。其中，Kn 用来表示多孔介质中孔隙直径及分子运动的平均自由程的相对大小，其表达式为

$$Kn = \frac{\lambda}{d} \tag{1-7}$$

式中，d 为孔隙的平均直径，m；λ 为气体分子的平均自由程，m。

1) 菲克扩散

当 $Kn \leqslant 0.1$ 时，气体分子的平均自由程远远小于孔隙直径(图1-31)。此时碰撞主要发生在自由的气体分子之间，而分子和孔隙壁的碰撞机会相对来说比较小，扩散是由于煤层气气体分子之间的无规则热运动引起的，遵循菲克定律，所以称菲克型扩散，即对于温度(T)、压力(p)一定的一维定态的分子，扩散速率与浓度梯度成正比，其表达式为

$$J = -D_F \frac{\partial c}{\partial x} \tag{1-8}$$

式中，J 为扩散通量，$kg/(s \cdot m^2)$；D_F 为菲克扩散系数，m^2/s；$\frac{\partial c}{\partial x}$ 为浓度梯度；c 为气体浓度，kg/m^3；负号表示扩散方向为浓度梯度的反方向。

图 1-31　菲克扩散示意图

2) 克努森扩散

当 $Kn \geqslant 10$ 时，分子的平均自由程大于孔径，气体分子与多孔介质壁间的碰撞概率大于气体分子间的碰撞概率，瓦斯分子和孔隙壁之间的碰撞占主导地位，而分子之间的碰撞降为次要地位，此时混合组分中各种气体彼此近似无关，各气体的渗透速率不受其他气体的影响，气体通过多孔介质流量与其分子量的大小有关，分子运动轨迹如图 1-32 所示。此时扩散类型为克努森扩散，其驱动力是分压梯度。

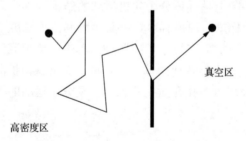

图 1-32　克努森扩散分子运动轨迹

3) 过渡型扩散

当 $0.1 < Kn < 10$ 时，气体分子的平均自由程与孔隙直径相接近(图 1-33)。此时游离气体分子之间的碰撞与分子跟孔隙壁之间的碰撞都很重要。扩散过程受两种扩散机理的制约，所以这种类型的扩散介于菲克型扩散和克努森型扩散之间，被称作过渡型扩散。在恒压条件下，其有效扩散系数(D_{pe})与菲克扩散系数(D_F)和克努森扩散系数(D_K)的关系如下：

$$\frac{1}{D_{pe}} = \frac{1}{D_F} + \frac{1}{D_K} \tag{1-9}$$

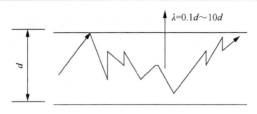

图 1-33　过渡型扩散

2. 扩散异地吸附阶段甲烷运移过程

由于甲烷在水中的溶解度很低,容易在水中扩散。在浓度差驱动下,甲烷分子通过液相扩散至周边区域,其中甲烷分子将由水相迁移至具有吸附能力的煤岩颗粒表面发生吸附。在煤化过程几百万年时间尺度内,如果储层产气总量足够,整个气藏将逐渐达到吸附饱和与溶解饱和状态,该过程属于固液界面吸附,最终储层中气水分布如图 1-34 所示。

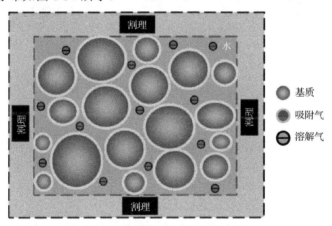

图 1-34　煤层气异地吸附气水分布示意图

1.5.3　过量生成甲烷成泡形成自由气

1. 自由气形成阶段甲烷运移过程

如果储层产气量进一步增加,继续生成的甲烷分子在过剩自由能驱使下聚集成核与成泡,它们附着于颗粒表面。随着产气量的增加,气泡体积增大,气泡压力也发生变化,且满足气体状态方程

$$p_g V_g = ZMRT$$

式中,Z 为气泡偏差因子;R 为普适气体常数;V_g 为气泡体积;p_g 为气泡压力;M 为甲烷气物质的量。

当气泡直径达到孔隙尺寸时,如果气泡压力 p_g 无法克服喉道毛细管力 p_c 及水柱压力 p_w,则气泡不能穿过孔喉,将被圈闭于孔隙内;反之,气泡可以运移到其他较大孔隙或割理,圈闭气泡将被解放。但是对于微小孔隙,气液界面压降很大,气泡需要很高压力才可以释放出来。因此,圈闭甲烷气泡-储层水(含溶解气)-煤岩颗粒(含吸附气)共同构成煤储层气液固三相平衡体系,最终储层中气水分布如图 1-35 所示。

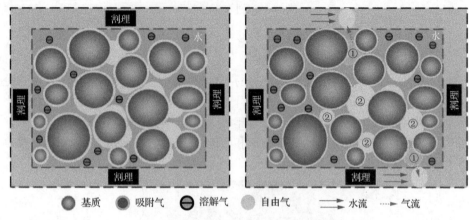

图 1-35　煤层气形成自由气过程示意图
①基质内圈闭气泡;②基质内自由气泡

2. 形成自由气含量计算

目前普遍认为煤层气藏的游离气量极低,其主要原因是储层孔隙度低,地层孔隙流体压力较低。但是,作者发现在纳米孔隙圈闭的气泡压力可以远高于地层孔隙流体压力,相对于吸附气不能低估游离气的含量。在原始储层孔隙三相体系中,三相接触线满足式(1-2)所描述的平衡状态。

前面已经说明了煤样的润湿角与含碳量有关,且不同煤阶煤样均表现为弱水湿(θ 小于 90°)的结论。因此在煤层中,气固界面张力(σ_{gs})大于液固界面张力(σ_{ls}),气水界面弯曲,且弯曲方向指向游离气相。根据 Laplace-Young 方程:

$$p_g = p_w + 2\sigma_{gw} \cos\theta / r$$

式中,r 为孔隙半径。

表明在储层气液固三相界面作用下,储层孔隙内游离气相压力 p_g 将高于水相压力 p_w。煤层孔隙尺度与煤显微成分含量有关:镜质组小孔发育,孔径为 20~200Å[①];惰质组孔径较大,为 50~500Å(Rightmire et al.,1984)。假若以 $r=10$nm、$\theta=60°$ 为例计算,气相压力将会比水相压力高 7MPa 左右。因此,对微小孔隙发

---

① 1Å=10⁻¹⁰m。

育的煤层气藏，游离气相压力可以远高于水相压力，界面压降不容忽视。同时发现，由于煤层孔隙结构复杂，煤岩基质颗粒并非均一，基质孔隙几纳米至几百纳米不等，不同尺度孔隙内部游离气相压力与体积均不相同。在图 1-36 中，圈闭气泡尺寸减小，对应圈闭压力增大。因此，在实际储层中，由于水相连续性，其压力是统一的，即为静水压力或储层压力，但游离气相以圈闭气泡形式存在，不同圈闭程度致使气相压力并不唯一。

尽管大部分学者认为页岩气藏游离气储量比例很高，但是也没有考虑有机质富集的孔隙内圈闭的游离气，而更多关心基质孔隙内表面的吸附气。在常规气藏中，储层孔隙半径大，气液界面压降较小，因此孔隙中气体的压力与孔隙液体压力差异不大，且多数储层气相为连续相，不存在气液界面。但是，对于页岩气与煤层气藏微孔隙发育，且孔隙圈闭气相普遍，不考虑气相的圈闭压力将会严重影响储量及产量的评价。在估算煤层气及页岩气游离气储量时，通常采用体积法，在体积法的公式中，并未区分游离气相压力（p_g）与水相压力（p_w），而是用原始储层压力（p_i）直接代替气相压力。事实上，原始储层压力通过测井得到，通常是原始储层静水压力，而并非游离气相压力：

$$V_f = \frac{p_i}{p_0 Z_i} \frac{T_0}{T_i} V_p (1 - S_{wi}) \tag{1-10}$$

$$n_f = \frac{p_i V_p (1 - S_{wi})}{Z_i R T_i} \tag{1-11}$$

式中，V_f 为游离气体积；n_f 为游离气含量；V_p 为孔隙体积；S_{wi} 为初始含水饱和度；Z 为气体偏差因子；T 为储层温度。角标 i 代表原始储层条件，角标 0 代表标准状态。

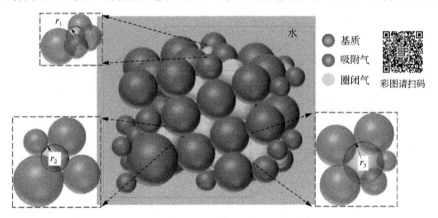

图 1-36　储层孔隙圈闭气分布示意图

r_1、r_2、r_3 表示不同孔隙的孔径

考虑到微小孔隙可以使圈闭游离气产生较大的压力，有必要对煤层气及页岩气储量进行重新评估。事实上，煤层气与页岩气储层孔隙结构复杂，构成储层的基质颗粒也并不均一，基质孔隙几纳米至几百纳米不等，不同尺度孔隙内部游离气相压力与体积均不相同，孔隙分布将对圈闭气储量产生较大的影响。在考虑孔隙分布对气相压力影响后，游离气含量应为

$$n_f^* = \frac{(1-S_{wi})(p_i+p_c)V_p}{ZRT_i} = \frac{1-S_{wi}}{RT_i}\sum_{n=1}^{N}\left(p_i+\frac{2\sigma\cos\theta}{r_n}\right)\frac{V_n}{Z_n} \quad (1-12)$$

式中，n_f^* 为游离气含量；p_c 为界面压降；σ 为表面张力；θ 为润湿角；r_n 为第 n 级孔隙半径；V_n 为第 n 级孔隙体积；Z_n 为第 n 级孔隙的气体偏差因子；N 为孔隙等级。

借鉴 Gan 等(1972)对煤样孔隙分布测量数据，利用新游离气计算公式[式(1-12)]，分析圈闭效应对游离气储量的影响。通过对四种不同煤阶煤样游离气量进行计算(表1-7)，发现考虑圈闭压力后，不同煤阶煤样游离气含量均有不同程度的提升，提升率取决于煤样孔隙分布，尤其是过渡孔(1.2~30nm)所占比例。通常认为煤层气藏基质孔隙内的游离气量极低，占总储量10%左右，但计算表明，考虑圈闭效应后，对于碳含量较低(80%以下)的低阶煤，游离气储量不容忽视。在饱和吸附气量 $446\times10^{-6} \sim 980\times10^{-6}$ mol/g(6.75MPa)前提下，无烟煤与低挥发分煤样游离气占总气量在 5%以下，甚至更低，圈闭效应对其影响较小；但高挥发分煤与褐煤在 S_w=65%的情况下，考虑圈闭后游离气含量可以达到 20%~30%，甚至更高。具体计算结果参见表 1-7，计算时对储层基质颗粒及气水分布的假设示意图如图 1-36 所示，不同煤样计算结果如图 1-37~图 1-40 所示。

表 1-7 煤样基本参数

煤样	煤阶	V_T /(cm³/g)	V_1(<1.2nm) /%	V_2(1.2~30nm) /%	V_3(>30nm) /%	碳含量/%
PSOC-80	无烟煤	0.076	75	13.1	11.9	90.8
PSOC-127	低挥发分煤	0.052	73	0	27	89.5
PSOC-26	高挥发分煤	0.158	41.8	38.6	19.6	77.2
PSOC-141	褐煤	0.114	11.3	3.5	77.2	71.7

注：V_T 为单位重量煤岩中的总孔隙体积；V_1(<1.2nm) 为孔径小于 1.2nm 的孔隙体积所占的比例；V_2(1.2~30nm) 为孔径 1.2~30nm 的孔隙体积所占的比例；V_3(>30nm) 为孔径大于 30nm 的孔隙体积所占的比例。

第 1 章　煤层气储层特征及流体赋存机理

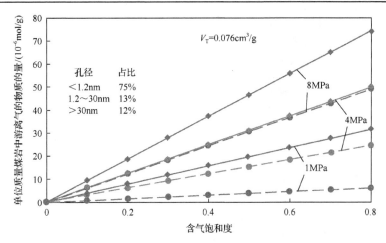

图 1-37　无烟煤考虑圈闭效应前后含气饱和度与游离气含量的关系

图中虚线为不考虑圈闭的原始孔隙压力；图中实线为考虑圈闭的原始孔隙压力，下同

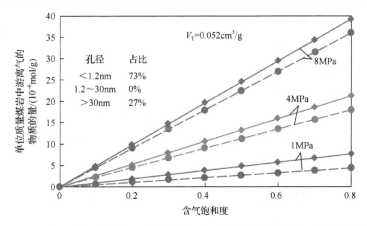

图 1-38　低挥发分煤考虑圈闭效应前后含气饱和度与游离气含量的关系

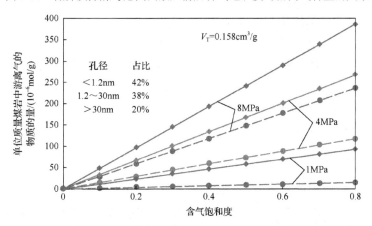

图 1-39　高挥发分煤考虑圈闭效应前后含气饱和度与游离气含量的关系

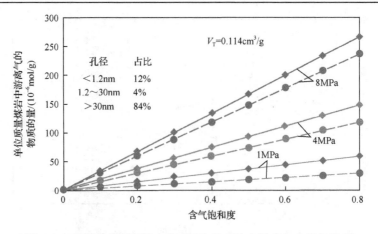

图 1-40　褐煤考虑圈闭效应前后含气饱和度与游离气含量的关系

1.5.4　煤储层三类储集特征的划分及其气水分布特征

1. 煤储层三类储集特征的划分方式

为便于接下来的研究，先依据煤层储集特征的差异性将煤储层划分为三类，对评价煤储层产气能力的最根本指标，即生烃能力进行了详细的阐述（图 1-41）。依据煤层气藏生烃能力故障树示意图可以看到，煤岩类型、煤阶、孔隙结构、孔隙与裂缝连通程度、显微组分含量及工业分析组分含量（灰分含量、挥发分含量、水分含量）等指标共同决定了煤岩储层生烃能力。其中，孔隙结构又由以下几个指标衡量，包括孔隙半径、孔隙形状、孔隙连通程度、气孔发育程度及微裂隙发育程度。而孔隙与裂隙连通程度由基质块内孔隙与微裂隙、基质块内孔与裂隙的连通程度共同决定。显微组分含量则由镜质组含量、壳质组含量及惰质组含量来综合衡量。

依据上述关键指标将煤层气藏储集特征划分为三类，即一类储集特征、二类储集特征和三类储集特征。对于煤储层一类储集特征 [图 1-42(a)]：孔隙连续气多，气孔发育；煤储层二类储集特征 [图 1-42(b)]：孔隙连续气较多，气孔较发育；煤储层三类储集特征 [图 1-42(c)]：孔隙连续气较少，气孔不太发育。煤储层一类储集特征的综合指标好，产气量高；煤储层三类储集特征的综合指标差，产气量低。相应地，三类储集特征下原始气水分布特征存在差异，从而导致不同类型储层气体产出及预测存在差异。

2. 三类储集特征下煤储层气水赋存方式及形成机理

煤层气主要以吸附态、少量游离态及溶解态赋存于煤岩孔隙-裂缝系统中，具有自生自储、无气水界面、大面积连续成藏、低孔、低渗等特征。在原始条件下，煤岩储层普遍具有一定含水饱和度，储层含水饱和度的存在将在很大程度上影响

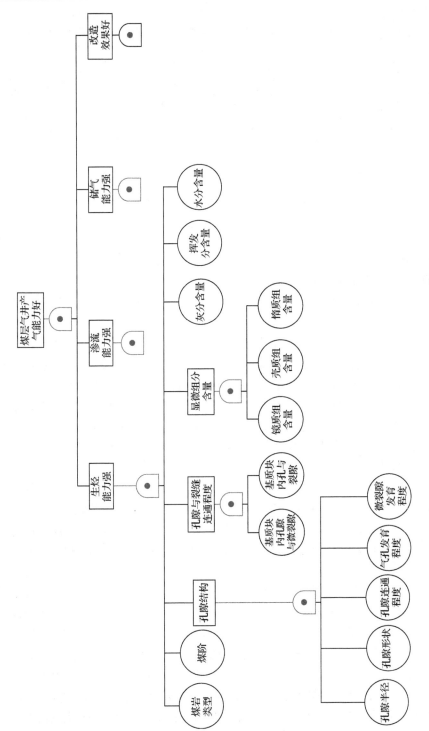

图1-41 煤层气藏生烃能力故障树

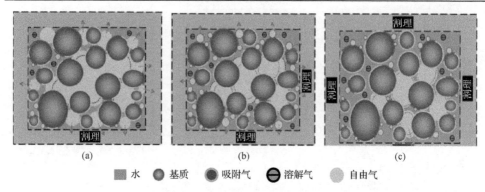

图 1-42 煤层气藏三种类型储层气水分布方式示意图
(a)煤储层一类储集特征：孔隙连续气多，气孔发育；(b)煤储层二类储集特征：孔隙连续气较多，气孔较发育；(c)煤储层三类储集特征：孔隙连续气较少，气孔不太发育

煤层气吸附能力及流动能力，为气藏资源量评估及产能预测带来一定困难。

目前，对于煤岩有机质孔隙内的气水分布特征仍存在争议。一般认为，对于生烃过程中形成的有机质孔隙(如干酪根孔)，通常认为表现为油湿特征，且孔隙几乎不含水。同时，现有研究对密封取心的页岩油岩样核磁共振(NMR)分析表明，油主要赋存于干酪根孔隙中，而水主要赋存于无机孔隙中，但有研究表明，干酪根孔隙内可能存在水分。基于分子模拟手段，有学者模拟了甲烷-水分子在石墨孔隙的分布特征，其结果表明，甲烷-水分子分布特征与孔隙表面的极性活性位密度相关。对孔隙表面不存在极性活性位情况，孔隙内被甲烷分子填充，不存在水分子；而对孔隙表面活性位密度较高情况，孔隙内基本被水分子占据，甲烷分子含量极低。进一步对吸附态水在不同煤阶煤岩基质孔隙的分布特征的研究结果表明，对于低阶煤样品，水分子容易吸附在基质纳米孔隙并减小有效孔隙尺度，水分可以占到孔隙体积的 40%~60%；而对于高阶煤样品，水分子很难进入煤岩的分子间孔隙结构，水分仅占孔隙体积的 10%左右。产生该现象的主要原因是由于低阶煤具有更高的氧碳原子比(O/C)及极性基团。同样，由于有机质表面疏水作用，水分子很难进入页岩干酪根及煤岩纳米孔隙，从而导致利用 NMR 测量页岩孔隙分布特征失效。

事实上，国内外对煤化过程中煤储层水分的变化特征已有大量研究，其结果表明，随着煤阶升高，煤储层中的水分逐渐降低。对于热演化早期阶段(生物成气阶段)，煤岩水分含量极高，此时水分主要以沉积水为主，例如，泥煤、褐煤及亚烟煤水分含量(质量分数，下同)可以高达 50%~70%，伴随煤岩沉积，基质孔隙减小、水分将逐渐被排出，同时由于有机质热演化形成烃类，基质孔隙内水分将被进一步排出，在中等成熟阶段(生烃高峰期)，煤岩水分仅为 1%~2%；当进入过成熟阶段，煤岩生烃能力衰退，伴随煤层甲烷的散失及外来水(如大气降水、地层水)的倾入，煤岩含水量有小幅度的增加，为 3%~10%。

考虑到煤岩通常在水环境下沉积,对于有机质颗粒的原生孔隙(如颗粒堆积而成的粒间孔隙)而言,储层沉降、孔隙经历压实及排水过程,但水分排出是由于孔隙体积变小所致,因此原生孔隙中仍然残留水分。原始沉积环境原生孔隙内充满液态水,在早期有机质及无机质颗粒堆积过程中,虽然压实排水阶段水分能够被大量排出,但事实上该过程同时伴随孔隙度的降低,水分的排出是由于孔隙被压实所致,因此煤岩沉积早期孔隙内含水饱和度较高。只有当煤岩有机质开始生烃,孔隙内水分才逐渐被液态或气态烃类驱替排出,含水饱和度才会因此降低。伴随有机质生烃,页岩孔隙流体将由原始状态"水饱和"逐渐向"气水两相"过渡,同时在不同的热演化阶段,有机质孔隙发育程度与孔隙流体特征均存在差异。

总体而言,在储层条件下,有机质孔隙内水分的存在性仍然有一定争议,有机质孔隙表面性质(润湿性)及孔隙尺度、形貌特征是影响水分是否可以进入的主要原因;其水分可能受干酪根类型、成熟度、官能团含量等因素控制。因此有必要基于上述煤岩成熟及生烃过程中,有机质孔隙发育特征及润湿性变化特征(极性官能团含量)的研究,深层次认识煤层气成藏过程中有机质孔隙内的气水分布特征及赋存状态。

首先以煤储层二类储集特征为例,揭示不同热演化阶段下煤岩基质内的孔隙、气水分布特征及形成机理。

(1)在低成熟阶段($0.5\%<R_o<0.8\%$)[图1-43(a)],出现了亚显微组分分子间孔,其内赋存吸附气+水蒸气,产气能力较弱。孔隙壁组成为结构藻类体+小孢子体+大孢子体+树脂体的残留骨架。在供气过程中波及的部分邻近较小亚显微组分分子间孔中赋存吸附气+水蒸气+充填水,部分邻近较大亚显微组分分子间孔中赋存自由气+吸附气+水蒸气+充填水。

(2)随热演化过程的进行,当温度增高至300℃,R_o增大到0.8%,大量的亚显微组分减少甚至消失,煤岩演化进入成熟的成油主带阶段[图1-43(b)]。在成熟的成油主带阶段($0.8\%<R_o<1.3\%$),煤岩基质内形成了两种孔隙:①壳质体分子间孔,其内赋存吸附气+水蒸气+充填水;②气孔,其内赋存自由气+吸附气+水蒸气。孔隙壁组成为碎屑壳质体残留骨架。

(3)随热演化过程的继续进行,当R_o增大到1.3%,亚显微组分继续减少,煤岩演化进入到高成熟凝析油和湿气带阶段[图1-43(c)]。在高成熟凝析油和湿气带阶段($1.3\%<R_o<2.0\%$),煤岩基质内热演化出现大量的气孔,其内赋存气芯+自由气+吸附气+水蒸气。该阶段产气能力较强,孔隙壁组成为凝胶体残留骨架。

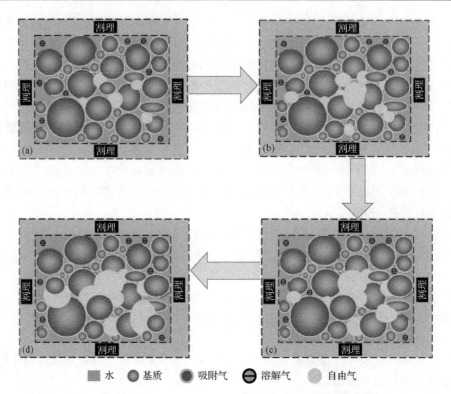

图 1-43 不同热演化阶段下煤储层二类储集特征下基质内的孔隙、气水分布特征

(a)低成熟阶段($0.5\% < R_o < 0.8\%$),出现了亚显微组分分子间孔,其内赋存方式以吸附气+水蒸气为主,产气能力较弱;(b)成熟的成油主带阶段($0.8\% < R_o < 1.3\%$),煤岩基质内形成了壳质体分子间孔及气孔,其内赋存方式分别为吸附气+水蒸气+充填水,及自由气+吸附气+水蒸气;(c)高成熟凝析油和湿气带阶段($1.3\% < R_o < 2.0\%$),煤岩基质内热演化出现大量的气孔,其内赋存气芯+自由气+吸附气+水蒸气,该阶段产气能力较强;(d)准变质阶段($R_o > 2.0\%$),出现了凝胶体气孔,其内主要赋存自由气+吸附气+水蒸气

(4)随热演化过程的进一步进行,当温度增高至550℃,R_o增大到2.0%以上,发生缩聚反应,并二次生气,煤岩演化进入到准变质热演化阶段[图1-43(d)]。在准变质阶段($R_o > 2.0\%$),出现了凝胶体气孔,其内赋存自由气+吸附气+水蒸气。该阶段主要的亚显微组分均完全分解,生成油链,只有部分的凝胶煤素质被保存下来,孔隙壁组成为部分凝胶体。

此外,煤储层一类储集特征气孔发育,多呈气芯+自由气+水蒸气的分布特征,而煤储层三类储集特征孔隙多呈吸附气+自由气+水蒸气+充填水分布特征(图1-44)。根据各热演化阶段下孔隙壁特性得出了其对烃类及极性水分子吸附的可能性,据此揭示了三类煤储层储集特征的气水赋存方式。煤储层的气水赋存方式直接影响气体的产出及预测,需深入研究。

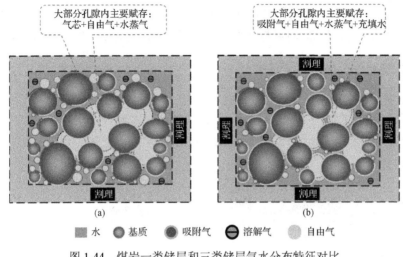

图 1-44 煤岩一类储层和三类储层气水分布特征对比
(a) 一类储层气孔发育, 多呈气芯+自由气+水蒸气的分布特征;
(b) 三类储层孔隙多呈吸附气+自由气+水蒸气+充填水分布特征

1.6 煤层气储层的吸附特征

1.6.1 吸附概念

吸附是指在固气、固液、液气等体系中,某相的物质密度或溶于该相中的溶质浓度在界面上发生改变(部分定义也将其描述为与本体相不同)的现象。一般而言,吸附现象都是界面处密度或浓度高于本体相的正吸附,但也有些电解质水溶液,液相表面的电解质浓度低于本体相,这种特殊现象也被称为负吸附。在吸附体系中,被吸附的物质称为吸附质,具有吸附作用的物质称为吸附剂,在煤储层中,吸附质为甲烷,吸附剂为煤岩。

吸附量与气相压力(对于固气吸附)或溶质浓度(对于固液吸附)和温度有关,是吸附剂的基本性质。在温度一定时,吸附量与压力或浓度的关系被称为吸附等温线,这是表示吸附性能最常用的方法。

吸附质离开界面引起吸附量减少的现象叫作脱附。从动力学观点看,吸附质的分子或离子在界面上不断地进行吸附和脱附,而当吸附的量与脱附的量在统计学上保持平衡时,宏观上看吸附量达到稳定,此时称为吸附平衡。

如果在与吸附相同的物理、化学条件下,让被吸附的物质发生脱附,最终获得的脱附量与吸附量相等,称之为可逆吸附,一般来说,遵守 Langmuir 的固气吸附都是可逆吸附,这也是许多现场采用实验室测定的 Langmuir 吸附曲线研究煤储层解吸能力的原因。然而,对于固液吸附而言,除了固气吸附中吸附剂-吸附质和吸附质-吸附质之间的相互作用,还有溶液内分子-吸附质分子、溶液分子-吸附剂界面的相互作用，这种复杂的吸附过程使固液吸附在与吸附相同的物理、化学条件下发生脱附时，最终获得的脱附量与吸附量往往不相等，这种情况即为不可逆吸附。

1.6.2 煤层气储层固气界面吸附

目前在研究煤层气时，通常认为煤层气中煤岩基质与气相甲烷分子为仅存在固相和气相两相的固气界面吸附，如图1-45所示。

由于气体分子在固体上的吸附比较简单，目前国内外研究较成熟，有着较完善的理论体系。

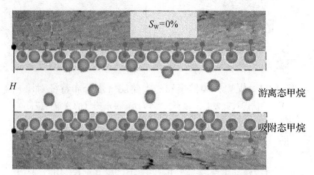

图1-45 固气界面吸附孔隙甲烷分布示意图

1. 固气界面吸附机理及常用模型

目前煤层气大多采用 Langmuir 单层吸附模型，该模型是吸附理论中描述吸附等温线最经典的模型之一，这个模型假设固体表面存在一定数目的吸附位，气体分子以单层吸附的形式被吸附在各个吸附位上，被吸附分子间的横向作用力可忽略，即单个吸附分子不影响邻近的其他吸附位上的分子。

Langmuir 方程的具体表达形式如下：

$$V = V_L \frac{bp}{1+bp} \tag{1-13}$$

$$V = \frac{V_L p}{p + p_L} \tag{1-14}$$

式中，V 为吸附量，m^3/t；p 为气体压力；V_L 为 Langmuir 体积，m^3/t；b 为 Langmuir 常数，是 Langmuir 压力 p_L 的倒数；p_L 为当煤吸附量等于煤层最大吸附量(V_L)的一半时对应的压力。其中 p_L、V_L 的取值决定于煤的性质，由等温吸附实验可以得到。

在实际应用中，单位重量煤体所吸附的标准条件下的气体体积称为吸附量或吸附体积(也可用单位体积煤体吸附的气体质量或单位体积煤体吸附的气体体积)。吸附量与压力、温度等因素有关，如图1-46所示。当温度一定时，随压力的升高而增大；当压力一定时，随温度的升高而减小，且当压力达到一定程度，煤的吸附量达到饱和。在等温条件下，吸附量与压力的关系曲线称为吸附等温线。煤层的吸附等温线是评价煤层气吸附饱和度的重要特性曲线，可由实验测得。对煤层气吸附等温线的影响因素主要是煤阶、压力(深度)、温度及煤质等。

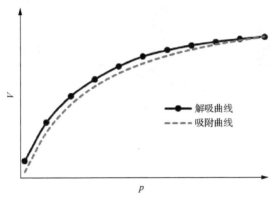

图 1-46　等温吸附线示意图

尽管 Langmuir 吸附模型在大量实际应用中取得了较好的效果，但也有大量学者给出了该吸附模型的局限性：①Langmuir 假设固体为开放表面，而煤储层为多孔介质，煤中大量的微孔喉会导致煤中空腔长度有成千上万分子的直径，而宽度只有几个分子的直径，因此，吸附质和吸附位点之间没有无限制的通道，不像开放的表面般自由；②Langmuir 假设为固体与气体直接接触面的吸附，而煤储层中含有大量的液相水。

因此，许多学者提出了多种多样的吸附模型，较常用的有假设气体分子可以多层吸附于固体表面的 BET 多层吸附模型，利用分子势能场理论建立的吸附势理论模型，以及在经典吸附模型基础上利用数学方法进行扩展得到的经验、半经验吸附模型，例如，常用的 Freundlich 模型、Langmuir-Freundlich 模型和 Toth 模型等。这些模型在一定条件下均能提高吸附实验数据的拟合精度，但计算复杂、所需参数较多，因此目前最常用的仍然为 Langmuir 模型。

2. 固气吸附在煤中的分布

根据固气吸附的物理含义，固气吸附系统往往是单相气与固相直接接触，或存在气态水竞争吸附和仅存在极少量液相水的环境中，因此，综合考虑前述的煤储层形成的过程和气水分布情况可以看出，固气界面吸附通常位于后生孔和部分的原生孔中(图 1-47)。

这是因为后生孔(主要是气孔)是生气时形成的孔隙，孔隙中为生成的甲烷气和极少量的伴生水，但仍然以单相气为主；而在煤层气生成的自由气形成阶段，煤储层产出的过量甲烷气将会驱替部分原生孔隙中已有的水相，使部分原生孔中水相被单相气替代，因此固气界面吸附通常位于后生孔和部分的原生孔中。

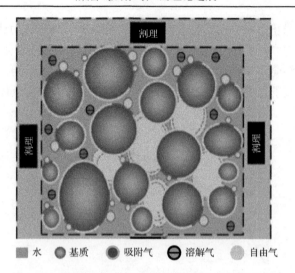

图 1-47 煤层气储层气水两相与吸附方式分布示意图

从宏观来看,将固气界面与固液界面吸附在煤储层中的分布特征与前述三类储层相结合,可以发现 I 类储层富含游离气,因此主要以固气界面吸附为主,此时采用 Langmuir 固气界面吸附理论进行储层分析可以得到很好的效果。

3. 影响煤吸附性能的因素

煤对甲烷的吸附受多种因素控制或影响,主要包括煤变质程度、煤岩成分、煤成因类型、煤中水分、温度、压力、孔隙特征等。

1) 煤变质程度 (R_{max})

通过对平衡水分煤样进行甲烷等温吸附实验结果的分析可知,不同煤的 Langmuir 体积不同,并且煤变质程度 R_{max} 与 Langmuir 体积的关系与干燥基煤样不同。当 R_{max}=0.28%~4.0%时,随变质程度增高吸附量增加;当 R_{max}>4.0%时,随变质程度增高吸附量逐渐变小,约在 R_{max}=6.7%时 Langmuir 体积近乎为零。由此可见,煤变质程度对煤吸附甲烷能力有控制作用。

2) 煤岩成分

煤的有机显微组分主要为镜质组、惰质组和壳质组。对于干燥基煤样,前人认为在瘦煤之前,煤的吸附能力为惰质组Ⅱ>镜质组>惰质组Ⅰ,原因是在变质程度较低的煤中惰质组含有大量的纹孔,而镜质组孔隙和内表面积纹孔少,造成惰质组Ⅱ比镜质组吸附能力强;在无烟煤Ⅲ变质阶段,煤的吸附能力为镜质组>惰质组,其原因是高变质阶段镜质组中有更多的挥发性物质产出,导致微孔增多。而含水煤样的实验结果却不同,煤的吸附量与镜质组含量呈正相关关系,与惰质组含量呈负相关关系,其原因是惰质组与镜质组相比,较为亲水,孔径大,水易进入，水分含量高。因此，水分是引起惰质组比镜质组吸附能力低的主要因素。

3) 煤中水分

对不同变质程度煤，平衡水分含量的大小差别很大，基本上随变质程度的增高呈减小的趋势。当煤样经过平衡水分处理后，煤孔隙中吸附或储存的水分占据了煤中的部分孔隙，从而降低了煤对甲烷的吸附空间。在低变质作用阶段，煤中水分含量高，并且煤的分子结构单元上也具有较多的亲水性极性基团；高变质程度阶段，由于有机结构中含有较多的憎水性结构，导致平衡水分含量明显偏低。煤孔隙表面上可供甲烷气体分子滞留的有效空间是一定的，水分越多，占据的空间越多，萨家湾的吸附量则越少。大量实验研究也表明，水分的存在会降低煤对甲烷的吸附量。由此可见，水分对煤的吸附能力具有主要的控制作用。

4) 温度

由实验数据绘制的吸附等温线显示，在相同压力条件下，同一种煤的吸附量随温度的升高而降低。在不同温度下 Langmuir 体积随温度升高基本呈微弱的减小趋势。由此可知，温度对不同变质程度煤的吸附能力具有不容忽视的影响。同一煤样在同一压力下，吸附量与温度的关系呈负相关关系。这也与物理吸附属于放热过程的特点相吻合，温度越高，越有利于气体解吸的进行，从而导致煤对气体的吸附量降低。

5) 压力

由实验数据绘制的吸附等温线显示，在同一温度条件下，同一种煤的吸附量随压力的升高而增加。在不同温度下 Langmuir 压力呈较为明显的增大趋势。由此可知，压力同样对不同变质程度煤的吸附能力具有不容忽视的影响，并且在很多情况下温度与压力对煤吸附甲烷的影响是综合性的。

1.6.3 煤层气储层固液界面吸附

在实际煤储层中有大量液相水存在，因此实际煤层气中势必存在一定数目的甲烷分子是在水中吸附于固相表面的，这种吸附方式被称作固液界面吸附，如图1-48所示。

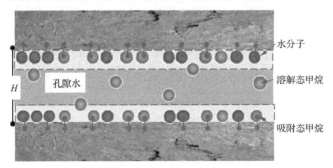

图 1-48 固液界面吸附孔隙甲烷分布示意图

H 为孔隙直径

与固气界面吸附相比,固液界面吸附除了考虑甲烷分子和固相分子间的相互作用外,还必须考虑甲烷分子和水分子、固相分子和水分子之间的相互作用,体系中同时存在吸附-解吸和溶解-析出两个化学平衡,其复杂程度远远高于固气界面吸附,因此目前还没有较完善的理论体系。

1. 固液界面吸附机理及常用模型

目前常用的固液界面吸附理论可以按照公式中常数个数分为几类,其中常数越多,精度越高,但使用所需参数及难度越大,因此较为常用的有 Langmuir 固液界面吸附模型。

1)含一个常数的吸附公式

含一个常数的吸附公式表述吸附量与浓度呈正比,两者呈线性关系,是表示固液吸附特性的最简单的形式,即

$$V = K_p c \tag{1-15}$$

式中,V 为单位吸附剂质量的体积吸附量;c 为溶质的平衡浓度;K_p 为吸附常数。

极稀溶液中的吸附或覆盖率很低时的吸附符合该吸附公式,但对煤层气储层而言,一般甲烷大量吸附,因此该公式一般情况下不适用。

2)含两个常数的吸附公式

(1) Langmuir 吸附模型。

固液吸附绝大多数为单层吸附,因此如果忽略水相的吸附,1.6.2 节中所述的基于气相单层吸附的 Langmuir 理论对液相吸附也成立,此时用浓度 c 代替压力 p 就能得到 Langmuir 的吸附方程如下:

$$V = V_L \frac{bc}{1+bc} \tag{1-16}$$

尽管利用 Langmuir 固液界面吸附模型计算大多数的固液吸附数据都有较好的计算精度,但并不能说明 Langmuir 吸附模型适用于固液吸附。实际上,对于固液吸附,吸附剂表面的吸附位的分布极其复杂,且并不像固气吸附一样一个吸附位对应一个吸附质分子,因此实际上 Langmuir 的固液界面吸附模型仅为数值解,无法讨论各参数的实际物理意义和适用性。

(2) Freundlich 吸附模型。

Freundlich 吸附模型为固液吸附中除了 Langmuir 吸附模型外经常采用的另一个吸附模型经验公式,其方程如下:

$$V = K_F c^{1/n} \tag{1-17}$$

式中，K_F 和 $1/n$ 为吸附常数。吸附等温线的形状与 n 值有关，当 $n=1$ 时，式(1-17)变为直线Ⅱ；当 $n>1$ 时，吸附等温线上凸变为曲线Ⅰ；当 $n<1$ 时，吸附等温线下凹变为曲线Ⅲ，如图 1-49 所示。

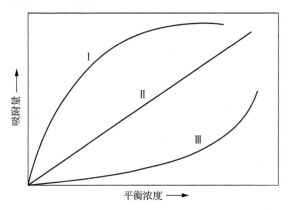

图 1-49　不同固液吸附曲线特征示意图

如果溶质浓度变化范围很宽，实验数据与 Freundlich 吸附模型相比就有些偏高，但是在比较窄的范围内，许多吸附体系都符合 Freundlich 吸附模型。对于符合 Langmuir 吸附模型的实验数据，除了浓度较低和浓度较高的数据外，在中等浓度下均符合 Freundlich 吸附模型。

尽管 Freundlich 吸附模型适用性比 Langmuir 广，但作为经验公式，Freundlich 吸附模型仍然存在许多问题。例如，在吸附研究中，通常用浓度趋近于 0 时的吸附等温线斜率 $\lim\limits_{c\to 0}(V/c)$ 来表示第一个分子发生吸附的难易程度，而对 Freundlich 吸附模型而言，这个值为无穷大。

3) 其他吸附公式

为了满足更高精度的拟合要求，人们逐渐拟合出了需要三个或更多参数的吸附公式，如 BET 吸附模型、Radke-Prausnitz 吸附模型、Langmuir 一般模型、吸附势理论模型等，但这些公式过于复杂，需要用计算机进行计算，因此一般情况下，可以采用之前介绍的公式。

2. 固液吸附在煤中的分布

根据固液吸附的物理含义，固液吸附系统往往位于单相液与固相直接接触，是溶解其中的气相与固相发生吸附的过程。因此固液吸附通常分布在煤中的原生孔隙中。

从宏观来看，将固气界面与固液界面吸附在煤储层中的分布特征与前述三类储层相结合，可以发现对Ⅲ类储层而言，由于该类储层几乎不含游离气，储层以固液界面吸附为主，此时若仍然采用基于固气界面吸附理论的 Langmuir 吸附理论进行储层分析则存在极大的误差。

3. 固液界面吸附特征

通过固液界面吸附的模型可以看出，固液界面吸附与固气界面吸附最大的差异在于固气界面吸附量受压力(或压力与饱和压力的比值)的影响，而固液界面吸附受吸附相浓度(或浓度与饱和浓度的比值)的影响。

因此，对于煤储层中充填液相水的孔隙：在成藏作用阶段，随着压力不断增加，液相水中甲烷浓度和饱和浓度同时增加，甲烷经历溶解—吸附的过程逐渐吸附于固相表面，最终吸附量与固气界面吸附结果相似；在开发作用阶段，随着压力不断降低，液相水中甲烷浓度和饱和浓度同时降低，但液相水始终处于溶解饱和或过饱和状态，此时已经吸附的甲烷很难进入液相水中，因此与固气界面解吸结果差异很大，即很难发生解吸作用。

第 2 章　煤储层产气机理及产能评价模型

煤层气藏通过排水、降压、解吸以实现产气。合理开发煤层气首先需要认识清楚煤层气的产出机理，煤层气产出机理包括解吸机理、扩散机理和渗流机理。煤储层在干酪根热演化过程中，气体的运移符合扩散机理，而在产气过程中不存在单相和两组分的充分条件，不存在浓度差，因此常规意义上的扩散机理可能不适合煤层气藏的产气预测，故本章不再介绍扩散机理。2.1 节详细介绍煤层气的解吸机理、实验方法及模型；2.2 节介绍煤层气的渗流机理及模型；2.3 节在前两节内容的基础上，结合现有的煤层气井产气模型，介绍综合考虑煤层气的解吸渗流机理的煤层气井三维两相双孔双渗产气评价和预测模型；2.4 节介绍煤层气藏的产气规律和开采阶段划分。

2.1　煤层气解吸机理、实验方法及解吸模型

2.1.1　煤层气解吸机理

在煤层气吸附解吸机理、实验方法及其模型的研究过程中，采用的煤样经历了最初的干燥煤，后来常用平衡水煤样，到目前不同含水饱和度煤样。其目的在于尽可能地还原煤层实际吸附解吸环境，因此发展到目前的不同含水饱和度煤样的吸附解吸机理、实验方法及其模型，更能符合煤层气吸附解吸实际。煤层的复杂性和煤层初始含水饱和度的不可预知性，制约着不同含水饱和度煤样的吸附解吸机理、实验方法及其模型在煤层气开发矿场的实际应用，目前最通用、使用更简便的煤层气吸附解吸机理、实验方法及模型仍然基于平衡水煤样。

干煤样吸附解吸机理实际上属于固气界面吸附解吸，平衡水煤样吸附解吸机理实际上属于部分固气界面吸附解吸，不同含水煤样中的特例——饱含水煤样吸附解吸机理实际上属于固液界面吸附解吸，其他不同含水煤样吸附解吸机理实际上属于部分固气、部分固液界面吸附解吸(李相方等，2014)。

煤田地质界普遍认为，煤中有机质的基本结构单元主要是带有支链和各种官能团的缩合稠核芳香系统，支链、官能团与缩合芳香核之间的比例关系影响煤的化学工艺性质。如图 2-1 所示，随着煤化程度加深，基本结构单元中六碳环的数量不断增加，支链和官能团逐渐减少。

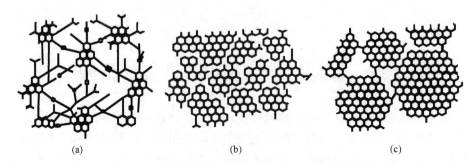

图 2-1　煤的演化过程和结构差异
(a)气肥煤阶段；(b)焦瘦煤阶段；(c)无烟煤阶段

煤是由碳原子构成的有机固体，煤体相内的碳原子被四周的碳原子吸引，处于力的平衡状态。当煤孔隙表面形成，则表面的碳原子至少有一侧是空的，因而出现受力不平衡(煤具有了表面自由能)。当孔隙中存在甲烷分子时，甲烷分子就被吸附于煤的表面。煤吸附甲烷分子属于物理吸附，不属于化学吸附。表 2-1 列出了物理吸附和化学吸附的各种性质。

无论固气界面吸附，还是固液界面吸附，其吸附和解吸的本质都是吸附分子受吸附力(范德瓦耳斯力)和逃逸力共同作用而平衡，这种逃逸力包括割理系统和基质间的压差及界面作用力，吸附的甲烷分子在界面上不断地进行吸附和脱附，当吸附量和脱附量在统计学上(时间平均)动态平衡时，则达到吸附平衡。温度升高和压力降低都会导致逃逸力拖拽分子，吸附平衡被打破，从而实现煤层气的解吸。

表 2-1　吸附类型及性质

性质	物理吸附	化学吸附
吸附力	范德瓦耳斯力	化学键力
吸附热	近于液化热	近于化学反应热
吸附温度	较低(低于临界温度)	相当高(远高于沸点)
吸附速度	快	有时较慢
选择性	无	有
吸附层数	单层或多层	单层
脱附性质	完全或部分脱附	脱附困难，常伴有化学变化

由于范德瓦耳斯力的作用，甲烷在煤表面的势能曲线如图 2-2 所示，距离太近为排斥力，距离较远为吸引力，且存在一距离吸引力最大。甲烷在石墨狭缝孔中的吸附势图如图 2-3 所示，是由两个石墨面上受到的吸附势叠加而形成。

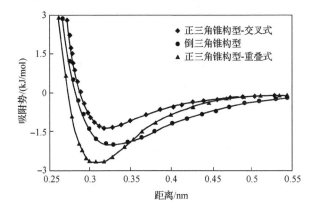

图 2-2 甲烷在煤表面的势能曲线（陈昌国等，2000）

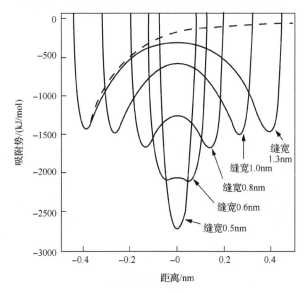

图 2-3 甲烷在石墨狭缝孔中的吸附势图（Kaneko and Murata，1997）
虚线表示单一表面吸附势；实线表示两表面叠加吸附势

1. 煤层吸附气的固气解吸机理

目前，促使煤层吸附气解吸的方法主要包括降压解吸、升温解吸、置换解吸和扩散解吸。而煤层气藏开发过程中，主要是通过降低压力以达到解吸目的，因此主要是降压解吸在起作用，但是降压解吸机理只适合固气系统。升温解吸成本太高，当然可以作为提高煤层气藏采收率的一种方法。置换解吸很难在气相中实现。事实上扩散解吸是将煤层解吸气在基质孔隙中的运移过程考虑在解吸中，衍生出了扩散解吸，此种解吸出现了概念上的糅合，一般不建议采用。

对于煤层吸附气固气解吸过程可以采用 Langmuir 吸附模型来表征。

2. 煤层吸附气的固液解吸机理

煤层气的固气吸附解吸对压力较为敏感,而煤层气的固液吸附解吸对压力不敏感,但与水中的液态甲烷分子浓度有关。固液吸附形成于成藏过程中,水中的甲烷分子从高浓度到低浓度扩散,逐渐以液态甲烷分子吸附于固体表面,形成固液吸附;固液解吸过程,只有当水中的液态甲烷分子呈欠饱和状态时,吸附在固体表面的甲烷液态分子才能从固体表面解吸,之后溶解于水中。而在煤层气藏开发过程中,压力降低,液态甲烷分子在水中的溶解度降低,因此液态甲烷分子在水中的浓度始终将处于过饱和状态,很难发生吸附的液态甲烷分子解吸后溶解于水中的情况。

1) 微观分析

下面将从微观分子角度分析浓度、溶解度耦合作用下的煤层气解吸过程。一个界面吸附系统可以分为三个区域:液相、固相和表面相。假设煤层气解吸过程中温度不变,浓度降低导致吸附甲烷气倾向于解吸,该过程微观表现为液相中的水分子倾向于与表面相中的甲烷分子交换位置,即液相中的水分子占据表面相中甲烷分子的吸附位,如图2-4所示。溶解度降低导致液相中的甲烷分子倾向于吸

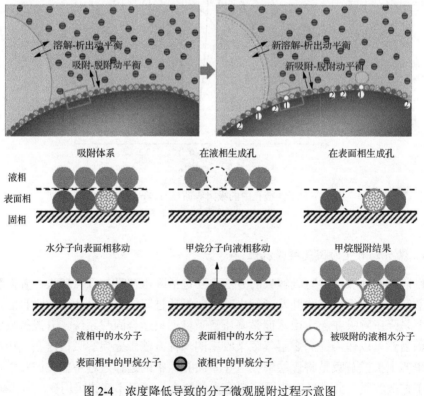

图 2-4 浓度降低导致的分子微观脱附过程示意图
①和②表示吸附空位,下同

附，该过程微观表现为液相中的甲烷分子与表面相中的水分子交换位置，即液相中的甲烷分子占据表面相中水分子的吸附位，如图 2-5 所示。

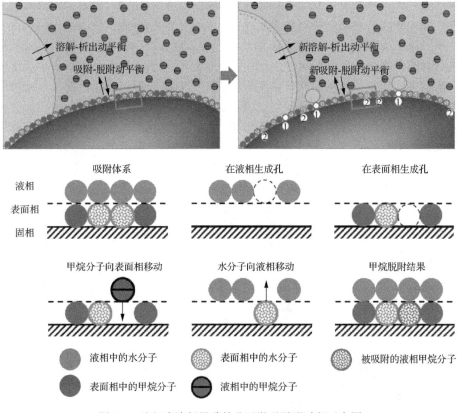

图 2-5　溶解度降低导致的分子微观脱附过程示意图

2) 宏观分析

原始煤储层存在气液固三相，由于其孔隙比表面积很大，三相平衡过程中三相界面作用将很明显。在实际的煤层气藏中孔隙尺度的分布相当不均衡，致使气体的分布也有很大差异。本书基于这种非均质性假设，认为有些储层区域的热演化过程中产气量大，产出的甲烷气除供自行吸附外，还有剩余气体，这些剩余的甲烷气溶解在水中，并在浓度差作用下发生扩散，从而吸附到远端固相颗粒内表面上。由于甲烷气由储层固相有机质热演化而来，煤化作用过程中气体从煤岩内部溢出将在煤岩颗粒内部产生气孔。

下面将从宏观单元系统说明孔隙水连续的情况下气液固界面作用机理及气体的吸附过程(Li et al., 2017a)，假设一个微单元的有机质优先于其他面积(区域)产气。产出的气首先在本单元孔隙颗粒表面上吸附，继续产出的气，将溶解在水中。该单元附近溶解的甲烷浓度高于其他单元，在浓度差作用下，溶解的甲烷将向外扩散。由于甲烷在水中溶解度很低，根据稀溶液扩散原理，甲烷在水中是容易扩散的。由于煤岩颗粒表面积巨大且有机质广泛分布，为甲烷分子提供了大量的吸附位。部分溶解甲烷分子将由水相迁移到具有吸附能力的煤岩颗粒表面发生吸附，并达到固液界面的吸附动平衡状态。如果生气量很大，生成的甲烷气持续在本单元吸附、在地层水中溶解-扩散、在远端煤岩表面吸附，直至煤岩表面的吸附量达到饱和吸附量后，继续生成的甲烷气不能再溶于地层水，甲烷在地层水中处于溶解过饱和状态，进而在煤层孔隙或裂隙（割理）中析出形成游离气，此时煤储层含气饱和度较高，为饱和煤层气藏；如果生气量较小，甲烷分子在煤岩表面的吸附未达到该地层状况下的饱和吸附量，将不会形成游离气，此时煤储层含气饱和度低，为欠饱和煤层气藏。

如图 2-6 所示，以饱和煤层气藏为例，分析在成藏过程中原始储层气水分布，研究储层气液固三相系统中，吸附气与游离气的存在形式。

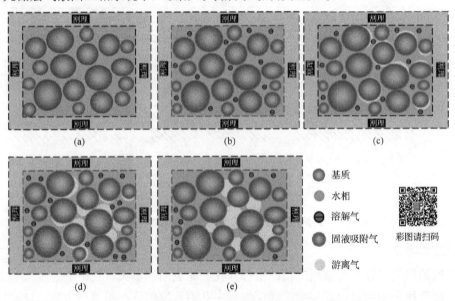

图 2-6　煤储层气液固界面吸附及圈闭气形成示意图

其中，图 2-6(a)表示原始地层条件下，有机质颗粒在储层环境下压实、生烃、排水、排烃。图 2-6(b)为有机质生成的甲烷分子首先在本单元孔隙颗粒表面上吸附，进而溶解在水中，并且扩散传质，直到达到固液界面的吸附及溶解-扩散的动平衡状态。图 2-6(c)表示当储层吸附气与溶解气达到饱和后，随着有机质进一步生烃，甲烷分子在基质颗粒表面聚集形成独立气相。图 2-6(d)表示随生烃量增多，甲烷分子进入气相，促使其生长。图 2-6(e)表示相邻气相(气泡)发生聚并，在基质颗粒内部形成微小气泡，但由于喉道毛细管力的制约，微小气泡圈闭于孔隙部内无法运移。

对煤层气藏而言，储层水是普遍存在的，其中包括成藏过程中必要的水环境，以及煤在不断演化过程中反应生成的水。如图 2-6(a)所示,在漫长的地质演化过程中,有机质颗粒在储层水环境下压实、生烃、排水、排烃。

孔隙水连续的情况下煤岩颗粒表面对甲烷气的吸附属于固液吸附范畴。根据吸附学理论,固液界面吸附比固气界面的吸附更为复杂,这是因为与固气界面吸附相比,固液界面吸附多了溶剂水的影响,其吸附平衡是溶质与溶剂在吸附界面竞争吸附的结果。考虑有机质非均匀生烃过程,认为局部产气量较大的颗粒,产出的甲烷气除供自行吸附外,剩余的甲烷气溶解在水中,并在浓度差作用下发生扩散,从而吸附到远端固相颗粒表面的有机质上。随有机质颗粒排烃量增多,甲烷分子在有机质颗粒表面的吸附量与甲烷分子在水中的溶解量在储层温度压力条件下达到饱和,如图 2-6(b)所示。

在一定的储层温度压力下,由于固液界面吸附多为单层吸附,当甲烷在储层固相颗粒吸附饱和与液相溶解饱和后,根据气液界面力学原理,同类分子容易产生内聚力,引起同类物质的凝聚和抱团,继续生产的甲烷不能再溶解。随着有机质进一步生烃,过剩的甲烷分子聚集,形成独立气相。在考虑储层水环境下,煤层气与页岩气原始储层为气液固三相体系,其中气相与液相相互接触形成气水界面,对于同类分子而言,其相互作用产生内聚力,引起同类物质的凝聚和抱团,因此甲烷分子的内聚力使得气水界面收缩,其作用效果使得界面自由能降到最低,并使界面达到最大限度的分离。在自由状态下,气水界面趋于向球冠状收缩,内聚力表现为垂直于界面的拉力指向曲面球形。同时,由于气相与固相接触,受到固体表面对其的黏附力,黏附力大小不同导致气相与固相接触面积不同。宏观而言,甲烷分子在内聚力作用下形成气泡(分子团),在气水界面张力作用下趋于球状,在黏附力作用下依附于有机质颗粒表面,如图 2-6(c)所示。

随有机质生烃量增多,甲烷分子进入气泡内部,促使其生长,气泡半径不断增大,如图 2-6(d)所示。当两个气泡相互接近时,其间会形成薄液膜,气泡的聚并过程是液膜不断变薄的过程。当液膜变薄至 100nm 时,除毛细压力作用外,还受由范德瓦耳斯分子作用力(p_A)、双电层作用力(p_{el})及结构作用力(p_{st})等组成附加压的作用。其中范德瓦耳斯分子作用力为引力,双电子层作用力与构造力为斥力。附加压为正值(引力大于斥力)时,它会阻碍液膜的变薄;反之,它会起促进作用。由于在多种力的作用下,气泡间液膜产生震动,当临界液膜厚度等于振幅时,液膜坍塌,气泡聚并。游离气相在不同尺寸的孔隙中以不同尺寸的气泡形式存在,如图 2-6(e)所示。

综上所述,对煤层气藏,固液界面吸附理论与传统的固气界面吸附有很大不同。对于固气界面吸附,吸附气量与压力直接相关,压力降低对于吸附气解吸完全为动力。而对于固液界面吸附,压力间接作用于固液气三相系统,且压力降低产生浓度与溶解度两个因素的耦合作用,造成储层溶解气析出、吸附气解吸、溶解气吸附三个过程同时发生,溶解-析出平衡、吸附-解吸平衡两个系统不断变化。其中浓度因素影响对甲烷气的生产是动力作用,而溶解度因素影响对甲烷气的生产是阻力作用,并直接导致了煤层气生产降压过程储层吸附气解吸受阻,这对目前煤层气生产现状中存在的临界解吸压力低、解吸滞后等现象可能做出一定解释(李相方等,2014)。

2.1.2 煤层气吸附解吸实验方法

下面分别介绍固气界面吸附解吸机理、模型及干燥/平衡水煤样吸附解吸实验方法,固液界面吸附解吸机理、模型及饱含水煤样吸附解吸实验方法,和部分固气部分固液界面吸附解吸机理、模型及不同含水煤样吸附解吸实验方法。

1. 干燥/平衡水煤岩气水分布及吸附-解吸机理

干燥/平衡水煤岩吸附-解吸都属于固气界面吸附解吸。根据煤层气井不同的作用过程与制约条件,以及不同煤阶煤层气解吸条件和解吸特征,可将煤层气的物理解吸分为降压解吸、升温解吸、扩散解吸、置换解吸四个亚类(张遂安,2004)。

在这四类解吸作用中,降压解吸是煤层气开发过程中对煤层气产出贡献最大的解吸类型,其主要逃逸力是外界压力,它的降低使得割理系统和基质存在压差,气体分子随之挣脱了范德瓦耳斯力,由吸附态解吸,其解吸行为基本服从 Langmuir 方程。

甲烷在干燥煤样的吸附属于典型的固气界面吸附[图 2-7(a)、(b)],仅存在气态甲烷分子与颗粒表面相互作用,吸附量随压力增加而增加,因此满足固气界面的 Langmuir 等温吸附规律,但该实验与储层连续的孔隙水条件差异很大(Li et al., 2016)。

煤层气藏孔隙中存在水是大家普遍接受的,后来普遍采用平衡水煤样实验[图 2-7(c)]考察少量含水量对甲烷吸附量的影响。平衡水煤样是干燥煤样在湿度为 96%~97%环境下处理后的煤样(马尊美,1987),煤岩颗粒表面及孔隙含有一定水量。由于煤岩颗粒表面同时分布有机显微组分与无机矿物质(Gosiewska et al., 2002),在氢键作用下水分子(蒸汽)易吸附于无机矿物质表面。

根据开尔文公式:

$$\ln(p/p_0) = -\cos\theta \left(\frac{2V_m \gamma_{lg}}{rTR}\right)$$

式中,γ_{lg} 为气液界面张力;V_m 为液相摩尔体积;r 为孔隙半径;θ 为润湿角;T 为环境温度。

孔隙内液体蒸汽压 p 小于平面内饱和蒸汽压 p_0,因此在平衡水条件下,一定半径 r 的孔隙内蒸汽发生凝聚,以液态水/水膜形式存在(李靖等,2015a,2015b,2016)。对于分子尺度孔隙,在微孔吸附势作用下,一定量水分子(蒸汽)在孔隙内填充(Allardice and Evans，1971；Mahajan and Walker，1971)。因此，通过平衡水预处理的煤样，水分子将以吸附态、液态(毛细凝聚)、微孔填充三种形式存在(Li et al.，2017a；李靖等，2018)。

甲烷分子在平衡水煤样吸附时[图 2-7(d)]，表现为甲烷分子与气态水分子的竞争吸附，气态水分子主要吸附于煤岩颗粒含氧官能团表面，甲烷分子吸附于煤岩颗粒有机质表面。对比干燥煤样与平衡水煤样对甲烷分子的吸附，由于水分子的存在会占据颗粒表面部分甲烷吸附位(Krooss et al.，2002；李靖等，2016)，同时孔隙内填充水分子(微孔填充)及液态水(毛细凝聚)致使部分孔隙阻塞阻碍甲烷吸附(Joubert et al.，1973，1974；李靖等，2016)，因此甲烷在平衡水煤样的吸附量明显小于干燥煤样。

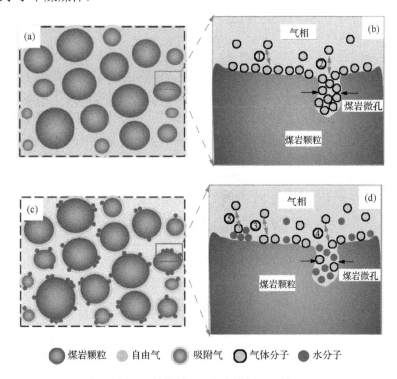

图 2-7 干燥煤样、平衡水煤样吸附特征
①气态甲烷分子吸附于煤岩颗粒表面；②气态甲烷分子填充于微孔内；③气态甲烷分子吸附于煤岩颗粒表面(甲烷吸附位)；④气态甲烷分子与水分子填充于微孔内；
⑤少量气态甲烷分子吸附于吸附态水分子表面

图 2-7(a)为干燥煤样吸附甲烷示意图。仅存在煤岩颗粒与气态甲烷分子的相互作用，属于固气界面吸附，满足 Langmuir 等温吸附规律，吸附量与压力呈正相关。图 2-7(c)为平衡水煤样吸附甲烷示意图。在蒸汽湿度(p/p_0 = 96%～97%)条件下，水分子将以吸附态(颗粒表面)、液态(毛细凝聚)、填充(微孔)三种形式存在。存在

水分子与甲烷分子的竞争吸附,属于固气界面吸附,甲烷吸附量与压力呈正相关。图 2-7(b)为干燥煤样吸附甲烷微观机理。图 2-7(d)为平衡水煤样吸附甲烷微观机理。水分子的存在会占据颗粒表面及微孔内部分甲烷吸附位,相比干燥煤样[图 2-7(b)],甲烷吸附量显著降低。

显然,平衡水煤样吸附解吸实验实际上保留了固气界面吸附特征。虽然平衡水处理在一定程度上还原了煤层水分,但仅适合于品质极好的煤层,与大部分煤层原始储层孔隙含水较多的情况不符。在孔隙连续水相环境下,原始储层吸附为典型固液界面吸附[图 2-7(c)、(d)]。

下面介绍孔隙连续水情况下甲烷的吸附-解吸特征及其对产气的影响。

2. 考虑煤层气藏水环境影响的吸附-解吸实验

为了客观地反映煤的吸附能力,等温吸附实验过程应尽量模拟煤的地下储层条件,即储层的温度、压力、水分等,使实验结果更符合真实情况,更具有可靠性。因为储层温度、压力通常是可知的,所以等温吸附实验所遇到的主要困难是储层条件下煤中水分的恢复。目前,室内实验普遍用60~80目的平衡水煤样进行等温吸附实验,以获取压力与吸附气含量以及时间和压力与解吸气含量的关系曲线。理论研究认为,平衡水处理使煤样中甲烷和水在煤颗粒表面的分布特征与实际煤储层特征有一定的差异,从而影响吸附的过程及结果,并对解吸实验产生影响。由此得到的实验结果无法正确指导实际开发生产(解吸过程)。因此,开展多组实验,包括平衡水煤样的吸附-解吸实验和注水煤样吸附-解吸实验。通过对比实验结果,反推分析原始煤储层中的气水分布特征,进而分析实际开发过程中的剩余储层压力与剩余吸附气含量的关系。

借鉴注水煤样等温吸附-解吸实验装置,完善本实验装置,其组成如图 2-8 所示。其中,为了提高测试数据的分辨率采用大容量缸,参照缸与样品缸规格相同,容积均为 3540.7320cm³。甲烷、氦气的纯度均为 99.99%。

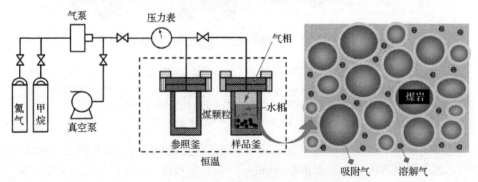

图 2-8 煤样等温吸附-解吸实验装置

静态吸附是一种经典的气体吸附法。在真空系统中将气体与吸附剂放在一起，达到平衡后再以适当的方法来测定吸附量。静态吸附法分为容量法和重量法两种。容量法是比较吸附前后气体压力来计算吸附量，如低温氮气吸附等；重量法是比较吸附前后石英弹簧秤的读值变化来衡量吸附量大小的一种方法。容量法是使用最广泛的方法。

任何一种吸附对同一被吸附气体(吸附质)来说，在吸附平衡的情况下，温度越低，压力越高，吸附量越大。反之，温度越高，压力越低，吸附量越小。因此，气体的吸附分离方法，通常采用变温吸附或变压吸附两种循环过程。

如果压力不变，在常温或低温的情况下吸附，用高温解吸的方法，称为变温吸附(TSA)。显然，变温吸附是通过改变温度来进行吸附和解吸的。由于吸附剂的比热容较大，热导率(导热系数)较小，升温和降温都需要较长的时间，操作上比较麻烦，一般用于实验研究的比较少。

如果温度不变，在加压/减压的情况下，通过改变压力来促使气体吸附-解吸的方法，称为变压吸附。变压吸附由于吸附剂的热导率较小，吸附热和解吸热所引起的吸附剂本体温度变化不大，故可将其看成等温过程，近似将常温吸附按等温线进行，在较高压力下吸附，在较低压力下解吸。变压吸附沿着吸附等温线进行，从静态吸附平衡来看，吸附等温线的斜率对它的影响很大，在温度不变的情况下，压力和吸附量之间的关系服从等温吸附曲线。

高压容量法，即变压等温吸附法，是煤层气资源可采性评价和指导煤层气井排采生产的关键技术方法，等温吸附数据测定准确性的高低，直接关系到煤层气开发的成败和煤层气产业的发展。

当体相分子和吸附相分子交换的量相等时，认为此时煤储层对气体的吸附达到了动态平衡。这时就可以针对一个封闭系统，根据真实气体状态方程和 Langmuir 方程来计算吸附的气体量和有关参数。

为了研究需要，提出了解吸率的定义式：

$$\eta = \frac{V_{\text{desorption}}}{V_{\text{adsorption}}} \times 100\% \tag{2-1}$$

式中，$V_{\text{desorption}}$ 为解吸气体积；$V_{\text{adsorption}}$ 为吸附气体积。

开展对比实验，即平衡水煤样吸附-解吸实验(实验一、实验二)及高含水煤样吸附-解吸实验(实验三至实验六)。通过对比研究，反推分析原始煤储层中的气水分布特征，进而分析实际开发过程中的储层压力与含气量的关系，形成对煤层气解吸的新认识。

1) 实验方法及步骤

(1) 加工煤样。

加工煤样具体步骤如下：①将实验所用的煤块破碎成粒度小于 15mm 的颗粒；②将煤样再粉碎成粒度小于 0.3mm 的颗粒；③将筛分后的煤粉进行封装、称量（含袋子）。

(2) 装样进缸。

装样进缸具体步骤如下：①取一个样品缸和一个参照缸，拆开缸盖，将缸内清理干净；②称量一定质量（建议实验样品用量在 1000g 左右）的煤粉装入样品缸内，并不断摇晃缸体使煤样夯实；③按照煤岩含水率的要求，计算所需水量，使用烧杯称量，倒入样品缸后与煤样混合，进行大气压下水浸，并搅拌；④更换缸体和缸盖的密封圈；⑤上紧螺帽，装入设备，连接好压力表，并置于恒温箱中；⑥接通恒温箱电源，设置系统温度为 25℃，待稳定后便可开始实验。

(3) 密封性测试。

为了确保实验结果的准确性，实验开始前必须进行整套实验装置（图 2-9 和图 2-10）的密封性检测，具体操作步骤如下：①采用计算机数据采集程序对整个实验过程进行压力和温度的实时监测；②将氦气气源（充气钢瓶）接入实验装置系统，打开参照缸控制阀(V-2)及参照缸与样品缸之间平衡阀(V-3)将气体充入参照缸和样品缸，并达到一定压力（4MPa 左右），停止注气并关闭进气阀；③保持 4h 以上，观测整套实验装置内的压力是否有明显变化，若有明显变化，需仔细检测系统内每个构件的气密性；若无明显变化，增加充气压力（至 9MPa 左右），重复步骤②。

(4) 系统抽真空。

为保证接下来自由空间体积测定结果的准确性，必须对实验装置进行真空处理，具体操作如下：①打开实验装置系统的排气阀门(V-5)，将系统内残留的氦气放空；②关闭阀门，将真空泵接入实验装置系统，并打开真空泵控制阀(V-4)；③接通电源，开始对整套实验装置进行 20~30min 的抽真空处理；④关闭真空泵及真空阀(V-4)，撤去真空泵。

(5) 自由空间体积测定。

自由空间体积是指实验装置系统装入煤样后煤样颗粒之间的空隙、实验所用煤样颗粒内部的微细空隙、样品缸内未被煤样填充的剩余空间、真空参照缸体积、实验装置的所有连接管线及控制阀内部空间的体积总和。

在一定的温度和压力条件下，用参比流体（氦气）通过体积膨胀来测定自由空间的体积。步骤如下：①关闭参照缸与样品缸之间平衡阀(V-3)，打开参照缸控制阀(V-2)，将一定压力的氦气充入参照缸，记录该操作后的压力 p_1 及温度 T_1 数据。并根据真实气体状态方程，计算出该条件下参照缸内氦气的物质的量 n_1。②打开参照缸与样品缸之间平衡阀(V-3)，平衡后分别记录实验系统的压力 p_2 和温度 T_2，同样可以计算出平衡后的参照缸内氦气的物质的量 n_2，从而得出平衡后样品缸内氦气的量 $n_3=n_1-n_2$，再反算得出自由空间的体积。③再次充入氦气，充气压力为 p_3，且 $p_3>p_1$，求得自由空间体积；并逐次提高充气压力，多次重复步骤②，测取多组数据。④对多次测量所得数值求平均值，得出最终的自由空间体积。

(6) 等温吸附实验。

等温吸附实验是一个加压—平衡—再加压的过程，实验装置实物图及示意图分别如图 2-9 和图 2-10 所示。

图 2-9 煤层气吸附解吸实验装置主要部分实物图

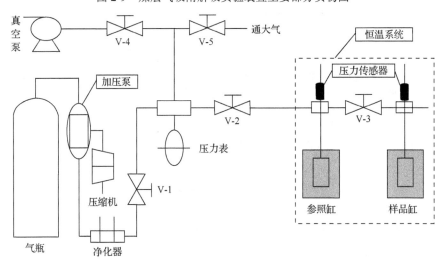

图 2-10 AST 系列煤层气吸附解吸仿真实验装置示意图
V-1.高压甲烷气瓶充气阀；V-2.参照缸控制阀；V-3.参照缸与样品缸之间平衡阀；
V-4.真空泵控制阀；V-5.排气阀门

具体操作步骤如下：①将整套实验装置预先进行持续 2h 的真空处理，并将恒温箱的温度设定在室温(25℃)。②关闭参照缸与样品缸之间的平衡阀(V-3)，打开气源(高压甲烷气瓶)充气阀(V-1)和参照缸控制阀(V-2),向参照缸中充入一定量的甲烷气体,待压力稳定后关闭气源充气阀(V-1),并记录此时参照缸的压力 p。③缓慢打开参照缸与样品缸之间的平衡阀(V-3),连通参照缸和样品缸,甲烷气将在压差的作用下由参照缸向样品缸膨胀,待压力稳定后(为使煤样充分吸附甲烷气体,吸附过程需保持 48h 以上),关闭参照缸与样品缸之间的平衡阀(V-3),记录最终平衡后的实验系统压力 p_1。④再次打开气源(高压甲烷气瓶)充气阀(V-1)和参照缸控制阀(V-2),对参照缸进行第二次充气,充气后参照缸压力要高于第一次吸附平衡时实验系统的压力,记录此时参照缸的压力 p';重复步骤③,测得第二次吸附平衡后实验系统的压力 p_2。⑤多次重复步骤③(或④),依次提高实验充气压力 p'_i 及吸附平衡压力 p_i,直至达到最高实验压力。

(7) 等温解吸实验。

在恒温条件下,解吸过程常被认为是吸附过程的逆过程,即为降压—平衡—再降压的重复过程,实验是从等温吸附实验的最大吸附平衡压力开始的,具体步骤如下:①关闭参照缸控制阀(V-2)及参照缸与样品缸之间的平衡阀(V-3),将真空泵与参照缸相连接,仅对参照缸进行 2h 左右的真空处理,使参照缸达到降压解吸实验的要求;②缓慢打开参照缸与样品缸之间的平衡阀(V-3),使参照缸和样品缸连通,同样为保证煤样吸附气体解吸的充分性,该过程需保持 48h 以上,记录实验系统平衡后的压力 p'_1;③重复步骤①和②,逐次降低实验压力至等温吸附的初始压力或大气压,记录每次平衡状态下的压力 p_i 数据。④结束降压解吸操作后,选取一组平衡水煤样实验(实验一)及一组高含水煤样实验(实验三)进行升温解吸实验,即当实验达到降压解吸最终平衡后,系统温度升高至 30℃、40℃、100℃(水浴加热),分别记录不同温度下的压力值。

2) 实验结果及分析

采用真实气体状态方程对实验数据进行计算处理:

$$n = \frac{pV}{ZRT} = \frac{pV}{Z} \frac{1}{8.315 \times (273.15+t)} \tag{2-2}$$

式中,n 为甲烷气的物质的量,mol;T 为环境温度,K;t 为环境温度,℃;V 为自由空间的标准体积,cm³;p 为实验平衡压力,MPa;Z 为对应压力 p 及温度 T 条件下甲烷的偏差系数;R 为普适气体常量,数值取 8.314J/(mol·K)。

由每一组对应的压力 p 和温度 T 的实验数据,根据式(2-2)即可求得实验达到平衡后参照缸与样品缸内的气体总量。对于吸附过程,用充入参照缸的气体含量减去平衡后参照缸和样品缸的气体含量总和,即该压力、温度条件下煤样吸附的甲烷量。该实验为等温实验,因此温度 T 为常数,只需计算不同压力点 p_i 下煤样吸附量 N_i,并做出 p_i 与 N_i 的关系曲线图,即为煤样的等温吸附曲线。同理,可根据实验求得的各解吸平衡压力点 p'_i 的含气量 n'_i，并绘制 p'_i-n'_i 关系图，得到实验的解吸曲线。

(1) 实验结果。

下面以六组吸附-解吸实验来阐述水对煤层气吸附解吸特征的影响。其中实验一和实验二为平衡水煤样的吸附-解吸实验，实验三到实验六为高含水煤样的吸附解吸实验。为了展示温度对煤层气解吸的影响，分别在实验一和实验三中增加了加热解吸的环节。

①实验一：平衡水煤样等温吸附-解吸实验+加热解吸实验。

实验一吸附-解吸实验数据及曲线分别见表 2-2、图 2-11，加热解吸数据及曲线分别见表 2-3、图 2-12。

表 2-2　实验一等温吸附-解吸实验数据及计算结果（25℃）

吸附实验		解吸实验		
压力/MPa	含气量/mol	压力/MPa	含气量/mol	解吸量/mol
0	0	5.82	1.1313	0
1.14	0.3485	2.7	1.0136	0.1177
2.37	0.5986	0.91	0.8067	0.2069
3.49	0.7993	0.345	0.6542	0.1525
4.58	0.9673	0.11	0.6085	0.0457
5.29	1.0582	0.036	0.6	0.0085
5.82	1.1313	合计		0.5313

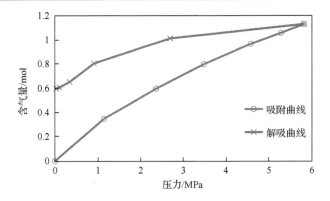

图 2-11　实验一等温吸附-解吸实验曲线（25℃）

表 2-3　实验一加热解吸实验结果

温度/℃	压力/MPa	含气量/mol	解吸量/mol
30	0.038	0.5983	0.0017
40	0.04	0.5974	0.0026
100	0.225	0.4172	0.1828

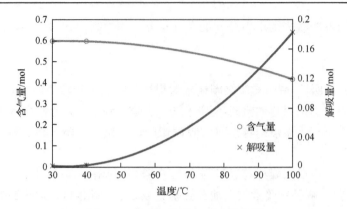

图 2-12 实验一加热解吸实验曲线

②实验二：平衡水煤样等温吸附-解吸实验。

实验二吸附-解吸实验数据及曲线分别如表 2-4 和图 2-13 所示。

表 2-4 实验二等温吸附-解吸实验数据及计算结果(25℃)

吸附实验		解吸实验		
压力/MPa	含气量/mol	压力/MPa	含气量/mol	解吸量/mol
0	0	5.36	1.0152	0
1.24	0.3597	2.25	0.9163	0.0989
2.36	0.5956	0.84	0.7336	0.1827
3.67	0.8105	0.3	0.6031	0.1305
4.34	0.9106	0.105	0.586	0.0171
4.99	0.9826	0.035	0.5791	0.0069
5.36	1.0152	合计		0.4361

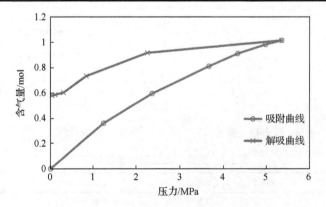

图 2-13 实验二等温吸附-解吸实验曲线(25℃)

③实验三:高含水煤样等温吸附-解吸实验+加热解吸实验。

实验三吸附-解吸实验数据及曲线分别如表 2-5 和图 2-14 所示,加热解吸数据及曲线分别如表 2-6 和图 2-15 所示。

表 2-5 实验三等温吸附-解吸实验数据及计算结果(25℃)

吸附实验		解吸实验		
压力/MPa	含气量/mol	压力/MPa	含气量/mol	解吸量/mol
0	0	5.45	0.5801	0
1.23	0.0569	2.56	0.5429	0.0372
2.36	0.1257	1.18	0.5271	0.0158
3.49	0.2134	合计		0.0530
4.52	0.3685			
5.03	0.4856			
5.45	0.5801			

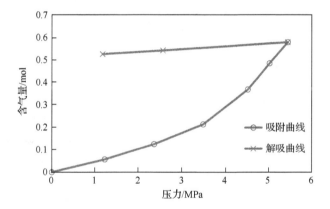

图 2-14 实验三等温吸附-解吸实验曲线(25℃)

表 2-6 实验三加热解吸实验数据及计算结果

温度/℃	压力/MPa	含气量/mol	解吸量/mol
30	1.21	0.5250	0.0021
40	1.25	0.5235	0.0036
100	1.69	0.3387	0.1884

④实验四:高含水煤样等温吸附-解吸实验。

实验四吸附-解吸实验数据及曲线分别如表 2-7 和图 2-16 所示。

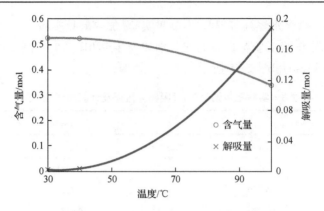

图 2-15　实验三加热解吸实验曲线

表 2-7　实验四等温吸附-解吸实验数据及计算结果(25℃)

吸附实验		解吸实验		
压力/MPa	含气量/mol	压力/MPa	含气量/mol	解吸量/mol
0	0	5.22	0.5313	0
1.25	0.0653	2.32	0.4986	0.0327
2.46	0.1359	1.08	0.4885	0.0101
3.87	0.2596			
4.49	0.3556			
5.09	0.4952			
5.22	0.5313		合计	0.0428

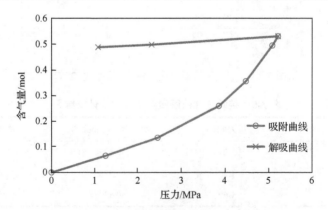

图 2-16　实验四等温吸附-解吸实验曲线(25℃)

⑤实验五：高含水煤样等温吸附-解吸实验。

实验五吸附-解吸实验数据及曲线分别如表 2-8 和图 2-17 所示。

表 2-8　实验五等温吸附-解吸实验数据及计算结果（25℃）

吸附实验		解吸实验		
压力/MPa	含气量/mol	压力/MPa	含气量/mol	解吸量/mol
0	0	3.99	0.3740	0
1.06	0.0532	1.623	0.3588	0.0152
2.28	0.1279	0.747	0.3492	0.0096
3.39	0.2898			
3.99	0.3740	合计		0.0248

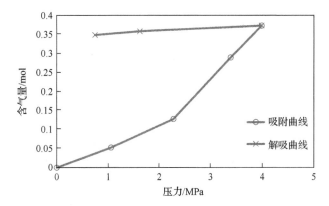

图 2-17　实验五等温吸附-解吸实验曲线（25℃）

⑥实验六：高含水煤样等温吸附-解吸实验。

实验六等温吸附-解吸实验数据及曲线分别如表 2-9 和图 2-18 所示。

表 2-9　实验六等温吸附-解吸实验数据及计算结果（25℃）

吸附实验		解吸实验		
压力/MPa	含气量/mol	压力/MPa	含气量/mol	解吸量/mol
0	0	3.49	0.3250	0
1.11	0.0603	1.30	0.3129	0.0121
2.10	0.1198	0.597	0.3114	0.0015
3.09	0.2691			
3.49	0.3250	合计		0.0136

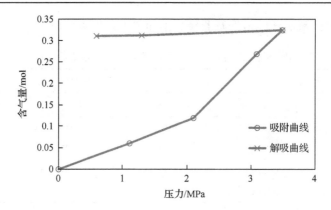

图 2-18　实验六等温吸附-解吸实验曲线(25℃)

(2) 实验结果简要分析。

实验一和实验二为平衡水煤样实验，吸附过程和解吸过程的特征如下：

实验一吸附过程最终平衡压力为 5.82MPa，对应吸附量为 1.1313mol。实验二吸附过程最终平衡压力为 5.36MPa，对应吸附量为 1.0152mol。由实验一和实验二吸附数据及曲线可以看出，平衡水煤样的含气量(即吸附量)随着压力的上升而增加，且曲线斜率逐渐变小，即单位压力上升所增加的吸附量逐渐减少。

实验一解吸过程最终平衡压力为 0.036MPa，总解吸量为 0.5313mol，解吸率为 46.96%。实验二解吸过程最终平衡压力为 0.035MPa，总解吸量为 0.4361mol，解吸率为 42.96%。此处解吸过程最终平衡压力为参考缸敞开至大气压时，样品缸中 24h 后的平衡压力。由实验一和实验二解吸数据及曲线可以看出，平衡水煤样的含气量随压力的降低而减少，但与吸附曲线相比，有一定的滞后(吸附曲线与解吸曲线存在不重合的开口)。

与实验二不同的是实验一增加了加热解吸的部分，实验一等温降压解吸阶段解吸量约占吸附量的 46%，而后通过从 25℃升温(至 100℃)进行解吸后可增加 19%的解吸量。

实验三至实验六为高含水煤样实验。吸附过程和解吸过程的特征如下：

实验三吸附过程最终平衡压力为 5.45MPa，对应吸附量为 0.5801mol。实验四吸附过程最终平衡压力为 5.22MPa，对应吸附量为 0.5313mol。实验五吸附过程最终平衡压力为 3.99MPa，对应吸附量为 0.3740mol。实验六吸附过程最终平衡压力为 3.49MPa，对应吸附量为 0.3250mol。从这四组实验吸附数据及曲线可以看出，高含水煤样的含气量(即吸附量)随着压力的上升而增加，且曲线斜率逐渐增大，即单位压力上升所增加的吸附量逐渐增加。这与平衡水煤样的等温吸附曲线存在很大的差异，说明煤层水对煤层气藏吸附过程影响很大。

实验三解吸过程最终平衡压力为 1.18MPa，总解吸量为 0.0530mol，解吸率为

9.14%。实验四解吸过程最终平衡压力为 1.08MPa，总解吸量为 0.0428mol，解吸率为 8.06%。实验五解吸过程最终平衡压力为 0.747MPa，总解吸量为 0.0248mol，解吸率为 6.63%。实验六解吸过程最终平衡压力为 0.597MPa，总解吸量为 0.0136mol，解吸率为 4.18%。可以看出高含水煤样在恒定低温(25℃)的条件下等温降压解吸率极低，且由这四组解吸实验数据及曲线可以看出，高含水煤样在降压过程中含气量随压力的降低而减少，但变化量极小。与吸附曲线相比，有较大程度的滞后(吸附曲线与解吸曲线存在不重合的开口较大)，且高含水条件下解吸平衡压力明显较高。

这四组实验中，实验三增加了加热解吸的部分。实验三在等温降压解吸阶段解吸量仅占吸附量的 3.36%，而后通过升温(至 100℃)进行解吸后可增加 35%的解吸量。高于实验一平衡水煤样的加热解吸率，说明高含水煤样在加热至 100℃时，部分液态水蒸发为水蒸气，对煤层气的解吸有一定的促进作用。

3) 吸附实验结果对比分析

(1) 高含水煤样吸附实验对比分析。

通过实验三至实验六的结果，可以发现：①当吸附平衡压力相近时，实验测得的吸附量差异较小，即实验三、实验四分别为 5.45MPa、5.22MPa，均在 5MPa 左右，其吸附量差仅为 0.59cm^3/g，实验五、实验六分别为 3.99MPa、3.49MPa，均在 3.50MPa 左右时，其吸附量差仅为 0.65cm^3/g，差值约为两组数据平均值的 9%。②当吸附平衡压力有较大差距时，即实验三、实验六分别为 5.45MPa、3.49MPa，其吸附量的差值较大，其主要原因是高压条件与低压条件下甲烷在水中的溶解度的差异造成的。

(2) 平衡水煤样与高含水煤样吸附实验对比分析。

①当吸附平衡压力相近时，即实验一至实验四均为 5MPa 左右，实验测得的吸附量差异较大，平衡水煤样实验结果约为 20cm^3/g，高含水煤样实验结果约为 10cm^3/g，前者为后者的两倍。其巨大的差值主要是由两种不同的样品处理方式造成的，同时每组实验煤样不同的孔隙度对该结果也有一定的贡献。

②当吸附平衡压力有较大差距时，即实验一、实验二为 5MPa 左右，实验五、实验六为 3.5MPa 左右，其吸附量的差异更加明显，前者约为后者的三倍，同样是由两种不同的样品处理方式造成的，同时不同压力条件及甲烷在水中的溶解度与孔隙度的差异同样对实验结果有一定的影响。

4) 解吸实验对比分析

综合分析六组实验的解吸数据，并对比实验解吸曲线及单位压降解吸率等数据，如图 2-19 和图 2-20 所示。此处单位压降解吸率的定义为相邻两次解吸平衡压力的解吸率之差除以两次解吸平衡压力之差。在等温降压解吸曲线图中，表现为解吸曲线斜率的大小,反映煤层气随压力降低解吸程度的差异。

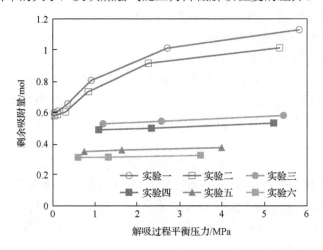

图 2-19　实验解吸曲线对比图

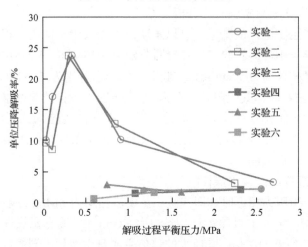

图 2-20　单位压降解吸率对比图

(1)高含水煤样解吸实验对比分析。

①当解吸平衡压力相近时,即实验三、实验四第一次降压解吸时压力分别为2.56MPa、2.32MPa,实验测得的解吸量分别为0.0372mol、0.0327mol;第二次降压临界解吸压力分别为1.18MPa、1.08MPa,实验测得的解吸量分别为0.0158mol、0.0101mol,每组数据间的差异较小,均小于其平均值的20%。实验五、实验六的结果体现了同样的规律性。认为这细微的差异主要是由于每组实验的平衡压力及每组实验煤样不同孔隙度不同造成。

②当解吸平衡压力有较大差距时,即实验三、实验六第一次降压解吸时分别为 2.56MPa、1.30MPa,实验测得的解吸量分别为 0.0372mol、0.0121mol;实验三、实验六第二次降压解吸时分别为 1.18MPa、0.597MPa,实验测得的解吸量分别为 0.0158mol、0.0015mol。其解吸量的较大差值主要是由于水的承压作用使压力无法继续降低,且高压条件与低压条件下甲烷在水中的溶解度不同及每组实验煤样的孔隙度的差异造成的。

(2)平衡水煤样与高含水煤样解吸实验对比分析。

①当解吸平衡压力相近时,即实验一、实验四第一次降压解吸时均为 2.5MPa 左右,平衡水煤样实验结果为 0.1177mol,高含水煤样实验结果为 0.0327mol,实验测得的解吸量差异较大,前者为后者的近 4 倍;实验一、实验四第二次降压解吸时均为 1MPa 左右,平衡水煤样实验结果为 0.2069mol,高含水煤样实验结果为 0.0101mol,实验测得的解吸量前者为后者的 20 倍。其巨大的差值主要是两种不同的样品处理方式造成的,同时每组实验煤样孔隙度对此结果也有一定的贡献。

②平衡水煤样实验中,分次降压解吸量(率)呈先升后降的规律;而高含水煤样实验中,分次降压解吸量(率)呈快速下降趋势,且后者的终止平衡压力大于前者。

5)实验结论及认识

(1)吸附实验。

通过对比分析上述实验结果,得出以下结论:①平衡水过程中水蒸气在煤岩颗粒部分孔隙范围中凝聚成液态水。当煤岩孔隙大于发生凝聚的孔隙半径时,孔隙表面吸附单层水分子或者多层水分子,孔隙内水分子呈蒸汽状态。在毛细理论不再适用的微孔(<2nm)中,水分子在吸附势作用下会充填于微孔内,也即水分子充填后,甲烷分子不能再吸附。而该实验中,水在孔隙中的填充状态均为液态。②由于煤的润湿性特征及气水吸附的先后顺序,致使高含水煤样颗粒表面被水膜所包被,实验中甲烷的吸附过程应为溶解—扩散—吸附,该过程较固气吸附作用时间长,另少量气体会吸附在水膜上,在一定的实验时间内,高含水煤样实验获得的吸附量较平衡水煤样实验结果偏小。

(2)解吸实验。

通过上述实验数据的对比分析,可以得出以下结论:①对于平衡水及高含水煤样,常规降压解吸过程仅能产出部分吸附气,但仍有大部分吸附气无法解吸;②高含水煤样实验解吸率均小于10%,远低于平衡水煤样实验,且解吸量与压力无明显的直接关系,高含水煤样因含承压水,最终的解吸终止压力亦高于平衡水煤样;③平衡水煤样实验所呈现的规律性与高含水煤样实验完全不同,即高含水煤样实验规律不遵循固气界面吸附理论，而是遵循固液界面吸附理论；④对平衡水煤样及高含水煤样实验，加热解吸操作均可以大幅度提高解吸率，该实验结果在一定程度上证明了升温解吸的可行性。

(3) 煤基质水对吸附-解吸的影响。

实验一和实验三吸附量与降压解吸量的对比如图 2-21 所示。

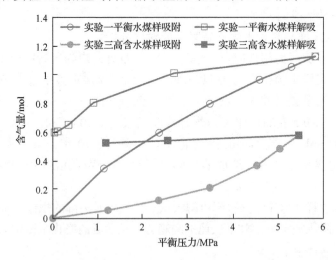

图 2-21　实验吸附-解吸量对比图

含水煤样的吸附量和解吸量远小于平衡水煤样的吸附量和解吸量，认为该差异主要原因是实验样品的预处理方式不同。从实验样品处理方式的机理出发进行分析，平衡水预处理方式是经过恒湿处理，使封闭系统达到三相相平衡状态。当恒湿(蒸发)过程深入到煤样孔隙内部，水分将在毛细管内进行汽化与迁移。速度由弯液面的位置及液面上水蒸气的分压 p_w 决定。由开尔文定律可知，在半径为 r、湿润角为 θ 的毛细管中，弯液面上蒸汽压 p_w 与相同温度下对应的自由水面上饱和蒸汽压 p_o 的关系为

$$p_w = p_o \exp\left(-\frac{2\sigma M \cos\theta}{RT\rho r}\right) \tag{2-3}$$

式中，p_w 为弯液面上蒸汽压，Pa；p_o 为自由水面上饱和蒸汽压，Pa；σ 为表面张力，N/m；M 为水的摩尔质量，kg/mol；θ 为润湿角，(°)；R 为普适气体常量，J/(mol·K)，取值 8.314；T 为温度，K；r 为毛细管半径，m；ρ 为水的密度，kg/m³。

式(2-3)表明，多孔介质中毛细管弯液面上蒸汽分压 p_w 随着毛细管半径 r 的增大而增大。毛细管半径 r 小，则弯液面上蒸汽分压 p_w 低，水分蒸发速率慢，恒湿过程难以进行。在常规温度范围内，即当 $r \geqslant r_{cr} = 10^{-7}$ m 时，$p \approx p_o$，弯液面上蒸

汽分压 p_w 近似等于相同温度下自由水面上饱和蒸汽压 p_0。因此，在平衡水条件下，煤样内孔隙尺度为 $r \geqslant 10^{-7}$m 的孔隙内水变为气态脱离，而 $r < 10^{-7}$m 的孔隙内的水以液态形式保存下来。在煤原始储层高含水饱和度条件下，在煤样内孔隙尺度为 $r \geqslant 10^{-7}$m 的孔隙内，水分也以液态形式存在。

对高含水煤样吸附-解吸实验，在本次实验涉及的压力范围内，在不同吸附平衡压力条件下，单位质量煤样吸附量几近相同，其吸附量差为不同压力条件下甲烷在水中溶解度之差及孔隙度差异所造成的，即吸附量与压力关系不是太大。正常情况下，压力高的情况溶解度高，吸附量会多一些，但由于甲烷微溶于水，对压力不太敏感。显然，与目前普遍采用的固气界面吸附实验结果具有很大差异，而平衡水煤样所遵循的仍然是固气界面吸附，因此与高含水煤样实验结果差异较大。

在高含水煤样实验的降压解吸过程中，高含水煤样解吸率均不足 10%，其余吸附气无法解吸。即解吸量与压力关系不大，与目前普遍采用的固气界面解吸实验结果具有很大差异。实验结果的细微差别与两组实验平衡压力及煤样孔隙度不同有关。平衡水煤样实验因属于固气界面吸附-解吸范畴，其解吸量较高含水煤样实验容易，且解吸率高。

6) 实验误差分析及建议

本节提出的高含水煤样等温吸附-解吸实验方案仍未能完全还原原始储层条件下的气水生成次序，因而导致实验结果与实际情况还有一定的差异。

2.1.3 甲烷在液态水环境中吸附-解吸模型

甲烷在液态水环境中的吸附-解吸属于固液吸附-解吸范畴。甲烷在饱和水煤层中的吸附过程，需要经历先溶解再吸附的过程，甲烷分子在水中的溶解量可以采用亨利定律计算，溶解态的液体甲烷分子在煤固体表面的吸附量可采用液相 Langmuir 形式的方程。

吸附态液体甲烷分子变为游离态甲烷气体的过程，需要经历液态甲烷分子从煤岩表面脱附（解吸）的过程和溶解态液体甲烷从水中脱溶的过程，如图 2-22 和图 2-23 所示。事实上，这是吸附-脱附（解吸）和溶解-脱溶这两个体系平衡—不平衡—再平衡的过程。

煤储层固液界面解吸过程存在两个平衡体系的再平衡过程。

(1) 液态环境中吸附与解吸的再平衡问题：溶液在整个解吸过程中呈（过）饱和状态，存在 $c/c_0=1$；解吸的甲烷分子存在聚集力与吸附力的相互作用，仅有能量较大的甲烷分子可以成核、成泡，大部分甲烷分子难以解吸。

(2) 液态环境中溶解与脱溶的再平衡问题：压力降低致使甲烷在水中的溶解度降低，孔隙水呈过饱和状态，从而溶解态甲烷分子脱溶，部分溶解气析出。

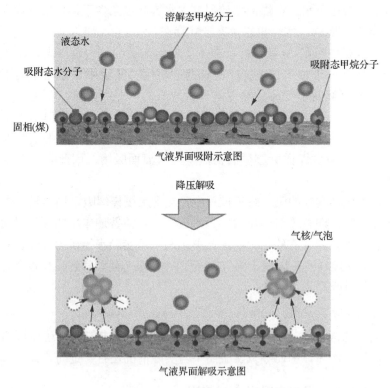

图 2-22　固液界面解吸过程平衡体系

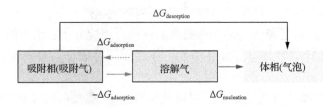

图 2-23　固液界面吸附-解吸过程的能量变换

$\Delta G_{desorption}$ 为解吸过程自由能变化量；$\Delta G_{adsorption}$ 吸附过程自由能变化量；$\Delta G_{nucleation}$ 成核过程自由能变化量

1. 煤层气成核成泡过程

成核过程可能发生或不接触表面或其他物质。当没有参与任何其他阶段或物质，核被称为均质成核（图 2-24）；而当有一相或物质接触时，这个过程称为异质成核。对于异质成核，又可进一步分为体相异质成核和毛细管成核。

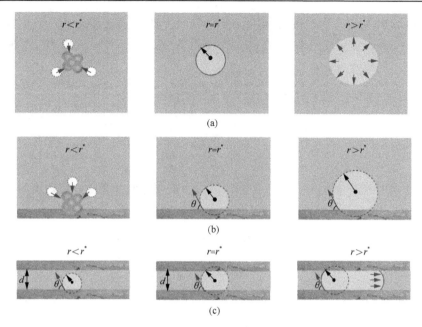

图 2-24 均质成核、单个平面上的异质成核及孔隙内的异质成核过程
(a)均质成核过程；(b)单个平面上的异质成核过程；(c)孔隙内的异质成核过程。r^*为临界半径

根据 Gibbs(1878)形成球形核、均质成核过程中的自由能 $\Delta G_{\text{homogeneous}}$，是由两个方面贡献的总和：一个正的表面功 ΔG_S 和负的体积功 ΔG_V：

$$\Delta G_{\text{homogeneous}} = \Delta G_S + \Delta G_V = \sigma_{\text{gw}} S - \Delta p V \tag{2-4}$$

式中，σ_{gw} 为气水表面张力；Δp 为表面两侧压差；V 为球形气核体积；S 为球形气核的外表面积。

对于理想球形气核，均质成核的自由能可以表示为

$$\Delta G_{\text{homogeneous}} = 4\pi r^2 \sigma_{\text{gw}} - \frac{4\pi r^3}{3} \Delta p \tag{2-5}$$

式中，r 为球形气核半径。

异质成核能量可以表示为

$$\Delta G_{\text{heterogeneous}} = f \Delta G_{\text{homogeneous}} \tag{2-6}$$

式中，f 为系数，对于毛细管中成核，可以表示为

$$f_{\text{capillary}} = \frac{3\cos\theta - \cos^3\theta}{2} \tag{2-7}$$

其中，θ 为润湿角。

如图 2-25 所示,当气核的半径小于 r^* 时,气泡生长需要做正功,系统的自由能增加,气核趋于逐渐消失;当气核半径超过 r^* 时,气泡生长做负功,系统的自由能减小,气核会自发地长大;因此半径为 r^* 的气核称为临界气核,对应的表面功为成核临界功,临界功又称为气泡成核的能垒,在均质成核过程中,临界半径可以表示为

$$r^* = \frac{2\sigma_{gw}}{\Delta p} \tag{2-8}$$

结合式(2-6),在临界半径条件下,气泡所需要克服的自由能可表示为

$$\Delta G^*_{\text{heterogeneous}} = f \frac{4\sigma_{gw} \pi r^{*2}}{3} \tag{2-9}$$

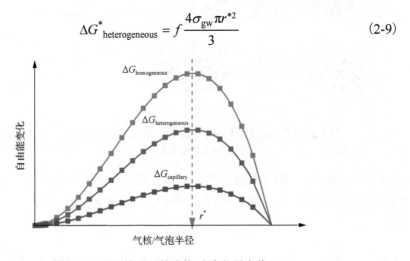

图 2-25　不同情况下的成核/成泡能量变换

2. 成核过程引起的解吸滞后

气泡在毛细管中成核的初始阶段,自由能增加,直到自由能量达到临界值 ΔG^* 和气泡半径达到 R 的情况下,泡沫变得稳定和增长成为自发行为,否则泡沫会溶解。结果表明,当气泡自由能达到最大 G^*,此时气泡达到临界半径 r^*,仅当气泡可以克服最大自由能时气泡稳定。因此,成核过程可分为两个区:①不稳定的地区,即气体分子无法聚集,没有明显的分子脱溶;②稳定区,即溶解态液体甲烷分子从水中脱溶形成稳定的游离气泡。

对于 n mol 甲烷气体在水溶液中发生吸附,自由能变化表示为

$$\Delta G_{\text{ads}} = n\varepsilon_{\text{ads}} = -nRT\ln\frac{p_{\text{ads}}}{p_0^*} \tag{2-10}$$

式中,n 为气体物质的量,mol;R 为普适气体常量,取值为 8.314J/(mol·K);T

为气体温度，K；ε_{ads} 为单位摩尔甲烷气体在水溶液中的自由能，J；p_{ads} 为吸附压力，MPa；p_0^* 为饱和蒸汽压，MPa。

同样，对于 n mol 甲烷气体在水溶液中发生解吸，考虑成核过程中的临界自由能，总的自由能变化可以表示为

$$\Delta G_{des} = n(-\varepsilon_{des} + \varepsilon^*) = nRT\ln\frac{p_{des}}{p_0} + n\frac{\Delta G^*}{n^*} \qquad (2\text{-}11)$$

式中，p_{des} 为解吸压力，MPa。

结合式(2-10)和式(2-11)发现：当消耗同样的能量时，即在 $\Delta G_{des} = -\Delta G_{ads}$ 条件下，临界解吸压力与吸附压力并不相同（$p_{des} \neq p_{ads}$），同时两者存在以下关系：

$$RT\ln\frac{p_{ads}}{p_0} = RT\ln\frac{p_{des}}{p_0} + \frac{\Delta G^*}{n^*} \qquad (2\text{-}12)$$

进一步可得

$$\ln\frac{p_{ads}}{p_{des}} = \frac{\sigma}{p_{des}r^* + 2\sigma} \qquad (2\text{-}13)$$

假设甲烷在水溶液中的吸附满足液相 Langmuir 吸附公式，那么吸附量与解吸量的关系可以表示为

$$\frac{V_{ads}}{V_{max}} = \frac{p_{des}}{p_L + p_{des}} = \frac{f(p_{ads}, r^*, \sigma)}{p_L + f(p_{ads}, r^*, \sigma)} \qquad (2\text{-}14)$$

式中，V_{ads} 为剩余吸附量；V_{max} 为最大吸附量。

因此，基于式(2-14)计算的吸附-解吸曲线如图 2-26 所示，在吸附曲线和解吸

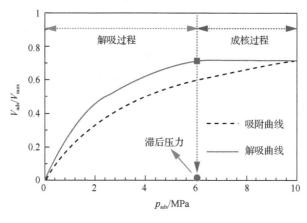

图 2-26　成核过程导致的吸附-解吸曲线滞后（$p_{des}r^* \ll 2\sigma$）

曲线两者之间存在一个明显的滞后环。对于解吸曲线，可以进一步分为两个阶段：成核阶段和解吸阶段。在第一阶段，降低压力过程中不能发生解吸现象。这个现象可以通过成核理论解释：如果这个系统存在稳定的核或气泡的形式，自由的能量必须克服最大势垒 ΔG^*，否则，气核/气泡中的气体将被重新吸附或溶解，而表观不能发生解吸。在第二阶段，随着压力的降低过程会发生解吸现象，当"核屏障"被克服，气核/气泡变得稳定，因此，在降压过程中气体分子会发生解吸，并且溶入已形成的气泡，促使气泡成长。

进一步考虑了不同临界气核半径 r^* 对解吸滞后现象的影响（1～20nm），如图 2-27 所示：临界气核半径尺寸同样影响解吸滞后的程度，临界气核越小，需要克服的自由能越大，因此解吸滞后现象越严重。临界气核半径与孔隙半径相关，因此煤岩基质孔隙越小，解吸滞后现象越明显。

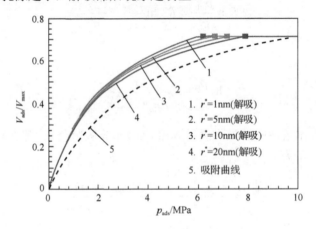

图 2-27　不同气核半径条件下的吸附-解吸曲线（稳定气核形成前）

3. 毛细管阻力引起的解吸滞后

在上面过程中，考虑了由于成核成泡而额外消耗的自由能对解吸的影响。事实上，当气泡稳定形成后，将在煤岩基质孔隙中形成气水两相，煤岩孔隙普遍表现为水湿（润湿角小于 90°），因此毛细管力（p_c）在该过程中表现为阻力作用，该作用也会影响甲烷的解吸行为。基于 Yang-Laplace 公式，气相（气泡）压力 p_{bubble} 与液相（孔隙自由水）压力 p_w 的压力差可以表示为

$$p_{bubble} - p_w = p_c = \frac{2\sigma}{r}\cos\theta = \frac{2\sigma}{r^*} \tag{2-15}$$

在吸附过程中，由于没有气泡的存在，水相压力即为吸附过程中的平衡压力 p_{ads}，因此，甲烷在水中的吸附式可以表示为

$$\frac{V_{ads}}{V_{max}} = \frac{p_w}{p_L + p_w} = \frac{p_{ads}}{p_L + p_{des}} \tag{2-16}$$

然而，在解吸过程中，由于气泡的存在，气相与液相间将存在压力差，如图 2-28 所示。

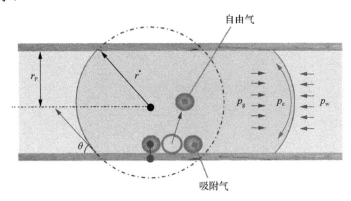

图 2-28　稳定气核/气泡形成后的力学平衡

r_P 为孔隙半径

在实验过程中测量的压力是液相压力 p_w，而在真实解吸过程中，影响甲烷解吸的平衡压力 p_{des} 应该为气泡压力 p_{bubble}，而并非液相压力 p_w，因此，解吸式为

$$\frac{V_{ads}}{V_{max}} = \frac{p_{bubble}}{p_L + p_{bubble}} = \frac{p_{des}}{p_L + p_{des}} = \frac{p_c + p_w}{p_L + (p_c + p_w)} = \frac{p_c + p_{ads}}{p_L + (p_c + p_{ads})} \tag{2-17}$$

结合考虑毛细管阻力的吸附式与解吸式，甲烷在液态水中的吸附曲线和解吸曲线如图 2-29 所示。结果表明，毛细管阻力严重阻碍解吸行为，对于 1~20nm 的

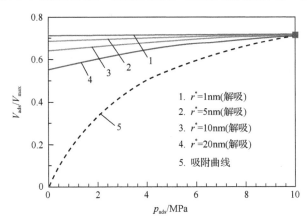

图 2-29　不同气核半径条件下的吸附-解吸曲线（稳定气核形成后）

孔隙，解吸率低于10%。Zhao(2011)通过注水煤岩的解吸实验表明，受到毛细管力影响，甲烷的解吸率可能低于13%。

4. 解吸滞后模型

当 r^* 足够小，$p_{des}r^* \ll 2\sigma$ 时，同时考虑成核成泡过程及毛细管力阻碍过程，吸附过程的平衡压力 p_{ads} 与解吸过程的平衡压力 p_{des} 存在以下关系：

$$\frac{V_{ads}}{V_{max}} = \frac{p_{des}}{p_L + p_{des}} = \begin{cases} \dfrac{p_{ads}/e^{0.5}}{p_L + p_{ads}/e^{0.5}}, & r \leqslant r^* \\ \dfrac{p_c + p_{ads}}{p_L + (p_c + p_{ads})}, & r > r^* \end{cases} \quad (2\text{-}18)$$

基于式(2-18)计算的吸附曲线和解吸曲线如图2-30所示，解吸曲线可以明显分为两个阶段：成核成泡阶段与毛细管力控制阶段。在第一阶段，解吸曲线表现为降压不解吸，造成该现象的原因是由于甲烷成核成泡需要消耗额外的能量，只有当成核自由能能量克服势垒 ΔG^*，解吸现象才能发生；在第二阶段，表现为缓慢解吸，该现象是由基质孔隙内巨大的毛细管力造成的，由于孔隙内水相的封堵作用，该过程仅能够解吸少量的甲烷分子。

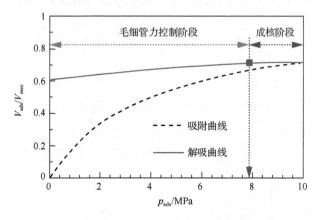

图 2-30 成核过程与毛细管力作用共同导致的
吸附-解吸曲线滞后($p_{des}r^* \ll 2\sigma$)

进一步考虑了临界气泡尺寸对解吸滞后的影响如图2-31所示。结果表明，基质孔隙越小，气泡尺寸将越小，所需克服的成核自由能及毛细管阻力越大，解吸滞后现象越明显。

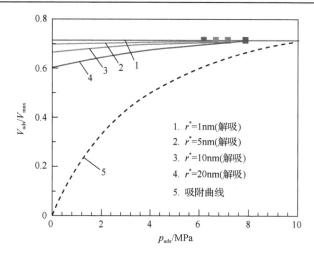

图 2-31　不同气核半径条件下的吸附-解吸曲线(整个气核形成过程)

5. 解吸滞后模型实验验证

利用甲烷在饱和水煤岩的吸附-解吸数据验证提出的解吸滞后模型,如图 2-32～图 2-34 所示。结果表明,在假设临界成核半径 r_1^*=10nm、r_2^*=15nm、r_3^*=12nm 情况下,提出的模型能够与实验结果基本吻合。值得注意的是,临界成核半径 r^* 与孔隙半径 r 存在一定关系 $r^*=r/\cos\theta$。Gutierrez-Rodriguez(1984)研究表明,煤岩表现为弱水湿,同时 Krooss 等(2002)研究表明不同煤阶的煤岩润湿角为 70°～90°,如果假设实验样品的三块煤岩平均基质孔隙半径 r 为 2nm,那么基于关系式 $r^*=r/\cos\theta$ 计算的煤岩润湿角分别为 θ_1=78.5°、θ_2=82.5°、θ_3=80.5°,该结果与 Krooss 等(2002)的研究结果一致,因此提出的模型具有一定可靠性。

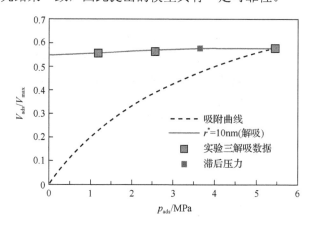

图 2-32　实验数据与模型计算结果对比(实验三吸附-解吸曲线)

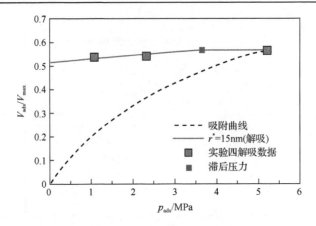

图 2-33　实验数据与模型计算结果对比(实验四吸附-解吸曲线)

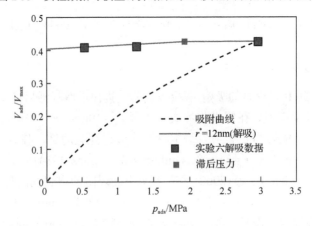

图 2-34　实验数据与模型计算结果对比(实验六吸附-解吸曲线)

煤样经过平衡水处理后,煤孔隙中吸附或储存了1.2%~17%的水分,这些水分占据了煤中的部分孔隙,从而减少了煤对甲烷的吸附空间。在低变质作用阶段,煤中水分含量高,并且煤分子结构单元上也具有较多的亲水性极性基团。前人实验研究也表明,水分的存在会降低煤对甲烷的吸附量,因此可以说明水分对煤的吸附能力具有重要的控制作用。水的存在可能通过三方面影响煤对气体的吸附:一是部分自由水和分解水通过润湿作用和煤表面相结合,占据了表面上一定数量的吸附空位,相应减小了煤吸附气体的有效面积,导致吸附量的降低;二是在自由水不能达到的小孔隙内,由于水有一定的蒸汽压,有少量水分子以气体状态存在于煤小孔隙中,这些气态水分子将和甲烷在同一活性点中心展开竞争吸附,致使瓦斯的吸附量减少;三是水的存在阻塞了甲烷分子进入微孔隙的通道。据Krooss等(2002)研究,煤中不到1%的水分,就可降低25%的吸附能力;5%的水分会导致65%吸附能力的丧失;饱和水的Pittsburgh煤层,吸附的甲烷量只有干燥基的一半；Pocahontas 3 号煤层平衡水与干燥基煤样吸附量之比为 0.7。同一样品在干燥条件下的吸附量要大于平衡水条件下的吸附量。尤其在低煤化阶段，煤-气-水的润湿角大，液体对煤的润湿性好。水为极性分子，与甲烷相比，优先吸附于煤中，从而取代了甲烷的位置。由于水的极性较强，其浓度要比甲烷高，尤其是在低煤阶煤中。由此，水分在甲烷吸附过程中起着极其重要的作用。水的存在降低了煤对甲烷的吸附量，然而宏观上没有水的封堵，也难以形成较大的煤层甲烷吸附气气藏。换言之，没有水的封堵，煤层吸附气体扩散严重，致使煤层气含量很低。

2.2 煤层气渗流机理及模型

在介绍煤层气渗流机理之前，先介绍多孔介质中渗流的一些基本概念，可作为煤层气渗流机理研究的基础。

2.2.1 多孔介质中渗流的基本概念

1. 渗流的概念

由毛细管或微毛细管结构组成的介质叫多孔介质。流体通过多孔介质(孔隙介质、裂缝介质和毛细管体系等)的流动叫作渗流。渗流力学就是专门研究渗流的运动形式和运动规律的科学。由于多孔介质是由纳米至微米级的孔隙组成，它具有复杂的孔隙结构和连通形式、多样的表面性质和很大的比表面积，有时还具有显著的弹塑性。因此，渗流的主要特点有：①多孔介质单位体积孔隙的比表面积比较大，表面作用明显，任何时候都必须考虑黏性作用；②在地下渗流中往往压力较大，因而通常要考虑流体的压缩性；③孔道形状复杂、阻力大、毛细管力作用较普遍，有时还要考虑分子力；④往往伴随有复杂的物理化学过程。

按照渗流过程是否满足达西定律，可以分为达西渗流和非达西渗流。

1) 达西渗流

流体通过多孔介质时，在一定范围内，渗流速度与压力梯度呈直线关系，且穿过原点，这样的渗流满足达西定律，称为达西渗流。

2) 非达西渗流

凡是流体在多孔介质的渗流过程中，渗流速度与水力梯度之间的关系偏离达西实验的线性关系的渗流，即为非达西型渗流。

(1) 高速非达西渗流。

实验发现，在正常的达西流动过程中，将渗流速度增大到某一值之后，它与压力梯度之间的线性关系被破坏，称为高速非达西渗流，如图 2-35 所示。

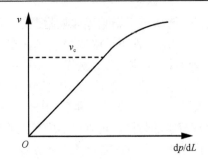

图 2-35　渗流速度与压力梯度关系曲线

v_c 为临界渗流速度

(2) 低速非达西渗流。

油、气、水在多孔介质中的低速渗流往往会伴随一些物理化学现象的发生，对渗流产生影响。主要分为两个方面：一是液体低速渗流时，压力梯度较小时，流体不流动，渗流速度为零；当压力梯度大于某一值后，流体才发生流动，这一压力梯度值称为启动压力梯度，如图 2-36 所示。二是气体在低渗气藏中低速渗流过程中，平均压力越小，视渗透率越大，该现象称为滑脱效应，如图 2-37 所示。

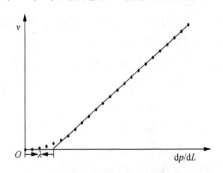

图 2-36　液体低速非达西渗流曲线示意图

λ 为启动压力梯度

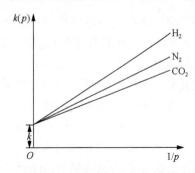

图 2-37　气测 $k(p)$-$1/p$ 关系曲线

$k(p)$ 为视渗透率；k 为绝对渗透率

附加压力梯度产生的原因是石油中的活性物质会与岩石之间产生吸附作用，导致吸附层的产生，因此需要一个附加的压力梯度克服吸附层的阻力才能使流体流动，同时，水在黏土中流动时，会使黏土表面形成水化膜，只有当附加压力梯度使水化膜破坏时水才开始流动。

气测渗透时，平均压力越小，气体密度越小，气体分子间的相互碰撞就越少，这就使气体滑脱现象越严重，因此测出的渗透率越大，如图 2-37 所示。

按照渗流过程中，渗流速度与压力梯度是否满足线性关系，可以分为线性渗流和非线性渗流。

达西渗流属于线性渗流，但当渗流速度继续增大到一定值之后，渗流速度与压力梯度之间的线性关系被破坏，该速度称为临界渗流速度。超过临界渗流速度后的渗流过程属于非线性渗流，如图 2-38 中的曲线 1。在低速渗流过程中，当压力梯度较小时，渗流速度与压力梯度也不满足线性关系，为非线性渗流，达到启动压力梯度之后，恢复线性渗流关系，如图 2-38 中的曲线 2。

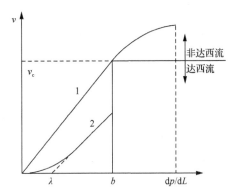

图 2-38　渗流速度与压力梯度关系

λ 为启动压力梯度；b 为临界压力梯度

2. 窜流的概念

为了便于研究，将双重孔隙结构地层抽象化为由互相垂直的裂缝系统和被裂缝系统所切割开的岩块系统。具有双重孔隙度，双重渗透率的介质都称为双重介质。由于两种介质储集性能和渗透性能的不同，使得压力传播速度不同，因此，当渗流时，在空间任一点应同时引进两个压力和两个渗流速度，这样就形成了两个平行的渗流场，并且两个渗流场之间存在着流体交换，这种流体交换的物理现象称为窜流。孔隙中有流体流入裂缝，即隙间流动，有时也称为窜流。

2.2.2　煤基质孔隙中的渗流机理及模型

目前，关于煤基质孔隙中的运移方式，大部分人的观点认为甲烷在煤基质孔隙中的运移过程是扩散过程，如双孔单渗模型中甲烷气体在基质系统中的运移采用了菲克定律来描述扩散过程，三孔双渗模型中甲烷气体在基质微孔中的运移也采用了菲克扩散方程。但是本书认为煤基质孔隙中气体的运移属于渗流的范畴。

煤层气生产过程中，解吸气溶解饱和后，在自由能较弱的部位形成气核，逐渐降压解吸过程气核又鼓泡长大形成气泡，在基质宏孔隙中的气泡通过脱离煤颗粒表面，形成游离的小气泡；而在基质微孔隙中形成的气泡难以脱离煤颗粒表面，滞留的单独气泡难以运移，隔断了靠近割理的基质孔隙和深部基质孔隙，而后孔隙水中的溶解气溢出进入气泡或多个气泡聚并形成气柱。游离气在基质孔隙中的运移包括气泡和气柱在基质孔隙中的运移。气泡的运移一般发生在靠近割理的基质宏孔隙中，在浮力和水动力的作用下出孔；而气柱的运移多发生在基质微孔隙中，以膨胀力的作用挤出基质孔隙中的水，从而出孔。

下面将首先介绍煤层基质孔隙中的气泡的形成和脱离过程、基质宏孔隙中游离气泡的动力学行为及渗流模型、基质宏孔隙中气柱的动力学行为及渗流模型、基质微孔隙壁上气泡的动力学行为、基质微孔隙中气柱的动力学行为及渗流模型。然后介绍煤层基质孔隙中游离气（包括气泡和气柱）的运移模型。

1. 气泡在基质孔隙中形成和脱离过程

1) 煤层解吸气在基质孔隙成核过程及力学特征

煤层气藏开发前基质中的孔隙被水填充，甲烷分子以饱和或欠饱和状态溶解在水中。随着压力降低，甲烷分子聚集成分子簇（均质成核）或在杂质界面处聚集为分子簇（异质成核），如图 2-39 所示，这些分子簇便是后期成泡的气核。其中异质成核可在低于饱和溶解度的情况下发生，是煤层气解吸成核的主要方式。

(1) 原始溶解过饱和情况。

当基质孔隙中煤层气原始溶解过饱和时，随着开采的不断进行，基质压力随之降低，进入水中的甲烷分子不断增多，这使得饱和水中的甲烷分子在水中或固相界面聚集从而形成气核。

(2) 原始溶解欠饱和情况。

当基质孔隙中煤层气原始溶解欠饱和时，随着压力降低而解吸出的甲烷分子继续溶解，当其局部饱和度达到异质成核条件时，气核在异相界面形成。当其局部饱和度达到饱和状态时，甲烷分子在水中也同时聚集成核。

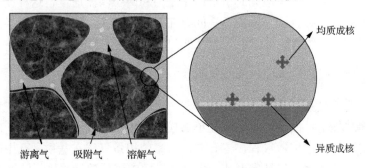

图 2-39 煤层气分子成核示意图

已知半径为 r 的气泡中内压与外压的关系为

$$p_g - p_w = \frac{2\sigma}{r} \tag{2-19}$$

假设生成一个半径为 r 的气体分子簇的能量变化为

$$\Delta G_r = (4/3)\pi r^3 \Delta G_{gm} / V_g + 4\pi r^2 \sigma \tag{2-20}$$

式中,ΔG_{gm} 为气体与溶液中气体组分的摩尔吉布斯自由能之差:

$$\Delta G_{gm} = \int (V_g - V_m) dp = ZRT \ln(p_g/p_e) - V_m(p_w - p_e) \quad (2\text{-}21)$$

其中,V_g 为气体的摩尔体积;V_m 为溶液中气体组分的偏摩尔体积;Z 为气体偏差因子;R 为普适气体常数;p_e 为气体对液体的饱和压力。

由于 $V_g \gg V_m$,当处于饱和临界状态时,$p-p_e$ 的绝对值很小,式(2-21)可化简为

$$\Delta G_r \approx (4/3)\pi r^3 (p_w - p_e) + 4\pi r^2 \sigma \quad (2\text{-}22)$$

令 ΔG_r 关于 r 的微商为零,便可以得到临界气核半径:

$$r^* \approx 2\sigma/(p_e - p) \quad (2\text{-}23)$$

均质成核的气核单纯由甲烷分子组成,其运动受重力、浮力、水动力等影响。而异质成核的气核则在范德瓦耳斯力等作用下吸附于界面处,无法单独运动。

2) 煤层解吸气在基质孔隙成泡过程及力学特征

随着气核的形成,解吸出的甲烷分子及溶解的甲烷分子在气核周围不断聚集,形成气泡,如图 2-40 所示,同时气泡之间的聚并加快了气泡体积的增长。

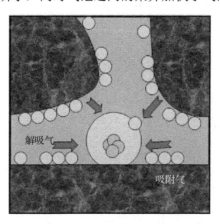

图 2-40 成泡过程示意图

(1) 对于均质成核的气泡,溶解的甲烷分子通过扩散方式进入气泡,而解吸出的甲烷分子则通过不断的聚并进入气泡,使得其物质量增加,体积不断增大,当其过程是个动态平衡过程,当气泡稳定时其内压与外压的关系如下:

$$p_g - p_w = \frac{2\sigma}{r} \quad (2\text{-}24)$$

(2) 对于异质成核的气泡，甲烷分子同样通过扩散方式聚集，使气泡体积增大。当气核位于水中杂质上时，其成泡机理同均质成核成泡机理类似。

当气核位于基质固体表面时，形成的气泡吸附于固体表面。在气泡脱离过程中，受到动力包括浮力 F_b、水动力作用下的黏滞力 F_d，其阻力包括界面力 F_s（图 2-41）。

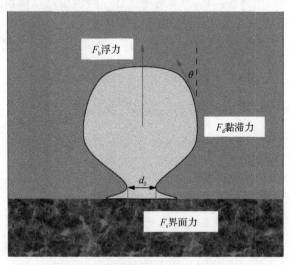

图 2-41　表面吸附气泡脱离受力示意图

浮力 F_b 的表达式为

$$F_b = (\rho_w - \rho_g)gV_{be} \tag{2-25}$$

式中，ρ_w、ρ_g 分别为液相和气相密度；g 为重力加速度，其值取 9.8m/s^2；V_{be} 为气泡受浮力作用的体积，气泡脱离时，气泡的形状近乎球形，因此气泡受浮力作用的体积可表示为

$$V_{be} = \frac{\pi}{6}d^3 - \frac{\pi}{8}d_0^2\sqrt{d^2 - d_0^2} - \frac{\pi}{12}\left(d - \sqrt{d^2 - d_0^2}\right)\left(2d - \sqrt{d^2 - d_0^2}\right) \tag{2-26}$$

其中，d 为气泡的直径，m；d_0 为气泡脱离断面直径，m。

水动力作用下的黏滞力 F_d 的表达式为

$$F_d = \frac{\pi}{4}d^2 C_D \frac{\rho_L v_w^2}{2} \tag{2-27}$$

式中，C_D 为拖曳系数；v_w 为水流速度。

界面力 F_s 的表达式为

$$F_s = \pi d_0 \sigma \sin\alpha \tag{2-28}$$

式中，α 为气泡脱离时气泡在固相接触周界的切线与水平面的夹角，(°)。定义黏滞力方向与脱离方向的夹角为 θ，则随着气泡体积的增大，当满足式(2-29)的条件时，气泡脱离固体表面进入水中：

$$F_b + F_d \cos\theta > F_s \tag{2-29}$$

3) 基质孔隙壁上气泡脱离可能性判断

甲烷分子在水中成核分均质成核和异质成核两种，无论均质成核还是异质成核，只要在水中形成的气泡，在水动力较强的基质孔隙中，如基质宏孔隙，在浮力的作用下运移出孔；在水动力较弱的基质孔隙中，如基质微孔隙，浮力作用几乎可以忽略，游离的纳米气泡则几乎不运移。而对于基质孔隙壁上形成的气泡，要想认清其运移机理，首先得判断该气泡能否从基质孔隙壁面脱离。该小节将分情况介绍基质孔隙壁上气泡脱离的可能性。

(1) 考虑气体充注速度情况下，孔隙壁上气泡脱离可能性判断。

基质孔隙壁上的气核形成后，为了模拟气泡逐渐长大的过程，假设有一很微小的气孔向气泡内注气，该气孔的直径为 d_0，如图 2-42 所示。

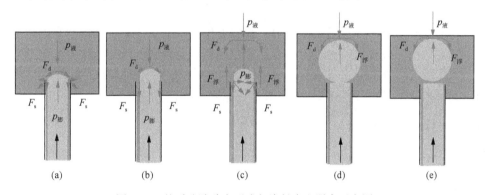

图 2-42 基质孔隙壁上形成气泡长大和脱离示意图

(a) 气相生成初期，气泡在膨胀力的作用下，克服水压力和界面张力，体积不断增大；(b) 随着生烃过程，气相不断膨胀，润湿角减小，界面张力减小，至半球形，此时无浮力；(c) 气泡体积继续增大，当气泡直径超过毛细管直径时，将受浮力的作用，周围水膜传导机械能，气泡所受浮力逐渐增大；(d) 为气泡脱离的临界状态；
(e) 当气泡体积继续增大一点点时，气体的膨胀力与浮力克服了静液柱压力与表面张力，
气泡从发生器孔口脱离形成单个气泡

这种情况下，气泡所受的力有六个力：浮力、水动力作用下的黏滞力、气流冲量力、界面力、气泡运移黏滞力和气泡运移惯性力。其中浮力、水动力作用下的黏滞力和气流冲量力为动力，界面力、气泡运移黏滞力和气泡运移惯性力为阻力。

事实上，这六个力不可能同时存在。在气泡脱离之前，气泡速度为零，不存在的气泡运移黏滞力和气泡运移惯性力，只存在浮力、水动力作用下的黏滞力、气流冲量力和界面力；在气泡脱离之后，气流冲量力消失，气泡的运移速度将大

于水的流速,因此水动力作用下的黏滞力消失,界面力也在各个方向相互抵消,只存在浮力、气泡运移黏滞力和气泡运移惯性力。关于浮力、水动力作用下的黏滞力和界面力的表达式如式(2-26)~式(2-28)所示。

气流冲量力 F_m 的表达式为

$$F_m = \frac{\pi}{4} d_0^2 \rho_g w_g^2 \tag{2-30}$$

式中,w_g 为气流冲注速度,m/s。

气泡运移黏滞力 F_{d2} 的表达式为

$$F_{d2} = \frac{\pi}{4} d^2 C_D \frac{\rho_L v_{slip}^2}{2} \tag{2-31}$$

式中,v_{slip} 为气泡相对水的滑脱速度,等于气泡的速度与水的速度的向量差,m/s。

气泡运移惯性力 F_t 的表达式为

$$F_t = (\rho_g + \alpha \rho_L) \frac{d(v_b V_b)}{dt} \tag{2-32}$$

气泡脱离之前,气泡所受的浮力、水动力作用下的黏滞力、气流冲量力和界面力达到平衡。假设水动力作用极弱,如在基质微孔隙中,水动力作用下的黏滞力即可忽略,这种情况下气泡将在浮力(F_b)、气流冲量力(F_m)和界面力(F_s)之间达到平衡。结合式(2-26)~式(2-30),得出脱离半径公式:

$$F_b + F_m = F_s \Rightarrow$$
$$(\rho_L - \rho_G) g \left[\frac{\pi}{6} d^3 - \frac{\pi}{8} d_0^2 \sqrt{d^2 - d_0^2} - \frac{\pi}{12} \left(d - \sqrt{d^2 - d_0^2} \right) \left(2d - \sqrt{d^2 - d_0^2} \right) \right] + \frac{\pi}{4} d_0^2 \rho_g w_g^2$$
$$= \pi d_0 \sigma \sin \alpha$$

$$\tag{2-33}$$

该公式为一隐性公式,需要采用迭代求解。在给定 d_0 的情况下,可以计算出不同充注速度下的气泡脱离半径。

(2)忽略气体充注速度情况下,孔隙壁上气泡脱离可能性判断。

低气速情况下孔口形成气泡脱离时的直径可以采用 Mangalam 等(1985)的研究结果来计算。为简化,忽略气流冲量力,将低气速情况下气泡脱离瞬间考虑为其所受浮力和表面张力平衡的时刻。此时(低气速情况)气泡直径的计算公式为

$$d = \left[\frac{6 d_0 \sigma}{(\rho_w - \rho_g) g} \right]^{\frac{1}{3}} \tag{2-34}$$

式中，d 为单孔口产生气泡的直径，m；d_0 为断面直径，m。

2. 基质宏孔隙中游离气泡的动力学行为及渗流模型

煤层气生产早期，靠近割理的基质孔隙中解吸气首先形成气泡，在浮力和水动力作用下发生运移，该运移机理可用如下动力学模型和渗流模型表述。

1) 气泡在基质孔隙中的受力分析

基质宏孔隙中气泡所受的力主要包括浮力、重力、拖曳力、气泡外水压力、表面张力引起的附加压力和气泡内压力，如图 2-43 所示。

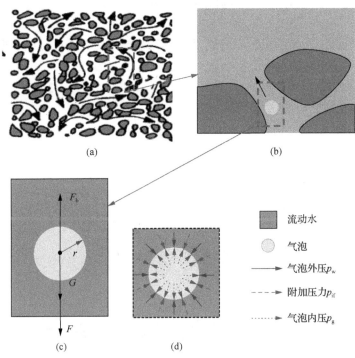

图 2-43 基质宏孔隙中气泡的受力分析
(a)基质孔隙系统；(b)气泡在基质宏孔隙中运移；(c)宏观受力分析；(d)微观受力分析

气泡所受的力可分为宏观力和微观力。其中浮力、重力和拖曳力属于气泡所受的宏观力，而气泡外压、附加压力和气泡内压属于气泡所受的微观力。在宏观力的作用下，气泡整体产生运移，而在微观力的作用下，气泡发生体积膨胀。因此气泡所运移的距离为宏观运移距离与微观膨胀距离之和。

气泡内压(p_g)、气泡外压(p_w)和附加压力(p_{if})保持平衡，其关系式可表示为

$$p_g = p_w + p_{if} \tag{2-35}$$

式中，表面张力引起的附加压力(p_{if})可表示为

$$p_{\text{if}} = \frac{2\sigma_{\text{gw}}}{r} \tag{2-36}$$

其中，σ_{gw}为气水界面张力；r为气泡半径。

假设气泡为圆球状。气泡内压与气泡体积、气泡内气体的物质的量、气体偏差因子和温度有关，可由气体状态方程得出

$$p_{\text{g}}\left(\frac{4}{3}\pi r^3\right) = nZRT \tag{2-37}$$

式中，n为气体的物质的量，mol；Z为气体压缩因子，无因次；T为温度，K；R为普适气体常量，8.314J/(mol·K)。

在已知气泡外压和气体物质的量的情况下，通过联立式(2-35)~式(2-37)，即可求得气泡内压p_{g}和气泡半径r。

对式(2-35)进行全微分得

$$\mathrm{d}p_{\text{g}} = \mathrm{d}p_{\text{w}} - \frac{2\sigma_{\text{gw}}}{r^2}\mathrm{d}r \tag{2-38}$$

对式(2-37)进行全微分得

$$p_{\text{g}}4\pi r^2\mathrm{d}r + \left(\frac{4}{3}\pi r^3\right)\mathrm{d}p_{\text{g}} = ZRT\mathrm{d}n \tag{2-39}$$

将式(2-35)~式(2-38)代入式(2-39)得

$$4\pi p_{\text{w}}r^2\mathrm{d}r + \frac{16\pi\sigma_{\text{gw}}}{3}r\mathrm{d}r + \frac{4}{3}\pi r^3\mathrm{d}p_{\text{w}} = ZRT\mathrm{d}n \tag{2-40}$$

假设气泡外压从p_{w1}变化为p_{w2}，则式(2-40)可变为

$$4\pi p_{\text{w1}}r^2\mathrm{d}r + \frac{16\pi\sigma_{\text{gw}}}{3}r\mathrm{d}r + \frac{4}{3}\pi r_1^3(p_{\text{w2}} - p_{\text{w1}}) = ZRT\mathrm{d}n \tag{2-41}$$

气泡内气体的物质的量从n_1变化为n_2，则气泡半径从r_1变化为r_2，积分式(2-41)可得

$$\frac{4\pi p_{\text{w1}}}{3}(r_2^3 - r_1^3) + \frac{8\pi\sigma_{\text{gw}}}{3}(r_2^2 - r_1^2) = ZRT(n_2 - n_1) + \frac{4}{3}\pi r_1^3(p_{\text{w1}} - p_{\text{w2}}) \tag{2-42}$$

因此，气泡体积变化后的半径 r_2 可通过式(2-42)计算得出。
此时气泡内压力为

$$p_{g2} = p_{w2} + \frac{2\sigma_{gw}}{r_2} \tag{2-43}$$

基质宏孔隙中气泡受力的浮力方向向上，表达式为

$$F_b = \rho_w g V_g \tag{2-44}$$

气泡的重力表达式为

$$G = \rho_g g V_g \tag{2-45}$$

式中，V_g 为气泡体积，球形气泡的体积为 $V_g = 4\pi r^3/3$，m^3；ρ_g 为气泡内气体密度，kg/m^3。其中气体密度表达式为

$$\rho_g = \frac{0.02896\gamma_g p_e}{ZRT} \tag{2-46}$$

拖曳力与气泡滑脱速度有关，表达式为

$$F_d = \pi r^2 C_D v_{slip}^2 \rho_w / 2 \tag{2-47}$$

式中，v_{slip} 为气泡滑脱速度；C_D 为拖曳系数，可表示为

$$C_D = 0.445\left(6 + \frac{32}{Re_b}\right) \tag{2-48}$$

其中，Re_b 为气泡雷诺数，表达式为

$$Re_b = \frac{\rho_w v_{slip} 2r}{\mu_w} \tag{2-49}$$

这里，μ_w 为水的黏度。
综合气泡所受的宏观力，得出气泡所受宏观力的合力为

$$F_T = F_b - G - F_d = (\rho_w - \rho_g)gV_g - \pi r^2 C_D v_{slip}^2 \rho_w / 2 \tag{2-50}$$

因此气泡运移的加速度为

$$a = \frac{F_T}{\rho_g V_g} = \left(\frac{\rho_w}{\rho_g} - 1\right)g - \frac{3C_D v_{slip}^2 \rho_w}{8\rho_g r} \tag{2-51}$$

假设气泡初始速度为 v_1,气泡运移距离 L 所需的时间为

$$L = v_1 t + 0.5at^2 \quad (2\text{-}52)$$

因此气泡运移距离 L 后速度 v_2 为

$$v_2 = v_1 + at \quad (2\text{-}53)$$

若基质宏孔隙中水还未流动,则气泡的滑脱速度即为气泡的运移速度;若水流动,则气泡的运移速度即为水流速度与气泡滑脱速度的向量之和。

气泡所受的拖曳力随着气泡滑脱速度的增大而增大,因此气泡最终宏观受力达到平衡,气泡以匀速向上滑脱。令气泡运移的加速度为零,即令式(2-51)等于零,通过联立式(2-46)、式(2-48)和式(2-49),得气泡的匀速滑脱速度为

$$v_{\text{slip}} = \sqrt{\left(\frac{\mu_w}{6\rho_w r}\right)^2 + 1.9975r\left(1 - \frac{\rho_g}{\rho_w}\right)g} - \frac{4\mu_w}{3\rho_w r} \quad (2\text{-}54)$$

通过对气泡进行微观受力分析得出气泡半径 r 和气泡内压力 p_g 后,应用式(2-46)计算气体密度 ρ_g,代入式(2-54)即可计算出气泡匀速滑脱速度的值。

2) 基质宏孔隙中气泡渗流模型

基质宏孔隙中水的渗流速度可通过达西定律得出

$$v_w = -\frac{k_m \Delta p_w}{\mu_w \Delta L} \quad (2\text{-}55)$$

式中,v_w 为基质孔隙中水的渗流速度;k_m 为煤基质孔隙渗透率;p_w 为基质孔隙中水的压力;ΔL 为驱动距离;μ_w 为水的黏度。

基质宏孔隙中气泡的运移速度为水的渗流速度与气泡滑脱速度的向量之和。假设浮力方向(垂直向上)与压差驱动方向(压力梯度方向的反向)之间的夹角为 θ,则气泡滑脱速度在压差驱动方向上的分速度为

$$v'_{\text{slip}} = \left[\sqrt{\left(\frac{\mu_w}{6\rho_w r}\right)^2 + 1.9975r\left(1 - \frac{\rho_g}{\rho_w}\right)g} - \frac{4\mu_w}{3\rho_w r}\right]\cos\theta \quad (2\text{-}56)$$

式中,v'_{slip} 为气泡滑脱速度在压差驱动方向的分速度;r 为气泡半径;ρ_w 为水的密度;ρ_g 为气体密度。

因此气泡的渗流速度(v_{gb})为

$$v_{\text{gb}} = v_{\text{w}} + v_{\text{slip}} = -\frac{k_{\text{m}}\Delta p_{\text{w}}}{\mu_{\text{w}}\Delta L} + \left[\sqrt{\left(\frac{\mu_{\text{w}}}{6\rho_{\text{w}}r}\right)^2 + 1.9975r\left(1 - \frac{\rho_{\text{g}}}{\rho_{\text{w}}}\right)g} - \frac{4\mu_{\text{w}}}{3\rho_{\text{w}}r}\right]\cos\theta \quad (2\text{-}57)$$

气泡的渗流模型为

$$-\frac{\Delta p_{\text{w}}}{\Delta L} = \frac{\mu_{\text{w}}}{k_{\text{m}}}\left\{v_{\text{gb}} - \left[\sqrt{\left(\frac{\mu_{\text{w}}}{6\rho_{\text{w}}r}\right)^2 + 1.9975r\left(1 - \frac{\rho_{\text{g}}}{\rho_{\text{w}}}\right)g} - \frac{4\mu_{\text{w}}}{3\rho_{\text{w}}r}\right]\cos\theta\right\} \quad (2\text{-}58)$$

对于垂直的宏孔隙，若生产压差梯度方向向下，则气泡的运移速度为

$$v_{\text{gb}} = v_{\text{w}} + v_{\text{slip}}\cos 0 = -\frac{k_{\text{m}}\Delta p_{\text{w}}}{\mu_{\text{w}}\Delta L} + \sqrt{\left(\frac{\mu_{\text{w}}}{6\rho_{\text{w}}r}\right)^2 + 1.9975r\left(1 - \frac{\rho_{\text{g}}}{\rho_{\text{w}}}\right)g} - \frac{4\mu_{\text{w}}}{3\rho_{\text{w}}r} \quad (2\text{-}59)$$

对于垂直的宏孔隙，若生产压差梯度方向向上，则气泡的运移速度为

$$v_{\text{gb}} = v_{\text{w}} + v_{\text{slip}}\cos\pi = -\frac{k_{\text{m}}\Delta p_{\text{w}}}{\mu_{\text{w}}\Delta L} - \sqrt{\left(\frac{\mu_{\text{w}}}{6\rho_{\text{w}}r}\right)^2 + 1.9975r\left(1 - \frac{\rho_{\text{g}}}{\rho_{\text{w}}}\right)g} + \frac{4\mu_{\text{w}}}{3\rho_{\text{w}}r} \quad (2\text{-}60)$$

对于水平的宏孔隙，气泡的运移速度为

$$v_{\text{gb}} = v_{\text{w}} + v_{\text{slip}}\cos\left(\pm\frac{\pi}{2}\right) = -\frac{k_{\text{m}}\Delta p_{\text{w}}}{\mu_{\text{w}}\Delta L} \quad (2\text{-}61)$$

当基质块周围的水压力相等，且基质块中分布着四面八方的宏孔隙，由式（2-57）、式（2-59）～式（2-61）可知，气泡最易从顶部的垂直基质孔隙中渗流而出。气相的渗流速度等于气泡的渗流速度乘以体积空泡率，由此得出基质宏孔隙中气相的渗流模型为

$$-\frac{\Delta p_{\text{w}}}{\Delta L} = \frac{\mu_{\text{w}}}{k_{\text{m}}}\left\{\frac{v_{\text{g}}}{\alpha} - \left[\sqrt{\left(\frac{\mu_{\text{w}}}{6\rho_{\text{w}}r}\right)^2 + 1.9975r\left(1 - \frac{\rho_{\text{g}}}{\rho_{\text{w}}}\right)g} - \frac{4\mu_{\text{w}}}{3\rho_{\text{w}}r}\right]\cos\theta\right\} \quad (2\text{-}62)$$

式中，v_{g} 为气体渗流速度；α 为体积空泡率。

3. 基质宏孔隙中气柱的动力学行为及渗流模型

1）基质宏孔隙中气柱的分布及受力

图 2-44 为基质宏孔隙毛细管中气柱的分布与受力示意图。

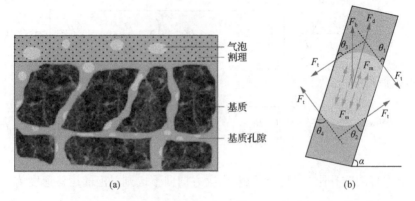

图 2-44　基质宏孔隙毛细管中气柱的分布及受力示意图(李相方等，2012)
(a)基质与割理单元；(b)气柱在基质孔隙毛细管中的受力图

基质宏孔隙中气柱受浮力、压差驱动力、气水弯液面力(刘士和，2005；李晓平，2008)、三相界面力和范德瓦耳斯力五个力的作用，由于气固间的范德瓦耳斯力的方向总是垂直于孔隙毛细管，不影响孔隙毛细管方向的渗流，因此不予考虑此力。

浮力的公式为

$$F_b = (\rho_w - \rho_g) g V_g \tag{2-63}$$

式中，F_b 为浮力，N；ρ_w 为水的密度，kg/m³；ρ_g 为气体的密度，kg/m³；g 为重力加速度，m/s²；V_g 为气泡的体积，m³。

压差驱动力公式为

$$F_p = \Delta p_m S \tag{2-64}$$

式中，F_p 为压差驱动力，N；Δp_m 为压差，Pa；S 为气泡在压差方向的投影面积，m²。

气水弯液面力的方向指向凹液面，其公式为

$$F_\sigma = \frac{2\sigma_{gw}}{R} S_{gs} \tag{2-65}$$

式中，F_σ 为气水弯液面力，N；R 为气泡垂直于壁面的投影面积的直径，m；S_{gs} 为气泡与壁面接触面面积，m²。

三相界面力作用在三相润湿周界线上，方向与气泡的表面相切。在无驱动压力时，三相界面力在垂直且指向壁面方向的分力为

$$F_{t,v} = L_{gs} \sigma_{gw} \sin\theta \tag{2-66}$$

式中，$F_{t,v}$ 为三相界面力在垂直且指向壁面方向的分力，N；L_{gs} 为气泡与壁面接触面周长，m；θ 为润湿角，(°)。

在有压差驱动的情况下,三相界面力在垂直且指向壁面方向的分力为

$$F_{\mathrm{t,v}} = L_{\mathrm{gs}}\sigma_{\mathrm{gw}}\frac{\sin\theta_1 + \sin\theta_2}{2} \tag{2-67}$$

式中,θ_1 为气泡或气柱底部的前进润湿角,(°);θ_2 为气泡或气柱底部的后退润湿角,(°);

三相界面力在平行于壁面且与驱动压力相反方向上的分力($F_{\mathrm{t,h}}$)为

$$F_{\mathrm{t,h}} = \frac{\pi}{4} D_{\mathrm{gs}}\sigma_{\mathrm{gw}}\left(\cos\theta_1 - \cos\theta_2\right) \tag{2-68}$$

式中,D_{gs} 为气泡接触煤岩基质表面的周界在驱动方向上投影的长度,m。

煤基质亲水,因此润湿角小于 90°。

2) 基质宏孔隙中气柱受力分析及其渗流模型

当气泡在基质孔隙毛细管中逐渐长大,气泡直径大于等于毛细管直径时便形成气柱。倾斜毛细管中的气柱在浮力和压差驱动下,与毛细管底部的前进润湿角要小于气柱与毛细管顶部的后退润湿角($\theta_1<\theta_4$),气柱与毛细管顶部的前进润湿角要小于气柱与毛细管底部的后退润湿角($\theta_3<\theta_2$)[图 2-44(b)]。

气柱在垂直于毛细管且与水平方向夹角为 90°+α 方向上所受分力为

$$\begin{aligned}F_{\mathrm{v}} &= F_{\mathrm{b}}\cos\alpha + F_{\mathrm{t,v}} \\ &= \left(\rho_{\mathrm{w}} - \rho_{\mathrm{g}}\right)gV_{\mathrm{g}}\cos\alpha + \frac{\pi}{4}D_{\mathrm{gs,f}}\sigma_{\mathrm{gw}}\left(\sin\theta_3 - \sin\theta_1\right) + \frac{\pi}{4}D_{\mathrm{gs,b}}\sigma_{\mathrm{gw}}\left(\sin\theta_4 - \sin\theta_2\right)\end{aligned} \tag{2-69}$$

式中,F_{v} 为气柱所受力在垂直且远离壁面方向上的分力,N;α 为倾斜毛细管与水平方向的夹角,(°);$D_{\mathrm{gs,f}}$ 为气柱顶端与毛细管接触周界的直径,m;$D_{\mathrm{gs,b}}$ 为气柱底端与毛细管接触周界的直径,m。

气柱在驱动压力方向上所受分力为

$$\begin{aligned}F_{\mathrm{h}} &= F_{\mathrm{p}} + F_{\mathrm{b}}\sin\alpha - F_{\mathrm{t,h}} \\ &= \Delta p_{\mathrm{m}}S + \left(\rho_{\mathrm{w}} - \rho_{\mathrm{g}}\right)gV_{\mathrm{g}}\sin\alpha \\ &\quad - \frac{L_{\mathrm{gs,f}}\sigma_{\mathrm{gw}}}{2}\left(\cos\theta_1 + \cos\theta_3\right) + \frac{L_{\mathrm{gs,b}}\sigma_{\mathrm{gw}}}{2}\left(\cos\theta_2 + \cos\theta_4\right)\end{aligned} \tag{2-70}$$

式中

$$V_g = \pi R_c^2 \csc^2 \frac{\pi - 3\theta_1 - \theta_3}{2} L$$

$$+ \frac{\pi}{3} R_c^3 \csc^3 \frac{\pi - 3\theta_1 - \theta_3}{2} \sec^3 \frac{\theta_1 + \theta_3}{2}$$

$$\times \left(2 - 2\sin\frac{\theta_1 + \theta_3}{2} - \cos^2 \frac{\theta_1 + \theta_3}{2} \sin\frac{\theta_1 + \theta_3}{2} \right)$$

$$+ \frac{\pi}{3} R_c^3 \csc^3 \frac{\pi - 3\theta_4 - \theta_2}{2} \sec^3 \frac{\theta_2 + \theta_4}{2}$$

$$\times \left(2 - 2\sin\frac{\theta_2 + \theta_4}{2} - \cos^2 \frac{\theta_2 + \theta_4}{2} \sin\frac{\theta_2 + \theta_4}{2} \right)$$

$$L_{gs,f} = 2\pi R_c \csc\frac{\pi - 3\theta_1 - \theta_3}{2}$$

$$L_{gs,b} = 2\pi R_c \csc\frac{\pi - 3\theta_4 - \theta_2}{2}$$

$$D_{gs,f} = 2 R_c \csc\frac{\pi - 3\theta_1 - \theta_3}{2}$$

$$D_{gs,b} = 2 R_c \csc\frac{\pi - 3\theta_4 - \theta_2}{2}$$

$$S = \pi R_c^2$$

其中，R_c 为微孔隙半径，m。

在压差驱动下，气柱所受的力为垂直于毛细管且与水平方向夹角为 90°+α 方向上的分力和驱动压力方向上的分力的合力，见式(2-69)。合力的方向与水平方向的夹角见式(2-70)。

当 F_T 大于零时，气柱将产生移动。

由式(2-70)，得出基质孔隙中气柱进入煤层割理及裂缝的非线性渗流模型：

$$-\frac{dp_m}{dL} = \frac{1}{l}\rho_g v_g^2 - (\rho_w - \rho_g)g\sin\alpha$$
$$+ \frac{\sigma_{gw}}{l}\sqrt{\frac{\pi}{y\phi_m A_m}} \left(\frac{\cos\theta_1 + \cos\theta_3}{\sin\frac{\pi - 3\theta_1 - \theta_3}{2}} - \frac{\cos\theta_2 + \cos\theta_4}{\sin\frac{\pi - 3\theta_4 - \theta_2}{2}} \right) \quad (2\text{-}71)$$

式中，p_m 为基质孔隙压力，Pa；L 为气柱与毛细管接触的长度，m；y 为气泡或气柱截面积占毛细管截面积的比例；ϕ_m 为基质孔隙度；A_m 为垂直于毛细管的煤岩截面积，m²；l 为气泡或气柱的长度，m；v_g 为气泡的流速，m/s。

考虑气柱变形、基质孔隙结构复杂性的影响，将式(2-71)增加修正系数 χ，则

$$-\frac{\mathrm{d}p_\mathrm{m}}{\mathrm{d}L} = \frac{\chi}{l}\rho_\mathrm{g} v_\mathrm{g}^2 - (\rho_\mathrm{w} - \rho_\mathrm{g})g\sin\alpha$$
$$+ \frac{\chi\sigma_\mathrm{gw}}{l}\sqrt{\frac{\pi}{y\phi_\mathrm{m} A_\mathrm{m}}}\left(\frac{\cos\theta_1 + \cos\theta_3}{\sin\dfrac{\pi - 3\theta_1 - \theta_3}{2}} - \frac{\cos\theta_2 + \cos\theta_4}{\sin\dfrac{\pi - 3\theta_4 - \theta_2}{2}}\right) \quad (2\text{-}72)$$

式(2-72)也可写为

$$-\frac{\mathrm{d}p_\mathrm{m}}{\mathrm{d}L} = \lambda_{\mathrm{g},2} + \beta_\mathrm{g}\rho_\mathrm{g} v_\mathrm{g}^2 \quad (2\text{-}73)$$

式中

$$\lambda_{\mathrm{g},2} = -(\rho_\mathrm{w} - \rho_\mathrm{g})g\sin\alpha + \frac{\chi\sigma_\mathrm{gw}}{l}\sqrt{\frac{\pi}{y\phi_\mathrm{m} A_\mathrm{m}}}\left(\frac{\cos\theta_1 + \cos\theta_3}{\sin\dfrac{\pi - 3\theta_1 - \theta_3}{2}} - \frac{\cos\theta_2 + \cos\theta_4}{\sin\dfrac{\pi - 3\theta_4 - \theta_2}{2}}\right)$$

$$(2\text{-}74)$$

其中，χ 为气泡或气柱非线性渗流模型修正系数，无因次；$\lambda_{\mathrm{g},2}$ 为气柱流动的启动压力梯度，Pa/m；β_g 为气泡或气柱的速度系数，m^{-1}。

4. 基质微孔隙壁上气泡的动力学行为

1) 基质微孔隙中气泡的受力

基质微孔隙毛细管中气泡的受力同前面基质宏孔隙中气柱的受力(图2-45)(李相方等，2012)。基质微孔隙壁上的气泡受浮力、压差驱动力、气水弯液面力、三相界面张力和范德瓦耳斯力五个力的作用，由于固气间的范德瓦耳斯力的方向总是垂直于孔隙毛细管，不影响孔隙毛细管方向的渗流，因此不予考虑此力。

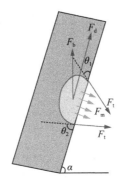

图 2-45 基质微孔隙中气泡受力图

浮力的公式见式(2-63)，压差驱动力公式见式(2-64)，气水弯液面力的方向指向凹液面，其公式见式(2-65)，在无驱动压力时，三相界面力在垂直且指向壁面方向的分力见式(2-66)，在有压差驱动的情况下，三相界面力在垂直且指向壁面方向的分力见式(2-67)，在平行于壁面且与驱动压力相反方向上的分力见式(2-68)。煤基质亲水，因此润湿角小于90°。

2) 基质微孔隙壁上气泡受力分析及其渗流模型

由图2-45可见，在压差驱动下，气泡在垂直而远离毛细管壁方向上所受分力为

$$F_v = F_b \cos\alpha - F_{t,v} - F_\sigma$$
$$= (\rho_w - \rho_g)gV_g\cos\alpha - L_{gs}\sigma_{gw}\frac{\sin\theta_1 + \sin\theta_2}{2} - \frac{2\sigma_{gw}}{R}S_{gs} \quad (2\text{-}75)$$

式中，F_v为气泡所受力在垂直且远离壁面方向上的分力，N；α为倾斜毛细管与水平方向的夹角；S_{gs}为气泡与壁面接触面面积，m^2；L_{gs}为气泡与壁面接触面周长，m。

气泡在驱动压力方向上所受分力为

$$F_h = F_p + F_b \sin\alpha - F_{t,h}$$
$$= \Delta p_m S + (\rho_w - \rho_g)gV_g\sin\alpha - \frac{\pi}{4}D_{gs}\sigma_{gw}(\cos\theta_1 - \cos\theta_2) \quad (2\text{-}76)$$

式中

$$V_g = \frac{2}{3}\pi R^3 + \frac{1}{3}\pi\sqrt{R^2-r^2}(2R^2+r^2)$$

$$L_{gs}=2\pi r, \quad S_{gs}=\pi r^2, \quad D_{gs}=2r$$

$$S = \left(\pi - \arcsin\frac{r}{R}\right)R^2 + r\sqrt{R^2-r^2}$$

其中，F_h为气泡所受力在压差驱动方向上的分力，N；R为气泡垂直于壁面的投影直径，m；r为气泡与壁面接触面直径，m。

在压差驱动下，气泡所受的力为垂直而远离毛细管壁方向上的分力和驱动压力方向的分力的合力：

$$F_T = \sqrt{F_v^2 + F_h^2} \quad (2\text{-}77)$$

合力的方向与水平方向的夹角为

$$\beta = \alpha + \arctan(F_v/F_h) \quad (2\text{-}78)$$

当 F_T 大于零时,气泡将会移动;当 F_v 大于零时,气泡将会脱离基质孔隙表面;当 F_h 大于零且 F_v 等于零时,气泡将在基质孔隙表面沿压差驱动方向滑动。由式(2-76)可推导出基质孔隙中气泡进入煤层割理及裂缝的非线性渗流模型:

$$-\frac{\mathrm{d}p_\mathrm{m}}{\mathrm{d}L} = \frac{\sigma_\mathrm{gw}(\cos\theta_1 - \cos\theta_2)}{l}\sqrt{\frac{\pi}{4y\phi_\mathrm{m}A_\mathrm{m}}} - (\rho_\mathrm{w} - \rho_\mathrm{g})g\sin\alpha + \frac{1}{l}\rho_\mathrm{g}v_\mathrm{g}^2 \quad (2\text{-}79)$$

考虑气泡变形、基质孔隙结构复杂性的影响,将式(2-79)增加修正系数 χ,则

$$-\frac{\mathrm{d}p_\mathrm{m}}{\mathrm{d}L} = \frac{\chi\sigma_\mathrm{gw}(\cos\theta_1 - \cos\theta_2)}{l}\sqrt{\frac{\pi}{4y\phi_\mathrm{m}A_\mathrm{m}}} - (\rho_\mathrm{w} - \rho_\mathrm{g})g\sin\alpha + \frac{\chi}{l}\rho_\mathrm{g}v_\mathrm{g}^2 \quad (2\text{-}80)$$

式(2-80)也可写为

$$-\frac{\mathrm{d}p_\mathrm{m}}{\mathrm{d}L} = \lambda_{\mathrm{g},1} + \beta_\mathrm{g}\rho_\mathrm{g}v_\mathrm{g}^2 \quad (2\text{-}81)$$

式中,$\lambda_{\mathrm{g},1}$ 为气泡流动的启动压力梯度,其表达式为

$$\lambda_{\mathrm{g},1} = \frac{\chi\sigma_\mathrm{gw}(\cos\theta_1 - \cos\theta_2)}{l}\sqrt{\frac{\pi}{4y\phi_\mathrm{m}A_\mathrm{m}}} - (\rho_\mathrm{w} - \rho_\mathrm{g})g\sin\alpha \quad (2\text{-}82)$$

$$\beta_\mathrm{g} = \frac{\chi}{l} \quad (2\text{-}83)$$

由式(2-73)和式(2-81)可看出,气泡和气柱在孔隙毛细管中的渗流模型相同,不同之处在于启动压力梯度的差异。实际上,基质孔隙中同时存在气泡和气柱的渗流,气泡和气柱引起的启动压力梯度为基质孔隙中游离气渗流的启动压力梯度。因此,基质孔隙中游离气非线性渗流模型为

$$-\frac{\mathrm{d}p_\mathrm{m}}{\mathrm{d}L} = \lambda_\mathrm{g} + \beta_\mathrm{g}\rho_\mathrm{g}v_\mathrm{g}^2 \quad (2\text{-}84)$$

式中,λ_g 为基质孔隙中游离气渗流的启动压力梯度;β_g 为游离气在基质孔隙中流动的速度系数。λ_g 和 β_g 与煤岩基质孔隙结构、气水物理化学性质及储集层物性有关,其数据可由实验得出。

综上所述,煤层气解吸后形成的游离气(气泡或气柱)的流动为复杂的非线性渗流(李相方等,2012)。

5. 基质微孔隙中气柱的动力学行为及渗流模型

1)气柱在基质微孔隙中的受力分析

在基质微孔隙中,气泡很难流动,多个气泡聚集形成气串或气柱后,靠气柱

的膨胀力而挤出。由于水在基质微孔隙中是静态水(即在水动力学作用下水不流动,只在气柱膨胀时才能被挤出),这种微孔隙中的水不能传递机械能,因此浮力不再存在,宏观力可不考虑。气柱所受的力主要包括气柱内压力、气柱外压力和附加压力。

对于图 2-46 所示的气柱,基质微孔隙的半径为 R_c,气柱与基质微孔隙表面水膜的润湿角为 θ,则气柱内压力、气柱外压力和附件压力之间的关系同样可用式(2-35)和式(2-36)表示。

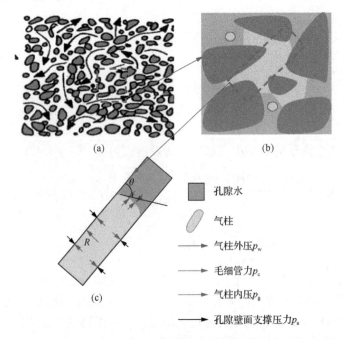

图 2-46 基质微孔隙中气柱的受力分析
(a)基质孔隙系统;(b)气柱在基质微孔隙中膨胀;(c)气柱受力分析

气柱两端凹液面的曲率半径 r 与基质微孔隙半径 R_c 的关系可表示为

$$r = \frac{R_c}{\cos\theta} \tag{2-85}$$

将式(2-85)代入式(2-35)和式(2-36)得出气柱内压、气柱外压和附加压力的关系式为

$$p_g = p_w + \frac{2\sigma_{gw}\cos\theta}{R_c} \tag{2-86}$$

气柱的体积为圆柱体积加上球缺的体积,因此气柱内气体的状态方程为

$$p_{\mathrm{g}}\left[\pi R_{\mathrm{c}}^{2} X + \frac{1}{3}\pi R_{\mathrm{c}}^{3}\frac{(1-\sin\theta)^{2}(2+\sin\theta)}{\cos^{3}\theta}\right] = nZRT \qquad (2\text{-}87)$$

式中，X 为气柱的特征长度。

气柱体积膨胀有三种机理：气柱外压力降低、气体脱溶进入气柱和气泡逐渐并入气柱形成更大的气柱。后两种机理是气柱内气体物质的量增加而导致气柱体积膨胀。因此气柱运移的距离为气柱体积膨胀的距离。

对式(2-86)进行全微分得

$$\mathrm{d}p_{\mathrm{g}} = \mathrm{d}p_{\mathrm{w}} \qquad (2\text{-}88)$$

对式(2-87)进行全微分得

$$p_{\mathrm{g}}\pi R_{\mathrm{c}}^{2}\mathrm{d}X + \left[\pi R_{\mathrm{c}}^{2} X + \frac{1}{3}\pi R_{\mathrm{c}}^{3}\frac{(1-\sin\theta)^{2}(2+\sin\theta)}{\cos^{3}\theta}\right]\mathrm{d}p_{\mathrm{g}} = ZRT\mathrm{d}n \qquad (2\text{-}89)$$

将式(2-86)～式(2-88)代入式(2-89)中得

$$\left(p_{\mathrm{w}} + \frac{2\sigma_{\mathrm{gw}}\cos\theta}{R_{\mathrm{c}}}\right)\pi R_{\mathrm{c}}^{2}\mathrm{d}X + \left[\pi R_{\mathrm{c}}^{2} X + \frac{1}{3}\pi R_{\mathrm{c}}^{3}\frac{(1-\sin\theta)^{2}(2+\sin\theta)}{\cos^{3}\theta}\right]\mathrm{d}p_{\mathrm{w}} = ZRT\mathrm{d}n$$

$$(2\text{-}90)$$

假设气柱外压力从 p_{w1} 变化为 p_{w2}，则式(2-90)可变为

$$\begin{aligned}&\left(p_{\mathrm{w1}} + \frac{2\sigma_{\mathrm{gw}}\cos\theta}{R_{\mathrm{c}}}\right)\pi R_{\mathrm{c}}^{2}\mathrm{d}X \\ &+ \left[\pi R_{\mathrm{c}}^{2} X_{1} + \frac{1}{3}\pi R_{\mathrm{c}}^{3}\frac{(1-\sin\theta)^{2}(2+\sin\theta)}{\cos^{3}\theta}\right](p_{\mathrm{w2}} - p_{\mathrm{w1}}) \\ &= ZRT\mathrm{d}n \end{aligned} \qquad (2\text{-}91)$$

气柱内气体的物质的量从 n_1 变化为 n_2，则气柱的特征长度 X 从 X_1 变化为 X_2，积分式(2-91)可得

$$\begin{aligned}&\left(p_{\mathrm{w1}} + \frac{2\sigma_{\mathrm{gw}}\cos\theta}{R}\right)\pi R_{\mathrm{c}}^{2}(X_{2} - X_{1}) \\ &+ \left[\pi R_{\mathrm{c}}^{2} X_{1} + \frac{1}{3}\pi R_{\mathrm{c}}^{3}\frac{(1-\sin\theta)^{2}(2+\sin\theta)}{\cos^{3}\theta}\right](p_{\mathrm{w2}} - p_{\mathrm{w1}}) \\ &= ZRT(n_{2} - n_{1}) \end{aligned} \qquad (2\text{-}92)$$

解出 X_2 的表达式为

$$X_2 = X_1 + \frac{ZRT(n_2 - n_1) + \left[\pi R_c^2 X_1 + \frac{1}{3}\pi R_c^3 \frac{(1-\sin\theta)^2(2+\sin\theta)}{\cos^3\theta}\right](p_{w1} - p_{w2})}{\left(p_{w1} + \dfrac{2\sigma_{gw}\cos\theta}{R_c}\right)\pi R_c^2}$$

(2-93)

此时气柱内压力为

$$p_{g2} = p_{w2} + \frac{2\sigma_{gw}\cos\theta}{R_c} \qquad (2\text{-}94)$$

由式(2-93)可看出气柱的膨胀有两个机理：一是外部水压降低导致气柱膨胀；二是气柱内气体物质的量增加(气泡聚并或水中溶解气进入气柱)导致气柱膨胀。气柱的膨胀距离即为气柱的运移距离，气柱的膨胀距离由式(2-93)和式(2-94)计算。

事实上，气柱内气体物质的量和气柱外部水压具有一定的关系，气柱外部水压越低，气柱内气体的物质的量越大。假设单个煤基质块的体积为 V_m，含微孔隙(一般小于 100nm)的基质块体积占整个基质块体积的比例为 x，则含宏孔隙(一般不小于 100nm)的基质块体积占整个基质块体积的比例为 $1-x$，含微孔隙的基质块中存有 m 个基质微孔隙，每个基质微孔隙中解吸的气形成一个气柱，气体解吸为平衡解吸，满足 Langmuir 公式，则气柱内气体物质的量和气柱外部水压力满足以下关系式：

$$n = \frac{0.1013 V_m x V_L b \rho_B}{Rm}\left[\frac{p_c}{1+bp_c} - \frac{p_w + 10^{-6}\dfrac{2\sigma_{gw}\cos\theta}{R_c}}{1 + b\left(p_w + 10^{-6}\dfrac{2\sigma_{gw}\cos\theta}{R_c}\right)}\right] \qquad (2\text{-}95)$$

式中，n 为气体的摩尔量，kmol；m 为单个煤基质块中微孔隙的个数；b 为 Langmuir 压力常数，MPa^{-1}；V_m 为单个煤基质块的体积，m^3；V_L 为 Langmuir 体积，m^3/t；ρ_B 为煤岩密度，t/m^3；p_c 为解吸压力，MPa；p_w 为水相压力，MPa。

假设基质孔隙为毛细管模型，单个煤基质块的截面积为 S_m，含微孔隙(一般小于 100nm)的基质截面积占整个基质截面积的比例为 y，含微孔隙(一般小于 100nm)的煤层基质块的孔隙度为 ϕ_m，则式(2-95)可变换为

$$m = \frac{S_m y \phi_m}{\pi R_c^2} \qquad (2\text{-}96)$$

对于立方体基质块，当边长为 L_m，$V_m=L_m^3$，$S_m=L_m^2$，式(2-95)可变换为

$$n = \frac{0.1013 L_m x V_L \rho_B b \pi R_c^2}{293.15 R y \phi_m} \left[\frac{p_c}{1+bp_c} - \frac{p_w + 10^{-6} \frac{2\sigma_{gw} \cos\theta}{R_c}}{1 + b\left(p_w + 10^{-6} \frac{2\sigma_{gw} \cos\theta}{R_c}\right)} \right] \quad (2\text{-}97)$$

联合式(2-85)~式(2-87)和式(2-97)，即可求出基质微孔隙中气柱膨胀距离与气柱外部水压的关系，表达式如下：

$$X = \frac{0.1013 L_m x V_L \rho_B b Z T}{293.15 y \phi_m \left(p_w + 10^{-6} \frac{2\sigma_{gw} \cos\theta}{R_c}\right)} \left[\frac{p_c}{1+bp_c} - \frac{p_w + 10^{-6} \frac{2\sigma_{gw} \cos\theta}{R_c}}{1 + b\left(p_w + 10^{-6} \frac{2\sigma_{gw} \cos\theta}{R_c}\right)} \right]$$

$$- \frac{R_c (1-\sin\theta)^2 (2+\sin\theta)}{3\cos^3\theta}$$

$$(2\text{-}98)$$

2) 实例分析

以下进行举例说明，某一煤层气藏参数如表 2-10 所示，所需参数包括单个煤基质块为正方体，边长为 L_m、含微孔隙（一般小于 100nm）的基质块体积占整个基质块体积的比例 x、含微孔隙（一般小于 100nm）的基质截面积占整个基质截面积的比例 y、含微孔隙的基质块的孔隙度 ϕ_m、煤基质块的密度 ρ_B、Langmuir 体积 V_L、Langmuir 压力常数 b、临界解吸压力 p_d、煤层水的压力 p_w、煤层温度 T、煤层气平均压缩系数 Z、煤层的气水润湿角 θ、微孔隙半径 R_c、纳米级孔隙中气水界面张力 σ_{gw}。随着煤层水压力 p_w 的降低，不同尺寸微孔隙中气柱膨胀距离 X 的变化规律如图 2-47、图 2-48 所示。

表 2-10 煤层基质块物性参数表

参数	数值
x	0.8
y	0.9
L_m/m	0.01
ϕ_m	5.00×10^{-2}
M	2.24×10^8
b/MPa^{-1}	0.416667
V_m/m^3	0.000001

续表

参数	数值
$V_L \rho_B / (m^3/m^3)$	33
$\sigma_{gw} / (N/m)$	0.072
Z	0.95
T/K	303.15
$\theta / (°)$	60
p_d / MPa	1.4
p_w / MPa	0~1.3
R_c / m	$6 \times 10^{-8} \sim 8 \times 10^{-7}$

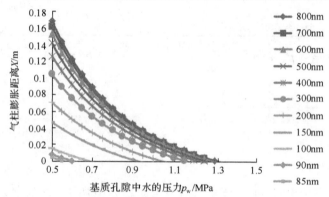

图 2-47 不同半径基质孔隙中气柱膨胀距离随基质孔隙水的压力降低的变化曲线

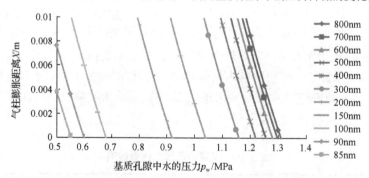

图 2-48 不同半径基质孔隙中气柱膨胀距离与水压力的关系

当煤层临界解吸压力为 1.4MPa，由图 2-49 可看出，半径为 800nm 的基质微孔隙中气柱挤出孔时水的压力为 1.181MPa；半径为 400nm 的基质微孔隙中气柱挤出孔时水的压力为 1.092MPa；半径为 150nm 的基质微孔隙中气柱挤出孔时水的压力为 0.792MPa；半径为 100nm 的基质微孔隙中气柱挤出孔时水的压力为 0.551MPa；半

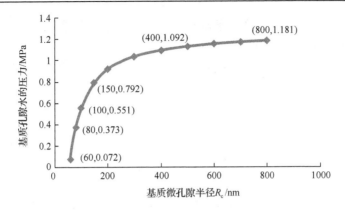

图 2-49　不同半径基质孔隙中气柱膨胀出孔时基质孔隙水的压力

径为 80nm 的基质微孔隙中气柱挤出孔时水的压力为 0.373MPa；半径为 60nm 的基质微孔隙中气柱挤出孔时水的压力为 0.072MPa。若煤层气生产过程中井底流压定为 0.5MPa，则煤储层孔隙水的压力则不小于 0.5MPa，因此，对于半径小于约 90nm 的基质微孔隙，当孔隙水的压力降到 0.5MPa 后，其中的气柱也无法出孔。

3) 基质微孔隙中气柱渗流模型

当气柱外部水压低至一定程度，气柱膨胀距离不小于基质微孔隙的长度时，气体从基质微孔隙中采出。在此之前，从基质微孔隙中产出的气体产量为零，而基质微孔隙中水的压力却一直在下降。气柱突破之前相当于存在一个启动压力梯度，当气柱突破之后便形成连续的气流，基质微孔隙变为气流通道，气相变为连续相，气体的渗流满足达西定律。综合整个过程，气柱在基质微孔隙中的渗流模型为

$$-\frac{\Delta p_\mathrm{m}}{\Delta L} = \lambda + a v_\mathrm{g} \tag{2-99}$$

式中，a 为达西系数，$\mathrm{Pa \cdot s/m^2}$；λ 为气柱运移启动压力梯度，$\mathrm{Pa/m}$。λ 与基质微孔隙尺寸、煤层含气量、煤层温度有关，当气柱膨胀至基质微孔隙出口时，气柱内压与气柱外水压之差除以气柱膨胀距离即为气柱运移启动压力梯度，可通过实验获得。

2.2.3　煤储层割理中的渗流机理及实验

1. 煤储层割理中气水的渗流机理及模型

煤层甲烷气和水在割理裂隙系统中的运移一致被认为是渗流过程。割理及裂隙中水和气向井眼(压裂裂缝)渗流模型可选用达西渗流模型、高速非达西渗流模型(仅气相渗流时考虑)、考虑应力敏感的渗流模型、考虑基质收缩效应的渗流模型或综合多因素耦合的割理裂隙系统渗流模型。

实践证明，煤层气井的产气量较低，非达西效应几乎可以忽略。因此，对于煤层气和水在割理系统中的渗流，通过都采用达西渗流模型，与常规储层不同点在于煤储层割理的绝对渗透率随孔隙压力的降低发生动态变化，即考虑应力敏感和基质收缩效应的动态渗透率模型。

综合考虑应力敏感和基质收缩双重效应的煤储层割理动态渗透率模型可表示为

$$\frac{k}{k_\mathrm{i}} = \left[1 - C_\mathrm{p}(p_\mathrm{i} - p) + \frac{2\nu\varepsilon_{\max}}{1+2\nu}\left(\frac{p_\mathrm{d}}{p_\mathrm{d}+p_\mathrm{L}} - \frac{p}{p+p_\mathrm{L}}\right)\right]^3 \qquad (2\text{-}100)$$

式中，k 为压力 p 对应的煤储层割理渗透率，mD；k_i 为原始煤储层割理渗透率，mD；C_p 为孔隙压缩系数，MPa^{-1}；ν 为泊松比；p_d 为临界解吸压力，MPa；p_L 为 Langmuir 压力，MPa；$\varepsilon_{\max}$ 为煤岩基质的最大吸附解吸体积应变量，取值一般不超过 0.1。

根据 Ibrahim 和 Nasr-EI-Din（2015）实验研究成果表明，$\dfrac{2\nu\varepsilon_{\max}}{1+2\nu}$（即文献中的 c_s）的取值为 0.002～0.026。

对于产煤粉比较严重的煤层气井，煤粉的产出或堵塞对渗透率影响更大，适度产出煤粉会改善煤层的渗透能力，使渗透率稍有增加；若大量产出煤粉，则会导致煤粉在喉道处堵塞，进而造成煤层的渗透能力急剧降低，渗透率大幅下降，与常规油气藏中储层的速敏伤害类似。关于煤层动态渗透率将会在 6.4 节中详细介绍，此处不再赘述。下面将介绍煤储层割理系统渗透率的测量方法和实验结果。

2. 型煤渗透率测定实验

型煤渗透率测定实验是在常规砂岩的岩心渗透率实验国标《岩心分析方法》（SY/T 5336—2006）基础上发展而成的，型煤即人造岩心，运用煤粉加压制作成标准尺寸岩心。型煤岩心具有均质、理想等特点，其工艺较简单，是进行煤岩渗透率测定最常用的一类实验样品。

1）实验目的

(1)测定煤层的绝对渗透率。

(2)研究不同含水饱和度时，煤层气藏的气水相对渗透率。

(3)分析有效覆压、实验压差、温度等因素对煤层渗流能力的影响。

2）煤样制作

型煤是以煤粉为主要原料经机械加工压制成型的，具有一定的机械强度，尺寸形状各异(图 2-50)，其原材料来源广泛，制作工艺简单，规格多变，被广泛用于煤矿加工和煤样制作。

图 2-50 型煤示意图

3) 实验装置

型煤渗透率实验装置如图 2-51 所示，主要包括煤岩夹持、流体注入和流量计量三大系统。煤岩夹持装置主体材质为 316L 不锈钢，密封套材料为铅套和氟橡胶套两种，一般选用不具煤岩吸附特征的氦气作为注入流体。

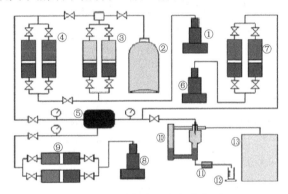

图 2-51 型煤渗透率实验装置

①泵；②煤层气瓶；③气体增压容器；④液体增压容器；⑤夹持器；⑥泵；⑦液体增压容器；⑧泵；⑨增压容器(内含硅油)；⑩气液分离管；⑪定时阀；⑫量筒；⑬气体质量流量计

4) 实验流程

根据《岩心分析方法》(SY/T 5336—2006)，岩心气测渗透率测量流程如下：

(1) 从矿场取生产过程中的细粒煤或煤粉，并用机械方法将其加压成型，测量型煤的尺寸(长度、截面直径)。

(2) 将待测型煤装入合适的岩心夹持器内，加围压。利用泵⑧对增压容器⑨中的硅油加压，将硅油注入夹持器⑤中，将围压调节到上覆地层压力。

(3) 将干燥的实验气体通入岩样，通过调节气体流速来调节岩样两端压差，并记录数据。

(4) 制作不同加压强度下的型煤样品，重复(2)、(3)过程，记录实验数据。

5) 实验数据处理

气体在岩样中流动时，由气体一维稳定渗流达西定律可得到下面的计算公式：

$$k_{\text{气}} = \frac{2p_0 Q_0 L \mu}{\left(p_1^2 - p_2^2\right) A} \times 10^3 \tag{2-101}$$

式中，p_1、p_2 分别为煤样入口及出口压力，atm；p_0 为大气压，1atm；Q_0 为大气压下的出口气体体积流量，cm³/s；L 为煤样高度，cm；A 为煤样截面积，cm²；μ 为气体黏度，mPa·s；$k_{\text{气}}$ 为气体渗透率，mD。

6) 实验方法评价

型煤借鉴人造岩心，是最简单最理想的实验样品，其各向均质，虽然能在一定程度上反映原煤的孔隙特征，但经过粉碎加工的原煤，割理系统被完全破坏，显然不能代表原煤割理系统的渗流特征。

3. 原煤取心渗透率测定实验

原煤取心渗流实验是在型煤实验基础上，为了更好地还原煤岩孔渗特征而发展出来的一类实验技术。其实验目的和流程与型煤实验类似，只是在样品的制作工艺和选取上更贴近实际。

1) 煤样制作

煤心获取有两种方法：一是经过煤矿巷道或煤层露头的原煤取心获得；二是钻井取心，通过取心桶和取心钻头完成，取心过程如图 2-52 所示，一般为直径 25mm 或 38mm 的小柱状煤样。密闭取心后对所取煤样进行封装和冷冻，以保证煤岩孔隙、割理结构不被破坏。

图 2-52 原煤取心示意图

2) 实验装置

原煤取心渗透率测定实验装置与型煤实验装置类似，如图 2-50 所示。

3) 实验流程

原煤取心渗透率测定实验流程与型煤实验类似，只是在实验样品制作方面有较大差异。

(1) 从煤矿巷道或煤层露头取一大块煤，在钻床上将煤层岩心钻成直径 25mm，不同长度(样品长度与直径之比一般大于 1 比较好)的几段小煤心柱，取样方式为水平取样，以研究水平方向的渗透率。测量并记录每一煤心柱的长度和直径，取一段放入岩心夹持器内。

(2) 利用泵⑧对增压容器⑨中的硅油加压，将硅油注入夹持器⑤中，将围压调节到上覆地层压力。

(3) 等待岩心慢慢解冻，待数小时后(时间长短可根据室温而定，一般 4~8h)，岩心已完全解冻。

(4) 利用泵①将增压容器③中的气体进行加压，调节到所需的注入压力。

(5) 利用泵⑥将增压容器⑦中的水进行加压，调节到所需的流出端压力。

(6) 重复(4)、(5)步，测定不同煤心柱的水平渗透率，直至实验结束。

4) 实验数据处理

同型煤实验处理方法，采用一维气测渗透率公式，见式(2-101)。

5) 实验方法评价

原煤取心能部分反映煤层割理裂缝系统的渗流状态，但井下取心和从岩心上进一步钻取小柱状煤样两个过程，先后对煤岩造成了两次力学破坏，导致割理裂隙系统一定程度的受损。另外煤的非均质性较强，直径为 25mm 或 38mm 的小柱状煤样不能准确地反映出煤岩的非均质性，从而导致了煤心渗透率测量结果与实际偏离较严重。

4. 大尺寸不规则原煤三维渗流实验技术

鉴于型煤和取心煤样对煤岩割理裂隙均造成了不同程度的破坏，导致渗流实验精度较低，所求得的参数在用于煤层气藏数值模拟、产能评价、储量评价、采收率预测等时会引起大的误差。因此，急需找到尽量减少力学伤害的煤样制作方法和实验方案，降低因实验样品和实验装置的局限性带来的测量误差。大尺寸不规则原煤三维渗流实验技术的设计和研发，能很大程度上减少对原煤的力学伤害，从而提高渗流实验的精度。

1) 实验目的

(1) 测定煤层的三维绝对渗透率，分析煤层的岩石特性。
(2) 分析有效覆压、实验压差、温度等因素对煤层渗流能力的影响。
(3) 研究不同含水饱和度时，煤层气藏的气水相对渗透率。
(4) 研究煤层相对渗透率随含水饱和度变化的特点和规律。

2) 煤样制作

为减少实验用煤样的力学伤害，采用现场所取的大尺寸原煤，长可达 1m，如图 2-53 所示的实验用煤，长 20cm、宽 6cm、高 10cm，割理走向易于分辨，这样能保证煤岩割理裂隙系统的完整性，能够更好地反映煤层割理系统特征，所测得的渗透率数据更可信。

图 2-53 实验用大尺寸煤样

3) 实验装置

大尺寸不规则原煤渗流实验装置主要包括煤岩夹持、流体注入和流量计量三大系统(图 2-54)。其中煤岩夹持系统经改进，包含夹持器、立方体模具和环氧树脂固化用加热箱等，流体注入系统包括泵和增压容器等，流量计量系统包括含气水分离管、量筒和气体质量流量计等。

该实验装置的创新性体现在大尺寸不规则岩心的夹持装置，如图 2-55 所示，该装置直径 330mm、高 300mm、耐压 16MPa，能够满足大尺寸原煤煤样的实验要求。夹持器上下盖和缸体周围都布有测点，其中上盖 9 个、下盖 9 个、四周 75 个，可以利用温度、压力传感器进行温度、压力等计量，为实验精度提供了保障。

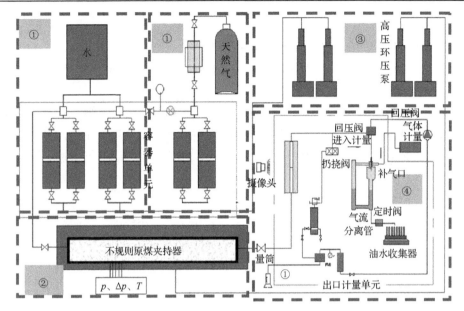

图 2-54 大尺寸不规则原煤渗流实验装置示意图
①流体注入系统；②煤岩夹持系统；③围压系统；④流量计量系统

图 2-55 三维原煤夹持器

4) 实验流程

大尺寸、不规则原煤煤样的实验方法与常规方法截然不同。其三维渗流实验过程需经过接头制作、煤样处理、煤样夹持及渗透率测量几个步骤,如图 2-56 所示。

(1) 接头制作。

如图 2-56 所示,绝缘棒采用致密材料制作,并用钻头钻出螺纹,与钢制接头连接,接头直径 2cm,实验气体渗流面积则为 $3.14cm^2$,煤块接头用 AB 胶黏结在煤块表面,并沿面割理方向(A_1、A_2)、端割理方向(B_1、B_2)和垂向(C_1、C_2)编号。

(2) 煤样刮胶。

为了保证后续浇铸的环氧树脂不渗入煤块孔隙割理系统造成流道阻塞,先兑一部分环氧树脂,对连接好接头的煤样进行刮胶操作。用小刷子在干燥好的煤样表面涂密封性的环氧树脂,涂层厚度大约为 0.5mm,涂层尽量做到均匀无死角,常温静止 12~24h 晾干。

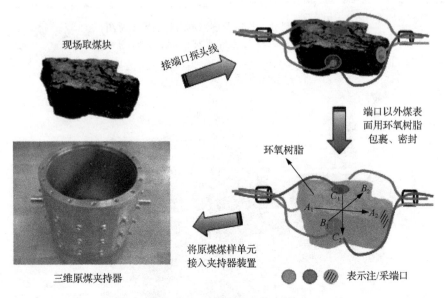

图 2-56 三维渗流实验步骤

(3) 模具制作、煤样浇铸。

煤样浇铸时用的模具选用与原煤尺寸相当的硬纸壳,但要留出浇铸环氧树脂的有效厚度,并在纸壳内外边缘都进行防漏措施。将刮胶处理完毕的煤块放置在模具中固定,接头伸出,将前期加热降黏处理过的环氧树脂倾倒入模具,在常温下(25℃)凝固 24h 后将煤样取出,环氧树脂浇铸后的煤样如图 2-57 所示。

图 2-57 环氧树脂浇铸后煤样

(4) 大尺寸不规则煤样夹持。

如图 2-58 所示,将环氧树脂包封的不规则煤块放入三维夹持器中并固定,从内部伸出测量管线,并且加满硅油对煤样加围压。可在不破坏原煤的孔缝结构的前提下,测定不同条件(如温度、压力、含水饱和度及应力)下的原煤渗透率和胀缩变形,也可用于研究不同气体对煤层气的驱替效果。

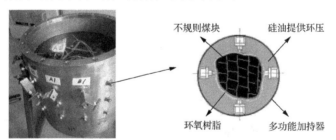

图 2-58 三维原煤夹持装置(渗流桶)及处理后煤样

(5) 三维渗透率测量。

在上述准备工作完成后,可以对三个方向的渗透率进行测量,测量流程如下:①利用双缸泵向夹持器的钢质容器中注入硅油,用于提供实验方案所需要的围压;②将沿着面割理方向或端割理方向的两个流体管线接头与注入、计量系统分别相连;③将气瓶压力调节到所需的注入压力,流出压力用手摇泵控制,在提前设定好的压差下进行实验,为保证环氧树脂包裹的煤样不破碎,进出口压力和围压需交替缓慢增加;④记录进出口压力、气体渗流体积、时间、温度等数据;⑤测试结束后释放围压和进出口压力。

5) 实验数据处理

(1) 一维气测渗透率求解方法。

气体渗流截面若按照平均值计算，流动截面积固定，可运用一维单相渗流理论和气体状态方程，通过记录测量过程中煤样出口端各个时刻的流量和煤样两端压差，根据达西定律公式计算煤样的绝对渗透率，见式(2-101)。

(2) 流动模型求解方法。

对不规则原煤渗流实验，由于流动截面不固定，流动方式也从常规的平面单向流转变成复杂的球形流、椭圆流、柱形流、复合流动等方式，可以用势的叠加法来计算气测绝对渗透率。如图 2-59 所示，假设煤中流体呈椭球形流动。

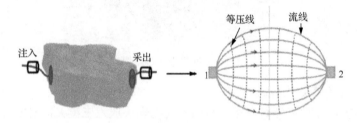

图 2-59　一注一采系统中煤中流体流动

椭球形流动，采用空间势叠加原理进行求解：

$$\Theta_1 = \frac{q}{4\pi r_p} - \frac{q}{4\pi d} + c \tag{2-102}$$

$$\Theta_2 = \frac{q}{4\pi d} - \frac{q}{4\pi r_p} + c \tag{2-103}$$

式中，d 为注采端距离，cm；r_p 为进出口流动截面等效半径，cm。

联立式(2-102)和式(2-103)，并应用势的定义 $\Theta = \frac{k}{\mu} p$，即可求得

$$k = \frac{q\mu}{2\pi(p_1 - p_2)} \left(\frac{1}{r_p} - \frac{1}{d} \right) \tag{2-104}$$

(3) 微观网络数值模拟技术。

三维成像技术对求解复杂地层孔隙结构作用很大，一般过程为：①电镜扫描，采集岩心孔隙结构数据；②数据成像，利用成像技术建立三维孔隙结构数据库；③建立孔隙网络模型，将孔隙结构用数学方法进行描述；④微观数值模拟，利用微观渗流理论进行参数的拟合和预测。

大尺寸不规则原煤本身就是一个物理模型，对原煤孔隙结构进行成像描述并建模，结合微观数值模拟技术，利用原煤三维渗流实验数据进行参数拟合（图 2-60），从而求取煤层三维渗透率。

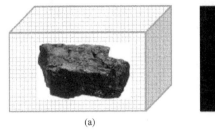
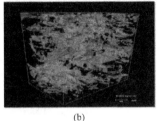

(a) (b)

图 2-60　三维成像技术与微观数值模拟
(a)离散化；(b)三维成像技术

6）实验结果探讨

由于环氧树脂对压力的敏感性较大，加围压的条件下很容易发生脆裂，所以，首先对煤样在大气压下进行了三维气测渗透率实验。

先按照原始地层放置状态，确定面割理端割理方向，A_1—A_2 为面割理方向，B_1—B_2 为端割理方向，C_1—C_2 为垂直方向，并对接头标号（图 2-61）。对煤样进行了夹持和封胶后，充入氮气，对面割理、端割理和垂直方向均进行了增压测量，记录下煤样进口压力及出口端流量，数据记录表如表 2-11 所示。

图 2-61　实验煤样

利用一维气测渗透率求解方法，可以推导得出流量与进出口压力平方差的关系为

$$Q_0 = \frac{k_气 A}{2 p_0 L \mu} \left(p_1^2 - p_0^2 \right) \times 10^{-3} \tag{2-105}$$

式中，Q_0 为流量；$k_气$ 为气测渗透率；A 为煤样横截面积（渗流面积）；p_1 为进口压力；p_0 为出口压力；L 为岩心长度；μ 为气体黏度（各参数单位同表 2-11）。

表 2-11 面割理渗透率测量数据记录表(A_1—A_2)(围压 1atm)

流量/(mL/min)	环压/atm	流压/atm	回压/atm	实验压差/atm	岩心长度/cm	渗流面积/cm^2	μ/(mPa·s)	k/mD
0.85	1	2.15	1	1.15	21	3.14	0.0189	0.988646
1	1	2.25	1	1.25	21	3.14	0.0189	1.037139
1.15	1	2.45	1	1.45	21	3.14	0.0189	0.968592
1.35	1	2.6	1	1.6	21	3.14	0.0189	0.98751
1.55	1	2.7	1	1.7	21	3.14	0.0189	1.038272
1.6	1	2.75	1	1.75	21	3.14	0.0189	1.027261
1.7	1	2.83	1	1.83	21	3.14	0.0189	1.021949
2	1	3.03	1	2.03	21	3.14	0.0189	1.030052
2.1	1	3.13	1	2.13	21	3.14	0.0189	1.005819
2.2	1	3.2	1	2.2	21	3.14	0.0189	1.003185
2.35	1	3.3	1	2.3	21	3.14	0.0189	1.001156
⋮	⋮	⋮	⋮	⋮	⋮	⋮	⋮	⋮

将上表 2-11 的实验数据进行整理,求出压力平方差与流量关系,接着做出压力平方差与流量的曲线(图 2-62),拟合出线性方程,得出斜率:

$$m = \frac{kA}{2p_0 L\mu} \times 10^{-3} \tag{2-106}$$

则各方向的气测渗透率为

$$k = \frac{2mp_0 L\mu}{A} \times 10^3 \tag{2-107}$$

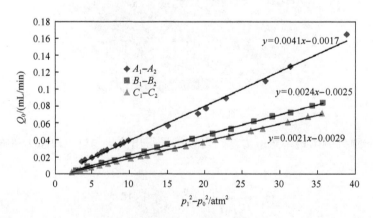

图 2-62 三个方向压力平方差与流量的关系图

三个方向加压拟合的直线斜率分别为：$k_{气面割理}$=0.0041，$k_{气端割理}$=0.0024，$k_{气垂向}$=0.0021；渗流面积按接头直径 d=2cm 计算，则 A=3.14cm^2；三个方向的渗流长度分别为：$L_{气面割理}$=21cm，$L_{气端割理}$=6cm，$L_{气垂向}$=11cm，则

$$k_{气面割理} = \frac{2k_{面割理} p_0 L_{面割理} \mu}{A} \times 10^3 = \frac{2 \times 0.0041 \times 21 \times 0.0189}{3.14} \times 10^3 \approx 1.036 \text{mD}$$

$$k_{气端割理} = \frac{2k_{端割理} p_0 L_{端割理} \mu}{A} \times 10^3 = \frac{2 \times 0.0024 \times 6 \times 0.0189}{3.14} \times 10^3 \approx 0.173 \text{mD}$$

$$k_{气垂向} = \frac{2k_{垂向} p_0 L_{垂向} \mu}{A} \times 10^3 = \frac{2 \times 0.0021 \times 22 \times 0.0189}{3.14} \times 10^3 \approx 0.556 \text{mD}$$

以上各组实验数据进一步验证了各方向渗流能力的关系：按照原煤在地层中的割理走向，进行了实验，实验数据指出，A_1—A_2 面割理方向气体渗流能力最强，C_1—C_2 垂向渗流能力次之，B_1—B_2 端割理方向渗流能力最差。即 $k_{气面割理}$＞$k_{气垂向}$＞$k_{气端割理}$。

平面渗透率各向异性及垂直渗透率大小反映出了煤岩割理的发育程度，对于割理发育煤岩来说，由于割理为垂直层理方向，因此，较砂岩层、煤岩垂向渗透率与平面渗透率的比值较高。井型优选时需考虑这些因素。

2.2.4 游离态煤层气在基质孔隙与割理之间冰融化方式传递机理

冰融化方式指的是随着割理压力降低，基质吸附气逐层解吸脱出，进入割理。吸附气从类液态解吸变成溶解气和游离气，类似于冰融化成水；吸附气从基质表面逐层析出，类似于冰融化过程。

1. 割理压力刚低于临界解吸压力情况

1) 邻近割理的基质孔隙首先解吸，并在储层水中溶解扩散

随着煤层气井不断排水，割理压力不断下降，如图 2-63(a) 所示。由于基质较为致密，压降较割理缓慢，从而形成基质孔隙压力高，割理压力低的压力场分布。当割理压力降到临界解吸压力以下，邻近割理的基质孔隙上的吸附气开始解吸溶解。对原始溶解未饱和情况的情况，解吸气分子不断溶解在吸附表面附近水中，溶解气在水中扩散进入割理中，如图 2-63(b) 所示。由于甲烷在煤层条件下溶解度低，且溶解传质速度慢，吸附表面附近水中溶解气很快达到过饱和状态。

对于原始溶解饱和情况，解吸出的气体分子会直接逸出形成气核气泡。

2) 解吸气溶解饱和后聚集成气泡汇入割理

随着割理压力继续降低，基质压力由表及里逐渐降低，基质孔隙吸附气逐渐

解吸，当溶解气达到溶解饱和时，溶解气脱溶形成游离气泡，如图 2-63(c)所示。部分气泡在浮力及水动力的作用下直接进入割理。部分气泡则在界面张力等阻力作用下，束缚在孔喉处，如图 2-63(d)所示。

3) 气泡不断聚并形成连续气柱，吸附气在连续气柱中不断解吸，形成基质排水排气的主要通道

如图 2-63(e)所示，随着吸附气的不断解吸，基质含气饱和度不断增加，气泡聚并形成段塞气柱占据孔隙。气柱内吸附气不断解吸，使气柱不断膨胀，将孔隙内的水及游离气排入割理。同时在基质孔隙深部由于解吸形成的排水排气作用下，不断推动气柱向割理运动。在排水排气的过程中，压降逐渐传入基质深部孔隙，逐渐形成连通的渗流通道。

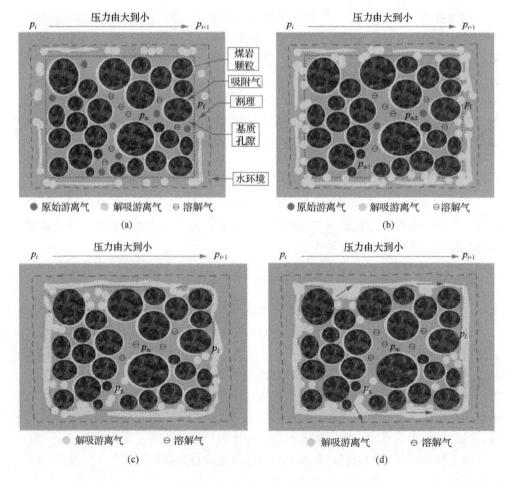

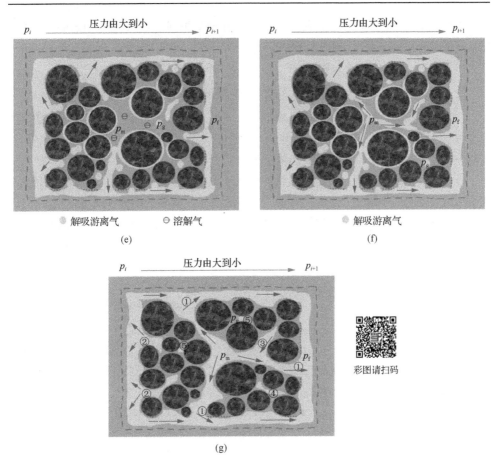

图 2-63 煤层气排水—解吸—扩散—渗流微观机理示意图

p_g 为气相压力；p_m 为基质压力；p_f 为割理压力。①基质割理连通；②基质割理部分/间接连通；③渗流小通道；④基质割理不连通（渗流大通道）；⑤死气区

此时基质游离气以两种形式存在：基质-割理表面及附近以段塞气柱存在，而基质孔隙内部为分散的气泡。由此基质孔隙压力分为两个区域：割理附近段塞气柱压力 p_{m1}，其等于割理压力 p_f；基质内部分散气泡区域压力 p_{m2}，其中气泡压力 p_{mg}，水相压力为 p_{mw}，此处以水相压力为主，且 $p_{mg} > p_{mw} > p_f$，解吸气在压差作用下有进入割理的趋势。

随着割理系统解吸气逐渐增多，部分形成气柱，部分气柱在生产压差下流入井筒。

2. 割理压力持续低于临界解吸压力情况

1) 压降逐渐传入基质深部，深部吸附气开始解吸排气

随着基质压力逐渐地降低及压降的传递，深部的吸附气开始脱附，更多气体

解吸出来，在基质深部孔隙形成游离气泡，并聚集形成连续气柱。随着吸附气的解吸及溶解气的脱溶，气相不断膨胀，并逐渐连通，如图 2-63(f) 所示，将深部的气水排至基质表面孔隙进入割理。

2) 排水后期连续气柱占据主要基质孔隙，形成游离气运移通道

随着割理压力继续降低及时间的推移，基质吸附气大量解吸，连续气柱贯通基质内部主要大孔隙，形成优势通道，割理与基质气相连通，如图 2-63(g) 所示。基质内部气体运移阻力减小，压降传播速度较气水两相时快。

尽管割理压降速度快，气体流速快，但对于单个基质块来说，基质孔隙中的连续气体的运移是个无限缓慢过程，气相可近似认为静止，其中的压力梯度可忽略，那么基质系统连续气相压力等于割理系统气相压力。也就是说基质-割理连续气相所到之处，压力便等于割理压力，导致基质孔隙深处气体不断解吸，逐步形成优势渗流通道。

3. 游离气在基质孔隙中运移机理

1) 生产早期

压裂直井排水降压早期，割理中的水为连续相，微孔中的气泡孤立不连续，不可动，溶解气导致割理水的相对渗透率降低，为欠饱和流动阶段。随着压力进一步降低，少量游离气在割理流体携带下出孔，基质孔喉处逐渐形成段塞气柱。

t_1 时刻：对于压裂直井来说，压裂裂缝周围的煤层甲烷首先解吸，连续的排水降压使部分基质压力降到 p_c 以下，如图 2-64 所示。靠近割理的固溶态吸附甲烷在小压差驱动下解吸，先溶解于水中形成溶解气，饱和后逸出形成游离气泡，在孔隙中受浮力及水动力的作用下运移，随后在割理流体的携带下进入割理，此时

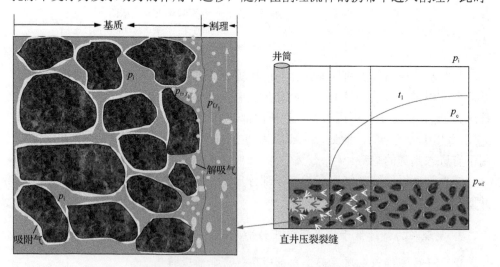

图 2-64　排水降压早期基质孔隙压力分布及解吸气运移(模式一)

割理中的水是连续相,割理和基质的压力系统相互独立。割理中的压力为 p_{f,t_1},较直接地反映井底流压,割理附近基质的压力降低到 p_{m,t_1},基质深部吸附气未解吸为原始地层压力 p_i,且 $p_{f,t_1} < p_{m,t_1} < p_i$。

t_2 时刻:如图 2-65 所示,随着基质压力逐渐降低,压降漏斗逐渐向基质深部传递,解吸区域进一步扩大。距割理较近的基质吸附气解吸后,解吸游离气泡在较小喉道处无法克服毛细管力继续运移,解吸气不断充注,周围气泡不断聚并,首先在喉道处形成段塞式气柱;段塞式气柱其压力系统相互独立,压力高于割理(裂隙)压力,但由于无法克服毛细管力,气柱无法自由运动。此时,割理中的压力为 p_{f,t_2},割理附近形成段塞气柱处基质的压力下降到 p_{m1,t_2},深部已解吸基质处的压力下降到 p_{m2,t_2},深部未解吸基质为原始地层压力 p_i,且 $p_{f,t_2} < p_{m1,t_2} < p_{m2,t_2} < p_i$。

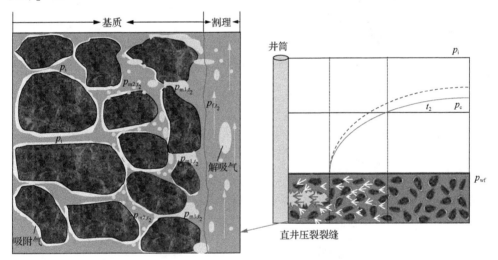

图 2-65 排水降压早期基质孔隙压力分布及解吸气运移(模式二)

2)生产中后期

压裂直井生产中后期,全区大部分基质压力吸附气都解吸出来,基质内吸附气膜逐渐变薄,割理中水的饱和度进一步降低,游离态解吸气不断增加,并形成段塞气柱群。此时进入解吸产气阶段,水的相对渗透率不断下降,气的相对渗透率不断上升,气产量逐渐增加。

t_3 时刻(图 2-66):压降波及基质深处,靠近割理的基质吸附气继续如冰融化一般剥离、解吸,随着水中甲烷分子不断扩散进入气柱,气泡不断聚并进而形成连续气柱,其体积在解吸气的作用下不断膨胀,气柱间互相连通形成连续相气柱单元,气柱单元内压力统一,为 p_{m1,t_3}。连续气柱还未与割理中气柱连通,只是不断将基质喉道中的水排走,从而窜入割理。此时,割理中的压力为 p_{f,t_3},深部已解吸基质处的压力下降到 p_{m2,t_3}，压力分布关系为 $p_{f,t_3} < p_{m1,t_3} < p_{m2,t_3} < p_i$。

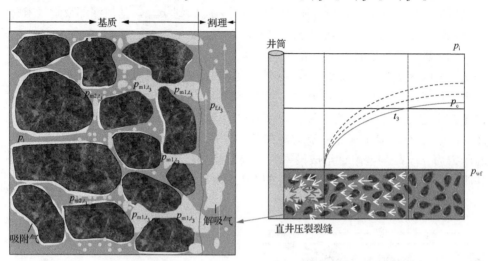

图 2-66 排水降压中后期基质孔隙压力分布及解吸气运移（模式一）

t_4 时刻（图 2-67）：基质中未进入割理的连续气柱在压差的作用下向能进入割理的气柱聚集，从而成为更大的连续气团。当某气柱单位体积生长，并与割理（裂隙）沟通时，其压力与割理（裂隙）平衡，气相内部压力统一，均为割理压力 p_{f,t_4}；窜流优势通道逐渐扩展，沿优势通道方向压差增大，附近气柱单元开始沟通，气相形成连续相，向割理井筒运移。未与割理连通的气柱内压力为 p_{m1,t_4}，深部已解吸基质处的压力下降到 p_{m2,t_4}，压力分布关系为 $p_{f,t_4} < p_{m1,t_4} < p_{m2,t_4} < p_i$。

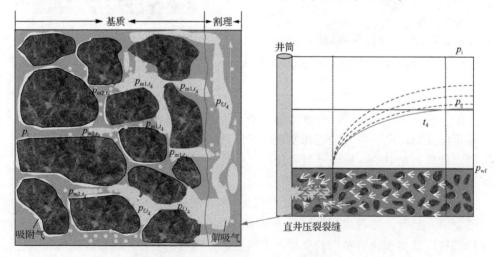

图 2-67 排水降压中后期基质孔隙压力分布及解吸气运移（模式二）

t_5 时刻(图 2-68):全区降到临界解吸压力以下,气柱逐渐与割理(裂隙)沟通,此时,连续气柱压力与割理(裂隙)平衡压力 p_{f,t_5},气相连续,并形成窜流优势通道。基质深部全部解吸,压力降到 p_{m,t_5},且 $p_{f,t_5} < p_{m,t_5}$。

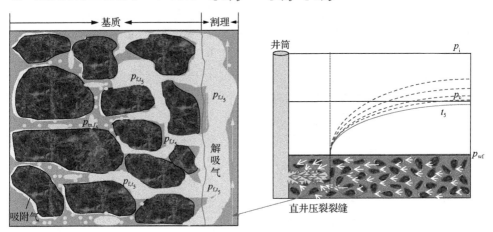

图 2-68 排水降压中后期基质孔隙压力分布及解吸气运移(模式三)

2.3 煤层气藏产气模型

2.3.1 煤层气藏现有的产气模型

1. 解析法

运用解析方法预测煤层气产量大致可为两个方向:一是在常规气藏典型曲线基础上继承与发展,沿用常规气藏产量典型曲线图版,通过修正无因次参数定义来描述煤层气解吸特点;二是基于数值模拟分析方法,得到产能预测实验模型。

King 等(1986)假设基质到割理为非稳态扩散,建立了扩散-渗流数学模型,并求得了该条件下的定产量压力解。Anbarci 和 Ertekin(1990)采用拟稳态吸附模型,求解该条件下的定产量或定压解析解。该模型可用于压力瞬态分析与产量历史拟合。

Seidle(1993)提出运用修正的综合压缩系数来表示基质气体解吸,运用拟压力函数将煤层气连续性方程转化成液相连续性方程形式,同时运用真实气体拟稳态产能方程,结合物质平衡方程预测煤层气脱水后产量。

Spivey 和 Semmelbeck(1995)同样运用修正的考虑解吸作用的综合压缩系数来表示煤层气基质对割理的供气,基于单相定压解析解预测煤层气脱水后气井产量,并给出了相应流程。该模型假设圆形等厚均质储层中心一口煤层气井。Pinzon 和

Patterson(2004)运用 Spivey 和 Semmelbec(1995)分析流程对现场煤层气井(Arkoma 盆地、Raton 盆地)进行分析,验证了该方法是实际可行的。

Okuszko 等(2007,2008)对比了常规气藏与煤层气递减曲线特征,指出煤层气递减特征可用 Arp's 方法进行描述。煤层气井递减初期呈指数方程,后期按调和型递减。Clarkson 等(2007a)和 Clarkson(2009)等运用 Fetkovich 典型曲线分析 Horseshoe Canyon 煤层气井数据,指出该方法可用于分析干煤层气藏。

Gerami 等(2008)系统研究了基于平衡解吸条件的煤层气单相生产典型曲线。典型曲线运用修正的拟时间来表达解吸作用,运用修正的物质平衡时间将变产量压力问题转换成定压问题。

上述方法可用于煤层气脱水后单相气生产时产量分析与预测,然而煤层一般饱和水,煤层气整个生产过程要复杂得多。对于欠饱和煤层气藏,一般要经历单相水阶段—气水两相阶段—单相气阶段;对于饱和煤层气藏,也要经历气水两相阶段—单相气阶段。对于气水两相情况,Clarkson 等(2007b)发展了气水两相流动物质平衡方法,该方法假设气相有效渗透率只是饱和度的函数,而不受压力梯度的影响,将两相连续性方程转化为单相形式,从而求得拟稳态解。然而该方法的假设仍过于理想,而且物质平衡求解迭代过程很复杂。

Aminian 等(2004,2005)、Arenas(2004)、Bhavsar(2005)定义了一组新的无因次产量与无因次时间,运用数值模型分析储层参数对该曲线变化的影响,提出了煤层气典型曲线产能预测方法。分析得到相渗曲线、井底压力及解吸常数对典型曲线影响很大,并回归出求取产气峰值的相关式。Arrey(2005)评价了 Langmuir 压力和 Langmuir 体积对煤层气产气典型曲线的影响,认为 Langmuir 体积对曲线形状影响不明显,而对 Langmuir 压力的影响很大。

Sanchez(2004)通过将压裂参数等效处理为表皮系数,研究了压裂对典型曲线的影响,指出表皮系数对典型曲线无影响,但对产气峰值影响很大。基于此建立了产气峰值与表皮系数与孔隙度的相关关系。

Enoh(2007)在总结前人成果的基础上编写了煤层气产能预测软件。

2. 双孔单渗模型

国内外大量学者普遍认同双孔单渗模型(Cervik,1967;Karn et al.,1970;Saghafi and William,1987;Kolesar et al.,1990a,1990b;周世宁和林柏泉,1992;孙培德,1993;吴世跃,1994;傅雪海等,2003),其基本观点为(图2-69):①气体自基质表面解吸;②解吸气从基质孔隙扩散到割理-裂隙系统,满足菲克扩散定律等;③气体在割理-裂隙系统中渗流到井眼,满足达西渗流定律。

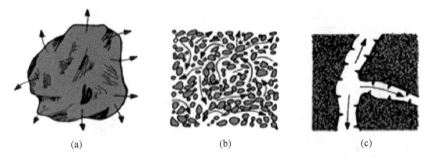

图 2-69　煤层气解吸-扩散-渗流模式图(Cervik，1967)
(a)从煤的内表面解吸；(b)通过基质和微孔隙扩散；(c)在天然裂缝网络中流动

Zulkarnain(2005)也指出解吸气经基质孔隙向割理扩散，如图 2-70 所示。

Ma(2004)在加拿大国际石油会议(Canadian International Petroleum Conference)报告中重点阐述了煤层气排水降压解吸后气水相态变化特征，鲜明地指出解吸气在水中形成气泡，当气泡量足够多时形成连续的气流，如图 2-71 所示，但仍没有对扩散提出质疑。

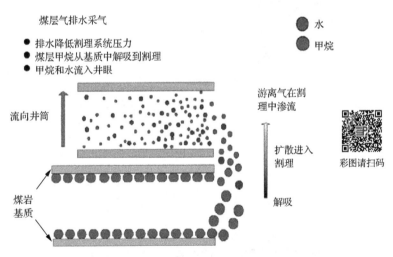

图 2-70　煤层气解吸扩散示意图(Zulkarnain，2005)

1) Reeves-Pekot 模型(Reeves and Pekot，2001)

针对低阶煤基质孔隙较大的特点，提出了"三孔双渗"模型，模型原理如图 2-72 所示。其中，"三孔"指割理-裂隙系统、基质大孔隙和基质微孔隙；"双渗"指基质大孔隙到井眼渗流、裂缝到井眼渗流和基质裂缝间窜流。同样，他们认为基质微孔隙中气体解吸扩散进入大孔隙，满足扩散定律。

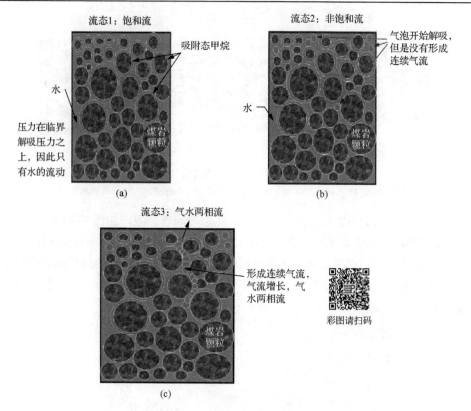

图 2-71 煤层气排水-降压-生产相态变化(Ma,2004)
(a)排水降压阶段;(b)非饱和流阶段;(c)气水两相流动阶段

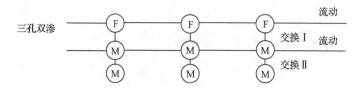

图 2-72 "三孔双渗"模型原理(Reeves and Pekot,2001)
M.基质;F.裂缝;交换Ⅰ.基质与裂缝间气体窜流;交换Ⅱ.微孔隙到大孔隙气体扩散

2) 三级扩散-渗流模式

傅雪海等(2003)基于煤储层三元结构系统(宏观裂隙、显微裂隙、孔隙),总结出煤层气排水降压开发存在着三级渗流场,即宏观裂隙系统(包括压裂裂缝)-煤层气的层流紊流场;显微裂隙系统-煤层气的渗流场;煤基质块(孔隙)系统-煤层气的扩散场。

基于煤层气运移特征的煤孔隙分类如表 2-12 所示。

表 2-12　煤层气三级扩散-渗流模式

孔隙分级	孔隙分类	孔半径/nm	煤层气流动特征
扩散	微孔	<8	表面扩散
	过渡孔	8~20	混合扩散
	小孔	20~65	克努森扩散
渗透	中孔	65~325	稳定层流
	过渡孔	325~1000	剧烈层流
	大孔	>1000	紊流

3. 煤层气数值模拟软件

Price 等（1973）开发的煤层气数值模拟软件 INTERCOMP-1 忽略了从基质孔隙到割理-裂隙系统的运移过程。Pavone 和 Schwerer（1984）开发的模拟软件 ARRAYS、Guo 等（2003）开发的模拟软件、Jalali 和 Mohaghegh（2004）编制的煤层气单井数值模拟器和目前商业化软件 Eclipse、CMG、COMET2 等均采用基于双孔单渗的拟稳态非平衡解吸模型。国外已开发的 COMET3 煤层气数值模拟软件采用基于三孔双渗的非平衡解吸模型。

以上的煤层气数值模拟软件中的模型（Price et al.，1973；Thimons and Kissell，1973；Pavone and Schwerer，1984；Smith and Wiiiams，1984；Gray，1987；聂百胜和张力，2000；何学秋和聂百胜，2001；Guo et al.，2003；Jalali and Mohaghegh，2004；Maricic，2004）假设煤层气解吸后均以扩散的方式运移，且满足菲克扩散定律。其中，三孔双渗模型（Reeves and Pekot，2001）除了以上假设，还假设解吸后形成的自由气从基质大孔到割理-裂隙系统的运移方式是达西渗流。这也是目前煤层气数值模拟软件不能很好预测实际煤层气井生产动态的原因之一。

未来的发展趋势是实验研究煤层气基质孔隙微观渗流机理，揭示煤层气解吸渗流机理及开发规律，编制符合煤层气藏开发动态的数值模拟器，对煤层气产能评价与开发技术策略的制定至关重要。

2.3.2　煤层气藏双孔双渗产气模型建立

无论在双孔单渗模型或三孔双渗模型中，国内外普遍认为煤层气从基质进入割理-裂隙系统的过程为浓度差驱动下的扩散，满足菲克扩散定律。徐兵祥等（2010）、李相方等（2012）、石军太（2012）根据多相流体传质与流动原理得出分子扩散只发生在二元以上单相系统中，而低煤阶煤中气和水同时存在于煤基质孔隙中，属于两相（Ma，2004；Zulkarnain，2005；Hossein，2006），不能满足分子扩散的条件，因此认为煤层气从基质孔隙进入割理-裂隙系统的过程为膨胀力作用下的物质运动过程，属于压差驱动范畴，并由此针对低阶煤孔隙发育的特点，提出了双孔双渗模型。

煤层气双孔双渗模型中(图 2-73)，"双孔"包括基质孔隙和割理裂缝中两种多孔介质，"双渗"指游离气不仅从割理流向井筒，还从基质孔隙流入井筒。在基质和割理中分别有气和水的微分方程。游离气在基质孔隙中为非达西渗流，水在基质孔隙中为达西渗流；游离气和水在割理裂缝中为达西渗流或考虑其他因素的非达西渗流。游离气和水从基质孔隙窜流进入割理系统。井壁处基质孔隙中的气和水不仅可以窜流进入割理系统，也可直接渗流进入井筒，但是绝大多数气体仍从割理裂缝渗流进入井筒。

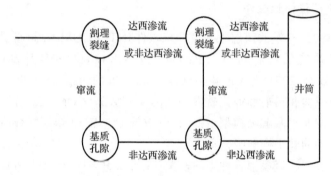

图 2-73　煤层气双孔双渗示意图

1. 模型假设

(1)基质孔隙壁面上的吸附气的解吸为平衡解吸，即解吸气量只与压力有关，而与时间无关。

(2)对于原始状态甲烷在水中浓度小于溶解度的煤层气藏，水相中液态甲烷分子的运移为扩散，属于分子扩散的范畴，可用菲克扩散定律表述，但是由于以溶解相扩散的气量甚微，因此在产气模型中不考虑溶解相的菲克扩散。

(3)基质孔隙中游离气以非达西流的方式流入割理及裂缝系统。

(4)裂缝小流中流体以达西渗流或考虑复杂情况下的非达西渗流模型流入井筒。

2. 数学模型

1)割理系统

如果考虑裂缝系统中的毛细管力，则描述裂缝系统中的流动的方程组如下：

$$\begin{cases} v_{\mathrm{gf}} = -\dfrac{k_{\mathrm{f}}k_{\mathrm{rg}}}{\mu_{\mathrm{g}}}(\nabla p_{\mathrm{fg}} - \gamma_{\mathrm{g}}\nabla D) \\ v_{\mathrm{wf}} = -\dfrac{k_{\mathrm{f}}k_{\mathrm{rw}}}{\mu_{\mathrm{w}}}(\nabla p_{\mathrm{fw}} - \gamma_{\mathrm{w}}\nabla D) \\ \nabla(\rho_{\mathrm{g}}v_{\mathrm{gf}}) - \rho_{\mathrm{g}}q_{\mathrm{g}} = -\dfrac{\partial(\phi_{\mathrm{f}}\rho_{\mathrm{g}}S_{\mathrm{gf}})}{\partial t} \\ \nabla(\rho_{\mathrm{w}}v_{\mathrm{wf}}) - \rho_{\mathrm{w}}q_{\mathrm{w}} = -\dfrac{\partial(\phi_{\mathrm{f}}\rho_{\mathrm{w}}S_{\mathrm{wf}})}{\partial t} \\ S_{\mathrm{gf}} + S_{\mathrm{wf}} = 1 \\ p_{\mathrm{fg}} = p_{\mathrm{fw}} + p_{\mathrm{fc}} \end{cases} \quad (2\text{-}108)$$

式中(变量采用 SI 单位制的情况下), v_{gf}、v_{wf} 为割理内气相和水相渗流速度, m/s; k_{f} 为割理绝对渗透率, m^2; γ_{g}、γ_{w} 分别为气相和水相的重度, $\mathrm{kg}/(\mathrm{m}^2\cdot\mathrm{s}^2)$, $\gamma_{\mathrm{g}} = \rho_{\mathrm{g}}g$, $\gamma_{\mathrm{w}} = \rho_{\mathrm{w}}g$; k_{rg}、k_{rw} 分别为气相和水相的相对渗透率; ρ_{g}、ρ_{w} 分别为气和水的密度, kg/m^3; μ_{g}、μ_{w} 分别为地层条件下气和水的黏度, Pa·s; S_{gf}、S_{wf} 分别为割理中的含气和含水饱和度, f; ϕ_{f} 为割理孔隙度, f; t 为流动时间, s; p_{fg}、p_{fw} 分别为割理气相、水相压力, Pa; p_{fc} 为割理毛细管力, Pa; q_{g} 为煤层气由基质向割理窜流的速度, s^{-1}; q_{w} 为水由基质向割理窜流的速度, s^{-1}。

结合液相和气相的状态方程分别为

$$C_{\mathrm{w}} = \frac{1}{\rho_{\mathrm{w}}}\frac{\mathrm{d}\rho_{\mathrm{w}}}{\mathrm{d}p} \quad (2\text{-}109)$$

$$\rho_{\mathrm{g}} = \frac{T_{\mathrm{sc}}Z_{\mathrm{sc}}\rho_{\mathrm{sc}}}{p_{\mathrm{sc}}}\frac{p_{\mathrm{f}}}{ZT} \quad (2\text{-}110)$$

式(2-109)和式(2-110)中, C_{w} 为水的等温压缩系数, Pa^{-1}; p 为压力, Pa; $\mathrm{d}\rho_{\mathrm{w}}$ 为压力改变 dp 时水的密度变化量, kg/m^3; p_{sc} 为标准状态下压力, Pa; ρ_{g} 为气体密度, kg/m^3; Z 为偏差因子; Z_{sc} 为标准状态下偏差因子; T_{sc} 为标准状态下的温度, K; T 为煤岩温度, K。

解液相状态方程得

$$\rho_{\mathrm{w}} = \rho_{\mathrm{w}0}\mathrm{e}^{C_{\mathrm{w}}(p_{\mathrm{f}}-p_0)} \quad (2\text{-}111)$$

式中, $\rho_{\mathrm{w}0}$ 为原始水的密度, 即压力为 p_0 时水的密度。

将式(2-111)展开成一阶泰勒公式有:

$$\rho_{\mathrm{w}} = \rho_{\mathrm{w}0}\left[1 + C_{\mathrm{w}}(p_{\mathrm{f}} - p_0)\right] \quad (2\text{-}112)$$

煤岩状态方程：

$$C_p = \frac{dV_p}{V_{p_0}} \frac{1}{dp_f} \tag{2-113}$$

则用孔隙压缩系数 C_p 来描述孔隙度的变化有

$$\phi_f = \phi_0 e^{C_p(p_f - p_0)} \tag{2-114}$$

简写为

$$\phi_f = \phi_0 + C_p(p_f - p_0) \tag{2-115}$$

2) 基质系统

将基质看作向割理系统补给能量的源，考虑基质的压力变化。

当 p_m 大于临界解吸压力时，仅存在单相水的流动：

$$-\nabla(\rho_w v_{wm}) = \frac{\partial(\phi_m \rho_w S_{wm})}{\partial t} + \rho_w q_w \tag{2-116}$$

当 p_m 小于临界解吸压力时，考虑气水两相的流动：

$$-\nabla(\rho_g v_{gm}) + \rho_g q_r = \frac{\partial(\phi_m \rho_g S_{gm})}{\partial t} + \rho_g q_g \tag{2-117}$$

$$-\nabla(\rho_w v_{wm}) = \frac{\partial(\phi_m \rho_w S_{wm})}{\partial t} + \rho_w q_w \tag{2-118}$$

$$q_r = V_m \frac{p_L}{(p_L + p)^2} \rho_B \frac{\partial p_m}{\partial t} \tag{2-119}$$

式 (2-116) ~ 式 (2-119) 中，v_{gm}、v_{wm} 为基质内气相和水相的渗流速度；S_{gm}、S_{wm} 分别为基质中的含气和含水饱和度，f；ϕ_m 为基质孔隙度，f；t 为流动时间，s；q_g 为煤层气由基质向割理窜流的速度，s^{-1}；q_w 为基质孔隙水由基质向割理窜流的速度，s^{-1}；q_r 为煤层气由单位体积煤基质块向基质孔隙中的解吸速度，$m^3/(s \cdot m^3)$；V_m 为单位质量煤岩中甲烷的饱和吸附量，m^3/kg；p_L 为 Langmuir 压力，MPa；ρ_B 为煤基质块密度，kg/m^3 (Seidle, 1992)。

渗流速度考虑非达西渗流有

$$v_{gm} = -\frac{k_g}{\mu_g}\left(\frac{\partial p_{gm}}{\partial r} - \gamma_g \nabla D - \lambda_g\right) = -\frac{k_m k_{rg}}{\mu_g}\left(\frac{\partial p_{gm}}{\partial r} - \gamma_g \nabla D - \lambda_g\right) \tag{2-120}$$

$$v_{wm} = -\frac{k_w}{\mu_w}\left(\frac{\partial p_{wm}}{\partial r} - \gamma_w \nabla D - \lambda_w\right) = -\frac{k_m k_{rw}}{\mu_w}\left(\frac{\partial p_{wm}}{\partial r} - \gamma_w \nabla D - \lambda_w\right) \quad (2\text{-}121)$$

式中，p_{wm}、p_{gm} 分别为基质中水相、气相压力，Pa；k_m 为基质绝对渗透率，m^2；D 为储层中任一点到分析点的高位差；k_{rg}、k_{rw} 分别为气相和水相的相对渗透率；λ_g、λ_w 分别为气相、水相的启动压力梯度，Pa/m。

结合状态方程有

$$\rho_g = \frac{T_{sc} Z_{sc} \rho_{sc}}{p_{sc}} \frac{p_m}{ZT} \quad (2\text{-}122)$$

$$\rho_w = \rho_{w0}\left[1 + C_w(p_m - p_0)\right] \quad (2\text{-}123)$$

辅助方程：

$$S_{gm} + S_{wm} = 1 \quad (2\text{-}124)$$

$$p_{gm} = p_{wm} + p_{cm} \quad (2\text{-}125)$$

式(2-122)~式(2-125)中，p_m 为基质压力；p_{cm} 为基质内毛细管压力。

3) 窜流项

单位时间内从基岩排至裂缝中的流体质量与以下因素有关：①流体黏度；②基岩和裂缝之间的压差；③基岩块的特征量，如长度、面积和体积等；④基岩的渗透率。

通过分析可得

$$q_g = \frac{\alpha k_m k_{rg}}{\mu_g}(p_m - p_f) \quad (2\text{-}126)$$

$$q_w = \frac{\alpha k_m k_{rw}}{\mu_w}(p_m - p_f) \quad (2\text{-}127)$$

式中，α 为形状因子，m^{-2}。若基岩呈圆球状，其半径为 r_s，则 $\alpha = \frac{15}{r_s^2}$；若基岩呈正方形状，其边长为 a，则 $\alpha = \frac{16}{a^2}$；若基岩呈板状，其厚度为 h，则 $\alpha = \frac{12}{h^2}$。

在试井中，还常使用窜流系数 λ 来表征窜流速度的大小，λ 的表达式为

$$\lambda = \alpha r_w^2 \frac{k_m}{k_f} \qquad (2\text{-}128)$$

式中，r_w 为井径。

然后重新定义窜流方程中的系数 $\frac{\lambda}{r_w^2} = \lambda'$。于是窜流速度也可表示为

$$q_g = \lambda' \frac{k_f k_{rg}}{\mu_g}(p_m - p_f) \qquad (2\text{-}129)$$

$$q_w = \lambda' \frac{k_f k_{rw}}{\mu_w}(p_m - p_f) \qquad (2\text{-}130)$$

3. 差分方程

1) 割理系统差分

先对割理系统的方程进行差分，以水方程为例：

$$\nabla(\rho_w v_{wf}) - \rho_w q_w = -\frac{\partial(\phi_f \rho_w S_{wf})}{\partial t} \qquad (2\text{-}131)$$

$$v_{wf} = -\frac{k_f k_{rw}}{\mu_w}(\nabla p_{fw} - \gamma_w \nabla D) \qquad (2\text{-}132)$$

$$\nabla\left[\rho_w \frac{k_f k_{rw}}{\mu_w}(\nabla p_{fw} - \gamma_w \nabla D)\right] + \rho_w q_w = \frac{\partial(\phi_f \rho_w S_{wf})}{\partial t} \qquad (2\text{-}133)$$

定义流动系数：$\lambda_{wf} = \rho_w \frac{k_f k_{rw}}{\mu_w}$，式中的 ρ_w、k_f、μ_w 均是压力 p_{fw} 的函数。

先将其展开成直角坐标分量形式：

$$\frac{\partial}{\partial x}\left[\lambda_{wf}\left(\frac{\partial p_{fw}}{\partial x} - \gamma_w \frac{\partial D}{\partial x}\right)\right] + \frac{\partial}{\partial y}\left[\lambda_{wf}\left(\frac{\partial p_{fw}}{\partial y} - \gamma_w \frac{\partial D}{\partial y}\right)\right] + \frac{\partial}{\partial z}\left[\lambda_{wf}\left(\frac{\partial p_{fw}}{\partial z} - \gamma_w \frac{\partial D}{\partial z}\right)\right] + \rho_w q_w$$
$$= \frac{\partial(\phi_f \rho_w S_{wf})}{\partial t} \qquad (2\text{-}134)$$

对于点 $(i, j, k, n+1)$，有差分方程

第 2 章 煤储层产气机理及产能评价模型

$$\frac{1}{\Delta x_i}\left[\lambda_{\mathrm{w}fi+\frac{1}{2}}\left(\frac{p_{\mathrm{fw}i+1}^{n+1}-p_{\mathrm{fw}i}^{n+1}}{\Delta x_{i+\frac{1}{2}}}-\gamma_{\mathrm{w}i+\frac{1}{2}}\frac{D_{i+1}-D_i}{\Delta x_{i+\frac{1}{2}}}\right)+\lambda_{\mathrm{w}fi-\frac{1}{2}}\left(\frac{p_{\mathrm{fw}i-1}^{n+1}-p_{\mathrm{fw}i}^{n+1}}{\Delta x_{i-\frac{1}{2}}}-\gamma_{\mathrm{w}i-\frac{1}{2}}\frac{D_{i-1}-D_i}{\Delta x_{i-\frac{1}{2}}}\right)\right]$$

$$+\frac{1}{\Delta y_j}\left[\lambda_{\mathrm{w}fj+\frac{1}{2}}\left(\frac{p_{\mathrm{fw}j+1}^{n+1}-p_{\mathrm{fw}j}^{n+1}}{\Delta y_{j+\frac{1}{2}}}-\gamma_{\mathrm{w}j+\frac{1}{2}}\frac{D_{j+1}-D_j}{\Delta y_{j+\frac{1}{2}}}\right)+\lambda_{\mathrm{w}fj-\frac{1}{2}}\left(\frac{p_{\mathrm{fw}j-1}^{n+1}-p_{\mathrm{fw}j}^{n+1}}{\Delta y_{j-\frac{1}{2}}}-\gamma_{\mathrm{w}j-\frac{1}{2}}\frac{D_{j-1}-D_j}{\Delta y_{j-\frac{1}{2}}}\right)\right]$$

$$+\frac{1}{\Delta z_k}\left[\lambda_{\mathrm{w}fk+\frac{1}{2}}\left(\frac{p_{\mathrm{fw}k+1}^{n+1}-p_{\mathrm{fw}k}^{n+1}}{\Delta z_{k+\frac{1}{2}}}-\gamma_{\mathrm{w}k+\frac{1}{2}}\frac{D_{k+1}-D_k}{\Delta z_{k+\frac{1}{2}}}\right)+\lambda_{\mathrm{w}fk-\frac{1}{2}}\left(\frac{p_{\mathrm{fw}k-1}^{n+1}-p_{\mathrm{fw}k}^{n+1}}{\Delta z_{k-\frac{1}{2}}}-\gamma_{\mathrm{w}k-\frac{1}{2}}\frac{D_{k-1}-D_k}{\Delta z_{k-\frac{1}{2}}}\right)\right]$$

$$+\rho_{\mathrm{w}}q_{\mathrm{w}ijk}=\frac{1}{\Delta t}\left[\left(\phi_{\mathrm{f}}\rho_{\mathrm{w}}S_{\mathrm{wf}}\right)^{n+1}-\left(\phi_{\mathrm{f}}\rho_{\mathrm{w}}S_{\mathrm{wf}}\right)^{n}\right]$$

(2-135)

式 (2-135) 中差分下标采用简略形式，如 $i+\frac{1}{2}=i+\frac{1}{2},j,k$。将式 (2-135) 两边同乘以 $V_{ijk}=\Delta x_i\Delta y_j\Delta z_k$，并定义如下传导系数：

$$\begin{cases} TX_{\mathrm{w}fi+\frac{1}{2}}=\dfrac{V_{ijk}}{\Delta x_i}\dfrac{\lambda_{\mathrm{w}fi+\frac{1}{2}}}{\Delta x_{i+\frac{1}{2}}}=\dfrac{\Delta y_j\Delta z_k}{\Delta x_{i+\frac{1}{2}}}\lambda_{\mathrm{w}fi+\frac{1}{2}}, & TX_{\mathrm{w}fi-\frac{1}{2}}=\dfrac{V_{ijk}}{\Delta x_i}\dfrac{\lambda_{\mathrm{w}fi-\frac{1}{2}}}{\Delta x_{i-\frac{1}{2}}}=\dfrac{\Delta y_j\Delta z_k}{\Delta x_{i-\frac{1}{2}}}\lambda_{\mathrm{w}fi-\frac{1}{2}} \\[2mm] TY_{\mathrm{w}fj+\frac{1}{2}}=\dfrac{V_{ijk}}{\Delta y_j}\dfrac{\lambda_{\mathrm{w}fj+\frac{1}{2}}}{\Delta y_{j+\frac{1}{2}}}=\dfrac{\Delta x_i\Delta z_k}{\Delta y_{j+\frac{1}{2}}}\lambda_{\mathrm{w}fj+\frac{1}{2}}, & TY_{\mathrm{w}fj-\frac{1}{2}}=\dfrac{V_{ijk}}{\Delta y_j}\dfrac{\lambda_{\mathrm{w}fj-\frac{1}{2}}}{\Delta y_{j-\frac{1}{2}}}=\dfrac{\Delta x_i\Delta z_k}{\Delta y_{j-\frac{1}{2}}}\lambda_{\mathrm{w}fj-\frac{1}{2}} \\[2mm] TZ_{\mathrm{w}fk+\frac{1}{2}}=\dfrac{V_{ijk}}{\Delta z_k}\dfrac{\lambda_{\mathrm{w}fk+\frac{1}{2}}}{\Delta z_{k+\frac{1}{2}}}=\dfrac{\Delta x_i\Delta y_j}{\Delta z_{k+\frac{1}{2}}}\lambda_{\mathrm{w}fk+\frac{1}{2}}, & TZ_{\mathrm{w}fk-\frac{1}{2}}=\dfrac{V_{ijk}}{\Delta z_k}\dfrac{\lambda_{\mathrm{w}fk-\frac{1}{2}}}{\Delta z_{k-\frac{1}{2}}}=\dfrac{\Delta x_i\Delta y_j}{\Delta z_{k-\frac{1}{2}}}\lambda_{\mathrm{w}fk-\frac{1}{2}} \end{cases}$$

(2-136)

式中，TX、TY、TZ 分别为 X、Y、Z 方向上的传导系数。

再定义二阶差商算子：

$$\begin{cases} \Delta_x TX_{\mathrm{wf}}\Delta_x p_{\mathrm{fw}}=TX_{\mathrm{w}fi+\frac{1}{2}}(p_{\mathrm{fw}i+1}-p_{\mathrm{fw}i})+TX_{\mathrm{w}fi-\frac{1}{2}}(p_{\mathrm{fw}i-1}-p_{\mathrm{fw}i}) \\ \Delta_y TY_{\mathrm{wf}}\Delta_y p_{\mathrm{fw}}=TY_{\mathrm{w}fj+\frac{1}{2}}(p_{\mathrm{fw}j+1}-p_{\mathrm{fw}j})+TY_{\mathrm{w}fj-\frac{1}{2}}(p_{\mathrm{fw}j-1}-p_{\mathrm{fw}j}) \\ \Delta_z TZ_{\mathrm{wf}}\Delta_z p_{\mathrm{fw}}=TZ_{\mathrm{w}fk+\frac{1}{2}}(p_{\mathrm{fw}k+1}-p_{\mathrm{fw}k})+TZ_{\mathrm{w}fk-\frac{1}{2}}(p_{\mathrm{fw}k-1}-p_{\mathrm{fw}k}) \end{cases}$$

(2-137)

则可将连续性方程简写为

$$\Delta_x TX_{wf} \Delta_x p_{fw}^{n+1} + \Delta_y TX_{wf} \Delta_y p_{fw}^{n+1} + \Delta_z TX_{wf} \Delta_z p_{fw}^{n+1}$$
$$-\Delta_x TX_{wf} \gamma_{wf} \Delta_x D - \Delta_y TX_{wf} \gamma_{wf} \Delta_y D - \Delta_z TX_{wf} \gamma_{wf} \Delta_z D + \rho_w q_{wijk} V_{ijk} \quad (2\text{-}138)$$
$$= \frac{V_{ijk}}{\Delta t} \left[(\phi_f \rho_w S_{wf})^{n+1} - (\phi_f \rho_w S_{wf})^n \right]$$

进一步简记为

$$\Delta T_{wf} \Delta p_{fw}^{n+1} - \Delta T_{wf} \gamma_{wf} \Delta D + \rho_w q_{wijk} V_{ijk} = \frac{V_{ijk}}{\Delta t} \left[(\phi_f \rho_w S_{wf})^{n+1} - (\phi_f \rho_w S_{wf})^n \right]$$
$$(2\text{-}139)$$

同理,割理系统的气方程为

$$\Delta T_{gf} \Delta p_{fg}^{n+1} - \Delta T_{gf} \gamma_{gf} \Delta D + \rho_g q_{gijk} V_{ijk} = \frac{V_{ijk}}{\Delta t} \left[(\phi_f \rho_g S_{gf})^{n+1} - (\phi_f \rho_g S_{gf})^n \right] \quad (2\text{-}140)$$

式中,ΔT_{gf} 为裂缝系统中水的传导系数差分。

若考虑煤岩为水湿,$p_{fg}^{n+1} = p_{fw}^{n+1} + p_{fc}$,那么方程可进一步写作

$$\begin{cases} \Delta T_{wf} \Delta p_{fw}^{n+1} - \Delta T_{wf} \gamma_{wf} \Delta D + \rho_w q_{wijk} V_{ijk} = \dfrac{V_{ijk}}{\Delta t} \left[(\phi_f \rho_w S_{wf})^{n+1} - (\phi_f \rho_w S_{wf})^n \right] \\ \Delta T_{gf} \Delta p_{fw}^{n+1} + \Delta T_{gf} \Delta p_{fc} - \Delta T_{gf} \gamma_{gf} \Delta D + \rho_g q_{gijk} V_{ijk} = \dfrac{V_{ijk}}{\Delta t} \left[(\phi_f \rho_g S_{gf})^{n+1} - (\phi_f \rho_g S_{gf})^n \right] \end{cases}$$
$$(2\text{-}141)$$

式(2-141)中的独立变量为 p_{fw}、S_g 和 S_w。记 $\begin{cases} p_{fw}^{n+1} = p_{fw}^n + \delta p \\ S_g^{n+1} = S_g^n + \delta S_g \\ S_w^{n+1} = S_w^n + \delta S_w \end{cases}$,$(i, j, k)$ 坐标对应节点 M,则求解变量转化为 δp_{fw}、δS_g 和 δS_w。将方程式(2-141)的右端项进行处理:

$$\frac{V_{ijk}}{\Delta t} \left[(\phi_f \rho_w S_{wf})^{n+1} - (\phi_f \rho_w S_{wf})^n \right]_{ijk} = \frac{V_M}{\Delta t} \delta (\phi_f \rho_w S_{wf})_M$$
$$= \frac{V_M}{\Delta t} (\rho_w S_{wf} \delta \phi_f + \phi_f S_{wf} \delta \rho_w + \phi_f \rho_w \delta S_{wf})_M \quad (2\text{-}142)$$

式中,V_M 为 M 点的微元体点。

由物性关系可得:$\delta\phi = \phi_{0f}C_f\delta p$,$\delta S_g = -\delta S_w$,$\delta\rho_w = \dfrac{\partial\rho_w}{\partial p}\delta p = \rho_{w0}C_w e^{C_w(p_f-p_0)}\delta p$,$\delta\rho_g = \dfrac{\partial\rho_g}{\partial p}\delta p = \dfrac{T_{sc}Z_{sc}\rho_{sc}}{p_{sc}}C_g\dfrac{p}{ZT}\delta p$。其中,$C_g$ 为气体的等温压缩系数;ϕ_{0f}、ρ_{w0} 分别为割理给定参考压力下的孔隙度、密度;ρ_{sc} 为标准状态下的气体密度。将这些代入式(2-142),并将式中各系数均取本点 $M(i,j,k)$ 上的第 n 步值,得

$$\text{水式(2-142)右端} = \dfrac{V_M}{\Delta t}\left[(\rho_w S_{wf})^n \phi_{0f}C_f\delta p + (\phi_f S_{wf})^n \rho_{w0}C_w e^{C_w(p_f^n-p_0)}\delta p + (\phi_f \rho_w)^n \delta S_{wf}\right]_M$$
$$= C_{wf1}\delta p + C_{wf2}\delta S_{wf} \tag{2-143}$$

式中

$$\begin{cases} C_{wf1} = \dfrac{V_M}{\Delta t}\left[(\rho_w S_{wf})^n \phi_{0f}C_f + (\phi_f S_{wf})^n \rho_{w0}C_w e^{C_w(p_f^n-p_0)}\right] \\ C_{wf2} = \dfrac{V_M}{\Delta t}(\phi_f \rho_w)^n \end{cases} \tag{2-144}$$

$$\text{气式(2-141)右端} = \dfrac{V_M}{\Delta t}\left[(\rho_g S_{gf})^n \phi_{0f}C_f\delta p + (\phi_f S_{gf})^n \dfrac{T_{sc}Z_{sc}\rho_{sc}}{p_{sc}}C_g\left(\dfrac{p}{ZT}\right)^n \delta p - (\phi_f \rho_g)^n \delta S_{wf}\right]_M$$
$$= C_{gf1}\delta p + C_{gf2}\delta S_{wf} \tag{2-145}$$

式中

$$\begin{cases} C_{gf1} = \dfrac{V_M}{\Delta t}\left[(\rho_g S_{gf})^n \phi_{0f}C_f + (\phi_f S_{gf})^n \dfrac{T_{sc}Z_{sc}\rho_{sc}}{p_{sc}}C_g\left(\dfrac{p}{ZT}\right)^n\right] \\ C_{gf2} = -\dfrac{V_M}{\Delta t}(\phi_f \rho_g)^n \end{cases} \tag{2-146}$$

将整理后的左端项和右端项代回离散方程,并用 $p_{fw}^{n+1} = p_{fw}^n + \delta p$ 进行代换有

$$\begin{cases} \Delta T_{wf}^n \Delta p_{fw}^n + \Delta T_{wf}^n \Delta \delta p_{fw} - \Delta T_{wf}^n \gamma_{wf}^n \Delta D + \rho_w^n q_{wijk}V_{ijk} = C_{wf1}\delta p + C_{wf2}\delta S_{wf} \\ \Delta T_{gf}^n \Delta p_{fw}^n + \Delta T_{gf}^n \Delta \delta p_{fw} + \Delta T_{gf}^n \Delta p_{fc} - \Delta T_{gf}^n \gamma_{gf}^n \Delta D + \rho_g^n q_{gijk}V_{ijk} = C_{gf1}\delta p + C_{gf2}\delta S_{wf} \end{cases} \tag{2-147}$$

经移项整理得

$$\Delta T_{wf}^n \Delta \delta p_{fw} - C_{wf1}\delta p - C_{wf2}\delta S_{wf} = R_{wf}$$
$$\Delta T_{gf}^n \Delta \delta p_{fw} - C_{gf1}\delta p - C_{gf2}\delta S_{wf} = R_{gf}$$
(2-148)

式中

$$R_{wf} = \Delta T_{wf}^n \gamma_{wf}^n \Delta D - \Delta T_{wf}^n \Delta p_{fw}^n - \rho_w^n q_{wijk}V_{ijk}$$
$$R_{gf} = \Delta T_{gf}^n \gamma_{gf}^n \Delta D - \Delta T_{gf}^n \Delta p_{fw}^n - \Delta T_{gf}\Delta p_{fc} - \rho_g^n q_{gijk}V_{ijk}$$

式(2-148)中气式 $\times \dfrac{1}{C_{gf2}}$ — 式(2-148)中水式 $\times \dfrac{1}{C_{wf2}}$ 消去饱和度项，得到只有一个变量 δp_{fw} 的线性差分方程：

$$e_{i,j,k}\delta p_{fwi,j,k-1} + c_{i,j,k}\delta p_{fwi,j-1,k} + a_{i,j,k}\delta p_{fwi-1,j,k} + g_{i,j,k}\delta p_{fwi,j,k}$$
$$+ b_{i,j,k}\delta p_{fwi+1,j,k} + d_{i,j,k}\delta p_{fwi,j+1,k} + f_{i,j,k}\delta p_{fwi,j,k+1} = h_{i,j,k}$$
(2-149)

再代回水方程中，重新计算 δS_{wf}，即可得到每一时刻的裂缝压力和饱和度分布。

2) 基质系统差分

基质系统因存在煤层气的解吸，若考虑初始基质压力大于临界解吸压力，则地层中是没有游离气的。基质压力降低到临界解吸压力前，只考虑单相水的流动。降压解吸的过程需要注意比较 $p_m^n + \delta p_m$ 与 p_L 的大小关系。

基质系统左端项差分与割理系统的不同之处在于基质系统速度项存在启动压力梯度。

基质系统右端项差分与割理系统的不同之处在于基质系统气方程存在解吸体积变化量 q_r。

气方程差分：

$$-\nabla(\rho_g v_g) - \rho_g q_g = \frac{\partial(\phi_m \rho_g S_{gm})}{\partial t} - \rho_g q_r$$
(2-150)

$$v_g = -\frac{k_g}{\mu_g}\left(\frac{\partial p_{gm}}{\partial r} - \gamma_g \nabla D - \lambda_g\right) = -\frac{k_m k_{rg}}{\mu_g}\left(\frac{\partial p_{gm}}{\partial r} - \gamma_g \nabla D - \lambda_g\right)$$
(2-151)

先将其展开成直角坐标分量形式：

$$\frac{\partial}{\partial x}\left[\lambda_{\mathrm{gm}}\left(\frac{\partial p_{\mathrm{gm}}}{\partial x}-\gamma_{\mathrm{g}}\frac{\partial D}{\partial x}-\lambda_{\mathrm{g}}\right)\right]+\frac{\partial}{\partial y}\left[\lambda_{\mathrm{gm}}\left(\frac{\partial p_{\mathrm{gm}}}{\partial y}-\gamma_{\mathrm{g}}\frac{\partial D}{\partial y}-\lambda_{\mathrm{g}}\right)\right]$$

$$+\frac{\partial}{\partial z}\left[\lambda_{\mathrm{gm}}\left(\frac{\partial p_{\mathrm{gm}}}{\partial z}-\gamma_{\mathrm{g}}\frac{\partial D}{\partial z}-\lambda_{\mathrm{g}}\right)\right]-\rho_{\mathrm{g}}q_{\mathrm{g}} \tag{2-152}$$

$$=\frac{\partial(\phi_{\mathrm{m}}\rho_{\mathrm{g}}S_{\mathrm{gm}})}{\partial t}-\rho_{\mathrm{g}}q_{\mathrm{r}}$$

对于 $(i,j,k,n+1)$ 点，有差分方程：

$$\begin{aligned}&\frac{1}{\Delta x_i}\left[\lambda_{\mathrm{gm}i+\frac{1}{2}}\left(\frac{p_{\mathrm{gm}i+1}^{n+1}-p_{\mathrm{gm}i}^{n+1}}{\Delta x_{i+\frac{1}{2}}}-\gamma_{\mathrm{g}i+\frac{1}{2}}\frac{D_{i+1}-D_i}{\Delta x_{i+\frac{1}{2}}}-\lambda_{\mathrm{g}}\right)+\lambda_{\mathrm{gm}i-\frac{1}{2}}\left(\frac{p_{\mathrm{gm}i-1}^{n+1}-p_{\mathrm{gm}i}^{n+1}}{\Delta x_{i-\frac{1}{2}}}-\gamma_{\mathrm{g}i-\frac{1}{2}}\frac{D_{i+1}-D_i}{\Delta x_{i-\frac{1}{2}}}+\lambda_{\mathrm{g}}\right)\right]\\&+\frac{1}{\Delta y_j}\left[\lambda_{\mathrm{gm}j+\frac{1}{2}}\left(\frac{p_{\mathrm{gm}j+1}^{n+1}-p_{\mathrm{gm}j}^{n+1}}{\Delta y_{j+\frac{1}{2}}}-\gamma_{\mathrm{g}j+\frac{1}{2}}\frac{D_{j+1}-D_j}{\Delta y_{j+\frac{1}{2}}}-\lambda_{\mathrm{g}}\right)+\lambda_{\mathrm{gm}j-\frac{1}{2}}\left(\frac{p_{\mathrm{gm}j-1}^{n+1}-p_{\mathrm{gm}j}^{n+1}}{\Delta y_{j-\frac{1}{2}}}-\gamma_{\mathrm{g}j-\frac{1}{2}}\frac{D_{j+1}-D_j}{\Delta y_{j-\frac{1}{2}}}+\lambda_{\mathrm{g}}\right)\right]\\&+\frac{1}{\Delta z_k}\left[\lambda_{\mathrm{gm}k+\frac{1}{2}}\left(\frac{p_{\mathrm{gm}k+1}^{n+1}-p_{\mathrm{gm}k}^{n+1}}{\Delta z_{k+\frac{1}{2}}}-\gamma_{\mathrm{w}k+\frac{1}{2}}\frac{D_{k+1}-D_k}{\Delta z_{k+\frac{1}{2}}}-\lambda_{\mathrm{g}}\right)+\lambda_{\mathrm{gm}k-\frac{1}{2}}\left(\frac{p_{\mathrm{gm}k-1}^{n+1}-p_{\mathrm{gm}k}^{n+1}}{\Delta z_{k-\frac{1}{2}}}-\gamma_{\mathrm{g}k-\frac{1}{2}}\frac{D_{k+1}-D_k}{\Delta z_{k-\frac{1}{2}}}+\lambda_{\mathrm{g}}\right)\right]\\&-\rho_{\mathrm{g}}q_{\mathrm{g}ijk}=\frac{1}{\Delta t}\left[(\phi_{\mathrm{f}}\rho_{\mathrm{w}}S_{\mathrm{wf}})^{n+1}-(\phi_{\mathrm{f}}\rho_{\mathrm{w}}S_{\mathrm{wf}})^{n}\right]-\rho_{\mathrm{g}}q_{\mathrm{r}ijk}\end{aligned}$$

$$\tag{2-153}$$

式中，$\lambda_{\mathrm{gm}i+\frac{1}{2}}$ 为流度；λ_{g} 为启动压力梯度。

式（2-153）两边同乘以 $V_{ijk}=\Delta x_i\Delta y_j\Delta z_k$。像割理系统一样，引入传导系数和二阶差商算子并定义一个新的差分算子：

$$\begin{cases}\Delta_x SX_{\mathrm{gm}}=\dfrac{V_{ijk}}{\Delta x_i}\left(\lambda_{\mathrm{gm}i+\frac{1}{2}}-\lambda_{\mathrm{gm}i-\frac{1}{2}}\right)\lambda_{\mathrm{g}}=\Delta y_j\Delta z_k\left(\lambda_{\mathrm{gm}i+\frac{1}{2}}-\lambda_{\mathrm{gm}i-\frac{1}{2}}\right)\lambda_{\mathrm{g}}\\[2mm]\Delta_y SY_{\mathrm{gm}}=\dfrac{V_{ijk}}{\Delta y_j}\left(\lambda_{\mathrm{gm}j+\frac{1}{2}}-\lambda_{\mathrm{gm}j-\frac{1}{2}}\right)\lambda_{\mathrm{g}}=\Delta x_i\Delta z_k\left(\lambda_{\mathrm{gm}i+\frac{1}{2}}-\lambda_{\mathrm{gm}i-\frac{1}{2}}\right)\lambda_{\mathrm{g}} \quad (2\text{-}154)\\[2mm]\Delta_z SZ_{\mathrm{gm}}=\dfrac{V_{ijk}}{\Delta z_k}\left(\lambda_{\mathrm{gm}k+\frac{1}{2}}-\lambda_{\mathrm{gm}k-\frac{1}{2}}\right)\lambda_{\mathrm{g}}=\Delta x_i\Delta y_j\left(\lambda_{\mathrm{gm}i+\frac{1}{2}}-\lambda_{\mathrm{gm}i-\frac{1}{2}}\right)\lambda_{\mathrm{g}}\end{cases}$$

式中，SX、SY、SZ 分别为 X、Y、Z 三个方向上的传导系数。

$$\Delta_x TX_{gm}\Delta_x p_{gm}^{n+1} + \Delta_y TX_{gm}\Delta_y p_{gm}^{n+1} + \Delta_z TX_{gm}\Delta_z p_{gm}^{n+1} - \Delta_x TX_{gm}\gamma_{gm}\Delta_x D - \Delta_y TX_{gm}\gamma_{gm}\Delta_y D$$
$$-\Delta_z TX_{gm}\gamma_{gm}\Delta_z D - \Delta_x SX_{gm} - \Delta_y SY_{gm} - \Delta_z SZ_{gm} - \rho_g q_{gijk}V_{ijk}$$
$$= \frac{V_{ijk}}{\Delta t}\left[(\phi_f \rho_w S_{wf})^{n+1} - (\phi_f \rho_w S_{wf})^n\right] - \rho_g q_{rijk}V_{ijk}$$
(2-155)

进一步简记为

$$\Delta T_{gm}\Delta p_{gm}^{n+1} - \Delta T_{gm}\gamma_{gm}\Delta D - \Delta S_{gm} - \rho_g q_{gijk}V_{ijk} = \frac{V_{ijk}}{\Delta t}\left[(\phi_f \rho_w S_{wf})^{n+1} - (\phi_f \rho_w S_{wf})^n\right] - \rho_g q_{rijk}V_{ijk}$$
(2-156)

若考虑煤岩为水湿，$p_{fg}^{n+1} = p_{fw}^{n+1} + p_{fg}^{n+1} = p_{fw}^{n+1} + p_{fc}$，那么气方程[式(2-156)]和水方程[形式与式(2-156)相同]可进一步写做

$$\begin{cases} \Delta T_{wm}\Delta p_{wm}^{n+1} - \Delta T_{wm}\gamma_{wm}\Delta D - \Delta S_{wm} - \rho_w q_{wijk}V_{ijk} \\ = \dfrac{V_{ijk}}{\Delta t}\left[(\phi_m \rho_w S_{wm})^{n+1} - (\phi_m \rho_w SE)^n\right] \\ \Delta T_{gm}\Delta p_{wm}^{n+1} + \Delta T_{gm}\Delta p_{mc} - \Delta T_{gm}\gamma_{gm}\Delta D - \Delta S_{gm} - \rho_g q_{gijk}V_{ijk} \\ = \dfrac{V_{ijk}}{\Delta t}\left[(\phi_m \rho_g S_{gm})^{n+1} - (\phi_m \rho_g S_{gm})^n\right] - \rho_g q_{rijk}V_{ijk} \end{cases}$$
(2-157)

式中，p_{wm} 为基质中水相压力；p_{mc} 为基质中气水毛细管力；γ_{gm} 为基质中水的重度；S_{gm} 为基质中气体的传导系数。

对式(2-157)右端项进行差分：

$$\frac{V_{ijk}}{\Delta t}\left[(\phi_m \rho_g S_{gm})^{n+1} - (\phi_m \rho_g S_{gm})^n\right]_{ijk} - V_{ijk}\rho_g q_r = \frac{V_M}{\Delta t}\delta(\phi_m \rho_g S_{gm})_M - V_M \rho_g V_m \frac{b}{(1+bp)^2}\rho_B \frac{\partial p}{\partial t}$$
$$= \frac{V_M}{\Delta t}\left[\rho_g S_{gm}\delta\phi_m + \phi_m S_{gm}\delta\rho_g + \phi_m \rho_g \delta S_{gm} - \rho_g V_m \frac{b}{(1+bp)^2}\rho_B \delta p_{mf}\right]_M$$
(2-158)

式(2-158)中气式右端 $= \dfrac{V_M}{\Delta t}\left[\begin{array}{l}(\rho_g S_{gm})^n \phi_{0m}C_f\delta p + (\phi_m S_{gm})^n \rho_{w0}\dfrac{T_{sc}Z_{sc}\rho_{sc}}{p_{sc}}C_g\left(\dfrac{p}{ZT}\right)^n \delta p \\ -(\phi_f \rho_g)^n \delta S_{wm} - \rho_g V_m \dfrac{b}{(1+bp)^2}\rho_B \delta p\end{array}\right]_M$

$$= C_{gm1}\delta p + C_{gm2}\delta S_{wm}$$
(2-159)

$$\begin{cases} C_{\mathrm{gm1}} = \dfrac{V_M}{\Delta t}\left[(\rho_{\mathrm{g}} S_{\mathrm{gm}})^n \phi_{\mathrm{0m}} C_{\mathrm{f}} + (\phi_{\mathrm{m}} S_{\mathrm{gm}})^n \dfrac{T_{\mathrm{sc}} Z_{\mathrm{sc}} \rho_{\mathrm{sc}}}{p_{\mathrm{sc}}} C_{\mathrm{g}} \left(\dfrac{p}{ZT}\right)^n - \rho_{\mathrm{g}} V_{\mathrm{m}} \dfrac{b}{(1+bp^n)^2} \rho_{\mathrm{B}} \right] \\ C_{\mathrm{gm2}} = -\dfrac{V_M}{\Delta t}(\phi_{\mathrm{m}} \rho_E)^n \end{cases}$$

(2-160)

式中，p^n 为 n 时刻的气相压力。

$$\begin{aligned} \text{式}(2\text{-}157)\text{水式右端} &= \dfrac{V_M}{\Delta t}\left((\rho_{\mathrm{w}} S_{\mathrm{wm}})^n \phi_{\mathrm{0m}} C_{\mathrm{f}} \delta p + (\phi_{\mathrm{m}} S_{\mathrm{wm}})^n \rho_{\mathrm{w0}} C_{\mathrm{w}} \mathrm{e}^{C_{\mathrm{w}}(p_{\mathrm{m}}^n - p_0)} \delta p \right. \\ &\quad \left. + (\phi_{\mathrm{m}} \rho_{\mathrm{w}})^n \delta S_{\mathrm{wm}} \right)_M \\ &= C_{\mathrm{wm1}} \delta p + C_{\mathrm{wm2}} \delta S_{\mathrm{wm}} \end{aligned}$$

(2-161)

式中

$$\begin{cases} C_{\mathrm{wm1}} = \dfrac{V_M}{\Delta t}\left[(\rho_{\mathrm{w}} S_{\mathrm{wm}})^n \phi_{\mathrm{0m}} C_{\mathrm{f}} + (\phi_{\mathrm{m}} S_{\mathrm{wm}})^n \rho_{\mathrm{w0}} C_{\mathrm{w}} \mathrm{e}^{C_{\mathrm{w}}(p_{\mathrm{m}}^n - p_0)}\right] \\ C_{\mathrm{wm2}} = \dfrac{V_M}{\Delta t}(\phi_{\mathrm{m}} \rho_{\mathrm{w}})^n \end{cases}$$

(2-162)

将整理后的左端项[式(2-157)]和右端项[式(2-159)和式(2-161)]代回离散方程，并用 $p_{\mathrm{wm}}^{n+1} = p_{\mathrm{wm}}^n + \delta p_{\mathrm{wm}}$ 进行代换，有

$$\begin{cases} \Delta T_{\mathrm{wm}}^n \Delta p_{\mathrm{wm}}^n + \Delta T_{\mathrm{wm}}^n \Delta \delta p_{\mathrm{wm}} - \Delta T_{\mathrm{wm}}^n \gamma_{\mathrm{wm}}^n \Delta D - \Delta S_{\mathrm{wm}} - \rho_{\mathrm{w}}^n q_{wijk} V_{ijk} = C_{\mathrm{wm1}} \delta p + C_{\mathrm{wm2}} \delta S_{\mathrm{wm}} \\ \Delta T_{\mathrm{gm}}^n \Delta p_{\mathrm{wm}}^n + \Delta T_{\mathrm{gm}}^n \Delta \delta p_{\mathrm{wm}} + \Delta T_{\mathrm{gm}} \Delta p_{\mathrm{mc}} - \Delta T_{\mathrm{gm}}^n \gamma_{\mathrm{gm}}^n \Delta D - \Delta S_{\mathrm{gm}} - \rho_{\mathrm{g}}^n q_{gijk} V_{ijk} \\ = C_{\mathrm{gm1}} \delta p + C_{\mathrm{gm2}} \delta S_{\mathrm{wm}} \end{cases}$$

(2-163)

经移项整理得

$$\begin{aligned} \Delta T_{\mathrm{wm}}^n \Delta \delta p_{\mathrm{wm}} - C_{\mathrm{wm1}} \delta p - C_{\mathrm{wm2}} \delta S_{\mathrm{wm}} &= R_{\mathrm{wm}} \\ \Delta T_{\mathrm{gm}}^n \Delta \delta p_{\mathrm{wm}} - C_{\mathrm{gm1}} \delta p - C_{\mathrm{gm2}} \delta S_{\mathrm{wm}} &= R_{\mathrm{gm}} \end{aligned}$$

(2-164)

其中

$$\begin{aligned} R_{\mathrm{wm}} &= \Delta T_{\mathrm{wm}}^n \gamma_{\mathrm{wm}}^n \Delta D - \Delta T_{\mathrm{wm}}^n \Delta p_{\mathrm{wm}}^n + \rho_{\mathrm{w}}^n q_{wijk} V_{ijk} + \Delta S_{\mathrm{wm}} \\ R_{\mathrm{gm}} &= \Delta T_{\mathrm{gm}}^n \gamma_{\mathrm{gm}}^n \Delta D - \Delta T_{\mathrm{gm}}^n \Delta p_{\mathrm{wm}}^n - \Delta T_{\mathrm{gm}} \Delta p_{\mathrm{mc}} + \rho_{\mathrm{g}}^n q_{gijk} V_{ijk} + \Delta S_{\mathrm{gm}} \end{aligned}$$

式(2-164)中，气式$\times\dfrac{1}{C_{gm2}}$－水式$\times\dfrac{1}{C_{wm2}}$消去饱和度项，得到只有一个变量δp_{wm}的线性差分方程：

$$e_{i,j,k}\delta p_{wmi,j,k-1} + c_{i,j,k}\delta p_{wmi,j-1,k} + a_{i,j,k}\delta p_{wmi-1,j,k} + g_{i,j,k}\delta p_{wmi,j,k}$$
$$+ b_{i,j,k}\delta p_{wmi+1,j,k} + d_{i,j,k}\delta p_{wmi,j+1,k} + f_{i,j,k}\delta p_{wmi,j,k+1} = h_{i,j,k} \quad (2\text{-}165)$$

再代回水方程中，重新计算δS_{wm}，即可得到每一时刻的裂缝压力和饱和度分布。

3) 窜流项的计算

窜流项同样考虑用显式方法求解

$$q_g = q_{gijk} = \dfrac{\alpha k_m k_{rg}}{\mu_g}(p_m^n - p_f^n), \quad q_w = q_{wijk} = \dfrac{\alpha k_m k_{rw}}{\mu_w}(p_m^n - p_f^n) \quad (2\text{-}166)$$

4) 其他说明

传导系数、绝对渗透率、相对渗透率、密度、黏度等参数，在时间上显式处理，都取n时步的值；空间上全部考虑按上游权方法进行处理计算。

4. 煤层气井产气规律

数值模拟所用参数如表2-13所示，图2-74中是日产水和日产气随生产时间的变化，可以看出，与考虑启动压力梯度相比，不考虑启动压力梯度时日产气量较高，而日产水量较低。无论是否考虑启动压力梯度，日产气量都是先增加而后较长一段时间稳定在高水平，最后降低。

表 2-13 数值模拟参数

参数	数值
顶板埋深/m	550
煤层厚度/m	8
面积/m²	40000
Langmuir 体积/(m³/m³)	33
Langmuir 压力/MPa	2.4
临界解吸压力/MPa	1.8
原始地层压力/MPa	3
割理孔隙度	0.015
割理渗透率/mD	$k_{xf} = k_{yf} = 2$
基质孔隙度	0.04
基质渗透率/mD	$k_{xm} = k_{ym} = 0.001$
水相密度/(g/m³)	1
井筒直径/m	0.085

续表

参数	数值
基质中心到割理的距离/mm	2.5
启动压力梯度/(MPa/m)	0 或 10
孔隙体积压缩系数/MPa^{-1}	0.0367
初始产水量/(m^3/d)	3
窜流系数 λ'	0.01

在不考虑煤基质孔隙中的启动压力梯度时，不同窜流系数条件下产气量与产水量的对比如图2-75所示，从图2-75中可以看出，窜流系数越小，气体越难以从基质孔隙进入割理，产气量也随之降低；窜流系数较小时，达到稳产时所需时间也较长。

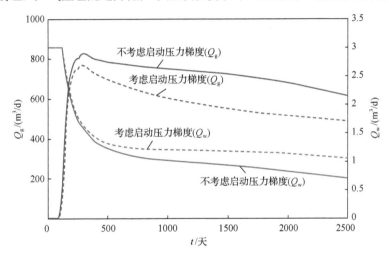

图 2-74　考虑与不考虑启动压力梯度的煤层气井产气(Q_g)、产水(Q_w)曲线对比

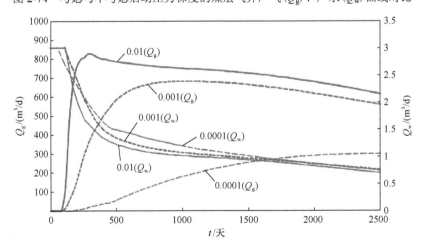

图 2-75　煤层气生产时不同窜流系数对产气量(Q_g)和产水量(Q_w)的影响

忽略启动压力梯度的情况下，当窜流系数为 0.001 时，分别对比分析生产 10 天、50 天、100 天、500 天、1250 天、2500 天时压力在煤基质孔隙和割理中的损失，如图 2-76～图 2-81 所示。

如图 2-76 所示，煤层气井生产 10 天后，割理中的压力 (p_f) 和基质孔隙压力 (p_m) 均高于临界解吸压力 (p_d)，井筒附近割理中的压力快速下降，而储层孔隙压力基本不变，近似于原始储层压力。

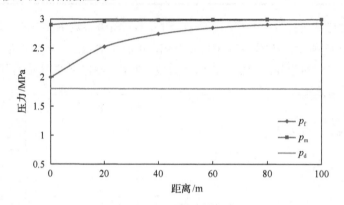

图 2-76　生产 10 天后煤基质孔隙和割理中压力分布

如图 2-77 所示，煤层气井生产 50 天后，割理中的压力 (p_f) 开始低于临界解吸压力 (p_d)，井筒附近基质孔隙压力 (p_m) 开始降低，远离井筒处两者压差逐渐减小。

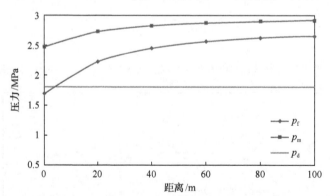

图 2-77　生产 50 天后煤基质孔隙和割理中压力分布

如图 2-78 所示，煤层气井生产 100 天后，从井筒至煤层边界基质孔隙压力 (p_m) 和割理压力 (p_f) 之差基本相等。

如图 2-79 所示，煤层气井生产 500 天后，煤储层的基质孔隙压力 (p_m) 等于临界解吸压力 (p_d)，且几乎不再变化，但是井筒附近割理中的压力 (p_f) 仍在降低，所以井筒附近的压差大于远离井筒处的压差。

第 2 章　煤储层产气机理及产能评价模型

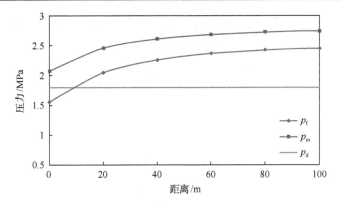

图 2-78　生产 100 天后煤基质孔隙和割理中压力分布

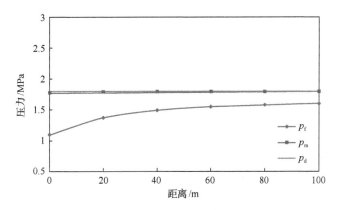

图 2-79　生产 500 天后煤基质孔隙和割理中压力分布

如图 2-80 所示，煤层气井生产 1250 天后，井筒附近煤储层的基质孔隙压力 (p_m) 开始低于临界解吸压力 (p_d)，从井筒至煤层边界基质孔隙压力 (p_m) 和割理压力 (p_f) 逐渐相等。

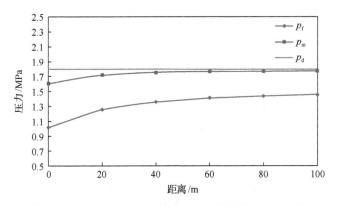

图 2-80　生产 1250 天后煤基质孔隙和割理中压力分布

在图 2-81 中，煤层气井生产 2500 天后，从井筒至煤层边界基质孔隙压力（p_m）和割理压力之差（p_f）保持恒定，以同样的速度降低。

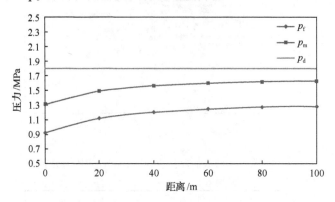

图 2-81　生产 2500 天后煤基质孔隙和割理中压力分布

2.4　煤层气藏排采控制方法研究

煤层气藏的开发方式与常规油气藏定产降压和定压降产的开发方式不同，需要首先进行排水以降压，促使解吸而产气，早期的排水方式决定着煤层气井之后的生产动态。因此，优化早期排水方式，即煤层气藏排采控制方法，也是影响煤层气井产能的关键因素之一。随着人们对煤层气藏开发理论认识的加深，以及源于实践的启示，先后摸索出了几种常用的煤层气藏排采控制方法：①先定产水量降压，后定压产气；②先控制液面稳步下降，后稳定液面产气；③先控制井底流压和套压排水，后缓慢降低井底流压产气。

2.4.1　现有煤层气藏开采阶段划分

典型煤层气井生产包括三个阶段，具体如图 2-82 所示。

阶段Ⅰ：排水降压阶段。通常情况下原始煤层割理系统饱和水，因此煤层气开发初期需进行一段时间的排水降压。为了避免煤粉产出及过度激动对煤层气井产量影响，该阶段一般需要控制液面下降速度，采用定排水速度的开发方式，且该阶段几乎不产气。

阶段Ⅱ：产气上升阶段。随着压力逐渐降低至临界解吸压力，吸附气逐渐解吸出来，进入割理系统，并流入井筒。随着割理系统含气量增多及气相渗透率增加，气井产气量出现一个上升阶段，气井产水量也随之降低。

阶段Ⅲ：产气递减阶段。随着煤层水的大量采出，产水量越来越少，气相渗透率增大到一定程度不变，此时煤层压力逐渐衰竭，产气出现递减阶段。

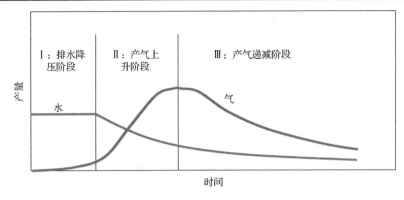

图 2-82　典型煤层气井生产曲线

煤层开发的核心环节就是煤层气井的排采,所以煤层气技术和排采工作制度是否合理对煤层气的开发至关重要。要制定合理的工作制度进行排采,就必须根据煤层气井的流入动态进行排采阶段的划分。

煤层气井排采阶段划分：McKee 和 Bumb(1987)建立了经典的三个阶段煤层甲烷产出机理,即单相流、非饱和单相流动和两相流动。根据煤层甲烷的产出机理也表现为三个阶段：排水降压阶段、稳定生产阶段、产量递减阶段。

三段划分法主要针对国外高渗透煤储层,我国煤层渗透较低,不同区块根据生产特征有不同的排采阶段划分方法。在潘河煤层气田的生产实践中,倪小明等(2010)根据沁水东南盆地我国地面开发最成功的地方的生产情况,依据产气量的不同,将排采阶段划分为四个阶段,与三个阶段相比在排水降压阶段与稳定产阶段之间增加了气量快速增加阶段,进一步控制煤层气的排采。同期,韩宝山(2010)基于煤层气的产出机理及结合现场数据,把煤层气垂直压裂井的排采过程根据产水、气量及压力的不同,划分了八个排采阶段,划分依据如表 2-14 所示。其实前面的压后放喷阶段、液面自然下降阶段、试抽阶段都是开采前的准备阶段,真正

表 2-14　韩宝山(2010)对排采阶段的划分

排采阶段	排采特征	划分条件	主要伤害机理
压后放喷	自动产液,少量产气	油压达到放喷要求	支撑剂运移
液面自然下降	不产液,不产气	井口不再溢流	压力激动
试抽	人工不稳定产液,不产气	排采系统安装完成	粉尘运移堵塞
稳定降压	人工稳定产液,不产气	液面下降稳定	出砂、出粉堵塞
临界产气	人工稳定产液,不稳定产气	出现套压	压差过大
气量快速增加	人工稳定产液,气量增加	气量迅速增加	出砂、出粉堵塞
稳定产气	液量减少,气量稳定	较稳定高产气	出砂、出粉堵塞
气量衰减	基本不产液,气量减少	气量快速衰减	

的排采阶段为五个阶段，与四阶段划分方案相比，在气量快速增加阶段前增加了临界产气阶段。作者根据煤层气排采的不同阶段提出了不同的排采措施，并在铜川焦坪矿上的井上得到应用，取得了良好的开采效果。

煤层气生产动态分析对煤层气井排采控制及产量预测等有很重要的意义，在潘河煤层气田的生产实践中，叶建平等(2011)通过四年先导性实验总结出潘河煤层气田具有四个生产阶段，即单相流阶段、非饱和流阶段、两相流阶段和饱和气体单相流阶段。

秦义等(2011)在对沁南地区的高煤阶煤层气井排采的研究中，提出了五段三压法，将煤层气井排采阶段划分为排水段、憋压段、控压段、高产稳产段和衰竭段，如图 2-83 所示。五段三压法的核心是井底流压、临界解吸压力和地层压力，并针对五段三压法研发了对应的排采工艺及其配套技术。

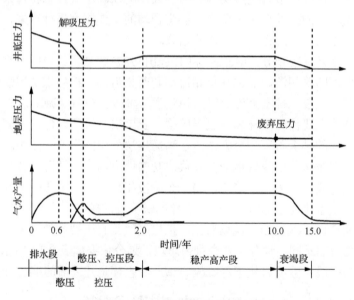

图 2-83　五段三压法控制曲线图

排水段：产出液体为残留压裂液和煤层孔隙水的混合液体，累计产水量值折射出压降面积的大小。

憋压段：解吸后采取憋压排采，煤基质表面达到气体解吸与吸附动态平衡，甲烷气体停止向裂缝扩散，此时地层通道中主要以水相达西流为主，压力得以较快传播，压降范围持续扩大。

控压段：放气过程必须控制套压降落速率。如果套压降落速率太快，有效应力相对增加过快，会引起局部煤层微裂隙发生变窄或闭合，降低气水两相渗透率。放气过程必须控制放气速率。如果放气速率太快，气水两相流流速增加，携灰能力增强，一旦发生停抽，将造成严重的地层堵塞或卡泵现象。

稳产高产段：随排采时间的延长，煤基质收缩效应开始占据主导作用。地层供气能力增强，生产井套压、气量自然增加。

衰竭段：当井控范围内地层压力降低至废弃压力时，大部分煤岩解吸完毕，产气量自然下降。但由于块状煤岩解吸的缓慢性，局部煤岩仍保持解吸，生产井将保持低产量较长时间。

李清和彭兴平(2012)根据延川南区块的开采，根据井底流压的变化及稳定生产时的井底流压(p_{sta})与储层压力(p_i)和临界解吸压力(p_d)的关系，将煤层气排采阶段划分为快速提液降压($p_{wf} > p_i$)、连续降压排水($p_i \geqslant p_{wf} > 1.1p_d$)、缓慢降压排水($1.1p_d \geqslant p_{wf} > p_d$)、控压排水产气($p_d \geqslant p_{wf} > p_{sta}$)、稳定排采($p_{wf} \leqslant p_{sta}$)五个阶段，如图 2-84 所示，并结合单井实际情况，制定具体的排采制度。

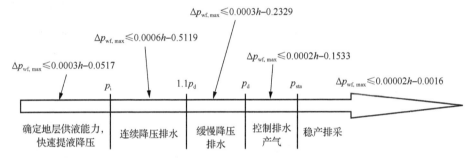

图 2-84　延川南区块煤层气井排采各阶段合理压降示意

$\Delta p_{wf, max}$ 为最大日产流压

柳迎红等(2015)依据现场的生产情况提出了六阶段划分法，如图 2-85 所示，将煤层气生产阶段划分为未见气阶段、初见气阶段、产气量上升阶段、产气量稳

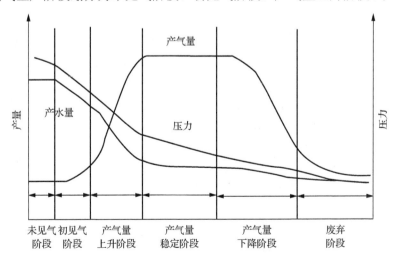

图 2-85　六阶段划分法示意图

定阶段、产气量下降阶段和废弃阶段,在产气量稳定阶段和衰竭阶段间增加了产气量下降节段,并根据不同阶段,提出不同生产控制方与法与技术对策。

2.4.2 稳套压提产-降流压套压稳产开采控制方法

煤层气的生产主要是通过排水降低储层压力,使储层压力低于临界解吸压力,促使气体解吸,从而采出气体。若初期排水速度过快,在井底流压低于临界解吸压力时,近井区域就会出现气水两相流动,而远井储层压力仍然在临界解吸压力之上,保持单相水流动。因煤层气开发过程中气水两相压力传播速度显著小于初期单相水阶段,所以初期排水阶段应严格控制井底流压下降速度,扩大压力传播范围,延长单相水生产时间。在综合分析煤层气藏的开采特征之后,建立了稳套压提产-降流压套压稳产开采阶段划分及控制方法,这种开采控制方法的核心是稳套压提产-降流压套压稳产,如图 2-86 所示,煤层气井的生产历程主要经历了排水降井底流压阶段、憋压阶段、稳套压提产阶段、降流压套压稳产阶段和产量递减

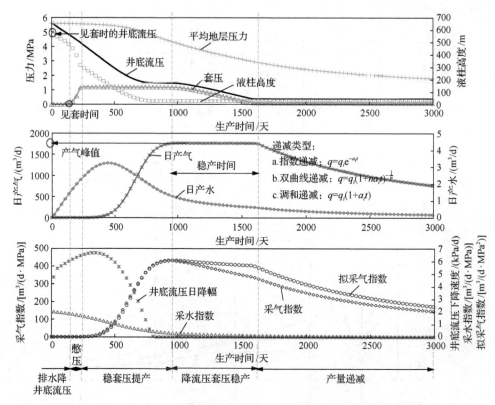

图 2-86 稳套压提产-降流压套压稳产开采阶段划分及控制曲线图

q_i 为递减初始产量;a_i 为初始递减率

阶段,前期憋压生产保持单相水渗流阶段压力波传至井与井的假想边界(即井间距的一半)。憋压的作用是为了保持气相在储层中的连续性,控制储层中水相饱和度缓慢下降,延长排水的有效时间,解决有些煤层气井后期产水少或不产水造成间歇排采对煤层的激动伤害。

(1) 排水降井底流压阶段。该阶段从投产开始至见套压为止,为单相水流阶段。随着排水的进行,在井周围形成压降漏斗并逐渐扩大,在考虑储层和经济条件下,选择合理排采强度降压,应尽可能扩大压降漏斗波及范围。

基于 Shi 等(2018b)创建的渗透率拟合计算方法,利用煤层气井在该阶段的井底流压和产水数据,就可快速简便地拟合求出生产井周围储层的渗透率,分析储层物性的变化,从而及时地判断煤层气井的开采制度是否合理,指导后期煤层气的生产。

(2) 憋压阶段。储层压力降低至临界解吸压力之后,甲烷气体开始从煤基质表面解吸,解吸出的气体不断涌入井筒,套压逐渐上升,至套压开始稳定时结束。在该阶段储层中为气水两相流,以水相为主。该阶段进行憋压的目的是防止井筒附近过早大量产气,保持气相在储层中的连续性,控制储层中水相饱和度缓慢下降,延长排水的有效时间,解决有些煤层气井后期产水少或不产水造成间歇排采对煤层的激动伤害。

(3) 稳套压提产阶段。该阶段套压保持为定值,至套压开始下降时结束。该阶段甲烷气体大量产生,煤层气井的井口产气量逐渐提高,得到的最高产气量即反映该井的生产能力。同时,为了避免压力激动,应该控制煤层气井的提产速度,如图 2-87 所示,制定合理开采方案。

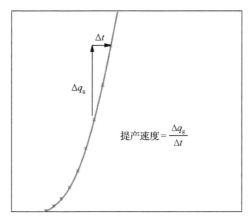

图 2-87 稳套压提产阶段提产速度控制

Δt 为选取时间段;Δq_g 为选取时间段内的增加产气量

(4)降流压套压稳产阶段。该阶段井底流压和套压开始下降至产量开始下降时结束,通过降低套压和井底流压来维持稳定的产气量,采取小幅度的分级降压,避免压力激动。该阶段储层中为气水两相流,以气相为主。

(5)产量递减阶段。该阶段井底流压和套压都维持在最低水平,直至生产结束。由于储层无外来能量补充,产水和产气都将逐渐下降,如图 2-88 所示。

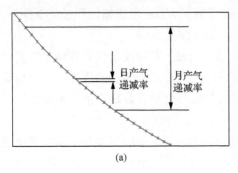 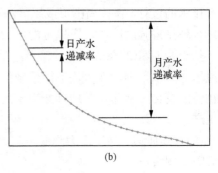

图 2-88　递减阶段产水产气的变化情况
(a)煤层气井产气量递减率；(b)煤层气井产水量递减率

第3章 煤层气藏生产过程中压力传播规律

对气藏生产过程中压力传播规律的准确认识有利于确定气藏有效动用面积与单井控制储量，是气藏开发方案制定的重要依据，是实现气藏能否高效开发的关键。常规气藏开发过程中流体相态稳定，渗流机理相对简单，相应的压力传播规律研究相对成熟。相比常规气藏，煤层气藏是典型的双重孔隙介质，并具有独特的原始气水分布特征，初始状态下，气体以吸附态的形式赋存于基质系统中，割理系统可近似被水饱和。当储层压力低于临界解吸压力时，基质系统的吸附气发生解吸并进入割理。随着生产的进行，储层内部压力以压降漏斗形式分布，并不断向储层深部扩展，当井底流压低于临界解吸压力时，近井区域的割理中出现解吸气，若井底流压下降的幅度很大，近井区域就可能出现气水两相流动。与此同时，远离井筒的储层压力依旧高于临界解吸压力，仍然为单相水渗流，这意味着生产过程中煤层气藏内部可能会出现多种渗流状态，包括单相水、非饱和单相水、气水两相与单相气流动，导致煤层气藏生产过程中的压力传播规律异常复杂，难以形成统一的压力传播规律(孙赞东等，2011；李相方等，2012)。然而，对于以吸附气为主要采出资源的煤层气藏，其压力传播规律直接影响吸附气能否有效解吸，进一步影响气井产能与经济效益。目前对煤层气压力传播规律的认识仍然不足，非常有必要对这一问题展开研究。

3.1 煤储层各生产阶段流体相态分布特征

如图 3-1 所示，煤层气生产过程按照储层相态分布特征可以划分为单相水阶段、气水两相阶段与单相气阶段。根据流动状态，可进一步将气水两相阶段细分为非饱和单相流动与气水两相流动两个阶段。煤层气压力传播是以井筒为起点，压降漏斗不断向外扩展，传播半径随时间不断增加。随着时间的推移，压力持续降低，两相区范围不断往外扩展，压力波传播介质从单相水—气水两相—单相气变化(石军太等，2013；李相方等，2014)。如图 3-1(a)所示，煤层气藏属于单相水阶段，煤层的流体只有水相，全区的水相相对渗透率始终为 1。如图 3-1(b)所示，由于储层中压降漏斗的存在，井底附近区域的压力会率先小于临界解吸压力，基质中的吸附气开始解吸进入近井区域。值得注意的是，由于井底压力此时仍处于较高水平，解吸的气量较少，主要以离散气泡的形式赋存于近井区域，未形成连续气流。故此时的煤层可以划分为非饱和流与单相流两个区域，近井区域的非饱和流区域含有离散的气泡，单相流区域的流体为单相水。由于离散的气泡占据了部分有效渗流截面，会阻碍水相的流动，故在相渗曲线可以看出，近井区域的水相相对渗透率小于1，远井区域的水相相对渗透率为1。如图3-1(c)所示，随着井底流压的进一步降低，近井区域得到更多的解吸气补充，以前的离散气泡逐渐增大、聚并形成连续的气流，故该阶段近井区域的流体为气水两相。对于稍远离井筒的区域，由于煤层压力仍处于较高水平，解吸的气体较少，以离散气泡的形式赋存。对于远井区域，由于煤层压力高于临界解吸压力，未发生气体解吸，流体为单相水。此时的储层可划分为气水两相流、非饱和流与单相水渗流三个区域。如图3-1(d)所示，此时的煤层属于生产后期，全区的压力属于较低水平，全区均已发生解吸，而且煤层中仅存在单相气流动，此时全区的气相相对渗透率为最大值。

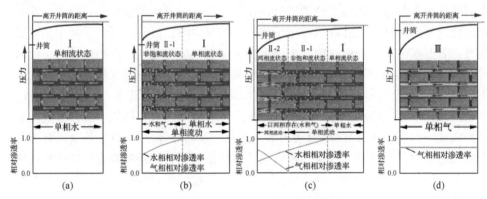

图3-1 煤层气生产阶段划分及相态变化特征
(a)单相水流动；(b)非饱和单相流动；(c)气水两相流动；(d)单相气流动

3.1.1 储层单相水流动阶段

如图3-1(a)所示，在投产初期，储层各点压力均高于临界解吸压力，气体主要以吸附态赋存于煤基质块中。初始状态下的割理中仅存在少量自由气，可近似认为被水饱和。同时，由于煤层气藏属于低压气藏，导致水中的溶解气含量极少，可被忽略。气井初投产时，割理被单相水饱和，故该阶段下的流动特征为单相水流，即通常所讲的煤层气排水降压阶段。该阶段的主要目的是降低储层压力，促进煤岩基质块中的吸附气发生解吸并进入割理，形成产气。对该生产阶段而言，水相相对渗透率始终为1。值得注意的是，煤岩易受应力敏感影响，即煤储层的渗透率会随着储层压力降低而降低，故该阶段中，虽然全区的水相相对渗透率始终为1，但近井区域的水相有效渗透率要低于远井区域。

3.1.2 近井地带非饱和单相流动阶段

如图 3-1(b)所示，随着进一步的生产，井底流压继续降低，压降漏斗持续向外扩展，煤层气井的波及范围不断扩大。与此同时，近井区域压力不断降低，逐渐接近临界解吸压力，当近井区域压力低于临界解吸压力时，近井区域内初始状态下的吸附气会发生解吸并不断进入煤岩割理，以微小气泡的形式赋存在割理及煤层壁面，但这些小气泡互相独立，没有形成相对大的气柱，气相饱和度较小，不足以形成连续气流，故此时储层渗流仍为单相水流动。但此时近井区域单相水的渗流能力出现了一定程度的降低，原因在于解吸出的微小气泡虽不能流动，但赋存在渗流通道中，占据了一部分单相水的渗流通道。在该阶段中，观察煤层气井的生产曲线，可发现气井产水量开始下降。

3.1.3 近井地带气、水两相流动阶段

如图 3-1(c)所示，随着井底压力进一步降低，储层内部压力进一步传播。此时，近井地带压力小于临界解吸压力的区域扩大，越来越多的煤层中出现解吸气。值得注意的是，储层中的压力分布以压降漏斗形式存在，越靠近生产井筒，储层压力越小，意味着与临界解吸压力的差值越大，解吸出的气量也就越多。对于近井区域，在图 3-1(b)情况中已经出现气体解吸并在割理中形成了小气泡，在图 3-1(c)中，解吸气量进一步增加，小气泡发生聚并成为大气泡或连续气柱，最终以连续气相形式存在于割理，形成气水两相流动。对于离井筒稍远的煤层区域，此时煤层压力刚低于临界解吸压力，只有少量气体发生了解吸并进入割理。在该区域，气相以微小气泡的形式赋存在割理及煤层壁面，气相饱和度较小，不足以形成连续气流，故此时储层渗流仍为单相水流动。在该阶段，观察煤层气井的生产曲线，可发现气井产水量进一步下降，产气处于上升阶段。

3.1.4 储层单相气流动阶段

如图 3-1(d)所示，当井间储层压力均降低到临界解吸压力以下时，储层各点的基质孔隙不断向割理供气，达到供气与产气的动态平衡。此时，煤层内含水饱和度接近束缚水饱和度，割理中为单相气体流动。在该流动阶段，观察煤层气井的生产曲线，可发现气井产水量极小，可以忽略不计，产气处于稳产阶段。当储层基质孔的供气能力下降，煤层气井将会进入降产阶段，但煤层气井的产量降低速度明显慢于普通砂岩气藏，原因在于解吸气始终补充地层能量。随着压力的进一步降低，解吸气逐渐被采出，在煤层气藏的生产晚期，其产量降落速度会逐渐与普通砂岩气藏相当。值得注意的是，此时煤岩的渗透率同时受应力敏感与基质收缩的双重影响。应力敏感会让煤储层的渗透率随着储层压力降低而降低，基质

收缩会让煤储层的渗透率随着储层压力降低而升高。故该阶段中,尽管全区的气相相对渗透率为最大值,但全区的气相有效渗透率却不尽相同,具体的渗透率分布规律由实际煤岩的应力敏感强度与基质收缩强度决定。

3.2 煤层气不同生产阶段压力传播机理及影响因素

煤层气藏的压力传播的过程是指开发过程中煤岩割理中压力下降的过程。与常规油气藏压力传播特征不同,煤层气藏压力传播的快慢不仅与储层孔、渗特征有关,还与储层流体相态变化、解吸气进入割理及多相流动等机理有关,下面将分别进行介绍。

3.2.1 单相水流动阶段压力传播机理

单相水流动阶段,压力传播介质为水,全区压力大于临界解吸压力,水相相对渗透率为1,气相相对渗透率为0。压降公式即为单相水达西定律公式,压力传播特征符合单相流动压力传播特征,该阶段压力传播速度可由导压系数表示:

$$\eta_1 = \frac{k}{\phi \mu_w C_t} \tag{3-1}$$

式中,k 为煤层渗透率,mD;ϕ 为煤层初始孔隙度;μ_w 为地层水黏度,mPa·s;C_t 为地层综合压缩系数,MPa^{-1}。

根据式(3-1),对于渗透率为 1mD、地层水黏度为 0.6mPa·s、综合压缩系数为 0.04MPa^{-1}、孔隙度为 0.03 的煤层,生产过程中的压力传播距离与生产时间的关系如图3-2所示。

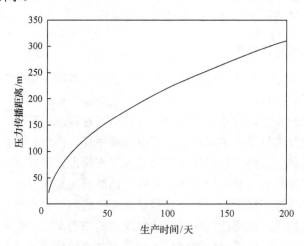

图 3-2 单相水阶段压力波传播规律

假设储层控制半径为 R,井筒半径为 r_w,则单相水流动压降公式为

$$\Delta p_{w1}=\frac{Q_w\mu_w B_w}{0.543hkk_{rw}}\ln(R/r_w), \qquad k_{rw}=1 \tag{3-2}$$

式中,下角标 1 代表单相水流动阶段;Q_w 为地层水产量,m³/d;B_w 为地层水的体积系数;h 为地层厚度,m;k_{rw} 为水相相对渗透率。

3.2.2 近井地带非饱和单相流动阶段压力传播机理

1. 近井地带非饱和单相流动特征

如图 3-3 所示,近井地带非饱和单相流动阶段只有水相发生流动。与单相水流动阶段不同,该阶段近井地带压力稍小于临界解吸压力,气体以微小气泡形式存在于割理中,此刻气相饱和度较小,割理中的气泡不发生流动。

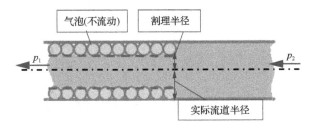

图 3-3 非饱和单相流动特征示意图

p_1 为出口压力;p_2 为入口压力

由图 3-3 可以看出,由于气体进入割理,占据了割理部分流动面积,使得单相水的渗流阻力增加。因为气相较离散分布在割理中,尚不能连续流动及产出。割理尺度越小,气体产生的作用就越大。如果利用相渗曲线进行解释,可以认为气体进入割理,使得水相相对渗透率越小,该区间内气相相对渗透率仍然为 0,水相相对渗透率小于 1。

2. 近井地带非流动的气体产生的附加压降

在近井地带非饱和单相流动阶段,气相相对渗透率为 0,水相相对渗透率小于 1。由于近井地带非流动气体的存在,单相水的有效渗流面积减小,会对气相流动产生附加压降。

假设储层控制半径为 R,近井地带非饱和区域半径为 r,井筒半径 r_w,则有非饱和单相水流段压降为

$$\Delta p_{w2\text{-}1}=\frac{Q_w\mu_w B_w}{0.543hkk_{rw}}\ln(r/r_w), \qquad k_{rw}<1 \tag{3-3}$$

式中，下角标 2-1 代表非饱和单相流阶段。

单相水流段压降为

$$\Delta p_{w1} = \frac{Q_w \mu_w B_w}{0.543 h k k_{rw}} \ln(R/r), \quad k_{rw}=1 \tag{3-4}$$

式中，R 为边界半径；下角标 1 代表单相水流动阶段。

储层两端压降=非饱和单相流段压降+单相水流段压降：

$$\Delta p = p_2 - p_1 = \Delta p_{w2\text{-}1} + \Delta p_{w1} \tag{3-5}$$

3. 近井地带非饱和单相流动阶段压力传播速度

近井地带非饱和单相流动阶段压力传递介质同样是单相水，但是与单相水流动阶段不同的是该阶段水相相对渗透率小于 1，因此压力传播速率小于单相水流动阶段：

$$\eta_{2\text{-}1} = \frac{k_{rw} k}{\phi \mu_w C_t} \tag{3-6}$$

随着压降漏斗的扩展，近井地带解吸气量逐渐增多，近井地带含气饱和度增加，水相相对渗透率降低，压力传播速率逐渐变慢。

3.2.3 近井地带气水两相流阶段压力传播机理

1. 近井地带气水两相流特征

如图 3-4 所示，近井地带流体流动机理属于气水两相流，气水两相在煤层割理中同时发生流动。在非饱和单向流基础上，随着基质中吸附气的进一步解吸，小气泡发生聚并形成大气泡，气相饱和度逐渐上升，最终形成气相流动。由于割理中气相与水相流动相互阻碍干扰，尤其两相界面作用的存在(如界面力、动润湿、贾敏效应等)使得流动阻力进一步增大，两相相对渗透率之和小于 1，即 $k_{rw}+k_{rg}<1$。在煤层气开采的气水两相流阶段，基质系统中气体不断解吸，使得割理中气体得到补充，该阶段持续时间较长，两相流区不断向远井区域扩展。

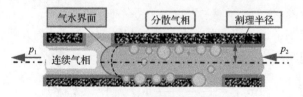

图 3-4 气水两相流动特征示意图

2. 近井地带流动的气体产生的附件压降

在近井地带，气相在饱和度较高时以连续气相、连续气柱的形式存在，造成流动的附加压降主要由界面力、动润湿阻力组成；气相在饱和度较低时以分散气泡的形式存在，此时造成流动的附加压降主要以气泡对流道的阻碍、贾敏效应为主，这种情况下相渗曲线不能微观描述此种现象，因此在计算两相流动时需要考虑两相界面效应引起的附加压降。

假设储层控制半径为 R，近井地带气水两相流动区域半径为 r_1，近井地带非饱和区域半径为 r_2，井筒半径 r_w，则有

气水两相段压降公式为

$$\Delta p_{g2\text{-}2} = \frac{Q_g \mu_g B_g}{0.543 h k k_{rg}} \ln(r_1/r_w), \quad k_{rg}<1, \ k_{rw}<k_{rg} \tag{3-7}$$

式中，下角标 2-2 代表气水两相流动阶段；μ_g 为地层中气体的黏度，mPa·s；B_g 为气体的体积系数；k_{rg} 为气相相对渗透率。

或

$$\Delta p_{w2\text{-}2} = \frac{Q_w \mu_w B_w}{0.543 h k k_{rw}} \ln(r_1/r_w), \quad k_{rw}<1, \ k_{rg}<k_w \tag{3-8}$$

非饱和段压降为

$$\Delta p_{w2\text{-}1} = \frac{Q_w \mu_w B_w}{0.543 h k k_{rw}} \ln(r_2/r_1), \quad k_{rw}<1 \tag{3-9}$$

式中，下角标 2-1 代表非饱和单相流阶段。

单相水段压降为

$$\Delta p_{w1} = \frac{Q_w \mu_w B_w}{0.543 h k k_{rw}} \ln(R/r_2), \quad k_{rw}=1 \tag{3-10}$$

式中，下角标 1 代表单相水流动阶段。

界面压降公式为

$$\Delta p_c = \frac{2\sigma_{gw} \cos\theta}{W} \tag{3-11}$$

式中，σ_{gw} 为气水表面张力，N/m；θ 为润湿角，(°)；W 为割理宽度，m。

储层两端压降=气水两相流段压降+界面压降+非饱和单相流段压降+单相水流段压降：

$$\Delta p = p_2 - p_1 = \Delta p_{\text{g2-2}} + \Delta p_\text{c} + \Delta p_{\text{w2-1}} + \Delta p_{\text{w1}} \quad (3\text{-}12)$$

或

$$\Delta p = p_2 - p_1 = \Delta p_{\text{w2-2}} + \Delta p_\text{c} + \Delta p_{\text{w2-1}} + \Delta p_{\text{w1}} \quad (3\text{-}13)$$

3. 近井地带气水两相流动阶段压力传播速度

近井地带气水两相流动阶段压力传递介质为气水两相。与单相水相比，气水两相压力传播需要考虑气水界面效应带来的影响。达西定律用黏滞力来描述单相流动过程中的压降规律，不再适用两相流动。两相流动的特点之一是两相流体之间存在两相界面，这个界面会阻碍压力传播，同时两相作为压力流动介质，综合压缩系数大于水相压缩系数与两相相对渗透率之和，因此两相流动阶段压力波传递速率最低：

$$\eta_{2\text{-}2} = \alpha \frac{\overline{k}}{\phi \overline{\mu} C_\text{t}} \quad (3\text{-}14)$$

式中，α 为界面阻尼系数，$\alpha < 1$；$\overline{k}$ 为两相平均渗透率；$\overline{\mu}$ 为两相平均黏度。

3.2.4 单相气阶段储层压力变化特征

单相气流动阶段压力传播介质为单相气，全区压力小于临界解吸压力，解吸气进入割理，补充割理压力，由于割理壁面存在束缚水膜，气相相对渗透率小于1。该阶段压降公式为单相气达西定律公式，压力传播特征符合单相流动压力传播特征，导压系数为

$$\eta_3 = \frac{k_{\text{rg}} k}{\phi \mu_\text{g} C_\text{t}} \quad (3\text{-}15)$$

根据式(3-15)，对于渗透率为 1mD、气体黏度为 0.015mPa·s、综合压缩系数为 0.3MPa^{-1}、孔隙度为 0.03 的煤层，生产过程中的压力传播距离与生产时间的关系如图 3-5 所示。

假设储层控制半径为 R，井筒半径 r_w，则有单相气流动压降为

$$\Delta p_{\text{g3}} = \frac{Q_\text{g} \mu_\text{g} B_\text{g}}{0.543 h k k_{\text{rg}}} \ln(R/r_\text{w}), \quad k_{\text{rg}} < 1 \quad (3\text{-}16)$$

式中，Q_g 为地层气产量，m^3/d；下角标 3 代表单相气流动阶段。

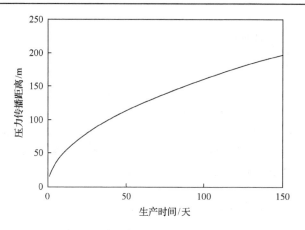

图 3-5　单相气阶段压力波传播规律

3.2.5　煤层气压力传播影响因素分析

如图 3-6 所示，煤层气压力传播是以井筒为起点，压降漏斗不断向外扩展，而传播半径随时间不断增加。随着时间的推移，压力持续降低，这时候两相区以 ΔS_1、ΔS_2、ΔS_3 不断增加，两相区范围不断往外扩展（徐兵祥等，2011b，2014）。

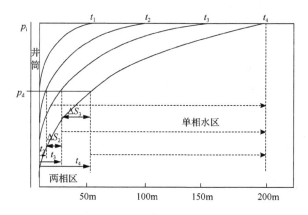

图 3-6　煤层气压力传播示意图

p_i 为原始地层压力，MPa；p_d 为临界解吸压力，MPa；ΔS_i(i=1, 2, 3) 为不同时间对应的两相区扩展差值，m；t_i(i=1, 2, 3,…) 为生产时间，天

原始煤层一般饱和水，煤层气开发的排水降压阶段，地层全为水，这时储层压力传播介质为单相水；随着气体解吸，地层中出现气水两相流，解吸区不断向外扩展。此后两相区不断向外扩展，压力在气水两相介质中传播。

可以看出，影响压力在煤层中的传播主要包括基质解吸气产出特征、天然裂缝与人工裂缝形态及其分布，以及割理中气液两相流体分布及其物性特征，下面分别进行详细介绍。

1. 基质解吸气对割理压力的补充

随着煤层气井的不断排水降压,基质表面吸附气不断地解吸进入割理,即基质不断向割理提供气源,补充了部分割理中的压力降,另外地层远处割理中气水不断向井筒附近进行补充,压力也得到一部分补充。因此,煤层气的压力传播是在有"源"的情况下持续进行的。与常规气藏不同的是,煤层基质吸附气不断解吸进入割理系统,补充压力,使得割理压降速度减慢。分析认为,Langmuir 体积、Langmuir 压力、煤层厚度影响解吸量大小,进而影响压降速率。

2. 天然裂缝与人工裂缝形态及其导流能力

煤层面割理连续,渗透率大;端割理不连续,渗透率小。影响煤层气井各方向的压力传播速度,在面割理方向压力传播速度快,而端割理方向压力传播速度慢。另外,压裂裂缝分布特征同样影响着压力传播的快慢。

3. 割理中气液两相流动参数分布

煤层气压力传播在不同开发时期具有不同的特点。
(1) 单相水流:单相水为传播介质,受水压缩性影响。
(2) 气水两相流:气水两相为传播介质,受水和气综合压缩系数的影响。
(3) 单相气流:单相气为传播介质,受单相气压缩系数影响。

Langmuir 体积表征煤层最大吸附能力,Langmuir 体积对煤岩基质孔的气体解吸能力影响很大,具体反映在解吸气量上,相同压降下 V_L 越高,解吸量越大。

吸附气含量满足 Langmuir 方程:

$$V = \frac{V_L p}{p_L + p} \tag{3-17}$$

对式(3-17)进行压力求导,可得

$$\frac{dV}{dp} = \frac{V_L p_L}{(p_L + p)^2} \tag{3-18}$$

式(3-18)反映了单位压降下解吸气量大小,可见 V_L 越大,解吸速率越快。

图 3-7 为不同 Langmuir 体积时井控范围边界点压力下降曲线,可以看出,V_L 越大,压降越慢。由于 V_L 越大,单位压降下解吸气量越大,对割理系统的压力补充越明显。

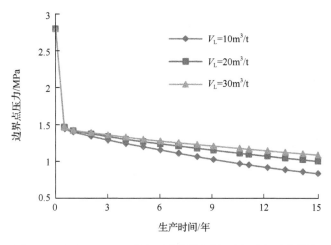

图 3-7 不同 Langmuir 体积下井控范围边界点压力下降曲线

Langmuir 压力表征达到最大吸附能力一半时对应的压力,对于解吸气量,相同压降下 p_L 越大,解吸量越小。图 3-8 为不同 Langmuir 压力时井控范围边界点压力下降曲线,可以看出,p_L 越小,压降越慢。由于 p_L 越小,单位压降下解吸气量越多,对割理系统的压力补充越明显。

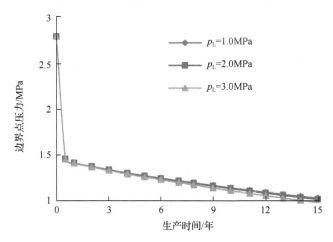

图 3-8 不同 Langmuir 压力时井控范围边界点压力下降曲线

煤层厚度不同反映了井控储量的差异性。图 3-9 为不同煤层厚度对压降的影响,可以看出,煤层厚度越大,压降越慢。压降的差异性主要在井控范围全部解吸之后,但差异性不明显。因此煤层厚度对煤层气开发压降速度影响不大。

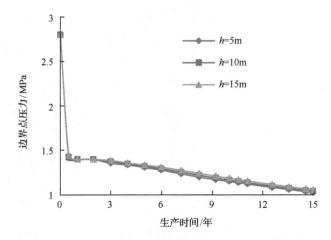

图 3-9 不同煤层厚度时井控范围边界点压力下降曲线

吸附-解吸时间反映了基质气体解吸进入割理的快慢。图 3-10 为不同吸附-解吸时间对压降的影响,可以看出吸附-解吸时间越大,由于基质气体解吸对割理系统压力补充不足,割理系统压降越快,但吸附-解吸时间(t_d)在 0.1～100 天范围内对压降速度影响不大。

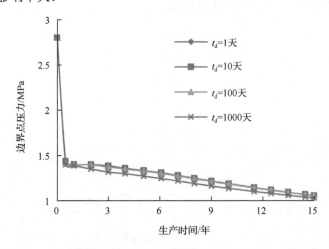

图 3-10 不同吸附-解吸时间时井控范围边界点压力下降曲线

3.3 煤层气藏单井开发条件下压力传播特征

煤层气井生产过程中,压力不断地向远井区域传播,由于煤层气藏独特的吸附赋存方式,排水—降压—解吸—扩散—渗流的开采过程,以及开发过程中出现

第 3 章　煤层气藏生产过程中压力传播规律

的气液两相渗流,使其气井压力传播模型较难建立,因此压力传播速度和储层降压速度的计算缺乏可靠的理论依据,进而制约了井网井距等的合理部署。煤层气井的压力传播特征与常规气井不同,为了对比,本节首先介绍常规气井的压力传播规律;其次通过研究建立了不同吸附饱和度条件下、不同生产阶段的煤层气井压力传播模型;最后,介绍过饱和煤层气藏的气井压力传播数学模型及压力传播规律,以及欠饱和煤层气藏的气井压力传播数学模型及压力传播规律。煤层气藏是在一定的井网下开发,存在多井干扰现象,因此本章也建立了考虑多井干扰的压力传播数学模型,并给出了煤层气井压力传播数学模型的求解方法。

3.3.1 阶段性压降速度变化

煤层气开发过程中压力波传播介质从单相水—气水两相—单相气变化,已知单相流体中压力波传播距离满足:

$$r_\mathrm{i}=0.12\sqrt{\frac{kt}{\phi\mu C_\mathrm{t}}} \tag{3-19}$$

式中,k 为渗透率,mD;r_i 为压力传播半径,m;t 为生产时间,h;ϕ 为孔隙度;μ 为流体黏度,mPa·s;C_t 为综合压缩系数,MPa^{-1}。

由式(3-19)可知,压力传播速度为导压系数 $\eta=\dfrac{k}{\phi\mu C_\mathrm{t}}$ 的函数,与渗透率呈正比,与孔隙度、黏度、压缩系数呈反比。对单相水来说,其黏度大,但压缩系数小,与气相相比,其压力传播速度快;气水两相流动时流动摩阻增大,有效渗透率小,其压力传播速度介于单相气与单相水之间。理论分析认为,随着煤层气不断开发,其压力传播和压降速度越来越慢(徐兵祥等,2011b)。

下面运用数值模拟方法研究煤层气压力传播及压降规律。为了避免工作制度的影响,分析煤层气井定压生产和定产水后定压生产两种情况,煤层参数如表 3-1 所示。

表 3-1　输入的煤层参数

参数	数值	参数	数值
含气面积/m²	350×350	临界解吸压力/MPa	1.4
煤层厚度/m	5	吸附-解吸时间/天	10
Langmuir 体积/(m³/m³)	33	孔隙度/%	0.02
Langmuir 压力/MPa	2.4	渗透率/mD	1
原始地层压力/MPa	2.8	裂缝半长/m	70

1. 初期定压生产

该情况假设煤层气井一开始就定压生产,模拟气井生产 20 年的压力分布情况,如图 3-11 所示。从压降曲线上看,5 天后压力波传边界,大约 1000 天时全区达到解吸。从边界点压降来看,0~1000 天,压力降低 1.4MPa;1000~7300 天,压力降低不过 0.7MPa,可见开发初期压降速率远大于开发中后期。从图 3-11 中还可以看到,临界解吸压力附近压力曲线一段时间内呈折线。

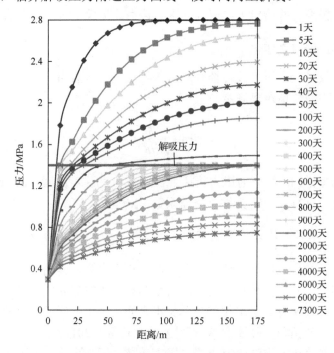

图 3-11　煤层气初期定压生产时压降漏斗曲线

图 3-12(a) 为边界点压力随时间变化关系,可以看出压力变化呈三个阶段:①阶段Ⅰ。单相水阶段,压降速度很快。②阶段Ⅱ。解吸区扩展阶段,井筒附近气体刚解吸,近井地带开始出现气水两相流,割理系统由近到远存在两相流区和单相水区。由于两相流动时阻力大,压力梯度主要消耗在近井地带,导致边界点压力稳定不降,直至整个井控范围内全部为两相流时压力才开始下降。③阶段Ⅲ。全区解吸后阶段,全区进入气水两相阶段,压力缓慢下降。图 3-12(b) 为边界点压降速率曲线,随着时间推移,曲线递减至一个最低点,之后开始上升,直至稳定不变。

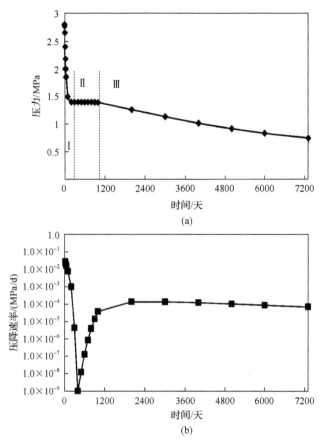

图 3-12 边界点压力及压降速率(定压条件)
(a)边界点压力; (b)边界点压降速率

2. 初期定产水后定压

该情况假设煤层气井开井后以恒定的排水量生产,液面降至一定程度后,变为定压生产,目前煤层气井开采均采用该方式。图 3-13 为煤层气井生产 20 年的压力分布情况。压降曲线与图 3-11 类似,约 10 天后压力波传到边界,大约 1000 天时全区达到解吸。从边界点压降来看,0~1000 天,压力降低 1.4MPa;1000~7300 天,压力降低不过 0.7MPa。临界解吸压力附近压力曲线同样有折线特征。整体来看,煤层气压力波传播到边界需要几天至几十天的时间,且发生在单相水生产阶段,全区解吸需要几百天甚至上千天的时间。

图 3-14(a)为边界点压力随时间变化关系,压力变化同样呈三个阶段:快速降压阶段、恒压阶段、稳定降压阶段。图 3-14(b)为边界点压降速率曲线,随着时间推移,曲线递减至一个最低点,之后开始上升,直至稳定不变。

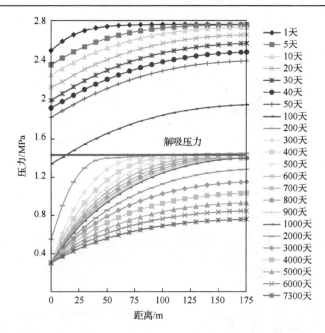

图 3-13 煤层气初期定产水后定压生产时压降漏斗曲线

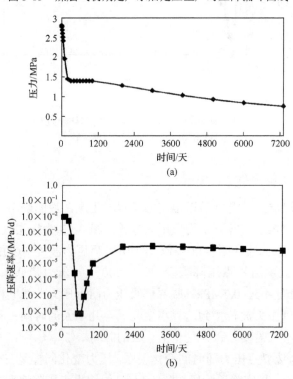

图 3-14 边界点压力及压降速率(先定产后定压)
(a)边界点压力;(b)边界点压降速率

从上述两种工作制度压降特征可以看到,煤层气开发压力整体是逐渐递减的。由于气体解吸及两相流的出现,使得压降曲线出现折线段。

3.3.2 不同井型压力传播形态

压力传播形态指的是煤层气开发过程中压力波在平面上的传播形式,反映了煤层气开发泄压区域,不同井型样式压力传播形态也存在差异。

1. 压裂直井情况

如图 3-15 所示,对于各向同性地层,直井生产时压力波是以同心圆的方式向外传播;对于压裂直井而言,人工裂缝改变了渗流样式,压力传播以共焦椭圆的方式向外传播。煤层矩阵状割理系统使得煤层具有各向异性,各向异性加剧了椭圆流动方式,使得椭圆流的焦距更长(石军太等,2012;Zhang,2015;Zhou et al.,2015)。

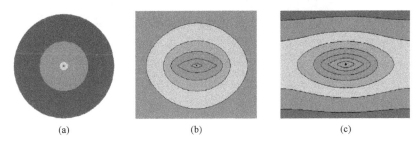

图 3-15 不同井型样式压力传播形态
(a)直井(圆形);(b)压裂井(椭圆);(c)各向异性压裂井(椭圆)

2. 水平井情况

常规气藏水平井压力传播形态是一系列以水平井半长为焦距的椭圆族,与压裂井情况类似。对于各向异性煤层,水平井井眼一般沿着垂直最大渗透率方向钻井,渗透率各向异性在一定程度上可减弱椭圆流动形态,如图 3-16 所示。渗透率各向异性比越小,泄压区越扁;各向异性比越大,压力波具有向垂直方向延伸的趋势(Song et al.,2001;Nie et al.,2012;Chen et al.,2016)。

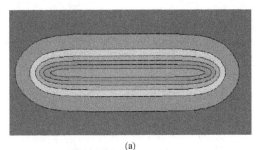

(a)

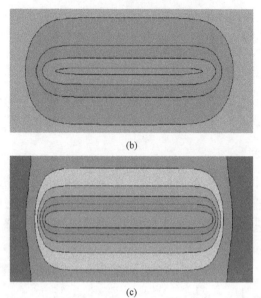

图 3-16　不同渗透率各向异性样式水平井压力传播形态

(a) $k_y:k_x=1:1$; (b) $k_y:k_x=4:1$; (c) $k_y:k_x=16:1$

3. 羽状水平井情况

羽状水平井的情况比较复杂，不仅涉及各向异性，还涉及主支与分支不同角度对压力传播影响。运用数值模拟研究多分支水平井压力传播特征，若水平井主分支沿面割理方向布置，其他分支在主分支两侧与面割理大约呈 45°夹角布置。图 3-17 分别为排采 20 天和 60 天后，沿多分支水平井的煤层压力分布图。

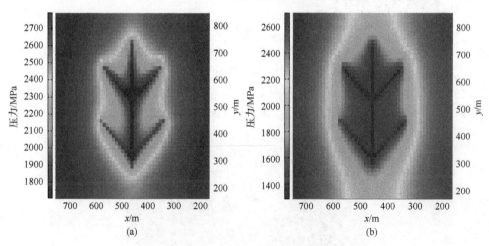

图 3-17　多分支水平井开发压力分布

(a) 排采 20 天后；(b) 排采 60 天后

从图 3-17 中可以看出，由于面割理方向的绝对渗透率要比端割理方向的渗透率高，并且沿垂直于分支方向的渗流面积大，因此，在水平井的同侧多分支之间，最先形成压力干扰。另外在面割理方向，压力传播速度明显高于端割理方向，整个压力变化以椭圆形向四周传播；其次，由于多分支水平井在煤层中射开的范围大，在排采过程中，整个地层压力能够比较均匀地下降。

3.3.3 排水速率对煤层气压力传播的影响

以饱和煤层气藏为例，分析煤层气藏压力传播规律。实例所需的参数见表 3-2 (Xu et al., 2017; Sun et al., 2018b)。

表 3-2 实例中煤层气藏参数表

参数	数值	单位	参数	数值	单位
p_i	2.8	MPa	Z	0.96	
p_d^*	0.5	MPa	T	313.15	K
k	0.001	m^2	ϕ	0.03	
k_{rw}	1		C	0.001429	
μ_w	0.7	mPa·s	C_d	0.174253	MPa^{-1}
B_w	1		C_f	0.02	MPa^{-1}
h	15	m	C_g	0.33	MPa^{-1}
ρ_B	1.65	g/cm^3	C_w	0.0001	MPa^{-1}
V_L	15	m^3/t	C_t	0.260333	MPa^{-1}
p_L	4	MPa	r_w	0.1	m
b	0.25	MPa^{-1}	q_w	4	m^3/d

注：C_d、C_f、C_g、C_w、C_t 分别为解吸压缩系数、煤岩压缩系数、气体压缩系数、水相压缩系数、综合压缩系数；h 为煤储层厚度；p_d^* 为设定井底流压。

当排水量 q_w 为 4m³/d 时，定产水降压阶段的压力剖面如图 3-18 所示。经过 4 个月，井底流压降至 0.5MPa，压力传播了 70m，定产水降压阶段结束。

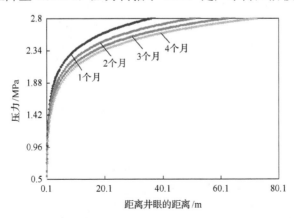

图 3-18 定产水降压阶段的压力剖面图

当排水量 q_w 为 $4m^3/d$ 时，定井底流压产气阶段的压力剖面如图 3-19 所示。经过约 24 个月，压力波传至 130m。

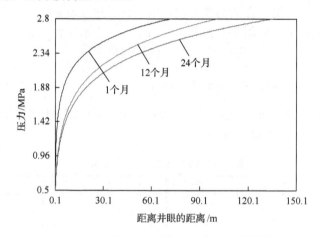

图 3-19　定井底流压产气阶段的压力剖面图

煤层气井排水速度影响压力漏斗的范围和深度。排水量越大，生产压差越大，解吸区内解吸气越多，这使得压力传播越慢，降压速度越慢；排水量越小，生产压差越小，解吸气越少，压力传播越快，压力剖面越平缓，降压速度越快。因此，煤层气井应首先选用小排采制度进行排水，增大压力传播距离，达到煤层气藏的均匀降压，该规律也从实际煤层气井开采效果中得到验证。

3.4　煤层气藏多井开发条件下压力传播特征

3.4.1　煤层气藏多井生产时压力传递特征

多井压力传递是在多口单井压力传递基础上进行的，当多口煤层气井共同排采时，随着排水的延续，各个煤层气井的压降漏斗不断延伸，最终交汇在一起，形成煤层气井间干扰，如图 3-20 所示。此时，压力传播不再在平面上往外扩展，而是在纵向上进行加深。较单井而言，井间干扰后压降更快，吸附气大范围解吸（Xu et al.，2013；Sun et al.，2017）。

与常规油气井截然相反，由于煤层气特殊的排采机理，井间干扰对煤层气井的排采具有促进作用：①提高了解吸速率。由于压降的叠加作用，煤层气井井间压力下降速度大幅度提高，单井单位时间内的压力下降幅度增大，解吸速率加快。②扩大了储层动用程度。当两井的压降漏斗相遇后，双方就相当于分别在水平方向遇到了封闭边界，此时随着排水的延续，压降漏斗在水平方向上不再扩展，而

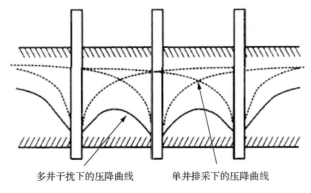

图 3-20 多井排采时形成的压降示意图

是在垂直方向上加深,有效供气区和有效解吸区的范围扩大,储层动用程度加大。③增加了总产气量。井间干扰最终使煤层压力降到很低,有效解吸范围内煤层中的大部分气体解吸出来,使煤层气井的总产气量增大,采收率得到提高。

由于煤层气井间干扰的特殊作用,规模开发可促进煤层气采出,但是并不是井越多,井距越小越好。井距和布井方案对井组产能和采收率影响很大,合理设置井距和布井方案对煤层气开发至关重要。

参考实际煤层气藏的布井方式,选择直井布井方案为等边三角形布井和正方形布井,储层大小为 800m×800m×6m,井间距分别设置为 300m、350m 和 400m(图 3-21)。

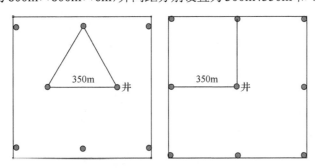

图 3-21 井位图样式

运用 Eclipse 软件对煤层气生产过程中的井间干扰现象进行模拟,记录各布井方案和井间距设置时单井压降传播至彼此交汇点时所用时间、单井泄流区域内储层压力变化及压降产生干涉之后的储层压力变化情况。

1. 等边三角形布井时井间干扰现象模拟

井间距 400m 等边三角形布井时,研究区内的共有八口井,其中四口位于边界上。单井压降传播至刚刚交汇所用时间为 26 个月,储层压力分布如图 3-22(a)所示(颜色越深,压力越大,下同)。

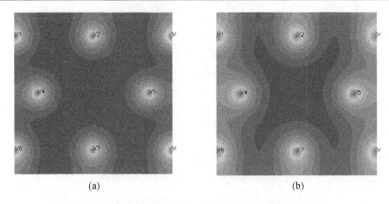

图 3-22　间距 400m 等边三角形布井的储层压力分布
(a)排采 26 个月后；(b)排采 41 个月后

由图 3-22(b)可以看出，压降刚交汇时，单井排采区域内压力分布过渡均匀。值得注意的是，井筒附近区域压力降低较大，说明井筒附近区域储层压力的变化是最剧烈的。当排采 41 个月时，可以看出压降交汇区域内的压力明显低于压降未交汇区域。对比两个时刻的压力分布图可以看出，在两井中心线上的中间处压力变化更剧烈，这也充分反映出来自两口井的压降在此部位相互叠加得到增强，使该区域的储层压力降至更低。另外，从储层压力分布图还可以看出，在靠近储层边界部位，由于井距离边界较近，排采泄流区域受到边界限制，储层压力在靠近边界的一侧比远离边界的一侧下降更多。

井间距 350m 等边三角形布井时，研究区内共有 10 口井，储层压力分布如图 3-23 所示。

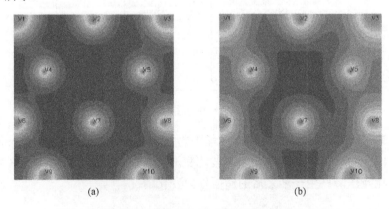

图 3-23　间距 350m 等边三角形布井的储层压力分布
(a)排采 20 个月后；(b)排采 33 个月后

由图 3-23(a)可以看出，间距 350m 等边三角形布井，当排采到 20 个月时，压降出现交汇。此时，单井的泄流区域内压力梯度过渡平稳，而在等边三角形的中心还保持着接近初始储层压力的状态。

与间距 400m 时一样,从压降交汇时刻起,再经过 13 个月后储层压力分布如图所示[图 3-23(b)]。此时压降交汇区内,储层压力明显低于非交汇区,表明压降在该区域形成了有效叠加。从压降发生交汇所在的时间看,350m 井间距的压降交汇时间比 400m 井间距时提前了 6 个月。

2. 正方形井网井间干扰现象模拟

间距 400m 正方形布井,研究区内共有九口井,其中八口井分别位于边界和拐角处,储层压力分布如图 3-24 所示。

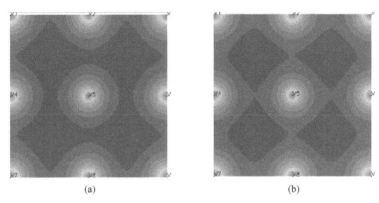

图 3-24 间距 400m 正方形布井的储层压力分布
(a)排采 45 个月后;(b)排采 48 个月后

与间距 400m 等边三角形布井相比,间距 400m 正方形布井时,压降在排采 45 个月时发生交汇,较等边三角形布井延后 19 个月,此时研究区内的等压线分布较为均匀,但整体压力降低并不明显。继续排采 3 个月之后,压降叠加区域有所增加,但相比等边三角形布井,其处于较高压力值的区域面积仍然较大,而处于较低储层压力的区域面积则小得多。可见在间距 400m 时,正方形布井与等边三角形布井相比不占优势。

间距 350m 正方形布井,研究区内也有九口井,但均不在边界上,储层压力分布如图 3-25 所示。

井间距 350m 的正方形布井方案中,相邻井压降交汇发生在排采 27 个月时,与间距 350m 等边三角形布井的压降交会时间延迟了 7 个月,相差并不明显。但是无论压降交汇初期或再排采 12 个月之后,正方形布井方案中处于较低储层压力的区域均大于等边三角形布井方案,并且维持较高储层压力的区域面积小于后者,这表明井间距 350m 正方形布井时,井间干扰所带来的积极作用能够在较短时间内形成更大面积的储层压降,并且能够形成较大的排采区域。

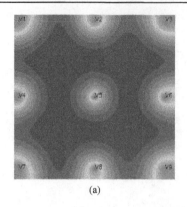 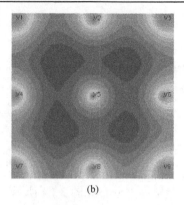

图 3-25 间距 350m 正方形布井的储层压力分布
(a)排采 27 个月后；(b)排采 39 个月后

分别对等边三角形、正方形两种方案的间距 400m 和间距 350m 布井时井间干扰刚交汇和所有井都交汇出现的时间进行对比(表 3-3)。

表 3-3 井间干扰交汇出现时间对比表

井距/m	压降刚发生交汇所需时间/月		所有井发生压降交汇所需时间/月	
	等边三角形井网	正方形井网	等边三角形井网	正方形井网
400×400	26	45	41	48
350×350	20	27	33	39

由表 3-3 可以看出，无论是等边三角形井网还是正方形井网，井距越小，压降初次交汇的时间越短(这与将储层视为各向同性的均质介质有关)；在早期泄流半径相同条件下，小井距的压力叠加区域大，等边三角形井网的压力叠加时间早；正方形布井压降刚交汇所需时间都滞后于等边三角形布井，但经研究在井间距 300m 时，正方形布井所有井都发生压降交汇所需时间较等边三角形布井相差无几，因此可以推断，正方形布井对井间距的敏感性要强于等边三角形布井。

根据单井最大排采区域半径的计算方法可知，井间距 300m 时，过早的产生井间干扰会使单井压降区域发生变化，并且压降叠加区域面积要小于另外两种井间距时的压降叠加面积，显然该井距下排采面积越小，在生产中越处于劣势。400m 井间距时虽然单井排采面积要大于间距 350m 和间距 300m，但是压降叠加区域的面积较小，并且井间干扰对储层压降的贡献远没有 300m 方案时的贡献大，储层压力仍然维持较高值的区域大于井间距 300m 的方案，煤层气解吸量会被限制。相比之下，井间距 350m 兼具井间距 300m 和 400m 的优点，既能保证单井排采面积，又有足够的压降叠加区域，没有明显的劣势，既保证较大的单井排采区域，同时井间干扰对储层压降的贡献可观，是较为合理的井间距。

等边三角形井网和正方形井网排采都是规则井网,并且储层性质良好,井间距适中,因此井间干扰现象比较明显。但是实际生产中,多井排采条件下,虽然随着排采时间的延续,井间干扰现象终会形成,但是在实际排采过程中,由于地形地貌条件的限制,以及储层非均质性和排采强度等因素的影响,压力传播及井间干扰形成与理想模型相比会有一定的出入,因此在实际布井时,要根据实际情况做相应的调整。

3.4.2 煤层气藏多井开发条件下排采技术对策

目前,为了更好地达到商业化生产的要求,煤层气田基本上都实行规模开发,通过利用井间干扰的积极作用,扩大降压面积,增加解吸体积,提高产气量。有利总有弊,井间干扰现象的消极作用主要表现为:当储层压力降幅较大时,会加快储层中水流向井筒的流速,煤基质孔隙缩小,会对储层造成极大的二次伤害,使煤层中的毛细孔喉丧失渗流能力,造成气锁、水锁,影响煤层气的产出;当储层压力降落速度过快时,煤层压降无法得到广泛的传播,极大地缩小了煤层解吸范围,影响区块产能。

因此,根据井间干扰形成机理及其影响作用,结合煤层气井规模开发条件下的生产现状,要充分利用其造成的积极效果,同时采取措施避免其造成的不利效果,从而建议在煤层气生产过程中采取以下几点措施。

1. 合理的井间距

在给定储层参数和布井方式时,必定存在一个适当的井间距值,若井间距太大,初期产气量较低,产气峰值期来得晚,单井平均日产量较低,影响采收率和开发效果;相反,若井间距太小,在生产服务期间,前期产量较高,产气峰值时间短,但产气量下降较快。因此,生产井间应保持合理的井间距,以便尽快产生井间干扰作用,扩大压降范围,提高产气量。根据前面井间干扰模拟和井间距优化结果可以看出,当井间距为 350m 时,既能保证单井排采面积,又有足够的压降叠加区域,没有明显的劣势,可平衡单井排采区域与压降叠加的传播,是能够有效利用井间干扰促进压降传播的较合理的井间距,但在实际开发过程中,要灵活应变,可根据储层特征及地形地貌特征,适当调整井间距。

2. 逐级降压排采工作制度

逐级降压排采的好处是使每一级降压都持续一定的时间,使降压漏斗得到充分地扩展。在每一级降压时,虽然割理、裂隙同样也会有一定的闭合,但是由于降压的幅度很小,割理、裂隙的闭合也很小,煤层的渗透率也不会降低很大,而延长该级降压时间将更有利于降压漏斗的扩展,待该级降压漏斗扩展充分后再开始下一级降压，以此循环模拟。这样通过控制煤层气井的压力降和持续时间，使压力波传播得尽可能远，降压漏斗充分扩展，最大限度地提高泄压体积，也就可以使煤层气的解吸范围增大，从而使更多的煤层气从煤层中解吸出来，提高煤层气单井的采收率，获得持续时间更长的煤层气单井产量，同时煤粉迁移和裂隙吐砂的现象还可得到缓解，减轻了对井筒的伤害。

科学的排采制度是保证煤层气井高产稳产的关键，应当坚持"缓慢、长期、持续、稳定"的原则，保证液面稳定缓慢下降，逐级降压，切忌工作制度变化频繁，避免由于煤层压力激动造成煤层坍塌和堵塞。

3.5 基于压力传播机理的排液制度与解吸区扩展模型

煤层气压力传播是吸附气解吸产出的必然过程，煤层气压力传播的多相相变特征、阶段性压降速度变化特征等可以指导煤层气井排液制度的制定。同时，认识和掌握煤层气解吸区扩展规律和扩展速度是煤层气动态分析的重要一步，可以更好认识储量动用范围，为井间距合理性评价提供依据，也为煤层气开发后期储量挖潜和井网加密调整提供参考(Xu et al., 2013b, 2017)。

3.5.1 煤层气开发初期排液制度确定

煤层气规模开发是通过井网排采来实现的，井间干扰可加速煤层气降压解吸，提高煤层气开发效率。压力传播是实现井间干扰的必然过程，压力传播速度在单相水和气水两相流阶段的差异性，可为煤层气开发初期排液制度的确定提供依据。基于此，建立煤层气排液制度确定原则、方法和模型，并进行举例应用(Xu et al., 2017)。

1. 初期排液制度确定原则

根据煤层气压力传播特点，煤层气开发过程中气水两相压力传播速度显著小于初期单相水阶段。如图 3-26 所示，初期小排水量生产时，压力漏斗较平缓且延伸远；大排水量生产时，气井过早见气导致压力传播速度显著降低，压力漏斗曲线陡且延伸距离短。按照大排水量生产虽然能获得短时间较大的解吸气量，但会影响减缓解吸区的扩展范围。

为了使煤层气开发初期尽可能排掉割理中的水，使井与井之间尽早达到压力干扰，要求在井间压力干扰前使煤层气不解吸，始终保持单相水流状态。换言之，就是保证井间压力干扰前井底压力大于临界解吸压力，如图 3-27 所示，临界状态是井间压力干扰开始时井底压力为临界解吸压力的情况。

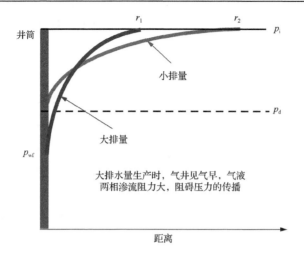

图 3-26 初期排水量大小对压力传播距离影响

r_1 为大排量生产时的压力传播半径，m；r_2 为小排量生产时的压力传播半径，m；p_{wf} 为井底流压，MPa；p_i 为原始地层压力，MPa；p_d 为临界解吸压力，MPa

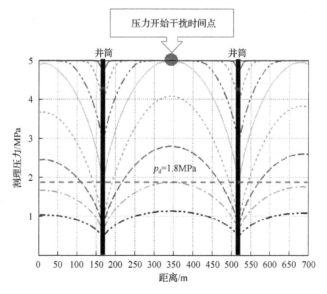

图 3-27 井间压力干扰示意图

按照上面原则，通过确定井间压力干扰所需时间，可以制定排液制度，具体步骤如下：

(1) 确定井间压力发生干扰时间 t_i，可通过压力传播距离预测模型确定。

(2) 根据井间压力干扰时间，制定合理降压速率：

$$\frac{\Delta p}{\Delta t} = \frac{p_i - p_d}{t_i} \tag{3-20}$$

(3) 降压速率是通过降低液面高度来实现的，液面降低速率为

$$\frac{\Delta h}{\Delta t} = \frac{1}{\rho_w g} \frac{\Delta p}{\Delta t} \tag{3-21}$$

则煤层气初期排液应满足

$$\frac{\Delta h}{\Delta t} \leqslant \frac{1}{\rho_w g} \frac{p_i - p_d}{t_i} \tag{3-22}$$

式中，ρ_w 为水的密度，kg/m^3；g 为重力加速度，m/s^2。

实际井运用过程中，可以通过液面高度下降速度来制定抽油机工作制度，以保证压力传播快速有效。

2. 煤层气开发压力传播距离预测模型

排液制度原则确定以后，需要根据煤层气井实际条件来计算液面高度下降速度，关键是计算井间干扰发生时间，而该时间可以通过压力传播距离与时间关系确定。因此，需要建立煤层气排水阶段压力传播预测模型。由于煤层气井直井多采用水力压裂的方式进行开发，需要建立考虑人工裂缝的单相水压力传播预测模型。下面分别介绍直井未压裂和直井压裂情况预测模型。

1）直井未压裂情况

未压裂煤层气直井生产时，压力传播在平面上以圆形向外扩展。压力传播距离通常采用稳态逐次替换法进行计算，基本思想为：煤层气排采降压阶段，压力一直向外传播，假设非稳态流中任一时刻的压力分布都近似符合稳态流的压力分布规律，运用稳态压力分布模型对非稳态模型进行近似描述。单相液体径向流时稳态压力分布满足 (Sun et al., 2018c, 2018d, 2018e)：

$$p = p_i - \frac{p_i - p_{wf}}{\ln(r_i/r_w)} \ln(r_i/r) \tag{3-23}$$

根据达西定律公式，稳态产水量可以表示为

$$q = \frac{2\pi k h}{\mu} \frac{p_i - p_w}{\ln(r_i/r_w)} \tag{3-24}$$

累计产水量可根据物质平衡方程计算，得到

$$G_p = \iint \left[(\phi \rho_w)_i - \phi \rho_w \right] dV \tag{3-25}$$

式中，V 为泄压范围体积，$dV = h dA$。根据物质平衡方程，单元体内采出水量为

$$(\phi \rho_w)_i - \phi \rho_w = \phi C_t \rho_w (p_i - p) \tag{3-26}$$

式(3-26)在井底处满足

$$(\phi \rho_w)_i - (\phi \rho_w)_w = \phi C_t \rho_w (p_i - p_{wf}) \tag{3-27}$$

进一步得到

$$\frac{(\phi \rho_w)_i - \phi \rho_w}{(\phi \rho_w)_i - (\phi \rho_w)_w} = \frac{p_i - p}{p_i - p_{wf}} = \frac{\ln(r_i/r)}{\ln(r_i/r_w)} \tag{3-28}$$

式(3-28)可转化为

$$\begin{aligned} G_p &= \frac{(\phi \rho_w)_i - (\phi \rho_w)_w}{\ln(r_i/r_w)} \iint \ln(r_i/r) dV \\ &= \frac{2\pi h \phi C_t \rho_w}{\ln(r_i/r_w)} (p_i - p_{wf}) \int_{r_w}^{r_i} r \ln(r_i/r) dr \\ &= \frac{2\pi h \phi C_t \rho_w}{\ln(r_i/r_w)} (p_i - p_{wf}) \left(\frac{r^2}{2} \ln r_i - \frac{r^2}{2} \ln r + \frac{r^2}{4} \right)_{r_w}^{r_i} \\ &= \frac{2\pi h \phi C_t \rho_w}{\ln(r_i/r_w)} (p_i - p_{wf}) \left[\frac{1}{4} (r_i^2 - r_w^2) - \frac{r_w^2}{2} \ln(r_i/r_w) \right] \\ &= \pi h \phi C_t \rho_w (p_i - p_{wf}) \left[\frac{1}{2} \frac{r_i^2 - r_w^2}{\ln(r_i/r_w)} - r_w^2 \right] \end{aligned} \tag{3-29}$$

式中

$$C_t = C_f + C_w \tag{3-30}$$

井筒液体采出量相对于储层可忽略不计，式(3-29)简化为

$$G_p = \frac{\pi h \phi C_t \rho_w}{2} (p_i - p_{wf}) \frac{r_i^2 - r_w^2}{\ln(r_i/r_w)} \tag{3-31}$$

将稳态产量公式(2-24)代入式(3-31)得到

$$G_p = \frac{\rho_w}{4} q \frac{\phi \mu C_t}{k} \left(r_i^2 - r_w^2 \right) \approx \frac{\rho_w}{4} q \frac{\phi \mu C_t}{k} r_i^2 \qquad (3\text{-}32)$$

式中

$$G_p = \rho_w \int_0^t q \mathrm{d}t \qquad (3\text{-}33)$$

故压力传播半径为

$$r_i = 2 \sqrt{\frac{k}{\phi \mu C_t} \frac{\int_0^t q \mathrm{d}t}{q}} \qquad (3\text{-}34)$$

式(3-34)表明，煤层气井初期排水降压阶段压力传播速度受渗透率、孔隙度、水的黏度、综合压缩系数影响。若煤层气井定排水量生产，则式(3-34)可简化为

$$r_i = 2 \sqrt{\frac{kt}{\phi \mu C_t}} \qquad (3\text{-}35)$$

2) 直井压裂情况

煤层气压裂直井压力在平面上以椭圆的方式向外传播，仍采用稳态逐次替换法求解压力分布。

(1) 煤层单相水流稳态压力分布。

煤层气井排采降压阶段，储层为单相水在割理中渗流，假设：①煤层均质、等厚、各向同性；②煤层顶底板为不渗透边界，水平为无限大边界；③煤层气井为地层中心一口压裂直井，以定产水量 q 生产，裂缝为无限导流；④割理中水流动满足达西定律，基质内水不参与流动。

稳态条件下控制方程为

$$\frac{\partial^2 p}{\partial x^2} + \frac{\partial^2 p}{\partial y^2} = 0 \qquad (3\text{-}36)$$

根据保角变换关系：

$$Z = L_f \mathrm{ch} \zeta \qquad (3\text{-}37)$$

式中，L_f 为椭圆的半焦距，也是相应的裂缝井半长度，且

$$Z = x + \mathrm{j}y, \quad \zeta = \xi + \mathrm{j}\eta$$

其中，ξ、η 为复平面的横纵坐标

$$x = L_\mathrm{f}\mathrm{ch}\xi\cos\eta, \quad y = L_\mathrm{f}\mathrm{sh}\xi\sin\eta \tag{3-38}$$

通过式(3-38)可将椭圆流动问题转化成带状地层排液坑道流动问题，如图 3-28 所示，圆形地层中的 1、2、3、4 点分别对应带状地层中的 $1'$、$2'$、$3'$、$4'$ 点。

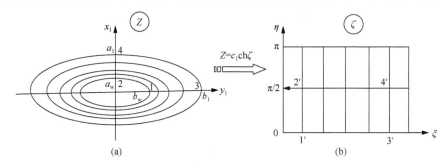

图 3-28　椭圆形地层与带状地层排液坑道流动变换

a_w、b_w 分别为不同井径所对应的椭圆短轴和长轴的长度，m

等势线方程为

$$\frac{x^2}{L_\mathrm{f}^2\mathrm{ch}^2\xi} + \frac{y^2}{L_\mathrm{f}^2\mathrm{sh}^2\xi} = 1 \tag{3-39}$$

在远井处椭圆形等势线(可看作供液边界)上任取一点 $(a_\mathrm{e}, b_\mathrm{e})$，排液坑道压力分布为

$$p = p_\mathrm{i} - \frac{p_\mathrm{i} - p_\mathrm{w}}{\xi_\mathrm{i} - \xi_\mathrm{w}}(\xi_\mathrm{i} - \xi) \tag{3-40}$$

产量公式为

$$q = \frac{2\pi kh}{\mu}\frac{p_\mathrm{i} - p_\mathrm{w}}{\xi_\mathrm{i} - \xi_\mathrm{w}} \tag{3-41}$$

式中，ξ_i、ξ_w 为复平面中供液边界和井底的横坐标。

(2) 压力传播距离计算方法。

对于煤层气压裂直井来说，泄气范围不再是规则形状的圆，而是以 a_e 和 b_e 为长短半轴的椭圆，如图 3-29 所示。

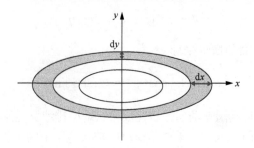

图 3-29　煤层压裂井椭圆流动微小单元体

根据物质平衡方程，煤层总的采出量 (G_p) 为

$$G_p = \iint \left[(\phi\rho_w)_i - \phi\rho_w \right] dV$$
$$= \phi C_t \rho_w \iint (p_i - p) dV \tag{3-42}$$
$$= \phi C_t \rho_w \frac{q\mu}{2\pi kh} \iint (\xi_i - \xi) dV$$

而 $dV = h dA$，A 在平面上为椭圆状，由于 (Kucuk, 1979)

$$\left| \frac{\partial(x, y)}{\partial(\xi, \eta)} \right| = \begin{vmatrix} \dfrac{\partial x}{\partial \xi} & \dfrac{\partial x}{\partial \eta} \\ \dfrac{\partial y}{\partial \xi} & \dfrac{\partial y}{\partial \eta} \end{vmatrix} = \frac{L_f^2}{2} (\text{ch} 2\xi - \cos 2\eta) \tag{3-43}$$

则

$$dV = h \cdot dA = h \frac{L_f^2}{2} (\text{ch} 2\xi - \cos 2\eta) d\xi d\eta \tag{3-44}$$

式 (3-42) 可转化为

$$G_p = \phi C_t \rho_w \frac{q\mu L_f^2}{4\pi k} \iint (\text{ch} 2\xi - \cos 2\eta) d\xi d\eta$$
$$= \phi C_t \rho_w \frac{q\mu L_f^2}{2\pi k} \int_{\xi_w}^{\xi_i} (\xi_i - \xi) d\xi \int_0^{\pi} (\text{ch} 2\xi - \cos 2\eta) d\eta \tag{3-45}$$

有

$$G_p = \phi C_t \rho_w \frac{q\mu L_f^2}{4k} D \tag{3-46}$$

式中

$$D = \frac{1}{2}(\text{ch}2\xi_i - \text{ch}2\xi_w) - (\xi_i - \xi_w)\text{sh}2\xi_w \tag{3-47}$$

又因为 $\xi_w = 0$，式(3-47)可变为

$$D = \frac{1}{2}(\text{ch}2\xi_i - 1) \tag{3-48}$$

累计采出水量又可表示为

$$G_p = \rho_w \int q\text{d}t \tag{3-49}$$

将式(3-49)代入式(3-46)，进一步得到

$$D = \frac{4k}{\phi\mu C_t L_f^2} \frac{\int q\text{d}t}{q} \tag{3-50}$$

转换成工程单位

$$D = \frac{0.3456k}{\phi\mu C_t L_f^2} \frac{\int q\text{d}t}{q} \tag{3-51}$$

式中，k 为渗透率，mD；q 为日产水量，m³/d；t 为生产天数，天；C_t 为综合压缩系数，MPa⁻¹。

联立式(3-48)和式(3-51)，得

$$\xi_i = \frac{1}{2}\ln\left[\frac{0.6912k}{\phi\mu C_t L_f^2}\frac{\int q\text{d}t}{q} + 1 + \sqrt{\left(\frac{0.6912k}{\phi\mu C_t L_f^2}\frac{\int q\text{d}t}{q} + 1\right)^2 - 1}\right] \tag{3-52}$$

则压力传播椭圆半轴长度分别为

$$a = L_f \text{ch}\xi_i, \quad b = L_f \text{sh}\xi_i \tag{3-53}$$

若煤层气井以定排水量生产，则式(3-52)可简化为

$$\xi_i = \frac{1}{2}\ln\left[\frac{0.6912k}{\phi\mu C_t L_f^2}t + 1 + \sqrt{\left(\frac{0.6912k}{\phi\mu C_t L_f^2}t + 1\right)^2 - 1}\right] \tag{3-54}$$

若煤层渗透率未知，可直接联立式(3-40)和式(3-42)求解传播半径，如下：

$$\begin{cases} p = p_i - \dfrac{p_i - p_w}{\xi_i - \xi}(\xi_i - \xi) \\ G_p = \phi C_t \rho_w \iint (p_i - p) dV \end{cases} \quad (3-55)$$

方程组中 G_p 为实际累计产水量，ϕC_t 容易获得，方程组中 p 和 ξ 未知，两个方程两个未知数可进行求解。

3) 影响参数分析

我国煤层气直井多采用压裂方式进行开采，因此这里研究压裂直井的压力传播影响因素，预测无限大煤层中间一口井 90 天的压力传播距离，参数见表3-4。

表 3-4 压力传播计算取值

参数	渗透率 k/mD	孔隙度	水黏度/(mPa·s)	综合压缩系数 C_t/MPa^{-1}	裂缝半长 L_f/m
取值	1~10	0.01~0.05	1	0.0367	50~100

图 3-30 展示了渗透率对煤层气井压力传播的影响，可以看出，压力传播距离随时间不断增大，且传播速率逐渐减慢(因为曲线斜率逐渐减小)；随着渗透率增大，压力传播距离明显增大。压力传播速率与渗透率为正相关关系。

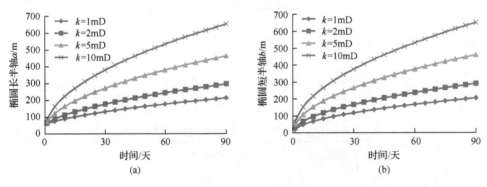

图 3-30 渗透率对压力传播影响
(a)椭圆长半轴；(b)椭圆短半轴

图 3-31 展示了孔隙度对煤层气压力传播的影响，可以看出，随着孔隙度增大，压力传播距离明显减小。压力传播速率与孔隙度为负相关关系。

图 3-32 展示了不同裂缝半长对煤层气压力传播的影响，可以看出，随着裂缝半长增大，压力传播椭圆长半轴增大，而椭圆短半轴不变。可见压裂裂缝只对裂缝方向压力传播距离有影响。

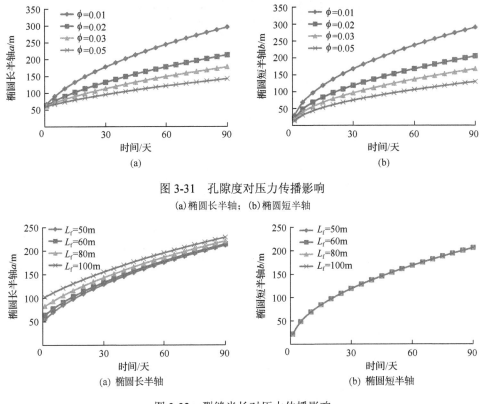

图 3-31 孔隙度对压力传播影响
(a) 椭圆长半轴；(b) 椭圆短半轴

图 3-32 裂缝半长对压力传播影响

3. 排液制度计算

压力传播距离预测模型建立后，可以根据实际井网井距条件计算相应的井间压力干扰时间，进而可以求取该条件下的排液制度。举例：假定煤层孔隙度为 2%，裂缝半长 60m，图 3-33 为不同渗透率下煤层气压裂直井间压力的干扰时间。若煤层气井距为 400m×300m，则井点中心到两井距离分别为 200m 和 150m。不同渗透率时井间压力干扰时间不同：当 $k=1$mD 时，人工裂缝方向井间干扰所需时间为 80 天；当 $k=10$mD 时，仅需 8 天；当 $k=1$mD 时，垂直裂缝方向井间干扰所需时间为 48 天；当 $k=10$mD 时，仅需 4 天。

井间压力干扰时间之后，就可以根据式(3-22)确定初期排采制度，假定煤层原始压力为 3MPa，临界解吸压力为 1.5MPa，根据公式计算出最大液面降低速度（表 3-5）。对于压裂井，裂缝与垂直裂缝方向井间干扰时间可能不同，最大液面下降速度取二者最小值。当渗透率为 1mD 时，液面每天降低小于 1.9m；当渗透率为 10mD 时，液面每天降低小于 19.1m。

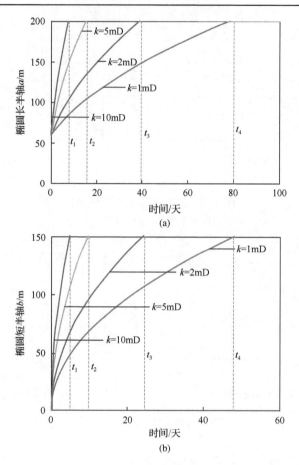

图 3-33 井间干扰时间确定图版
(a) 人工裂缝方向；(b) 垂直裂缝方向

表 3-5 最大液面下降速度计算结果

k/mD	干扰时间/天		最大液面下降速度/(m/d)		
	裂缝方向	垂直裂缝方向	裂缝方向	垂直裂缝方向	应取值
1	80	48	1.9	3.2	1.9
2	40	23	3.8	6.7	3.8
5	16	9	9.6	17.0	9.6
10	8	4	19.1	38.3	19.1

3.5.2 煤层气井解吸区扩展及预测

煤层气产出依赖于吸附气的解吸，随着气井排水降压，气体自井眼附近开始解吸，形成一个解吸区并逐渐向外扩展，解吸区范围预测对煤层气储量动用程度评价至关重要。目前解吸区预测方法有两种，即解析法与数值模拟法。由于煤层气生产过程中流体相态变化复杂,且气井工作制度多变、修关井作业频繁等,很难得到精确的解析解。数值模拟方法需要精细的地质模型和大量的煤储层及流体参数,包括煤层渗透率、孔隙度、相渗曲线等,而实际很难获取这些参数。本节基于煤层气井生产及压力传播规律,结合物质平衡方程,采用稳态逐次替换法,建立累计产气量与解吸区扩展范围关系模型,为现场煤层气井解吸区动态预测提供一种有效方法(徐兵祥等,2013)。

1. 煤层气井解吸区扩展特征

煤层气井生产初期以排水为主,压力波在单相水中不断向外扩展,并很快传到流动边界,形成井间干扰,之后压降漏斗在纵向上不断加深。进入生产中后期稳产递减阶段后,基质吸附气开始解吸,在井眼周围形成一个解吸区,解吸区内呈气水两相流动,并不断向外扩展(图3-34)。由于两相流动阻力的增加和解吸气源的补给作用,解吸区扩展是个缓慢的过程。

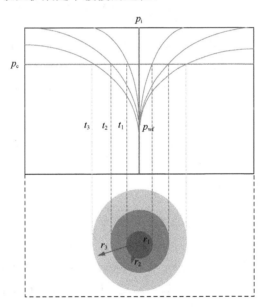

图 3-34 煤层气解吸区扩展物理过程

掌握解吸区扩展有两个方面的作用:①由于产气量是由解吸区贡献的,追踪解吸区扩展范围,可为煤层气产能动态分析提供依据;②跟踪解吸区扩展范围,可进行储量动用程度评价,为采收率预测提供基本方法。

2. 煤储层气水两相流压力分布特征

预测解吸区动态扩展范围最重要的一步就是确定各不同时间下的储层压力分

布情况,由于煤层气开采解吸区扩展过程为两相流过程,因此,需要建立两相流条件下压力分布模型(Sun et al.,2018a)。

1) 气水两相流控制方程简化处理

煤层气井气水两相流阶段的连续性方程可表示为(Seidle,1993;Meng et al.,2018)

气相:

$$\nabla\left(\frac{kk_{rg}}{B_g\mu_g}\nabla p\right) = \frac{\partial}{3.6\partial t}\left(\frac{S_g\phi}{B_g}\right) + \frac{q_d}{B_g} \qquad (3\text{-}56)$$

水相:

$$\nabla\left(\frac{kk_{rw}}{B_w\mu_w}\nabla p\right) = \frac{\partial}{3.6\partial t}\left(\frac{S_w\phi}{B_w}\right) \qquad (3\text{-}57)$$

式(3-56)和式(3-57)中,k 为裂隙(割理)绝对渗透率,mD;k_{rg}、k_{rw} 分别为气相和水相的相对渗透率;B_g、B_w 分别为气和水的地下体积系数;μ_g、μ_w 分别为地层条件下煤层气和水的黏度,mPa·s;S_g、S_w 分别为裂隙(割理)中的含气和含水饱和度,%;ϕ 为裂隙(割理)孔隙度,%;t 为流动时间,h;p 为地层压力,MPa;q_d 为煤层气由单位体积煤基质块单位时间内向裂隙(割理)解吸量,m³/(m³·h),用平衡解吸模型进行描述(Bertrand et al.,2017;孙政等,2018)

$$q_d = C_d\phi\frac{\partial p}{\partial t} \qquad (3\text{-}58)$$

其中,C_d 为解吸压缩系数,MPa^{-1},满足

$$C_d = \frac{p_{sc}ZTV_Lb}{pZ_{sc}T_{sc}\phi(1+bp)^2} \qquad (3\text{-}59)$$

这里,p_{sc} 为标准状态下压力,MPa;Z 为偏差因子;Z_{sc} 为标准状态下偏差因子;T_{sc} 为标准状态下的温度,K;T 为煤层温度,K;V_L 为 Langmuir 体积,m³/m³;b 为等温吸附线压力常数,MPa^{-1}。

令综合压缩系数 C_t 为

$$C_t = C_d + C_p + C_gS_g + C_wS_w \qquad (3\text{-}60)$$

式中,C_d、C_p、C_g 和 C_w 分别为解吸压缩系数、孔隙压缩系数、气体压缩系数和水的压缩系数,MPa^{-1}。

气相连续性方程[式(3-56)]两边同时乘以 B_g,水相连续性方程[式(3-57)]两边同时乘以 B_w,将两式左右分别相加,等式右边用综合压缩系数表示,简化得

$$B_g\nabla\left(\frac{k_g}{B_g\mu_g}\nabla p\right)+B_w\nabla\left(\frac{k_w}{B_w\mu_w}\nabla p\right)=\frac{C_t\phi\partial p}{3.6\partial t} \qquad (3\text{-}61)$$

将式(3-61)左侧第 1 和第 2 项的微分算子扩展、合并，得

$$\left(\frac{k_f k_{rg}}{\mu_g}+\frac{k_f k_{rw}}{\mu_w}\right)\nabla^2 p+B_w\nabla\left(\frac{k_f k_{rw}}{B_w\mu_w}\right)\nabla p+B_g\nabla\left(\frac{k_f k_{rg}}{B_g\mu_g}\right)\nabla p=\frac{\phi C_t\partial p}{3.6\partial t} \qquad (3\text{-}62)$$

气水两相流刚开始时，以产水为主，气水比较低；随着气相增多，以产气为主，气水比较高。

(1) 初始两相流阶段(GWR 很低)。

该阶段生产气水比(GWR)很低，则式(3-62)左侧第 3 项可转化为

$$B_g\nabla\left(\frac{k_g}{B_g\mu_g}\right)\nabla p=B_g\text{GWR}\nabla\left(\frac{k_w}{B_w\mu_w}\right)\nabla p+B_g\frac{k_w}{B_w\mu_w}\nabla\text{GWR}\nabla p \qquad (3\text{-}63)$$

由于$\nabla\text{GWR}\nabla p$很小，可忽略不计，代入式(3-62)，可得

$$\nabla^2 p+\nabla\ln\left(\frac{k_w}{\mu_w B_w}\right)\nabla p=\frac{1}{3.6}\frac{C_t}{\lambda_t}\frac{\partial p}{\partial t} \qquad (3\text{-}64)$$

在早期排水阶段，由于水相渗透率、水的黏度和体积系数均变化很小，因此

$$\frac{k_w}{\mu_w B_w}=\text{常数} \qquad (3\text{-}65)$$

式(3-64)可简化为

$$\nabla^2 p=\frac{1}{3.6}\frac{C_t}{\lambda_t}\frac{\partial p}{\partial t} \qquad (3\text{-}66)$$

(2) 中后期两相流阶段(GWR 很高)。

该阶段生产气水比(GWR)很高，则式(3-62)左侧第二项可转化为

$$B_w\nabla\left(\frac{k_w}{B_w\mu_w}\right)\nabla p=B_w\left(\frac{1}{\text{GWR}}\right)\nabla\left(\frac{k_g}{B_g\mu_g}\right)\nabla p+B_w\frac{k_g}{B_g\mu_g}\left(\frac{1}{\text{GWR}}\right)\nabla p \qquad (3\text{-}67)$$

同样，$\nabla\text{GWR}\nabla p$可忽略不计，代入式(3-62)，可得

$$\nabla^2 p + \nabla \ln\left(\frac{k_g}{\mu_g B_g}\right) \nabla p = \frac{1}{3.6} \frac{C_t \phi}{\lambda_t} \frac{\partial p}{\partial t} \tag{3-68}$$

Seidle(1992)指出，当压力传播到边界后，一定时间内气水两相区的饱和度梯度可以忽略，因此两相区范围内 k_g 可视为常数。另外，由于煤层气藏一般属于低压气藏，气相黏度与偏差因子的乘积(即 $\mu_g Z$) 也可视为常数，得到

$$\frac{k_g}{\mu_g B_g} = \frac{k_g}{\mu_g Z} \frac{Z_{sc} T_{sc}}{p_{sc} T} p = \frac{k_g}{\mu_{g0} Z_0} \frac{Z_{sc} T_{sc}}{p_{sc} T} p = \alpha p \tag{3-69}$$

式中，α 为常数，继续整理可得

$$\nabla^2 p^2 = \frac{1}{3.6} \frac{C_t \phi}{\lambda_t} \frac{\partial p^2}{\partial t} \tag{3-70}$$

2) 稳态压力分布模型

根据稳态逐次替换法原理，假设解吸前缘(两相区)达到边界之前，任一时刻的煤层压力漏斗都近似符合稳定流的压力分布特征。在气水两相流出现初期，渗流控制方程中压力为一次方，因此稳态条件下径向流动时压力分布满足(Ge, 1982)：

$$p = p_{wf} + \frac{p_d - p_{wf}}{\ln(r_d/r_w)} \ln(r/r_w) \tag{3-71}$$

式中，p_d 为临界解吸压力，MPa；p_{wf} 为井底流压，MPa；r_d 为径向流解吸区扩展半径，m；r_w 为井眼半径，m；r 为解吸区范围任意位置处半径，m。

两相流中后期阶段，此时气相流动占主要作用，控制方程中压力为二次方，稳态条件下径向流动时压力分布满足：

$$p^2 = p_{wf}^2 + \frac{p_d^2 - p_{wf}^2}{\ln(r_d/r_w)} \ln(r/r_w) \tag{3-72}$$

另外，由于我国煤层渗透率低，煤层气井多数选择直井压裂投产。压裂直井生产过程中等势面以椭圆状逐步向外扩展。这时可采用保角变换法，经坐标变换将椭圆流动转化为排液坑道线性流动：

$$\begin{cases} x = L_f \text{ch}\xi \cos\eta \\ y = L_f \text{sh}\xi \sin\eta \end{cases} \tag{3-73}$$

式中，L_f 为裂缝半长，m；x、y 为初始坐标；ξ、η 为转化后新坐标。

求取压裂直井稳态条件时两相流初期和产气主控期的压力分布分别为

两相流初期：

$$p = p_{wf} + \frac{p_d - p_{wf}}{\xi_d - \xi_w}(\xi - \xi_w) \tag{3-74}$$

产气主控期：

$$p^2 = p_{wf}^2 + \frac{p_d^2 - p_{wf}^2}{\xi_d - \xi_w}(\xi - \xi_w) \tag{3-75}$$

其中 $\xi_w = 0$，解吸椭圆区长半轴(x_d)、短半轴(y_d)分别为

$$x_d = L_f \text{ch}\xi_d, \qquad y_d = L_f \text{sh}\xi_d \tag{3-76}$$

3. 解吸区预测数学模型

1) 煤层气直井情况

煤层气直井生产时，地层流体的流动为径向流，解吸区前缘以一系列同心圆族向外扩展，如图 3-35(a)所示。取阴影部分的微元体 dr，微元范围内的采出气量 = 解吸气量−裂隙孔隙游离气量，公式为

$$dG_p = \left[\frac{p_d V_L}{p_L + p_d} - \frac{p V_L}{p_L + p} - (\phi S_g / B_g)\right] dV \tag{3-77}$$

式中，p_L 为 Langmuir 压力，MPa；G_p 为累计产气量，m³。

由于煤层压力低，裂隙(割理)孔隙度不高，相对吸附气而言，裂隙(割理)系统内游离气可以忽略，则

$$dG_p = \left[\frac{p_d V_L}{p_L + p_d} - \frac{p V_L}{p_L + p} - (\phi S_g / B_g)\right] dV \approx \left(\frac{p_d V_L}{p_L + p_d} - \frac{p V_L}{p_L + p}\right) dV \tag{3-78}$$

故整个解吸区内气体采出量为

$$G_p = 2\pi h \int_{r_w}^{r_d} \left(\frac{p_d V_L}{p_L + p_d} - \frac{p V_L}{p_L + p}\right) r dr \tag{3-79}$$

式(3-79)中累计产气量 G_p 可由现场数据获得,压力分布根据稳态替换方法给出,而解吸区半径 r_d 为唯一未知变量,可通过迭代方法求解。按照压力法计算求得的 r_d 为解吸半径最小值,按照压力平方法计算求得的 r_d 为解吸半径最大值。运用该模型可求得解吸区的范围。

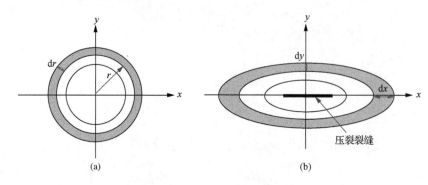

图 3-35 直井与裂缝井流动微小单元体
(a)无压裂情况;(b)压裂直井

2)煤层气压裂直井情况

压裂直井生产时,解吸区前缘以一系列共焦椭圆族向外扩展,如图 3-35(b)所示。取阴影部分的微元体 dr,同上不考虑裂缝系统中的游离气,则整个解吸区内累计产气量为

$$G_p = \iint \left(\frac{p_d V_L}{p_L + p_d} - \frac{p V_L}{p_L + p} \right) dV \tag{3-80}$$

这里 $dV = h dA$,A 在平面上为椭圆状,由于

$$\left| \frac{\partial(x, y)}{\partial(\xi, \eta)} \right| = \begin{vmatrix} \dfrac{\partial x}{\partial \xi} & \dfrac{\partial x}{\partial \eta} \\ \dfrac{\partial y}{\partial \xi} & \dfrac{\partial y}{\partial \eta} \end{vmatrix} = \frac{L_f^2}{2}(\mathrm{ch}2\xi - \cos 2\eta) \tag{3-81}$$

则

$$dV = h dA = h \frac{L_f^2}{2}(\mathrm{ch}2\xi - \cos 2\eta) d\xi d\eta \tag{3-82}$$

累计产气量为

$$G_{p} = \pi h L_{f}^{2} \int_{\xi_{w}}^{\xi_{d}} \left(\frac{p_{d}V_{L}}{p_{L}+p_{d}} - \frac{pV_{L}}{p_{L}+p} \right) \text{ch} 2\xi \text{d}\xi \tag{3-83}$$

式(3-83)中 ξ_d 为所求参数,结合压力分布函数,通过迭代求解得到。再根据式(3-76)可求得原坐标系统下椭圆解吸区长半轴(x_d)、短半轴(y_d)。按照压力法计算求得的 x_d、y_d 为解吸范围最小值;按照压力平方法计算求得的 r_d 为解吸范围最大值。运用该模型可求得解吸区的大致范围。

4. 模型验证与误差分析

运用 CMG(computer modeling group)数值模拟软件中的 GEM 模块,建立两个理想煤层气井模型,验证解吸区预测模型的准确性,基本参数如表 3-6 所示。模型 I 为径向网格模型,圆形、等厚、封闭边界煤层气藏中心一口井,控制半径 $r_e = 350\text{m}$,如图 3-36(a)所示;模型 II 考虑了压裂裂缝,采用笛卡儿坐标网格,裂缝半长 75.5m,储层面积为 700m×700m,如图 3-36(b)所示。

表 3-6 数值模拟基本参数对照表

模型	Langmuir 体积 $V_L/(\text{m}^3/\text{m}^3)$	Langmuir 压力 p_L/MPa	有效厚度/m	临界解吸压力 p_d/MPa	原始地层压力 p_i/MPa	井筒半径 r_w/m	井底流压 p_{wf}/MPa
模型 I	33	2.4	8.0	5.0	5.5	0.085	0.30
模型 II	33	2.4	8.0	1.5	5.0	0.085	0.30

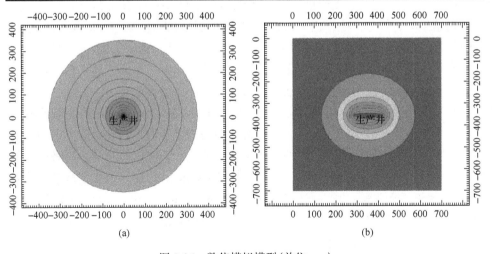

图 3-36 数值模拟模型(单位:m)
(a)模型 I:无压裂直井(径向坐标);(b)模型 II:压裂直井(笛卡儿坐标)

采用本书方法计算不同累计产气量时的解吸区扩展半径,并与数值模拟结果相比较,如图 3-37 所示,其中压力分布分别用压力函数、压力平方函数进行表征。

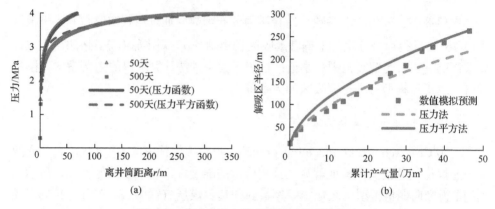

图 3-37 本书方法与数值模拟对比(模型 I)
(a)解吸区压力剖面;(b)解吸区半径与累计产气量关系

图 3-37(a)中数据点为模型 I 导出的生产 50 天和 500 天的解吸区压力剖面($p<p_d$),实线表示用本书给出的稳态条件下径向流动时压力分布公式计算的压力剖面,其中生产 50 天的压力剖面采用压力函数,生产 500 天的压力剖面采用压力平方函数。由图 3-37 可见,解析方法与数值模型压力曲线吻合较好,说明生产过程中解吸区压力剖面可以用稳态条件下压力函数或压力平方函数近似表述。

由图 3-37(b)可知,生产早期,即当累计产气量较小时,压力法计算解吸半径与数值结果吻合较好;生产后期,即当累计产气量较大时,压力平方法计算值与数值结果吻合较好。显然,早期生产水气比高,以单相水流动为主,压力法适合;后期水气比较小,以气相流动为主,压力平方法更适合。综上所述,数值模拟解吸区半径居于压力法与压力平方法计算值之间,计算误差不大。

对于压裂直井而言,解吸区前缘以一系列共焦(裂缝半长为焦距)椭圆族向外扩展,椭圆的长、短半轴分别代表了裂缝方向与垂直裂缝方向解吸区扩展的最大距离。图 3-38 为模型 II(压裂直井)解吸区扩展情况。随着气体产出,解吸椭圆长半轴以裂缝半长 75.5m 为起点逐渐向外延伸[图 3-38(a)];而解吸椭圆短半轴从井点位置(接近零点坐标)逐渐向外延伸[图 3-38(b)]。可以看出,压力平方法计算的解吸半径与模拟结果接近,而压力法偏离大。模型 II 由于压裂原因,初始产气量大,水气比小,压力法不适合。

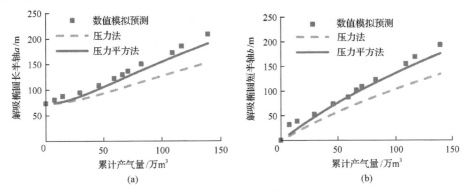

图 3-38 本书方法与数值模拟对比(模型Ⅱ)

(a)解吸椭圆长半轴；(b)解吸椭圆短半轴

5. 实例分析

A、B、C、D 为某实际煤层气区块 4 口邻近的压裂直井，各井位置如下图 3-39 所示，A、B 井于 2005 年 8 月 18 日投产，C、D 井分别于 2007 年 1 月 18 日和 2007 年 2 月 14 日投产，预测该井组解吸区扩展情况。

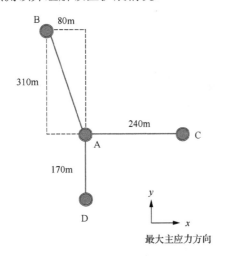

图 3-39 实例井位置

由于各井投产时间不同，首先分析 C、D 井投产前 A、B 两井解吸区扩展规律。所需参数：吸附常数 p_L、V_L 见表 3-6，解吸压力 1.4MPa，A、B 井储层净厚度分别为 6.40m、5.05m，压裂裂缝半长未知，取 60.0m 进行分析。

根据 A、B 两井累计产气量及井底流压数据，运用本书建立的压裂井解吸区扩展模型，且假设 A、B 两井解吸区互不干扰，分别预测两井解吸区随时间的扩展。图 3-40 表示解吸椭圆长短半轴随时间变化(最大值、最小值)，可以看出，两方向的距离差值随时间推移越来越小。至 2007 年 1 月 18 日（生产 525 天）时，A 井在 x、y 方向解吸前缘扩展范围分别为 150.5～188.0m、138.0～178.0m，B 井分别为 170.0～215.0m、159.0～206.5m。

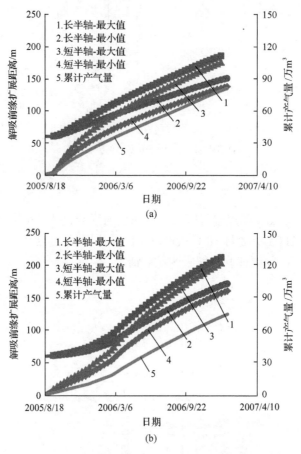

图 3-40　解吸区随时间扩展规律
(a)A 井；(b)B 井

图 3-41(a)、(b) 分别为解吸区扩展半径分别取最大值与最小值的预测结果。最大值情况[图 3-41(a)]时，A、B 两井解吸区前缘在 390 天时已发生干扰；D 井投产前 A 井解吸区已波及该井；由于压裂裂缝影响，C 井投产时 x 方向解吸区前缘很快波及裂缝半长位置(60.0m)，与 A 井该方向解吸区前缘很快干扰。若取最小值[图 3-41(b)]，A、B 两井解吸区前缘也接近干扰(在 y 方向仅距离 15.0m)；A 井解吸区与 C 井裂缝端部位置仅差 29.5m；A 井解吸区与 D 井位置差 32.0m。

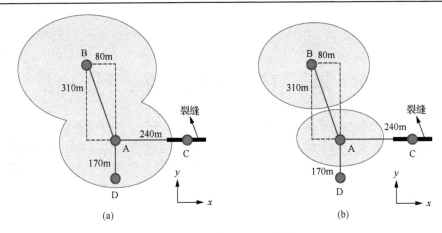

图 3-41 实际井解吸区范围预测
(a)解吸区范围最大值；(b)解吸区范围最小值

综上，此处建立的解吸区预测模型能够快速判断煤层气井生产时的解吸区扩展范围，但该方法存在一定局限性。因为该方法假设的解吸区扩展形状（圆或椭圆）在到达流动边界后可能发生变化，此时预测模型不适用，因此该模型只适用于单井生产且未到达流动边界的情况，而对多井排采时各井解吸区前缘接壤后的情况并不适用。实例中若取最大值情况，A、B 井在 390 天时 y 方向解吸前缘已发生接壤；C、D 井投产时，A 井解吸区已波及这两井，此后运用该模型预测不准。但该方法能定量给出 A、B 井投产后一定时间内解吸区扩展规律，同时能够判断各井解吸区前缘接壤时间，具有一定实际意义。

第4章 煤层气生产过程中动态评价方法

煤层气生产动态评价包括产能评价、试井方法评价、储层物性的动态评价、动静态储量评价等。本章第一节介绍了典型曲线产能预测方法，第二节介绍了数值模拟产能预测方法，第三节介绍了煤层气试井方法，第四节介绍了煤储层物性中渗透率的变化规律，第五节介绍了煤层气静态储量的评估方法，第六节介绍了煤层气动态储量计算方法。

4.1 典型曲线产能预测方法

煤层具有双重介质与两相渗流特点，运用解析方法预测煤层气井产能困难，目前多数采用数值模拟法，但该方法需要储层参数多，历史拟合过程复杂。Aminian 等(2004)、Gerami 等(2008)借鉴常规油气藏生产数据分析方法，提出了煤层气典型曲线产能预测方法；Sanchez(2004)、Arrey(2004)对典型曲线进行了参数敏感性分析，拟合得到不同参数与产气峰值的相关关系式；Enoh(2007)在总结前人成果的基础上编写了煤层气产能预测软件。典型曲线方法简单、快捷，现场操作性强，具有实际应用价值。

4.1.1 典型曲线法理论基础

1. 无因次定义

煤层气理论生产曲线如图 4-1 所示，一般认为煤层饱和水(干煤层除外)，气

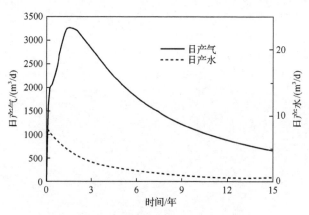

图 4-1 煤层气井气水产量变化示意图

井经过一段时间的排水降压,动液面下降至一定高度后开始产气,之后动液面几乎保持不变(近似认为定压生产)。随着煤层压力降低,产气量增加,当上升到一定峰值后,产气量递减。因此,从整个生产历史来看,产气量经历上升、下降阶段(Aminian et al., 2004)。

为了将生产曲线归一化,得到典型曲线形态,无因次定义如下:
无因次时间

$$t_D = \frac{tq_{gmax}}{G_i} \quad (4-1)$$

无因次产量

$$q_D = \frac{q_g}{q_{gmax}} \quad (4-2)$$

式中,q_{gmax} 为产气最大值;G_i 为原始地质储量

$$G_i = 0.001Ah\rho V_i \quad (4-3)$$

其中,A 为控制面积,m^2;h 为煤层厚度,m;ρ 为煤密度,kg/m^3;V_i 为原始含气量,m^3/t。

无因次产气量与无因次时间关系如图 4-2 所示,该曲线即煤层气典型曲线。

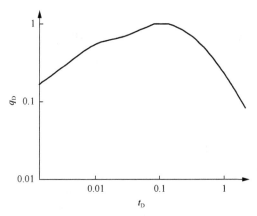

图 4-2 煤层气井典型曲线(双对数坐标)

2. 参数敏感分析

采用 CMG 软件模拟并分析不同参数对典型曲线形态的影响,参数包括 Langmuir 压力 p_L、Langmuir 体积 V_L、控制面积、裂隙压力、裂隙孔隙度、裂隙渗透率、临界解吸压力、吸附时间、井底流压、表皮系数。结果表明,裂隙压力、

吸附时间、裂隙孔隙度、临界解吸压力、井底流压、表皮系数、V_L 对典型曲线影响不大，归一化曲线基本重合，而不同 p_L 时典型曲线差别较大，如图 4-3 所示。可以看到，通过无因次转化，可将多参数影响的产气曲线转化为少数几个参数影响的特征曲线，从而使分析得到简化（徐兵祥，2011a）。

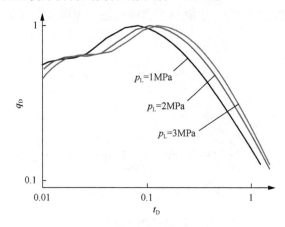

图 4-3　不同 p_L 时典型曲线

4.1.2　煤层气产能预测方法

1. 未投产井产量预测方法

煤层气储量 G_i 可根据容积法求得，但不好求取 q_{gmax}。

Aminian 等（2005）建立了产气峰值的相关式：

$$\left(q_{gmax}\right)_D = \frac{0.7276 q_{gmax}(1.8T+32)\mu_d Z_d}{kh\left(p_d^2 - p_{wf}^2\right)}\left(\ln\frac{r_e}{r_w} - 0.75 + S\right) \quad (4\text{-}4)$$

式中，μ_d 为临界解吸压力时气体黏度，mPa·s；Z_d 为临界解吸压力时气体偏差因子；k 为渗透率，mD；h 为煤层厚度，m；p_d 为临界解吸压力，MPa；p_{wf} 为井底流压，MPa；r_e 为边界半径，m；r_w 为井筒半径，m；S 为表皮系数。

Bhavsar（2005）给出了无因次产气峰值与各参数的关系式：

$$\left(q_{gmax}\right)_D = 4.1977S - 3.481p_d - 21.47\phi + 2.9523V_L + 1.7259p_L + 108.78 \quad (4\text{-}5)$$

式中，ϕ 为孔隙度，%。

根据式（4-4）和式（4-5）可求得产气峰值，其中表皮系数则要考虑压裂的影响。采用 Cinco-Ley 等（1975）提出的表皮系数和无因次裂缝导流能力关系进行换算。

储量和产气峰值确定以后，便可进行产能预测，流程如下：

(1) 根据储层参数计算 G_i 值。
(2) 根据无因次产气峰值与煤层参数的关系,确定无因次产气峰值 $(q_{gmax})_D$。
(3) 由无因次产气峰值确定产气峰值 q_{gmax}。
(4) 给定时间 t,根据无因次定义,求得 t_D。
(5) 由典型曲线 q_D-t_D 关系确定 q_D,根据定义求得 q,从而求出 q 随时间 t 的变化。

当 Langmuir 压力为 1.5MPa 时 q_D-t_D 关系分段拟合后的结果如图 4-4 所示,不同 Langmuir 压力时关系式如表 4-1 所示。

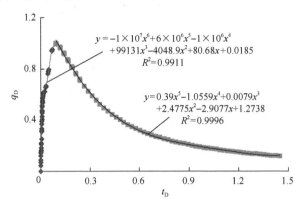

图 4-4　p_L=1.5MPa 时典型曲线分段拟合

表 4-1　不同 Langmuir 压力下无因次产量与时间关系式

p_L/MPa	拟合关系式(y 代表 q_D,x 代表 t_D)	
	产量上升期($t_D>0$)	产量递减期($t_D<1.5$)
1	$y = -4 \times 10^7 x^6 + 2 \times 10^7 x^5 - 3 \times 10^6 x^4 + 173225 x^3$ $- 5702.9 x^2 + 94.208 x + 0.0139$	$y = 0.0869 x^5 + 0.8153 x^4 - 3.7419 x^3$ $+ 5.6273 x^2 - 3.9245 x + 1.2968$
1.5	$y = -10^7 x^6 + 6 \times 10^6 x^5 - 10^6 x^4 + 99131 x^3$ $- 4048.9 x^2 + 80.68 x + 0.0185$	$y = 0.39 x^5 - 1.0559 x^4 + 0.0079 x^3$ $+ 2.4775 x^2 - 2.9077 x + 1.2738$
2	$y = -10^7 x^6 + 5 \times 10^6 x^5 - 944830 x^4 + 83575 x^3$ $- 3635.2 x^2 + 77.012 x + 0.0193$	$y = 0.3102 x^5 - 1.1004 x^4 + 0.7624 x^3$ $+ 1.4015 x^2 - 2.4427 x + 1.2678$
2.5	$y = -6 \times 10^6 x^6 + 3 \times 10^6 x^5 - 660394 x^4 + 64021 x^3$ $- 3058 x^2 + 70.97 x + 0.0204$	$y = 0.2206 x^5 - 0.8851 x^4 + 0.7936 x^3$ $+ 1.0251 x^2 - 2.2181 x + 1.2704$
3	$y = -2 \times 10^6 x^6 + 2 \times 10^6 x^5 - 384544 x^4 + 43374 x^3$ $- 2384.9 x^2 + 63.287 x + 0.0217$	$y = 0.2206 x^5 - 0.8851 x^4 + 0.7936 x^3$ $+ 1.0251 x^2 - 2.2181 x + 1.2704$

2. 已投产井产量预测方法

对于已有历史生产数据的井,可通过典型曲线拟合储量和产气峰值,步骤如下:
(1) 已知实际生产数据 q-t 关系,绘制 q-t 双对数坐标曲线。

(2) 将此 q-t 曲线在典型曲线 q_D-t_D 上移动,可求出 q_{gmax}、G_i 值。

已知产气峰值和储量后,便可由典型曲线关系进行产气量预测。

4.1.3 方法应用

选取某区块煤储层参数,利用典型曲线方法进行产能预测,并与数值模拟结果相比较,验证典型曲线产能预测方法的可靠性,储层参数如表 4-2 所示。

表 4-2 某区块煤层参数

参数	值	参数	值
单井控制面积/m²	350×350	井底流压/MPa	0.35
裂隙渗透率/mD	2	Langmuir 压力/MPa	2.14
裂隙孔隙度/%	2	Langmuir 体积/(m³/t)	22.18
原始裂隙压力/MPa	2.8	裂缝半长/m	50
临界解吸压力/MPa	1.4	裂缝导流能力/(mD·m)	200
层厚/m	6	储层温度/℃	28
解吸时间/天	15	气相黏度/(mPa·s)	0.01

根据表吸附常数,可计算含气量为

$$V_i = \frac{V_L p}{p_L + p} = \frac{22.4 \times 1.4}{2.4 + 1.4} = 8.25 \left(m^3/t \right) \tag{4-6}$$

计算的储量为

$$G_i = 0.001 Ah\rho V_i = 0.001 \times 350 \times 350 \times 6 \times 1500 \times 8.25 = 9.096 \times 10^6 \left(m^3 \right) \tag{4-7}$$

采用 Cinco-Ley 方法将无因次裂缝导流能力换算成表皮系数,得出等效的表皮系数 $S=-5.4$,无因次产气峰值计算为

$$\left(q_{gmax} \right)_D = 107.54 \tag{4-8}$$

则产气峰值为

$$q_{gmax} = 2568 m^3/d \tag{4-9}$$

数模结果与典型曲线预测结果如图 4-5 所示。由图 4-5 可以看出,两种方法的产气曲线趋势类似,用典型曲线预测的产气峰值出现时间较晚。分析认为采用表皮系数等效裂缝导流能力使产气峰值出现时间推迟。

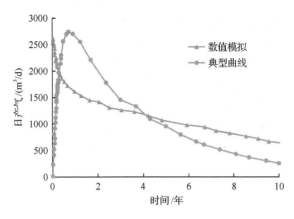

图 4-5 典型曲线与数值模拟的预测结果对比

对比了两种方法得到的产气峰值与 15 年累计产气量,如表 4-3 所示,二者误差均不超过 10%,因此,典型曲线方法可用于预测煤层气产能。

表 4-3 典型曲线与数值模拟的预测结果对比

项目	产气峰值/(m³/d)	累计产气量/百万 m³
数值模拟	2544	5.79
典型曲线	2598	5.59
误差	2.1%	3.4%

综上研究表明:①裂隙压力、吸附时间、孔隙度、临界解吸压力、井底流压、表皮系数、Langmuir 体积对典型曲线形态影响不大,曲线基本重合;而不同 Langmuir 压力下典型曲线差别较大。②对于已投产井,基于典型曲线拟合生产数据,可准确地确定该井控制储量。

4.2 数值模拟产能预测方法

4.2.1 平面网格步长对产气影响

油藏数值模拟是将油藏划分为很多小方块,再利用差分方程求解。方块越小越能精细模拟,但方块越小,节点数越多,需要的计算机内存越大。煤层气的解吸是在压降漏斗内的小解吸漏斗内进行的:一方面,解吸压降漏斗比模拟的小方块还要小得多;另一方面,解吸压降漏斗的形状与模拟节点的形状不一样。因此,数值模型在整个研究区域内模拟是有效的,在井附近的小解吸漏斗内难以精细描述。考虑煤层气藏的吸附解吸特征,网格压力取平均值后,模拟中的解吸体积与实际差异较大,从而导致产气量误差。

煤层气井排水降压早期只有井筒附近单相水的流动，这个时期网格步长对模拟结果也没有影响。排水降压晚期，几乎不产水，可认为储层只有单相气的流动，与常规气藏相似，网格步长对模拟结果亦没有影响。

排水降压中期，储层压力逐渐降低到临界解吸压力以下，解吸压降漏斗内的气体发生解吸，解吸规律遵循 Langmuir 模型。

对单层煤层气藏的中心块网格进行数值模拟，网格中心的压力视为整个网格的平均压力，即网格中的压力分布均匀，如果这个网格的平均压力没有降到临界解吸压力以下，那么该网格内的煤层甲烷就不会发生解吸。但实际生产中，网格压力分布不均，该网格中已有部分区域内的煤层甲烷解吸，这样就会造成解吸气量比实际的少，从而带来误差。

数值模拟中，每个网格内的压力是均匀的，网格大小对解吸气量有显著影响。大网格内压力下降得慢，但压降传播得快，如果发生解吸，则解吸体积大。小网格内压力下降得快，解吸发生得早，但压力传播得慢，解吸体积小。

如图 4-6 所示，如果将模拟区域分成 4 个网格，那么网格压力低于临界解吸压力的只有网格 1 和网格 2，只有这两个网格解吸。如果将模拟区域只看成一个网格，那么这个网格的压力小于临界解吸压力，整个模拟区域都会解吸，但是大网格压力下降得慢，解吸较慢。如果是饱和煤层气藏，网格压力下降多少决定了解吸气量的多少，网格划分得越细，单个网格压力下降得越快，但压降传播得慢，解吸体积小。

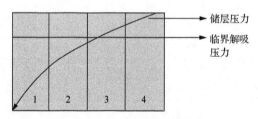

图 4-6　网格压力示意图

4.2.2　平面网格步长敏感性分析

1. 煤层气藏模拟

建立煤层气藏理想模型，含气面积为 500m×500m，储层原始压力为 8000kPa，排水降压阶段以定产水量 10m³/d 生产，当产水量不足时，以定井底流压生产，模拟时间为 7300 天，模型中具体参数见表 4-4。

表 4-4 理想模型参数表

参数名称	单位	数值
含气面积	m^3	500×500
煤层顶深	m	600
煤层厚度	m	6
Langmuir 体积	m^3/m^3	28
Langmuir 压力	kPa	2000
临界解吸压力	kPa	8000
解吸时间	天	10
孔隙度	小数	0.02
渗透率	mD	$k_x=k_y=5$，$k_z=1$
气体组成		甲烷 98%，二氧化碳 2%
地层水密度	g/m^3	1
储层温度	℃	35
井口温度	℃	25
井径	m	0.1
孔隙压缩系数	kPa^{-1}	3.00×10^{-6}
渗透率指数	常数	3
裂缝间距	m	0.005

改变网格步长，将网格步长分别设为 10m、20m、30m、40m、50m、100m、167m、500m，且网格步长均匀。

模拟结果表现出产气曲线在排水降压早期没有变化，而在排水降压中期产量上升阶段，产气量变化较大，10m 网格与 50m 网格的日产气峰值相差 100 多立方米，呈现产气量随网格步长增大而增大的趋势。而当步长扩大到 500m 时，产气曲线发生显著变化，如图 4-7 所示。

将网格步长进一步增大，得出网格步长 167m 和 500m 情况下的产气曲线，曲线变化更大；167m 情况与 10m 情况下的产气曲线相比，曲线形状变化不大，但是产气峰值相差约 300m^3，500m 的产气曲线变化很大，早期产量低，后期产量高，如图 4-8 所示。

2. 干气藏模拟

COMET3 模拟的理想干气藏定产气量生产，不同网格步长的产气曲线略有变化但是基本重合，如图 4-9 所示。

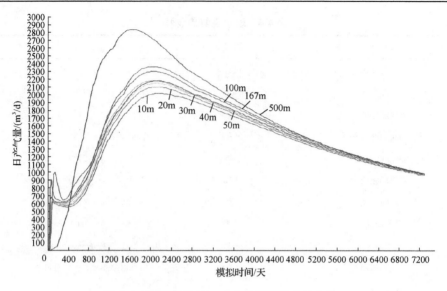

图 4-7 网格步长(10～500m)模拟日产气曲线

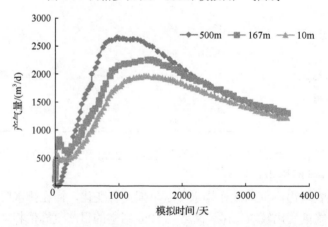

图 4-8 不同网格步长(10m、167m、500m)的产气曲线

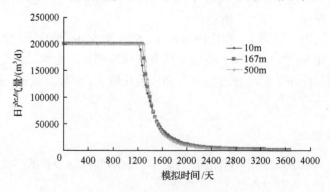

图 4-9 干气藏不同网格步长的产气曲线

数值模拟中，网格划分越细，模拟越接近实际，模拟结果精度越高。如果不考虑精度问题，对于理想均质的干气藏，网格步长对结果没有影响。煤层气藏因其特有的吸附解吸非线性特征而不同于常规天然气藏，只有解吸压降漏斗内的气体才发生解吸，从而网格的大小对解吸气量有很大影响。在排水降压早期，储层只有单相水的流动，网格大小对模拟结果没有影响；排水降压中期，解吸压降漏斗内气体发生解吸，网格步长越大，解吸体积越大，反之越小；排水降压后期，可认为储层只有单相气的流动，网格步长对模拟结果亦没有影响。在煤层气藏的数值模拟过程中，选择合理的网格步长至关重要。当网格步长超过 100m 时，会产生较大误差。

4.3 煤层气试井方法

4.3.1 煤层气试井的作用

1. 煤岩裂缝（割理）的有效渗透率

试井方法是测取煤层渗透率行之有效的方法。针对一般岩层，通过钻井取心在室内进行测试，可以测取渗透率。这种方法对煤心也可以用，但由于煤心易碎，取心过程基本无法保存原始状态的裂缝，所以也就无法通过这种方法真实有效地获取煤层割理的渗透率值。

测井方法要依赖取心法做出相应的图版，由于取心法的可靠性受到限制，也就影响了测井法求取渗透率的应用。

特别应指出的是，无论是取心或测井，都是在静态条件下对钻孔这一点的认识，而试井法则不同，它求得的渗透率值代表流体通过区域在动态情况下的综合值。所以，这样求得的值是最具有代表性的。

2. 平均储层压力

煤层压力是煤层气开采过程中的关键参数。压力的原始状态标志着煤层气的原始吸附条件，压力的不断变化预示着总解吸条件的变化。而压力的测量和计算，只有试井工作可以完成。

3. 煤层的伤害和改善

煤层在钻井完井过程中会受到某种程度的伤害，煤层的伤害会加大产出时遇到的阻力，试井资料提供的表皮系数 S，可以定量地给出地层被伤害的程度。如果通过一定措施对煤层气井进行了改造，还可以通过 S 值判断措施效果。

4. 评价压裂效果

煤层的压裂会在井底形成大的裂缝。通过加砂，可以支撑住压开的缝，形成有效的流动通道。可以通过试井法求出支撑缝的长度 X_f 和支撑缝内的导流能力 F_{CD}，从而对压裂效果做出评价。

5. 判断煤层的连通性

由于受地质条件的制约，煤岩层在各个方向的发育并非都是连续一致的。特别是其中导致甲烷气渗流的裂缝的发育存在着差别，这使井与井之间的连通性受到很大的影响。用干扰试井法不仅可以测出煤层的连通与否，还可以通过干扰曲线的定量分析，求出井和井之间的连通渗透率 k，以及连通的储能参数 $\phi h C_t$，由于煤岩层的 C_t 值比普通砂岩地层要大 1～2 个数量级，而且除理论推算和试井法外，几乎无法通过其他方法求得，因而干扰试井法可以说是确定煤层压缩系数的唯一有效的方法。

6. 确定排液的孔隙体积

通过干扰试井，可以求出储能参数，在排除影响参数值变化的影响后，确定孔隙体积。

7. 分析裂缝发育的方向

煤层中裂隙的发育，往往受地应力等因素的影响，从而具有方向性。在干扰试井时，采取井组的形式进行，在不同的方向布置多个干扰试井井组，求出不同方向渗透率值的差别，可以了解裂缝发育的方向性。

8. 探测煤岩层的流动边界

在煤岩层内，由于地质原因存在不渗透边界时，可以通过试井方法得到边界离井的距离，同时判断这些边界的性质及组成形态。

4.3.2 煤层气常用试井方法

煤层气试井测试是为获得储层的评价参数，对煤层进行定量和定性评价的工艺方法，为煤层气井的勘探开发和生产潜能评价提供科学依据。目前国内外常用煤层气试井测试方法主要有钻杆地层测试(DST)、段塞测试、注入/压降测试、水罐测试和变流量试井测试等。

1. DST 测试

DST 测试是用钻杆将测试工具下入井内，在井下进行开关井操作，直接快速获取井下压力-时间关系曲线,分析曲线获得地层参数。DST测试适用于渗透率较好、储层压力较高的储层,是一种常用于认识测试层段的流体性质、压力变化、产能水平和井附近有效渗透率及污染情况的方法。DST测试可得出煤层的储层压力、水的能量、割理的渗透性,以及判断是否存在原始游离气,为下一步改良措施提供依据。

DST测试采用二开二关的工作制度:一开的目的在于消除井壁污染,二开的目的在于得到地层产能;一关的目的在于得到原始地层压力,二关的目的是得到压力恢复资料。通过二开二关的对比,还可以获取地层压力衰竭数据。开关井时间的分配和液垫的选择是测试所考虑的主要方面。

2. 段塞测试

段塞测试是利用段塞流原理向煤层中注水,当井口达到一定压力时关井,然后测定压力恢复过程直至液柱产生的压力与地层压力达到平衡。由此可获取表皮系数、井筒储集系数和地层的渗透率等参数。段塞测试适用于储层压力比较低、渗透性比较好的地层,常用于评价饱和水。

段塞测试所需的时间长短与测试管径的大小和地层的渗透率相关。对渗透率较高的储层,在满足资料分析的前提下,选择管径较小的油管进行测试,可以缩短时间,降低测试成本;对渗透率较低的储层,选择管径较大的油管进行测试,需要通过扩大探测半径,延长测试时间,尽可能多地获取储层信息。段塞测试常用的分析方法有典型曲线法和流动期分析法。

3. 注入/压降测试

注入/压降测试包含注入过程和关井压降两个过程。注入过程是以稳定的排量向井中注一段时间的水,使井筒周围形成一个高于原始地层压力分布的区域,然后再关井,使注入压力与原始储层压力逐步趋于平衡。在注入和关井阶段记录井底压力随时间的变化情况。注入和关井阶段的数据都可用于分别求取地层参数,但是因为注入阶段的压力波动比较大,而且煤层具有应力敏感性,所以关井阶段的数据更具有代表性,适用于各种情况下的地层,对低压储层需采用井底关井,对低渗透地层则需要延长测试时间。

4. 水罐测试

水罐测试的测试原理是当目的层压力小于静水柱压力时,依靠罐内液面所产生的重力差,通过静水柱压力作用把水注进煤层内,使之在井筒周围形成一种水饱和状态,造成向煤层注入水的单相流体流动。当灌注注水完成后,再关井进行测试得到一组压力下降曲线,用储集层单相流理论对灌注和压降两个阶段进行分析,从而获得地层参数。水罐测试适用于低压、渗透性较好的地层,要求储层的污染程度小,是一种简化的注入/压降测试方法。与之相比较,水罐测试成本较低,既有效避免了将地层压裂的可能,还可以延长注入时间,获取较大的探测半径。

5. 变流量试井测试

变流量试井测试是一种连续监测手段,无须关井,在测试过程记录水和气产量的变化,同时监测井底压力的变化。变流量试井技术具有很强的应用价值,在试井过程中几乎不影响产量,且测试时间短、工艺简单、操作方便。

4.3.3 煤层气常用测试方法评价及应用

通常所用的测试方法由于测试目的和工艺原理的不同,其所需设备和适用范围也有不同。将以上所述几种常用的测试方法的优缺点和适用范围进行了总结如表 4-5 所示。

表 4-5 常用测试方法比较

测试类型	优点	缺点	所需主要设备	适用范围
DST 测试	可获取到能评价地层潜力的资料费用比较少 施工简便	探测半径比较小 生产时间短且不稳定 容易出现两相流,使分析复杂化 开关井的时间分配比较困难	压力计、管柱设备、钻杆地层测试器	适用于储层压力高、渗透性好的地层,且储层压力与临界解吸压力的压差较大
段塞测试	费用少 设计简单,易于实施 典型曲线分析简单	探测半径有限 测试时间长 不适用于两相流 储层必须是低压 很难解释储层非均质性	井下压力传感器、抽汲或注入一段水柱的设备、地面压力记录仪	适用于储层压力比较低、渗透性比较好的地层
注入/压降测试	探测半径比较大 施工相对较快 测试成功率高 可用于压后的分析	稳定注入排量的控制比较困难 费用相对较高 存在将地层压裂的危险	注水泵、管柱设备、井底关井工具、压力计和流量计	适用于各种情况下的地层。对低压储层需采用井底关井,对低渗透地层需延长测试时间
水罐测试	测试成功率高 方法简单,费用低 测量的有效渗透率比较准确 可避免将地层压裂	测试时间相对较长 不能用于高压储层 对低渗透率地层施工较困难	水罐及供水系统、井下压力传感器、地面压力记录仪	适用于低压、渗透性较好的地层。要求储层的污染程度小
变流量试井测试	测试时间短 工艺简单 操作方便 测试结果更加准确 不影响产量	噪声大	永久井下压力计、地面压力记录仪	适用于各种情况下的地层

4.3.4 煤层气两相流试井

目前,煤层气井通常在投入排采前进行注入-压降试井,以避免在试井过程中出现两相渗流,增加试井解释的复杂性。但在排水采气期间,气水两相渗流问题不可避免,两相渗流在排采的早期就会出现,而且井控范围内的两相区流动形态也不同于常规的水驱气藏,因此,通过研究将油藏压力平方方法引入到煤层气藏气液两相渗流试井的分析解释中(胡小虎等,2011a)。

1. 气液两相渗流微分方程

1) 渗流微分方程的推导

对于气水同产的煤层气井,气水两相的渗流控制方程分别为

气相:

$$\nabla \left(\frac{kk_{rg}}{B_g \mu_g} \nabla p \right) = \frac{\partial}{3.6 \partial t} \left(\frac{S_g \phi}{B_g} \right) + \frac{q_{ai}}{B_g} \quad (4\text{-}10)$$

水相:

$$\nabla \left(\frac{kk_{rw}}{B_w \mu_w} \nabla p \right) = \frac{\partial}{3.6 \partial t} \left(\frac{S_w \phi}{B_w} \right) \quad (4\text{-}11)$$

式中,k 为割理绝对渗透率,μm^2;k_{rg}、k_{rw} 分别为气相和水相的相对渗透率;B_g、B_w 分别为气和水的地下体积系数;μ_g、μ_w 分别为地层条件下气和水的黏度,$mPa \cdot s$;S_g、S_w 分别为割理中的含气和含水饱和度,%;ϕ 为割理孔隙度,%;t 为流动时间,h;p 为地层压力,MPa;q_{ai} 为煤层气由单位体积煤基质块向割理扩散的速度,$m^3/(m^3 \cdot h)$。

在平衡解吸条件下,q_{ai} 可表示为

$$q_{ai} = \frac{p_{sc}ZT}{pZ_{sc}T_{sc}} \frac{V_m b \rho_B}{(1+bp)^2} \frac{\partial p}{\partial t} \quad (4\text{-}12)$$

式中,p_{sc} 为标准状态下压力,MPa;Z 为偏差因子;Z_{sc} 为标准状态下偏差因子;T_{sc} 为标准状态下的温度,K;T 为煤岩温度,K;V_m 为煤层气等温吸附线的体积常数,m^3/t;b 为等温吸附线压力常数,MPa^{-1};ρ_B 为煤基质块密度,g/cm^3 (Seidle,1992)。

结合煤基质块的解吸压缩系数 C_d (Seidle,1992):

$$C_d = \frac{B_g \rho_B V_m b}{\phi (1+bp)^2} \quad (4\text{-}13)$$

可简化为

$$q_{ai} = C_d \phi \frac{\partial p}{\partial t} \qquad (4\text{-}14)$$

将式(4-10)和式(4-11)写成压力的偏微分形式,并用压缩系数来表示,然后在式(4-10)两边同时乘以 B_g,式(4-11)两边同时乘以 B_w,并将两式左右分别相加,最终可得

$$B_g \nabla \left(\frac{k_g}{B_g \mu_g} \nabla p \right) + B_w \nabla \left(\frac{k_w}{B_w \mu_w} \nabla p \right) = \phi \left[S_g (C_f - C_g) + S_w (C_f - C_w) \right] \frac{\partial p}{\partial t} + C_d \phi \frac{\partial p}{\partial t} \qquad (4\text{-}15)$$

式中,k_g、k_w 分别为气相和水相渗透率,mD;C_f、C_g、C_w 分别为煤岩、气体、水相压缩系数,MPa^{-1}。

定义割理系统的综合压缩系数 C_t 为

$$C_t = C_d + C_f - C_g S_g - C_w S_w \qquad (4\text{-}16)$$

整理为

$$B_g \nabla \left(\frac{k_g}{B_g \mu_g} \nabla p \right) + B_w \nabla \left(\frac{k_w}{B_w \mu_w} \nabla p \right) = \frac{C_t \phi \partial p}{3.6 \partial t} \qquad (4\text{-}17)$$

式(4-17)的第1、第2项的微分算子可以进行如下扩展:

$$B_g \nabla \left(\frac{k_g}{B_g \mu_g} \nabla p \right) = \frac{k_g}{\mu_g} \nabla^2 p + B_g \nabla \left(\frac{k_g}{B_g \mu_g} \right) \nabla p \qquad (4\text{-}18)$$

$$B_w \nabla \left(\frac{k_w}{B_w \mu_w} \nabla p \right) = \frac{k_w}{\mu_w} \nabla^2 p + B_w \nabla \left(\frac{k_w}{B_w \mu_w} \right) \nabla p \qquad (4\text{-}19)$$

令气相和水相的流度为

$$\lambda_i = \frac{k_i}{\mu_i}, \quad i = g, \ w \qquad (4\text{-}20)$$

因此气水两相的总流度为

$$\lambda_t = \frac{k_g}{\mu_g} + \frac{k_w}{\mu_w} \qquad (4\text{-}21)$$

另外，令地面水气产量比(简称气水比)为

$$\text{GWR} = \frac{k_\text{w}}{\mu_\text{w} B_\text{w}} \frac{\mu_\text{g} B_\text{g}}{k_\text{g}} \tag{4-22}$$

则可得

$$B_\text{w} \nabla \left(\frac{k_\text{w}}{B_\text{w} \mu_\text{w}} \right) \nabla p = B_\text{w} \text{GWR} \nabla \left(\frac{k_\text{g}}{\mu_\text{g} B_\text{g}} \right) \nabla p + B_\text{w} \frac{k_\text{g}}{\mu_\text{g} B_\text{g}} \nabla \text{GWR} \nabla p \tag{4-23}$$

由于在排采的两相流阶段，尤其是在产气峰值及之后，GWR 很低，因此，假设 $\nabla \text{GWR} \nabla p$ 可以忽略不计，并代入可得

$$\nabla^2 p + \nabla \ln \left(\frac{k_\text{g}}{\mu_\text{g} B_\text{g}} \right) \nabla p = \frac{1}{3.6} \frac{C_\text{t} \phi}{\lambda_\text{t}} \frac{\partial p}{\partial t} \tag{4-24}$$

2) 渗流微分方程的简化

下面对式(4-24)进行简化，式(4-24)中

$$\frac{k_\text{g}}{\mu_\text{g} B_g} = \frac{k_\text{g}}{\mu_\text{g}} \frac{T_\text{sc} p}{Z T p_\text{sc}} = \frac{k_\text{g}}{\mu_\text{g} Z} \frac{T_\text{sc}}{p_\text{sc} T} p \tag{4-25}$$

根据对煤层气井的数值模拟研究，在排采期间，割理系统中排水前缘(饱和度突变处)自井筒向外围不断延展，在前缘后的含气饱和度基本保持稳定；当排水前缘达到边界后，在整个井控区域内的气相饱和度逐渐上升，如图 4-10 所示。

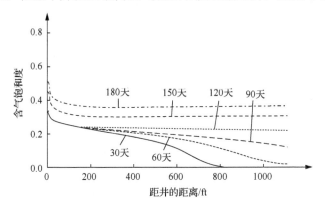

图 4-10　不同排采时间的煤层割理含气饱和度场(据 Seidle，1992)
1ft=0.3048m

从图 4-10 可知，在压力降落或压力恢复试井期间，气水两相区的含气饱和度

梯度可以忽略，所以在试井期间两相区范围内，k_g 可视为常数。另外，由于煤层气藏一般属于低压气藏，气相的黏度与偏差因子的乘积($\mu_g Z$)也可视为常数。因此，在试井期间可令

$$\alpha = \frac{k_g}{\mu_g Z} \frac{T_{sc}}{p_{sc} T} = \frac{k_g}{\mu_{gi} Z_i} \frac{T_{sc}}{p_{sc} T} \tag{4-26}$$

将式(4-25)和式(4-26)代入式(4-24)并进行整理可得

$$\nabla^2 p^2 = \frac{1}{3.6} \frac{C_t \phi}{\lambda_t} \frac{\partial p^2}{\partial t} \tag{4-27}$$

式中，λ_t 为气水两相综合流速比。

方程式(4-27)的形式与均质无限大油藏的渗流方程形式基本相似，区别仅在于：对油藏，式中的 p 为一次方；而对煤层气藏，式中的 p 为二次方。因此，结合式(4-27)和初始条件、边界条件，就可直接写出对应的解析解。

3) 渗流微分方程的求解

渗流微分方程式(4-27)的初始条件为

$$p^2(r, 0) = p_i^2 \tag{4-28}$$

外边界条件为

$$p^2(\infty, t) = p_i^2 \tag{4-29}$$

由于测试期间是定井底流量的，因此内边界条件为

$$\lim_{r \to r_w} \left[r \left(\frac{k_g}{\mu_g B_g} \right) \frac{\partial p}{\partial r} \right] = \lim_{r \to r_w} \left(r \alpha p \frac{\partial p}{\partial r} \right) = \frac{q_g}{178.2 \pi h} \tag{4-30}$$

将式(4-30)转换成压力平方的形式，则有

$$\lim_{r \to r_w} \left(\frac{1}{2} r \alpha \frac{\partial p^2}{\partial r} \right) = \frac{q_g}{178.2 \pi h} \tag{4-31}$$

参照无限大油藏渗流方程的解析解，易知煤层气藏渗流微分方程式(4-27)的解析解为

$$p_i^2 - p^2(r, t) = \frac{1}{2} \frac{2 q_g}{178.2 \pi \alpha h} \left[-E_i \left(-\frac{r^2}{14.4 \eta t} \right) \right] \tag{4-32}$$

令

$$m = 4.242 \times 10^{-3} \frac{q_g}{\alpha h} \tag{4-33}$$

当 $\phi C_t r^2 /(14.4\lambda_t) < 0.01$ 时，式(4-29)可近似转化为

$$p_i^2 - p_{wf}^2(t) = m\left(\lg t + \lg \frac{\lambda_t}{\phi C_t r_w^2} + 0.9077 + 0.8686S\right) \tag{4-34}$$

2. 压力平方试井解释方法

对压力降落试井，若测试时间为 1h，则根据式(4-34)可得表皮系数为

$$S = 1.1513 \times \left[\frac{p_i^2 - p^2(\Delta t = 1h)}{|m|} - \lg \frac{\lambda_t}{\phi C_t r_w^2} - 0.9077\right] \tag{4-35}$$

而对于压力恢复测试，首先根据式(4-33)可得

$$p_{ws}^2(\Delta t) = p_i^2 + m \lg \frac{\Delta t}{t + \Delta t} \tag{4-36}$$

式中，p_{ws} 为关井期间的井底压力。然后，可得表皮系数为

$$S = 1.1513\left[\frac{p_{1h}^2 - p_{wf}^2(\Delta t = 0)}{|m|} - \lg \frac{\lambda_t}{\phi C_t r_w^2} - 0.9077\right] \tag{4-37}$$

由式(4-26)和式(4-33)可得气相渗透率 k_g 为

$$k_g = 4.242 \times 10^{-3} \frac{q_g \mu_{gi} Z_i T p_{sc}}{mhT_{sc}} \tag{4-38}$$

式中，μ_{gi} 为原始气体黏度；Z_i 为原始气体偏差常数。

由式(4-20)可得水相渗透率 k_w 为

$$k_w = \text{GWR} \frac{\mu_w B_w}{\mu_g B_g} k_g \tag{4-39}$$

3. 方法应用

1) 试井数据

为了验证该方法的有效性，首先用 Eclipse 模拟煤层气藏在两相渗流期间的试

井过程，然后用该方法对这些试井数据进行解释。测试中 Eclipse 使用的主要参数如表 4-6 所示。

表 4-6 输入 Eclipse 软件的基本参数

外边界半径 R_e/m	割理绝对渗透率 k/mD	煤密度 ρ_B/(g/cm)	Langmuir 压力系数 b/MPa^{-1}	煤层初始压力 p_i/MPa	煤层厚度 h/m	表皮系数 S
180	1	1.65	0.2032	5.3.146	15	0

割理孔隙度 ϕ	解吸气扩散系数 D/(m^2/h)	Langmuir 体积系数 V_m/(m^3/t)	初始含水饱和度 S_{wi}	井筒半径 r_w/m	井筒体积 V_{wbs}/m^3
0.01	0.0039	15.588	1	0.075	6

该井以定井底流压 0.6895MPa 累计排水 60 天，然后转为以 15.9m^3/d 的产水量排水 30 天，接着再转为 5663m^3/d 的地面产气量生产 10 天，最后地面关井进行压力恢复测试。关井前后的井底流压如图 4-11 所示。

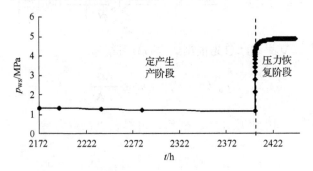

图 4-11 煤层气藏气水两相渗流试井井底流压

2）试井解释

在半对数图绘制出压力恢复期的 $p_{ws}^2(x)$ 与 $x = \lg \Delta t / (t + \Delta t)$ 的关系曲线，如图 4-12 所示。其中，图中直线的斜率 m 为 5.372，纵坐标截距 b 为 30。

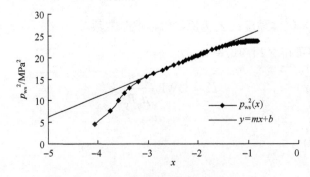

图 4-12 压力平方试井解释方法直线分析图

根据气体的 PVT 表，可以计算出在初始状态下，原始气体黏度 μ_{gi} 为 0.0134mPa·s，原始气体体积系数 B_{gi} 为 0.0207，原始气体偏差常数 Z_i 为 0.8942。根据式(4-38)可计算出 k_g 为 0.44mD。根据模拟使用的相渗曲线，可以查出 k_g 对应的 S_g 为 0.276。从 Eclipse 模拟的结果中可查得近井网格的 k_g 为 0.4~0.45mD，S_g 为 0.26~0.28。可以看出，通过压力平方法解释的 k_g 结果与模拟结果之间吻合得很好。

另外，通过计算可得水相渗透率 k_w 为 0.5mD，综合压缩系数 C_t 为 0.0402MPa^{-1}，气水两相综合流度比 λ_t 为 1.03mD/(mPa·s)，通过这些参数，可进一步得出表皮系数 S 为 0.12。表皮系数的计算结果与输入数模软件的表皮系数值(S_{input}=0)也基本一致。

因此，通过验证表明，所建立的煤层气藏气水两相渗流试井解释方法——压力平方法，可用于分析煤层气井场实际的气水两相渗流试井数据和表皮系数等。该法只需近似地忽略两相区气相饱和度的梯度，不需要忽略压力梯度的变化，在解释过程中也不需要相对渗透率曲线，方法限制性小，且解释结果精度较高。

4.4 煤层气开发动态渗透率变化规律

4.4.1 压力拱效应与应力敏感

隧道开挖、煤层开采时，岩层中初始应力平衡状态被打破，在一定的范围内发生应力重新分布，隧道、矿区顶部岩层在无支护条件下发生层间滑动、离层、断裂破坏等活动，但是这种断裂破坏并不是无止境的，当断裂层向上发展到一定程度后，将不再增加，形成稳定的压力拱结构，阻止上覆岩层继续坍塌。

油气田开发与矿山开采过程中上覆岩层变形特征有类似之处，由于储层与外围岩层(上覆岩层、平面外边界之外的非储层、下伏岩层)之间相互制约、相互影响，储层中孔隙流体压力在井筒附近压降大，远井地带压降小，且基本呈漏斗形分布，这种不均匀的孔隙流体压力分布将导致储层及上覆岩层应力分布不均，从而产生不均匀变形，因此也会在上覆岩层中产生压力拱效应(王钒潦等，2013，2016；Wang et al.，2015)。

1. 压力拱效应变形特征

上覆岩层形成压力拱后，岩石承受荷载的传递路径也将发生变化，主应力场将发生偏转。上覆岩层的重量将通过压力平衡拱，沿主应力线方向传至压力拱以外的岩层中，并形成应力集中区，此时储层与外围岩层也由原来的整体压缩变形而发生变化。总结起来，可以分为四个变形区域，如图 4-13 所示。A 为靠近井筒附近的储层岩石发生压缩变形；B 为储层压缩区域对应的上覆岩层，此处垂向应力(σ_v)降低，水平应力(σ_h)增大，产生拉伸变形；C 为剪切应力(τ)增大区，在层间摩擦力、结构力的作用下，上覆岩层部分重量通过压力拱向远离井筒的方向传递，主要表现为剪切变形；D 为储层外围边界处上覆岩层和储层岩石，此处垂向应力增大，水平应力减小，发生压缩变形。

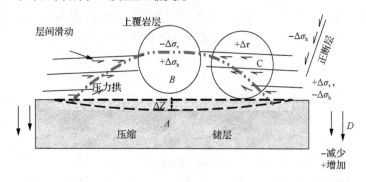

图 4-13 压缩储层围岩层中压缩变形、剪切变形及拉伸变形分区

2. 考虑压力拱效应的上覆压力计算

目前，常用上覆岩层的岩石骨架及孔隙中流体的总重量产生的压力来表示上覆岩层压力，方向竖直向下，用 σ_0 表示，单位为 MPa，表达式为

$$\sigma_0 = \int_0^z \{[1-\phi(z)]\rho_G(z) + \phi(z)\rho_f(z)\} g \mathrm{d}z \tag{4-40}$$

式中，z 为目的层深度，m；$\phi(z)$ 为深度 z 处的孔隙度；$\rho_G(z)$ 为深度 z 处岩石骨架密度，kg/m³；$\rho_f(z)$ 为深度 z 处孔隙流体密度，kg/m³；g 为重力加速度，9.8m/s²。

目前，式(4-40)被广泛应用于钻井、油藏、采油等许多领域，一般认为上覆压力在油气田开发过程中是一成不变的。式(4-40)具有一定的适应条件，当上覆岩层全部为流体时，用密度公式计算比较准确；当岩层为自由体时，储层孔隙流体压力变化只会导致储层的压缩或膨胀，岩石处于单轴应力状态，式(4-40)具有适应性。

对应的有效应力公式则为

$$\sigma' = \sigma_0 - \alpha p \tag{4-41}$$

式中，α 为 Biot 系数，一般假设为 1；p 为孔隙流体压力，MPa。

当储层上覆岩层中产生压力拱效应时，储层受到垂向应力(即上覆压力)的变化值如下：

$$\Delta\sigma = \Delta\sigma' + \alpha\Delta p \tag{4-42}$$

式中，$\Delta\sigma$ 为上覆压力的变化量，MPa；$\Delta\sigma'$ 为有效应力的变化量，MPa；Δp 为孔隙流体压力变化值，MPa，规定流体流出为负，流体注入为正。

为了反映上覆压力的变化，定义

$$\gamma = \frac{\Delta \sigma}{\alpha \Delta p} \quad (4\text{-}43)$$

式中，γ 为压力拱比，反映了压力拱的发育程度，γ 越大，压力拱越容易形成，反之压力拱越不容易形成。

考虑压力拱效应时，对应的上覆压力和有效应力则变为

$$\sigma = \sigma_0 - \gamma \alpha \Delta p \quad (4\text{-}44)$$

Soltanzadeh 等(2009)结合包裹体理论和非均值理论，得到不同形状储层条件下的压力拱比，并提出了以下假设条件：①假设储层的厚度为 h，单位为 m；宽度为 w，单位为 m；储层的剪切模量为 μ^*，单位为 GPa；外围非储层的剪切模量为 μ，单位为 GPa；储层的泊松比为 v^*；非储层的泊松比为 v；定义储层的纵横比 $e=h/w$；剪切模量比 $R_\mu = \mu^* / \mu$。②储层中孔隙压降为均一的常数。③上覆岩层中产生压力拱效应。④储层内岩石物性均匀。⑤外围岩层的岩石物性均匀。⑥储层埋深较大(储层的宽度与深度的比值小于 0.1)，不考虑深度的影响。

几种简单储层形状条件下储层垂向压力拱参数如表 4-7 所示，值得注意的是，包裹体理论要求储层和外围岩层岩石力学性质(剪切模量和泊松比)完全相同。

表 4-7 不同形状储层包裹体理论及非均值理论求出的压力拱比

形状	包裹体理论	非均值理论
扁球体	$\gamma = \dfrac{1-2v}{1-v}\left[\dfrac{e\cos^{-1}e}{(1-e^2)^{3/2}} - \dfrac{e^2}{1-e^2}\right]$	当储层和非储层的泊松比相同时： $\gamma = B_1 / B_2$ 式中 $B_1 = (1+v)[1-(R_\mu-1)X_1 - X_2] + R_\mu[(1-v)X_4 + 2vX_3]$ $B_2 = (1+v)[(R_\mu-1)^2 X_1 + (R_\mu-1)X_2 + 1]$ 其中 $X_1 = (S_{1111} + S_{1122})S_{3333} - 2S_{3311}S_{1133}$ $X_2 = S_{1111} + S_{1122} + S_{3333}$ $X_3 = S_{3333} - S_{1133}$ $X_4 = S_{1111} + S_{1122} - 2S_{3311}$
长球体	$\gamma = \dfrac{1-2v}{1-v}\left[\dfrac{e^2}{e^2-1} - \dfrac{e\cos h^{-1}e}{(e^2-1)^{3/2}}\right]$	

续表

形状	包裹体理论	非均值理论
球体	$\gamma = \dfrac{2(1-2v)}{3(1-v)}$	$\gamma = \dfrac{2(1-2v^*)}{R_\mu(1+v^*)+2(1-2v^*)}$
饼状体	$\gamma = \dfrac{1-2v}{1-v}\dfrac{\pi e}{2}$	当储层和非储层的泊松比相同时： $\gamma = C_1/C_2$ 式中 $C_1 = \pi e(1-2v)\left[\pi e(1-R_\mu)(1+v)-2R_\mu(1-2v)-2\right]$ $C_2 = (R_\mu-1)\pi e\{(1-2v)[2-\pi e(1-R_\mu)(1+v)]$ $\quad -R_\mu(3-4v)(1+v)\}-8R_\mu(1-v)^2$
椭圆柱	$\gamma = \dfrac{1-2v}{1-v}\dfrac{e}{1+e}$	$\gamma = A_1/A_2$ 式中 $A_1 = (1-2v^*)\{R_\mu[2e(1-v)+1-2v]+1\}e$ $A_2 = R_\mu[2(1+e)^2(1-v)(1-v^*)-2ev^*(1-2v)$ $\quad + R_\mu e(3-4v)] + e(1-2v^*)$
圆柱	$\gamma = \dfrac{1}{2}\dfrac{1-2v}{1-v}$	$\gamma = \dfrac{1-2v^*}{R_\mu+1-2v^*}$
无限大	$\gamma = 0$	$\gamma = 0$

表 4-7 中 S_{ijkl} 为 Eshelby 张量，不同形状下 Eshelby 张量如表 4-8 所示。

表 4-8 不同形状储层的 Eshelby 张量

Eshelby 张量	球状体		球体	饼状体	椭圆柱
S_{1111}	$\dfrac{3}{8(1-v)}\left[1-\dfrac{1+3F}{2(e^2-1)}\right]+\dfrac{1-2v}{4(1-v)}(1+F)$		$\dfrac{7-5v}{15(1-v)}$	$\dfrac{13-8v}{32(1-v)}\pi e$	$\dfrac{1}{2(1-v)}\left[\dfrac{e^2+2e}{(1+e)^2}-(1-2v)\dfrac{e}{1+e}\right]$
S_{1122}	$\dfrac{1}{8(1-v)}\left[1-\dfrac{1+3F}{2(e^2-1)}\right]-\dfrac{1-2v}{4(1-v)}(1+F)$		$\dfrac{5v-1}{15(1-v)}$	$\dfrac{8v-1}{32(1-v)}\pi e$	$\dfrac{1}{2(1-v)}\left[\dfrac{e^2}{(1+e)^2}-(1-2v)\dfrac{e}{1+e}\right]$
S_{1133}	$\dfrac{1}{4(1-v)}\dfrac{e^2(1+3F)}{e^2-1}-\dfrac{1-2v}{4(1-v)}(1+F)$		S_{1122}	$\dfrac{2v-1}{8(1-v)}\pi e$	$\dfrac{v}{1-v}\dfrac{e}{1+e}$

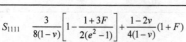

续表

Eshelby 张量	球状体		球体	饼状体	椭圆柱
S_{2211}	S_{1122}		S_{1122}	S_{1122}	$\dfrac{1}{2(1-v)}\left[\dfrac{1+2e}{(1+e)^2}-(1-2v)\dfrac{1}{1+e}\right]$
S_{2222}	S_{1111}		S_{1111}	S_{1111}	$\dfrac{1}{2(1-v)}\left[\dfrac{1+2e}{(1+e)^2}+(1-2v)\dfrac{1}{1+e}\right]$
S_{2233}	S_{1133}		S_{1122}	S_{1133}	$\dfrac{v}{(1-v)}\dfrac{1}{1+e}$
S_{3311}	$\dfrac{1}{4(1-v)}\dfrac{1+3F}{(e^2-1)}+\dfrac{1-2v}{2(1-v)}F$		S_{1122}	$\dfrac{v}{1-v}\left(1-\dfrac{4v+1}{8v}\pi e\right)$	0
S_{3322}	S_{3311}		S_{1122}	S_{3311}	0
S_{3333}	$\dfrac{1}{2(1-v)}\left[1-\dfrac{e^2(1+3F)}{(e^2-1)}\right]-\dfrac{1-2v}{2(1-v)}F$		S_{1111}	$1-\dfrac{1-2v}{1-v}\dfrac{\pi e}{4}$	0
说明	$e>1$(长球体), $F=1/(e^2-1)-(e\cos h^{-1}e)/(e^2-1)^{3/2}$ $e<1$(扁球体), $F=1/(e^2-1)+(e\cos h^{-1}e)/(1-e^2)^{3/2}$		$e=1$	$e\leqslant 0.2$	平面应变条件

从表 4-7 可以看出，压力拱比主要与储层的纵横比、泊松比及剪切模量比有关。当纵横比增大时，压力拱比增大；当储层泊松比减小时，压力拱比增大；当剪切模量比增大时，压力拱比减小。

3. 考虑压力拱效应的应力敏感实验方法

实验采用美国岩心公司高温高压流动实验仪(温度 200℃，压力 70MPa)。实验测试流程如图 4-14 所示。

考虑压力拱效应时，实验步骤如下。

1) 确定储层岩石初始地层压力 p_0、初始上覆压力 σ_0

储层岩石原始孔隙流体压力 p_0 是由岩石孔隙流体质量所产生的压力，一般通过实测求取，或者根据静水压力梯度计算：

$$p_0 = \rho_1 h g$$

式中，ρ_1 为孔隙流体的密度，g/cm³；h 为储层埋深，km。

储层的初始上覆压力 σ_0，主要通过式(4-44)计算。

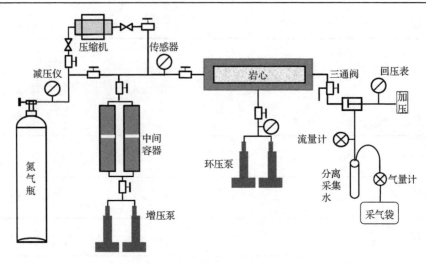

图 4-14 实验装置示意图

2) 确定储层的形状及压力拱相关参数

根据地质资料得到储层的形状，储层的纵横比 e，深度参数 n。根据表 4-7 计算不同形状储层压力拱比 γ。

3) 确定油气开采时上覆压力的表达式和有效应力表达式

4) 储层原始应力和流体压力的恢复

以模拟储层原始条件下岩石所受的上覆压力和孔隙流体压力为研究起点，具体步骤如下：

(1) 岩心干燥后称重，抽真空饱和地层水 24h，然后用称重法建立束缚水饱和度。

(2) 将岩心放入夹持器中，加围压 2MPa，并将回压阀压力设置为储层原始孔隙流体压力。

(3) 缓慢增加孔隙流体压力，初始压力 0.5MPa，同时围压增加 0.5MPa，待岩心内部流体压力达到 0.5MPa 稳定后，同时增加围压、流体压力各 0.5MPa，逐步提高岩心孔隙流体压力至原始地层压力，然后将围压增值原始上覆岩层压力。

5) 模拟储层在开采过程中的应力敏感

(1) 降低回压，使得上下游压差为 1.5～2MPa，并保持不变，实验压差不能太大，防止出现高速非达西渗流，逐步降低回压至设计值，调整围压为平均流体压力对应的上覆压力值，平均流体压力为上、下游压力的代数平均值。

(2) 每一压力点持续 30min 后，按照时间间隔 (5min) 测量压力、流量、时间及温度，待流动状态趋于稳定之后，记录检测数据，计算流体的渗透率。

(3) 不断改变流体压力点进行测试，重复步骤 (1)。

以苏里格气田储层特征为例，开展了考虑压力拱效应的应力敏感实验。对于煤层气藏，可采用同样的思路。苏里格气田位于鄂尔多斯盆地，勘探范围约 2 万 km^2，属于大型岩性圈闭气藏。苏里格气田主力产层段为二叠系下石盒子组盒 8 段和山西组山 1 段河流相–三角洲砂岩储层。图 4-15 为苏里格气田盒 8 段砂层厚度与沉积相图，从砂层分布图上可以看出，有效砂体以孤立状为主，占总砂体数量的 70%。

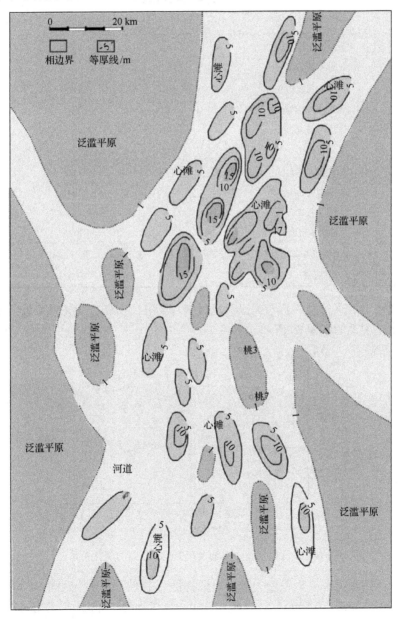

图 4-15　苏里格气田盒 8 段砂层厚度与沉积相图

根据地质统计可知，苏里格气田有效砂体宽度主要为300～500m，平均值为400m，砂体纵向叠置，压裂可以沟通纵向砂体，储层的有效厚度为10～80m，苏里格储层可以近似为饼状体储层和椭圆柱体储层。根据表4-7计算得出，两种形状储层的最大压力拱比分别为0.28和0.12，实测得到的计算参数如表4-9所示。

表4-9 苏里格气田基本参数

参数	参数值
地层压力(p_e)/MPa	31.01
孔隙度(ϕ)	0.1
储层深度(H)/m	2980.0
储层宽度(W)/m	400
储层厚度(h)/m	10～80
剪切模量比(R_u)	0.75
纵横比(e)	0.0235～0.23
储层岩石密度(ρ)/(g/cm^3)	2.247
储层泊松比(v^*)	0.2
非储层泊松比(v)	0.2
Biot固结系数(α)	1
深度参数(n)	0.0707

常规应力敏感实验，不考虑压力拱效应($\gamma=0$)，其归一化渗透率随孔隙流体压降的变化关系如图4-16所示。

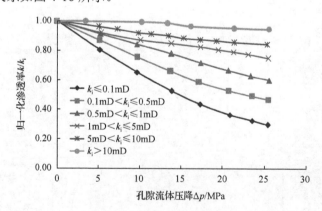

图4-16 无因次渗透率随着孔隙流体压降的变化关系

根据初始渗透率k_i以及应力敏感曲线特征，主要分为6个区间：$k_i \leqslant 0.1$mD，0.1mD$<k_i \leqslant 0.5$mD，0.5mD$<k_i \leqslant 1$mD，1mD$<k_i \leqslant 5$mD，5mD$<k_i \leqslant 10$mD 和 $k_i>10$mD。当孔隙流体压力降低25MPa时，对应的渗透率分别下降80%、63%、51%、

38%、19%和7%。可见，当孔隙流体压降增大时，渗透率下降，不同渗透率区间下渗透率的应力敏感程度不同，初始渗透率越低，应力敏感程度越强，反之，则越弱。

苏里格气田近饼状体储层的最大压力拱比为0.28，近椭圆柱体的最大压力拱比为0.12，考虑压力拱时，同一个全直径岩心上柱塞岩样的归一化渗透率随孔隙流体压降的变化规律如图4-17所示。

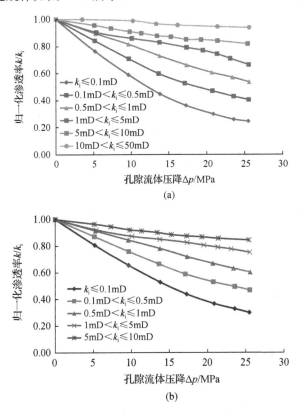

图4-17 不同压力拱比渗透率随着孔隙流体压降的变化规律
(a) $\gamma = 0.12$ 的压力应力敏感曲线；(b) $\gamma = 0.28$ 的压力应力敏感曲线

考虑压力拱效应时，无因次归一化渗透率与孔隙流体压力降仍呈负指数关系。随着压力拱比的增加及原始渗透率的增大，指数系数绝对值降低，更重要的是指数系数与压力拱比呈线性关系。渗透率增大的主要原因是随着压力拱比的增大，压力拱效应越明显，更多的上覆岩层重量将被传递到储层外围岩层及下覆岩层中，作用于储层的上覆压力和有效应力降低。因此考虑压力拱效应时，测试渗透率比常规应力敏感实验得到的渗透率高。

为了分析新实验与常规实验的差别，将相同流体压降条件下，考虑压力拱效应和常规实验获得的渗透率的比值定义为渗透率修正系数，则不同流体压力降下苏里格气田渗透率修正系数如图 4-18 所示。

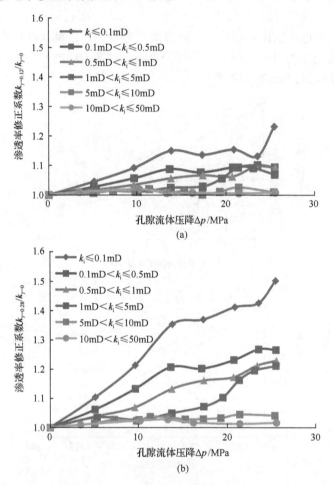

图 4-18　不同压力拱比下渗透率修正系数随流体压降的变化规律
(a) $\gamma=0.12$ 的渗透率修正系数；(b) $\gamma=0.28$ 的渗透率修正系数

可见不同压力拱比条件下，渗透率的修正系数差异较大，随着压力拱比的增大，修正系亦在增大，且不同级别渗透率的修正系数也不同。对于初始渗透率为 $k_i \leq 0.1\mathrm{mD}$ 的致密储层，孔隙流体压力降低 25MPa，压力拱比为 0.12 和 0.28 时，渗透率修正系数分别为 1.23 和 1.50；而对渗透率为 $10\mathrm{mD}<k_i\leq 50\mathrm{mD}$ 的高渗储层，孔隙流体压力降低 25MPa，压力拱比为 0.12 和 0.28 时，渗透率修正系数分别为 1.01 和 1.02。可见压力拱对低渗储层影响较大，同时如果应力敏感实验忽略压力拱效应将会产生较大的误差，影响油气田开发策略的制定。

4.4.2 煤基质收缩效应

煤层气开发理论和实践表明，煤储层在排水降压过程中，随着甲烷的解吸、扩散和排出，煤基质收缩，煤储层裂隙渗透率将不断得到改善。Sawyer 等(1990)、Palmer 和 Mansoori(1996，1998)、Seidle 和 Huitt(1995)基于岩石力学理论分别建立了煤基质收缩对裂隙孔隙度和渗透率影响的模型，这三个模型计算渗透率的精度强烈依赖煤体收缩系数和弹性模量的准确性，并且没有考虑多元气体吸附的情况。Levine 等(1996)研究表明，煤阶、煤岩组成、矿物质含量及吸附物组成是控制煤体收缩系数和弹性模量主要影响因素。同时，测量这两个参数也存在一定的困难，并且测量费用昂贵，另外测量结果也往往存在较大的误差。

1. 基于煤体收缩系数的动态渗透率计算

煤体在吸附时可引起自身的膨胀，在解吸气体时则导致自身收缩(常称之为自调节作用)。煤层气开发过程中，储层压力降低，煤层气发生解吸，煤基质出现收缩，收缩量通过吸附膨胀实验计算。煤在有效应力和温度不变的情况下，体积形变与流体压力的关系与 Langmuir 方程的形式相同(Ibrahim and Nasr-El-Din，2015)，即

$$\varepsilon_v = \frac{\varepsilon_{max} p}{p + p_{50}} \tag{4-45}$$

式中，ε_v 为压力 p 下吸附的体积应变；ε_{max} 为最大应变量，即无限压力下的渐近值；p_{50} 为最大应变量一半时的压力。吸附与解吸为完全可逆的过程，煤吸附膨胀参数等价于煤基质收缩参数。

当储层压力由 (p_i) 降至 (p_j) 时，则煤基质收缩量 (ε_s) 为

$$\varepsilon_s = \frac{\varepsilon_{max} p_i}{p_i + p_{50}} - \frac{\varepsilon_{max} p_j}{p_j + p_{50}} \tag{4-46}$$

煤储层垂向上受上覆岩层的约束，侧向被围限，因此煤基质的收缩不可能引起煤层整体的水平应变，只能沿裂隙发生局部侧向调整和应变，煤基质沿裂隙收缩导致裂隙宽度增加，渗透率增高。水平方向的体积收缩 (ε_s) 可由线弹性体体积应变来计算，即

$$\varepsilon_\varepsilon = \frac{2v\varepsilon_{max}}{1+2v} \left(\frac{p_i}{p_i + p_{50}} - \frac{p_j}{p_j + p_{50}} \right) \tag{4-47}$$

式中，v 为泊松比。

那么，由基质收缩引起的孔隙裂隙体积变化量为

$$\varepsilon_p = \phi_i \varepsilon_\varepsilon \tag{4-48}$$

p_j 状态下的孔隙裂隙度 ϕ_j（仅考虑煤基质收缩效应）为

$$\phi_j = \phi_i + \varepsilon_p \tag{4-49}$$

由裂隙平板模型（Harpalani and Schraufnagel，1990），可得

$$\frac{k_j}{k_i} = \left(\frac{\phi_j}{\phi_i}\right)^3 = (1+\varepsilon_\varepsilon)^3 \tag{4-50}$$

式中，k_j 为 p_j 状态下的渗透率。

2. 基于 Bangham 理论的动态渗透率计算

煤基质表面的质点具有一定的表面能，从而使表面上的气体分子被吸附，吸附气体又促使表面能降低。Bangham 认为固体的膨胀变形与其表面能降低值呈正比（谈慕华和黄蕴元，1985）：

$$\varepsilon = \rho_c S \Delta\gamma / E \tag{4-51}$$

式中，ε 为固体的相对变形量；ρ_c 为煤体密度，t/m^3；S 为煤基质的比表面积，m^2/t；E 为煤体弹性模量，MPa；$\Delta\gamma$ 为表面能变化量，J/m^2。

根据 Gibbs 公式，吸附气体引起煤基质的表面能变化量可表示为

$$\Delta\gamma = \gamma_0 - \gamma = \int_0^p \Gamma RT \mathrm{d}\ln p \tag{4-52}$$

式中，γ_0 为煤基质真空条件下的表面能，J/m^2；γ 为煤基质吸附气体后的表面能，J/m^2；Γ 为表面浓度与本体相浓度之差，$\Gamma=V/(V_0 S)$，其中 V 为过剩吸附量（m^3），mol/m^2；R 为普适气体常量，取值为 $8.314 J/(mol·K)$；T 为绝对温度，K；p 为实际气体压力，MPa；V_0 为标准状况下气体摩尔体积，取值为 22.4L/mol。

结合式（4-51）和式（4-52），可得

$$\varepsilon(p) = \frac{\rho_c RT}{V_0 E} \int_0^p \frac{V}{p} \mathrm{d}p \tag{4-53}$$

当气体解吸时情况恰好相反，煤基质收缩。当储层压力由临界解吸压力 p_r 下降到 p 时，煤基质的收缩量为

$$\Delta\varepsilon = \varepsilon(p_r) - \varepsilon(p) = \frac{\rho_c RT}{V_0 E}\int_p^{p_r}\frac{V}{p}\mathrm{d}p \tag{4-54}$$

煤基质对气体的吸附服从 Langmuir 等温吸附方程：

$$V = \frac{V_L bp}{1+bp} \tag{4-55}$$

将式(4-55)代入式(4-54)可得到单组分气体解吸时煤基质的收缩量为

$$\Delta\varepsilon = \frac{\rho_c V_L RT}{V_0 E}\left[\ln(1+bp_r) - \ln(1+bp)\right] \tag{4-56}$$

假设煤储层中煤基质与裂隙网络之间的关系可用火柴棍模型描述，根据 Seidle 模型的推导可得

$$\frac{\Delta\phi_f}{\phi_{fr}} = \left(1 + \frac{2}{\phi_{fr}}\right)\Delta\varepsilon \tag{4-57}$$

式中，$\Delta\phi_f$ 为煤基质收缩引起的裂隙孔隙度变化量；ϕ_{fr} 为裂隙的临界孔隙度，定义为煤层气开始解吸时的裂隙孔隙度。

再由裂隙平板模型有

$$\frac{k_j}{k_{fr}} = \left(\frac{\phi_f}{\phi_{fr}}\right)^3 \tag{4-58}$$

在煤层气开发过程中，储层压力降低，煤层气发生解吸，煤基质收缩，煤储层渗透率增加。由于煤体自身的性质不同，其收缩率也不尽相同，有些几乎没有收缩，而有的收缩率却相当高。由于实验的难度和涉及研究较少，关于煤体因解吸或吸附引起应变的实验数据极少。

4.5　使用生产动态数据估算储层渗透率的方法

准确地获取储层参数可为煤层气藏生产潜力评价提供重要依据。估算储层参数的方法有很多，通过产能方程对生产数据进行分析的方法由于具有简便、快捷

的特点,其推广应用也得到了诸多学者的关注。目前,大多数的产能分析方法是针对常规砂岩气藏中未压裂的直井建立的。煤层气藏由于孔渗参数极低,通常需要压裂后才能获得工业化产量规模,并且在排水降压的过程中,储层中流体会由单相水流逐渐转变为气水两相流,导致渗流阻力不断增大,压力传播形式发生改变。因此,常规的产能分析方法应用到煤层气藏中具有一定的局限性,且预测误差较大。本节基于产能方程,考虑压裂直井在单相排水阶段压力波的传播特点,推导建立了适用于煤层气藏的产能分析新方法。该方法仅根据早期生产数据就可快速计算出煤层的渗透率、表皮系数等参数,可为后续储层评价、生产动态预测、实验分析提供基础(Shi et al., 2018b)。

4.5.1 模型建立

1. 生产过程中储层渗透率恒定

在生产初期排水降压阶段,储层中可视为只存在单相水流动,流体渗流满足达西定律,若储层未发生应力敏感,各时刻气井产水量可表示为

$$Q_{\mathrm{w}}(t) = \frac{2\pi rhk}{\mu_{\mathrm{w}} B_{\mathrm{w}}} \frac{\mathrm{d}p}{\mathrm{d}r} \tag{4-59}$$

式中,h 为储层厚度,m;B_{w} 为地层水体积系数。

对于垂直裂缝井,根据保角变换原理,可推导得到井壁处的势差为

$$\frac{k}{\mu_{\mathrm{w}}}(p_{\mathrm{i}} - p_{\mathrm{wf}}) = \frac{B_{\mathrm{w}} Q_{\mathrm{w}}(t)}{2\pi h} \mathrm{ch}^{-1}(R_{\mathrm{a}}/L_{\mathrm{f}}) = \frac{B_{\mathrm{w}} Q_{\mathrm{w}}(t)}{2\pi h} \ln\left(\frac{R_{\mathrm{a}}}{L_{\mathrm{f}}} + \sqrt{\frac{R_{\mathrm{a}}^2}{L_{\mathrm{f}}^2} - 1}\right) \tag{4-60}$$

式中,R_{a} 为压裂裂缝方向上压力传播的距离;L_{f} 为压裂裂缝半长。

考虑表皮效应的影响,式(4-60)可转化为

$$\frac{0.543kh}{\mu_{\mathrm{w}} B_{\mathrm{w}}} \frac{p_{\mathrm{i}} - p_{\mathrm{wf}}}{Q_{\mathrm{w}}(t)} = \ln \frac{R_{\mathrm{a}} + R_{\mathrm{b}}}{L_{\mathrm{f}}} + S \tag{4-61}$$

式中,R_{b} 为压裂裂缝垂直方向上压力传播的距离。

在垂直于压裂裂缝方向的压力传播距离为 $R_{\mathrm{b}} = 0.72[kt/(\phi \mu C_{\mathrm{t}})]^{0.5}$,令

$$y = \frac{0.72\sqrt{\frac{kt}{\phi \mu C_{\mathrm{t}}}}}{L_{\mathrm{f}}} \tag{4-62}$$

可得到

$$\ln\frac{R_a+R_b}{L_f}=\ln\left(y+\sqrt{y^2+1}\right) \tag{4-63}$$

因此

$$\ln\left(y+\sqrt{y^2+1}\right)=\frac{0.543kh}{\mu_w B_w}\cdot\frac{p_i-p_{wf}}{Q_w(t)}-S \tag{4-64}$$

该式可用一线性方程表示：

$$Y=mX+b \tag{4-65}$$

式中

$$Y=\ln\left(y+\sqrt{y^2+1}\right) \tag{4-66}$$

$$X=\frac{p_i-p_{wf}}{Q_w(t)} \tag{4-67}$$

$$m=\frac{0.543kh}{\mu_w B_w} \tag{4-68}$$

$$b=-S \tag{4-69}$$

式中，m 为直线斜率，$(m^3/d)/MPa$；b 为拟合直线的截距。

将实际煤层气井的储层物性参数及相应的生产动态数据代入式(4-62)、式(4-66)和式(4-67)中，可在直角坐标系中绘制出任意时刻的 X、Y 值。若裂缝半长已知，根据拟合出的直线的斜率可求出储层的原始渗透率，由直线的截距可计算出表皮系数，进而确定气井的不完善性。计算时需先假设一个渗透率值代入式(4-62)参与计算，根据直线斜率代入式(4-68)再计算出一个斜率值，不断拟合直线，使代入式(4-62)的渗透率与拟合直线输出的渗透率值相等，则完成计算过程；若裂缝半长未知，由以上公式可计算出不同裂缝半长与渗透率和表皮系数的对应关系。

2. 生产过程中储层渗透率改变

室内实验和现场研究的结果表明，煤层应力敏感性较强：一方面，煤层气井压裂后，随着压裂液的进入，煤层中割理张开，且压裂缝周围裂隙中煤粉逐渐产出，使煤层渗透性得以改善；另一方面，若排采过程中控制不得当，排采速度过快，将导致煤储层有效应力增加，煤岩骨架遭到破坏，煤层渗透率将逐渐变差。煤层渗透率随储层压力的变化可表示为

$$k(p) = k_i e^{-c_k(p_i - p)} = k_i e^{c_k(p - p_i)} \tag{4-70}$$

式中，c_k 为渗透率变化指数，MPa^{-1}；p 为生产过程中储层中任一点的压力，MPa；k_i 为原始渗透率，mD；$k(p)$ 为某一压力下的渗透率，mD。若 c_k 为正值，表明储层渗透率发生改变且渗透率逐渐降低；若 c_k 为负值，说明储层渗透性得到改善。

由式(4-64)和式(4-70)可得到考虑应力敏感时的产能方程：

$$\ln\left(y + \sqrt{y^2 + 1}\right) = \frac{0.543 k_i h}{\mu_w B_w} \cdot \frac{1 - e^{c_k(p - p_i)}}{c_k Q_w(t)} - S \tag{4-71}$$

式(4-71)可用一线性方程表示：

$$Y = mX' + b \tag{4-72}$$

式中

$$Y = \ln\left(y + \sqrt{y^2 + 1}\right) \tag{4-73}$$

$$X' = \frac{1 - e^{c_k(p - p_i)}}{c_k Q_w(t)} \tag{4-74}$$

式(4-72)中 m 和 S 的计算表达式与式(4-68)和式(4-69)一致。

与储层未发生应力敏感时数据的处理方式一致，由生产数据拟合得到的斜率和截距可分别确定储层原始渗透率和表皮系数。其中 c_k 的值需采用试算法，使直线拟合关系最好，最终确定 c_k 的值。

4.5.2 模型验证

1. 数值模拟验证

为了验证模型，我们使用CMG数值模拟软件中的组分及非常规模拟器GEM，对一口欠饱和煤层气井的生产动态进行模拟。如图4-19所示，一口压裂裂缝半长为100m的直井在一个矩形煤层气藏中生产，模拟的生产时间为5年。在选择气体解吸之前，对单相排水期的生产数据进行分析，模型中使用的参数如表4-10所示。

第 4 章 煤层气生产过程中动态评价方法

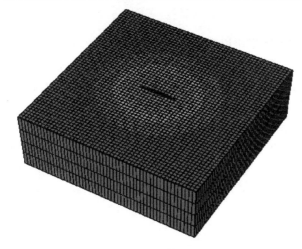

图 4-19 数值模拟模型

表 4-10 数值模拟模型中使用的参数

参数	取值
储层压力/MPa	7.5
储层渗透率/mD	0.3
煤层厚度/m	4
储层温度/℃	30
煤基质孔隙度	0.01
煤裂缝孔隙度	0.005
Langmuir 体积/(m^3/t)	13
Langmuir 压力/MPa	3
解吸时间/天	200
水的黏度/(mPa·s)	1
综合压缩系数/MPa^{-1}	0.02
压裂裂缝渗透率/mD	30000
压裂裂缝宽度/m	0.01
压裂缝半长/m	100

通过数值模拟可以得到煤层气井在单相排水阶段的井底流压和产水数据。将原始储层压力，井底流压和日产水量代入式(4-67)，可计算得到一系列随生产时间变化的数据，把它们记做 X；将表 4-10 中的参数代入式(4-62)和式(4-66)可以得到另外一系列参数，记为 Y。将 X 和 Y 数据绘制在平面直角坐标系中，使用 4.5.1 小节中提到的方法不断拟合坐标系中的数据，利用拟合趋势线的斜率和截距即可求出储层参数。若求得的结果与模型中实际输入的准确数据相差很小，说明提出

的方法是合理的。

从图 4-20 的拟合结果可以看出，通过使用提出的方法拟合处理后的生产数据可以获得较高的拟合精度，这也说明选择的用于数据分析的生产数据是合理的。需要注意的是，由于在煤层气井的生产初期，大量压裂液返排，此时的产水数据不能反映储层的实际产水量，若不剔除这部分数据，最后拟合出直线的线性关系会降低，影响储层参数的计算精度。故这里选择了生产 24~109 天的数据拟合，拟合精度较高。图 4-20 中显示拟合直线的斜率为 0.6318(m^3/d)/MPa，代入式(4-68)可计算得到储层渗透率为 0.2996105mD。而模型中实际输入的储层渗透率为 0.3mD，二者之间的误差仅为 0.1298%，如表 4-11 所示，说明提出的方法合理。

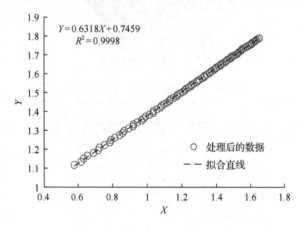

图 4-20　使用数值模拟数据的拟合结果

表 4-11　使用数值模拟数据的验证结果

参数	精确值/mD	计算值/mD	误差/%
渗透率	0.3	0.2996105	0.1298

2. 解析法验证

为了使用解析法验证提出方法的准确性，首先，给出储层参数，用解析方程计算出给定井底流压下的产水量；然后，假设储层渗透率和表皮系数未知，通过使用提出的方法推算这两个参数，详细的数据处理、拟合过程与 4.5.1 小节一致；最后，计算推导出的渗透率和表皮系数与初始实际设定值的误差。

图 4-21 为数据处理的结果，可以看出拟合精度非常高。图中趋势线斜率和截距分别为 0.912(m^3/d)/MPa 和 0.5001。由式(4-68)和式(4-69)可计算出渗透率为 0.299921mD，表皮系数为 -0.5001。表 4-12 给出这两个参数的精确值为 0.3mD 和 -0.5，故渗透率和表皮系数的计算结果与精确解之间的误差分别为 0.026% 和 0.02%，误差很小，证明了方法的可靠性。

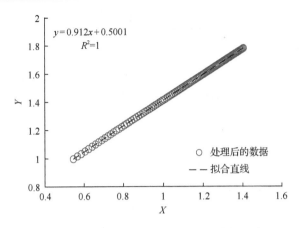

图 4-21 使用解析法提供的生产数据的拟合结果

表 4-12 使用解析法提供的生产数据的验证结果

参数	精确值	计算值	误差
渗透率	0.3mD	0.299921mD	0.026%
表皮系数	−0.5	−0.5001	0.02%

3. 与已有方法的对比

Yarmohammadtooski 等(2017)针对欠饱和煤层气藏提出了单相排水阶段的水相流动物质平衡方程,其表达式为

$$\frac{q_\mathrm{w}}{p_\mathrm{i}-p_\mathrm{wf}} = m' \frac{W_\mathrm{p}}{C_\mathrm{t}(p_\mathrm{i}-p_\mathrm{wf})} + b' \tag{4-75}$$

该表达式可写为如下形式:

$$Y^* = m'X^* + b' \tag{4-76}$$

式中

$$Y^* = \frac{q_\mathrm{w}}{p_\mathrm{i}-p_\mathrm{wf}} \tag{4-77}$$

$$X^* = \frac{W_\mathrm{p}}{C_\mathrm{t}(p_\mathrm{i}-p_\mathrm{wf})} \tag{4-78}$$

$$m' = \frac{-0.543kh}{B_w \mu_w W_i \left(\ln \dfrac{r_e}{r_{wa}} - \dfrac{3}{4}\right)} \tag{4-79}$$

$$b' = \frac{0.543kh}{B_w \mu_w \left(\ln \dfrac{r_e}{r_{wa}} - \dfrac{3}{4}\right)} \tag{4-80}$$

其中，q_w 为产水量，m³/d；r_e 为供给半径，m；r_{wa} 为有效井径，m；W_p 为累计产水量，m³；W_i 为水的原始地质储量，m³；C_t 为综合压缩系数，MPa⁻¹；m' 为拟合直线斜率，(MPa·d)⁻¹；b' 为拟合直线的截距，(m³/d)/MPa。

该方法中，根据得到的 b' 的值，即可确定出渗透率，然后由拟合直线的斜率与截距可进一步确定水的原始地质储量。由式(4-75)的推导过程可以看出，该方法适用于拟稳态条件下的单相排水阶段。实际上，对大多数的欠饱和煤层气藏，当拟稳态流动出现时，储层中流动的流体已经不再是单相流体，可能会出现气水两相流，在这种条件下，该方法不能用于求解欠饱和煤层气藏的渗透率和水的原始地质储量。此外，由式(4-80)给出的 y 轴截距 b' 的表达式可以看出，在计算时还要提供 r_e 的值，这一参数较难准确确定，因此渗透率的计算精度会受到影响。

Clarkson 和 Salmachi(2017)提出了与 Yarmohammadtooski 模型(Yarmohammadtooski et al.，2017)相似的另一种物质平衡分析方法：

$$\frac{q_w}{p_i - p_{wf}} = m' W_i \frac{p_i - \bar{p}}{p_i - p_{wf}} + b' \tag{4-81}$$

式中，$\bar{p}$ 为储层平均压力，MPa；m' 和 b' 的含义与式(4-79)和式(4-80)一致。

由于在排水过程中实时测试平均储层压力是难以实现的，式(4-81)中 $(p_i-\bar{p})/(p_i-p_{wf})$ 难以计算，导致难以用这种方法推算储层渗透率。尽管在一些情况下平均储层压力已知，且通过绘制 $q_w/(p_i-p_{wf})$－$(p_i-\bar{p})/(p_i-p_{wf})$ 图可以获得拟合直线的斜率与截距，由于 r_e 的值很难准确确定，渗透率计算结果仍会有较大误差。

总的来说，这两种方法都是基于拟稳态流动阶段为单相水流动的假设建立的。当拟稳态阶段，储层中只有单相水，且供给半径已知，就可以使用这两种方法估算渗透率，否则在其他情况下运用这两种方法得到的结果都是不合理的。此外，这两种方法也不适用于有压裂裂缝的煤层气井。因此，这两种方法在欠饱和煤层气藏中的应用有诸多局限。

由于对大多数欠饱和煤层气藏中的煤层气井，排水阶段不同时刻的平均地层压力是未知的，在这里只将我们提出的方法与 Yarmohammadtooski 方法(Yarmohammadtooski et al.，2017)进行对比。

首先，使用 CMG 软件中的 GEM 模拟器建立煤层气模型模拟一口煤层气井的生产过程，从而获得动态生产数据。将数据用本章提出的方法处理后绘制在平面直角坐标系中，如图 4-22 所示。另外，使用 Yarmohammadtooski（Yarmohammadtooski et al.，2017）提出的方法处理数据，处理过程如下：将平均地层压力、综合压缩系数、井底流压及累计产水量代入式(4-78)计算得到的结果记为 X^*，将平均地层压力、井底流压及日产水量代入式(4-77)计算得到的另一系列随生产时间变化的数据记为 Y^*。图 4-22 给出了在平面直角坐标系中绘制 X^* 和 Y^* 的结果，在图 4-22 中，R^2 代表数据的拟合精度，R^2 越接近 1，说明拟合出的方程越符合数据的一般规律，也说明由拟合直线的斜率和截距计算出的储层参数准确性更高。从这两个图上的结果可以看出，用本章提出的方法处理数据拟合得到的 R^2，明显高于用 Yarmohammadtooski 方法（Yarmohammadtooski et al.，2017）处理数据后的拟合结果，说明这里推导的新方法更适合解释欠饱和煤层气藏的储层参数。

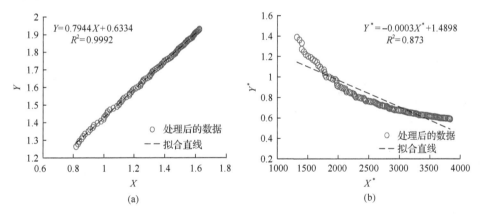

图 4-22 使用数值模拟提供的数据进行数据处理和拟合
(a)使用新方法处理数据并拟合；(b)使用 Yarmohammadtooski 方法处理数据并拟合

为了进一步对比两种方法在欠饱和煤层气藏中的应用效果，作者选择了沐爱煤层气田的一口实际煤层气生产井进行分析。该井已经生产了 3 年，除了渗透率外，其余的储层参数已知，分别利用本章提出的方法和 Yarmohammadtooski 方法（Yarmohammadtooski et al.，2017）处理生产数据并在图上将数据绘制出来（图 4-23），对比两幅图上的数据拟合得到的 R^2 可以看出，图 4-23(a) 中数据的拟合精度 (0.9851) 高于图 4-23(b) 中数据的拟合精度 (0.9479)，说明本章提出的方法在实际井中的应用效果更佳。

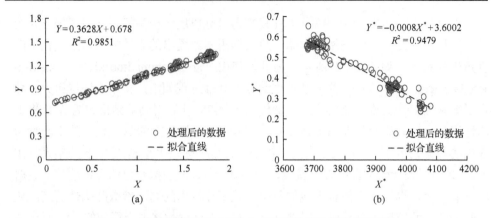

图 4-23 使用实际煤层气井的生产数据进行数据处理和拟合
(a) 使用新方法处理数据并拟合；(b) 使用 Yarmohammadtooski 方法处理数据并拟合

4.5.3 方法应用

以沐爱煤层气田实际煤层气压裂直井的生产数据为例，通过本章提出的产能分析方法，计算储层的渗透率及表皮系数。

图 4-24 给出了 Y1 井生产前 500 天日产水量和日产气量随时间的变化情况。图中结果表明，该井生产前 229 天均为单相排水期，229 天后快速产气，渗流阻力增大，产水量也随之快速下降。测试结果表明该井单相排水期未发生井间干扰，且排采制度控制得当，煤层未出现应力敏感现象，符合 4.5.1 节中提出的产能分析方法的应用条件，故应用式 (4-64) 对生产数据进行拟合分析。计算使用的参数如表 4-13 所示。最终拟合的结果如图 4-25 所示，将拟合直线的斜率和截距分别代入式 (4-68) 和式 (4-69) 计算得出该井附近储层的渗透率为 0.145mD，表皮系数为 -0.7527。

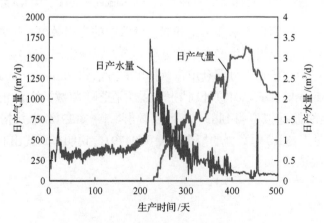

图 4-24 Y1 井日产气量和日产水量随时间的变化

表 4-13　Y1 井基本参数

参数	取值
储层压力/MPa	6.35
储层厚度/m	5.6
水的黏度/(mPa·s)	1
地层水体积系数	1
煤层孔隙度	0.02
综合压缩系数/MPa^{-1}	0.014
压裂裂缝半长/m	90

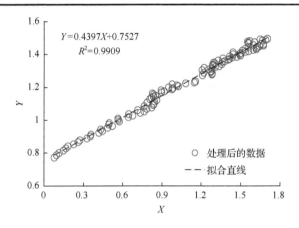

图 4-25　Y1 井数据拟合结果

沐爱区块 Y2 井因排采过快导致周围储层发生应力敏感，渗透率发生改变。图 4-26 为该井生产过程中的产水和产气情况。该井产水量很小，气体解吸后产水量持续下降。测试结果表明，该井在排水阶段未发生井间干扰，故该井满足 4.5.1

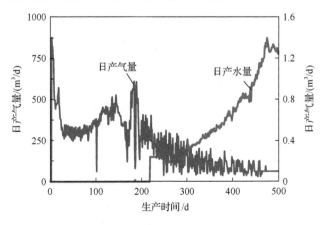

图 4-26　Y2 井日产气量和日产水量随时间的变化

小节提出的有应力敏感情况下产能分析方法适用条件。输入表 4-14 给出的 Y2 井储层基本参数进行生产数据的拟合计算,拟合结果如图 4-27 所示,拟合得到应力敏感指数为 0.1MPa^{-1},计算可得该井周围储层渗透率为 0.078mD,表皮系数为 -0.6943。

表 4-14　Y2 井基本参数

参数	取值
储层压力/MPa	6.1
储层厚度/m	8.2
水的黏度/(mPa·s)	1
地层水体积系数	1
煤层孔隙度	0.02
综合压缩系数/MPa^{-1}	0.014
压裂裂缝半长/m	60

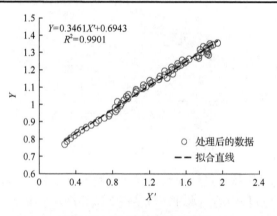

图 4-27　Y2 井数据拟合结果

4.6　静态储量评估方法

体积法是常用的静态储量评估方法,适用于各个级别煤层气地质储量的计算。其计算精度取决于对气藏地质条件、储层的控制和认识程度,以及所获取参数的精度和数量(王红岩等,2004;李贵中,2008;李明宅和徐凤银,2008;胡小虎等,2011b)。

4.6.1　体积法的基本原理

目前研究人员普遍认为,煤储层中的煤层气由吸附气、游离气和溶解气组成,但由于储层埋深较浅,压力和温度较低,甲烷在水中的溶解量很小,因此在储量计算中常常忽略不计，至于吸附气和游离气，则根据两者的储集机理，分别采用相应的计算公式(李明宅和徐凤银，2008；郑得文等，2008)。

1. 吸附气储量计算

吸附气储量计算公式如下：

$$G_1 = 0.001Ah\rho C \qquad (4-82)$$

式中，G_1 为吸附气地质储量，亿 m^3；A 为含气面积，km^2；h 为煤层有效厚度，m；ρ 为煤的密度，t/m^3；C 为煤层吸附气含量，m^3/t。

2. 游离气储量计算

游离气储量计算公式如下：

$$G_2 = 0.001Ah\phi_i \frac{T_{sc}p_i}{Tp_{sc}Z} \qquad (4-83)$$

式中，G_2 为游离气地质储量，亿 m^3；T_{sc} 为标准温度，℃；T 为原始地层温度，℃；p_i 为原始地层压力，MPa；p_{sc} 为标准压力，MPa；Z 为气体偏差因子；ϕ_i 为煤储层的孔隙度(除微孔隙外)。

通常对于煤层割理裂隙发育且过饱和含气的煤层，在计算储量时应该同时考虑吸附气和游离气两种气体；反之，仅考虑吸附气。从目前我国的煤层气勘探情况来看，煤储层大部分属于低渗透且吸附不饱和的类型，游离气的含量极少，因此在储量评估过程中，可仅对吸附气进行计算。

此外，通过研究煤层气含量测定方法，发现在实验过程中，所测的煤层气很可能不仅仅是吸附气，还包括了游离气和溶解气。因为不可能将各种气体区分开，所以，式(4-83)仅限于理论研究，在实际应用中并非切实可行。

4.6.2 参数确定

《煤层气资源/储量规范》(DZ/T 0216—2002)是采用体积法评估煤层气静态储量的基本参考标准，该规范涉及体积法的含气量参数的确定方法。在研究中发现，该规范中含气量的煤基选取不当，原煤基、空气干燥基和干燥无灰基三种基准的含气量换算公式有误等，这些问题给许多研究人员造成了困惑和误导。

1. 煤基概念的问题

在《煤层气资源/储量规范》(DZ/T 0216—2002)的第 6.2.1.2 小节中的"体积法"条款中指出：

体积法的计算公式为

$$G_i = 0.01 AhDC_{ad} \tag{4-84}$$

$$G_i = 0.01 AhD_{daf}C_{daf} \tag{4-85}$$

式中，G_i 为煤层气地质储量，亿 m³；A 为煤层含气面积，km²；h 为煤层净厚度，m；D 为煤的空气干燥基质量密度(煤的容重)，t/m³；D_{daf} 为煤的干燥无灰基质量密度，t/m³；C_{ad} 为煤的空气干燥基含气量，m³/t，其计算公式为

$$C_{ad} = 100 C_{daf}(100 - M_{ad} - A_d)$$

其中，C_{daf} 为煤的干燥无灰基含气量，m³/t；M_{ad} 为煤的原煤基水分含量，%；A_d 为煤中灰分含量，%。

研究认为，该条款存在以下问题。

(1)式(4-84)将原地层条件下的煤层含气面积和净厚度，分别与空气干燥基和干燥无灰基的质量密度、含气量混乱相乘，可能导致地质储量计算结果偏大。当时规范中之所以这么规定，可能是因为煤层气含量测定结果和煤的工业分析结果都是以空气干燥基或干燥无灰基为基准，为了保持一致，就选用空气干燥基或干燥无灰基为基准计算煤层气地质储量。另外，这也可能与难以获取真正的原煤基有关，于是采用空气干燥基或干燥无灰基近似计算储量。

(2)式(4-85)及其参数 M_{ad} 和 A_d 的注释都有不对之处，M_{ad} 应该是煤的空气干燥基水分，A_d 更应修改为 A_{ad}，解释为煤的空气干燥基灰分。这个错误导致了许多研究人员产生困惑和误解。出现这个错误有可能是煤层企业的历史原因。在煤层气没有作为天然气资源受到重视时，煤炭系统将"煤的空气干燥基"称为"原煤"，以至于现在煤层气业界仍然习惯性将"空气干燥基"称为"原煤基"。当然，也有可能是因为难以获取真正的原煤基，就忽略空气干燥基失去的外在水分，将空气干燥基称为原煤基(原煤基由空气干燥基和外在水分组成)。

正确地理解原煤基、空气干燥基和干燥无灰基三者的含义和区别，才不至于受到该规范的误导。所谓的原煤基是指原始收到状态的煤样。空气干燥基是煤心或煤屑样品在未被破碎的情况下，暴露于实验室环境(室温 20℃和空气相对湿度 60%)一定时间，与空气湿度达到平衡后的煤样，所以空气干燥基只是在原煤基的基础上失去了外在水分，仍含有内在水分。只有将空气干燥基破碎至 0.2mm 以下，并置入 105～110℃下的干燥箱中通氮气流或空气流，才可进一步去除内在水分。而干燥无灰基则指的是假想的无水无灰分的煤样，在空气干燥基的基础上减去内在水分和灰分得到的无水无灰分。图 4-28 正确地反映了三种煤基之间的关系和各自的组成(胡素明等，2010)。

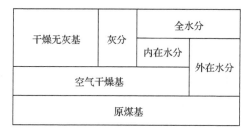

图 4-28 三种煤基的关系和组成简图

2. 含气量换算的问题

《煤层气资源/储量规范》(DZ/T 0216—2002)中关于空气干燥基和干燥无灰基的含气量换算公式出现了下角标的错误，下面给出详细的推导：

$$C_{ad} = \frac{V_g}{m_{ad}}$$
$$C_{daf} = \frac{V_g}{m_{daf}} \tag{4-86}$$
$$m_{daf} = m_{ad}(100 - M_{ad} - A_{ad})/100$$

由式(4-86)可得出正确的换算关系式：

$$C_{ad} = C_{daf}(100 - M_{ad} - A_{ad})/100 \tag{4-87}$$

式(4-86)和式(4-87)中，V_g 为煤中所含气体的体积，m^3；m_{ad} 为煤的空气干燥基质量，t；m_{daf} 为煤的干燥无灰基质量，t；C_{ad} 为煤的空气干燥基含气量，m^3/t；C_{daf} 为煤的干燥无灰基含气量，m^3/t；M_{ad} 为煤的空气干燥基水分含量，%；A_{ad} 为煤的空气干燥基灰分含量，%。

4.7 动态储量计算方法

煤层气藏具有复杂的储层特征和开采机理。煤层气主要以吸附态赋存于煤基质微孔中，而割理中又被水充填；开采煤层气时需要经过"排水—降压—解吸—扩散—渗流"过程。这两种复杂特征使其动态储量评价更加困难(贾承造，2007；陈元千和胡建国，2008；胡素明和李相方，2010；胡素明等，2010；Shi et al.，2018a；Sun et al.，2018a)。目前常用的方法有物质平衡法和流动物质平衡法。

4.7.1 物质平衡法

King(1990)针对煤层气藏的吸附/解吸特性,率先建立了相应的物质平衡方程,并通过引入视偏差因子(Z^*),将该方程线性化为视平均地层压力(p/Z^*)和累计产气量(G_p)之间的直线方程。依据该直线方程计算储量时,King(1990)提出先采用迭代法确定煤岩体积,再计算煤层气地质储量。此后,Seidle(1999)指出 King 的迭代方法较复杂,于是对 King 的方法做了改进,使根据 p/Z^*-G_p 直线在横坐标上的截距可直接确定地质储量。后来 Ahmed 等(2006)还提出了另一种线性化的物质平衡方程,根据该直线的斜率可确定吸附气的原始地质储量,根据直线的横截距可确定游离气的原始地质储量。前人对煤层气藏压降法做了卓有成效的研究,但仍存在一些问题,例如,忽视了原始煤层气藏的地解压差特征、开采过程中的非均匀解吸特征、开采过程中的基质收缩效应。

1. 目前的物质平衡法

1) 物质平衡通式的建立

煤层气主要以吸附态赋存于煤层,并含有少量游离气,溶解气可忽略。开发到任意时刻,累计产气量等于初始吸附气和游离气的总量减去储层中剩余的吸附气和游离气的总量(Shi et al., 2018a),用数学式可表示为

$$G_p = G_{ai} + G_{fi} - G_a - G_f \tag{4-88}$$

式中,G_p 为累计采出气的体积,m³;G_{ai} 为初始时的吸附气的体积,m³;G_{fi} 为初始时煤层割理中游离气的体积,m³;G_a 为当前煤层剩余吸附气的体积,m³;G_f 为当前煤层割理中剩余游离气的体积,m³(所有气体体积均转换为地面标准状态下体积)。

2) 原始吸附气表达式的建立

原始状态下的吸附气体积 G_{ai} 可以表示为

$$G_{ai} = Ah(1-\phi_i)C_i \tag{4-89}$$

式中,A 为煤层面积,m²;h 为煤层厚度,m;ϕ_i 为原始割理孔隙度;C_i 为原始条件下的原煤基吸附气含量,即初始时单位体积煤岩的吸附气在标准状态下的体积,m³/m³,按 Langmuir 等温吸附方程进行表征,即

$$C_i = \frac{V_L b p_i}{1 + b p_i} \tag{4-90}$$

式中,V_L 为 Langmuir 体积,即单位煤样骨架体积所吸附的气体的最大体积(转换

为地面标准条件下),m³/m³;b 为 Langmuir 压力常数,即 Langmuir 体积的 1/2 所对应的压力的倒数,MPa^{-1};p_i 为原始煤层压力,MPa。

将式(4-90)代入(4-89),可得

$$G_{ai} = Ah(1-\phi_i)\frac{V_L b p_i}{1+b p_i} \tag{4-91}$$

原始煤层割理中的游离气转换为地面条件时的体积(G_{fi})可表示为

$$G_{fi} = \frac{Ah\phi_i(1-S_{wi})Z_{sc}T_{sc}p_i}{p_{sc}TZ_i} \tag{4-92}$$

式中,p_{sc} 为地面标准状态下的压力,MPa;S_{wi} 为煤层割理中的初始含水饱和度;T 为煤层温度,K;T_{sc} 为地面标准状态下的温度,K;Z_i 为原始地层温度压力下的偏差因子;Z_{sc} 为地面标准条件下的偏差因子。

3) 当前剩余吸附气表达式的建立

假设当前时刻平均地层压力降为 $\bar{p}$,割理孔隙度降为 ϕ,则当前储层中剩余的吸附气转换为地面条件时的体积为

$$G_a = Ah(1-\phi)\frac{V_L b \bar{p}}{1+b \bar{p}} \tag{4-93}$$

当前时刻煤层割理中的剩余游离气转换为地面条件下的体积为

$$G_f = \frac{Ah\phi(1-S_w)Z_{sc}T_{sc}\bar{p}}{p_{sc}TZ} \tag{4-94}$$

式中,S_w 为当前时刻全气藏割理中的平均含水饱和度。

4) 物质平衡通式的线性化

首先,将式(4-91)~式(4-94)代入式(4-88)可得

$$G_p = \frac{Ah(1-\phi_i)V_L b p_i}{1+b p_i} + \frac{Ah\phi_i(1-S_{wi})Z_{sc}T_{sc}p_i}{p_{sc}TZ_i} - \frac{Ah(1-\phi)V_L b \bar{p}}{1+b \bar{p}} - \frac{Ah\phi(1-S_w)Z_{sc}T_{sc}\bar{p}}{p_{sc}TZ} \tag{4-95}$$

为了简化式(4-95),引入平均地层压力 $\bar{p}$ 下的视偏差因子:

$$\bar{Z}^* = 1 \bigg/ \left[\frac{(1-\phi)p_{sc}TV_L b}{\phi Z_{sc}T_{sc}(1+b\bar{p})} + \frac{1-S_w}{Z}\right] \tag{4-96}$$

可得出原始地层压力下的 Z_i^* 表达式。式(4-96)中含有当前割理平均含水饱和度 S_w，该参数随时间变化，其表达式可通过煤层中水的物质平衡方程而推导出来，结果为

$$S_w = \frac{S_{wi}\left[1+C_w(p_i-\bar{p})\right]+(W_e-W_p B_w)/Ah\phi_i}{1-C_f(p_i-\bar{p})} \quad (4\text{-}97)$$

式中，W_e 为当前时刻累计水侵量的地下体积，m^3，由于煤层气藏通常为气水同层，没有边底水，故暂且考虑无水侵的情况；W_p 为当前时刻的累计产水量的地面体积，m^3；C_w 和 C_f 分别为当前地层水相和岩石的压缩系数，MPa^{-1}。

综合式(4-95)和式(4-96)，可得

$$G_p = \frac{Ah\phi_i Z_{sc} T_{sc}}{p_{sc} T}\left(\frac{p_i}{Z_i^*}-\frac{\bar{p}}{\bar{Z}^*}\right) \quad (4\text{-}98)$$

式中，$\bar{Z}^*$ 和 Z_i^* 为平均地层压力和原始地层压力下的 Z^*，表达式见式(4-96)。

由式(4-98)易知，初始地质储量 G_i 为

$$G_i = \frac{Ah\phi_i Z_{sc} T_{sc}}{p_{sc} T}\frac{p_i}{Z_i^*} \quad (4\text{-}99)$$

结合式(4-98)和式(4-99)，可得

$$\frac{\bar{p}}{\bar{Z}^*} = \frac{p_i}{Z_i^*}\left(1-\frac{G_P}{G_i}\right) \quad (4\text{-}100)$$

式(4-100)即为当前视平均地层压力($\bar{p}/\bar{Z}^*$)和累计产气量(G_p)之间的直线方程，该直线在横坐标上的截距为原始地质储量，在纵坐标上的截距为视原始储层压力，如图4-29所示。

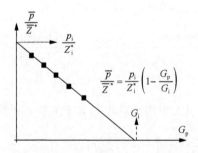

图4-29 目前压降法的 $\bar{p}/\bar{Z}^*$-G_P 关系示意图

2. 考虑地解压差、非均匀解吸和基质收缩效应的平衡方程法

考虑到煤层气藏的吸附欠饱和特征，对于式(4-89)中的 C_i，采用临界解吸压力下的 Langmuir 等温吸附方程进行表征，即

$$C_i = \frac{V_L b p_d}{1 + b p_d} \tag{4-101}$$

式中，p_d 为煤层的临界解吸压力，MPa。

将式(4-101)代入(4-89)，可得

$$G_{ai} = Ah(1-\phi_i)\frac{V_L b p_d}{1 + b p_d} \tag{4-102}$$

显然，原始煤层割理中的游离气转换为地面条件时的体积(G_{fi})可表示用式(4-92)表示。

1) 当前吸附气表达式的建立(考虑非均匀解吸)

煤层气藏开发一段时间后，在储层中会形成压降漏斗，如图 4-30 所示。由于近井地带压力相对较低，因此在近井地带的解吸气量比远井地带的多。当关井测量平均地层压力时，尽管近井和远井地带的割理压力可以达到平衡，但是近井地带已经解吸的气体难以返回基质微孔被再次吸附。也就是说，尽管关井可使近井与远井的割理中压力达到平衡，但是剩余吸附气仍然不能达到平衡(胡素明等，2012)。

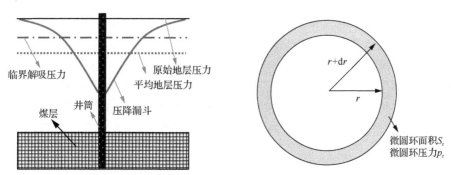

图 4-30　煤层气藏压力漏斗及截取的微圆环示意图

从上分析可知，当前时刻储层中剩余吸附气的体积为(Sun et al., 2017)

$$G_a = \int_{r_w}^{r_e} S_r h(1-\phi_r) C_r \mathrm{d}r = \int_{r_w}^{r_e} S_r h(1-\phi_r) \frac{V_L b p_r}{1 + b p_r} \mathrm{d}r \tag{4-103}$$

式中，S_r 是距井 r 处微圆环的面积，m^2；p_r 为微圆环内的平均压力，MPa；C_r 为微圆环内单位体积煤所吸附的气的体积，m^3/m^3；ϕ_r 为微圆环内煤岩的割理孔隙度。

以往压降法用全气藏平均压力（$\overline{p}$）所对应的 Langmuir 方程来表征当前储层剩余吸附气的量，存在一定误差。式(4-103)尽管能精确表征当前储层中剩余吸附气，但是不便于后续的物质平衡方程线性处理，因此，通过引入修正系数 α，将式(4-103)转化为

$$G_a = \alpha Ah(1-\phi)\frac{V_L b\overline{p}}{1+b\overline{p}} \tag{4-104}$$

与以往方法推导的过程相比，推导时式(4-104)增加了修正系数 α。

当前时刻煤层割理中的剩余游离气的体积 G_f 可表示为

$$G_f = \frac{Ah\phi(1-S_w)Z_{sc}T_{sc}\overline{p}}{p_{sc}TZ} \tag{4-105}$$

2) 物质平衡通式的线性化（考虑基质收缩效应）

首先，将式(4-92)、式(4-102)、式(4-104)和式(4-105)代入式(4-88)可得

$$G_p = \frac{Ah(1-\phi_i)V_L bp_d}{1+bp_d} + \frac{Ah\phi_i(1-S_{wi})Z_{sc}T_{sc}p_i}{p_{sc}TZ_i} - \alpha\frac{Ah(1-\phi)V_L b\overline{p}}{1+b\overline{p}} - \frac{Ah\phi(1-S_w)Z_{sc}T_{sc}\overline{p}}{p_{sc}TZ} \tag{4-106}$$

然后应考虑储层割理孔隙度随压力降低时的动态变化。随着储层压力的降低，割理孔隙度会有所减小，但与此同时，由于气体解吸导致的基质收缩效应，割理孔隙度又会有所增大(Shi et al., 2018a)。在双重作用下，割理孔隙度的变化较小，加之煤层气藏属于吸附性气藏，孔隙空间的大小对储量计算的影响不大，因此可将式(4-106)中的 ϕ 近似等于其初始值 ϕ_i。此外，由于任意时刻储层中的游离气远少于吸附气，因此等号右边的第四项中近似乘以系数 α，即

$$G_p = \frac{Ah(1-\phi_i)V_L bp_d}{1+bp_d} + \frac{Ah\phi_i(1-S_{wi})Z_{sc}T_{sc}p_i}{p_{sc}TZ_i} - \frac{\alpha Ah(1-\phi_i)V_L b\overline{p}}{1+b\overline{p}} - \frac{\alpha Ah\phi_i(1-S_w)Z_{sc}T_{sc}\overline{p}}{p_{sc}TZ} \tag{4-107}$$

由于煤层气藏的初始游离气量几乎为零，即式(4-107)右端第二项几乎等于零。为了便于后续的线性化，并不删除该项，而是将该项中的压力近似化处理。处理时要求两点：①将该项中的 p_i 近似处理为 p_d（使该项有所减小）；②将该项中 $1-S_{wi}$ 近似处理为 $1-S_{wd}$（使该项有所增大）。由于第二项本身很小，故该处理将对精度几乎没有影响，因此可得

$$G_p = \frac{Ah(1-\phi_i)V_L b p_d}{1+b p_d} + \frac{Ah\phi_i(1-S_{wd})Z_{sc}T_{sc}p_d}{p_{sc}TZ_d} - \frac{\alpha Ah(1-\phi_i)V_L b \overline{p}}{1+b\overline{p}} - \frac{\alpha Ah\phi_i(1-S_w)Z_{sc}T_{sc}\overline{p}}{p_{sc}TZ} \quad (4\text{-}108)$$

式中，S_{wd} 为储层压力降至临界解吸压力 p_d 时的平均含水饱和度。

为了进一步简化式(4-108)，引入平均地层压力 $\overline{p}$ 下的视偏差因子：

$$\overline{Z}^* = 1 \bigg/ \left[\frac{(1-\phi_i)p_{sc}TV_L b}{\phi_i Z_{sc}T_{sc}(1+b\overline{p})} + \frac{1-S_w}{Z} \right] \quad (4\text{-}109)$$

与式(4-109)类似，可得出临界解吸压力下的 Z_d^* 表达式。式(4-109)中含有当前割理平均含水饱和度(S_w)，该参数随时间而变化，其表达式可通过煤层中水的物质平衡方程而推导出来，结果为

$$S_w = S_{wi}\left[1 + C_w(p_i - \overline{p})\right] + (W_e - W_p B_w)/(Ah\phi_i) \quad (4\text{-}110)$$

由于煤层气藏通常为气水同层，没有边底水，故暂且考虑无水侵的情况。

将 p_d 代替式(4-109)中的 $\overline{p}$ 得到 Z_d^*，然后综合 $\overline{Z}^*$、Z_d^* 的表达式和式(4-108)，可得

$$G_p = \frac{Ah\phi_i Z_{sc}T_{sc}}{p_{sc}T}\left(\frac{p_d}{Z_d^*} - \frac{\alpha \overline{p}}{\overline{Z}^*}\right) \quad (4\text{-}111)$$

从式(4-111)易知，初始地质储量 G_i 为

$$G_i = \frac{Ah\phi_i Z_{sc}T_{sc}}{p_{sc}T}\frac{p_d}{Z_d^*} \quad (4\text{-}112)$$

结合式(4-111)和式(4-112)，可得

$$\frac{\overline{p}}{\overline{Z}^*} = \frac{1}{\alpha} \frac{p_d}{Z_d^*} \left(1 - \frac{G_p}{G_i}\right) \tag{4-113}$$

式(4-113)即为当前视平均地层压力($\overline{p}/\overline{Z}^*$)和累计产气量($G_p$)之间的直线方程。

3) 基于线性化物质平衡方程评价储量的方法的建立

利用式(4-113)的线性化物质平衡方程确定煤层气地质储量时,必须获取某几个时刻的动态数据,如累计产气量、累计产水量和平均地层压力,以及Langmuir体积、Langmuir压力和原始割理孔隙度等静态参数。计算步骤是首先根据式(4-110)计算割理平均含水饱和度;然后根据式(4-109)计算视偏差因子$\overline{Z}^*$,并计算出视平均地层压力$\overline{p}/\overline{Z}^*$;最后在直角坐标系中,对已知的($G_p$,$\overline{p}/\overline{Z}^*$)数据进行描点和线性拟合,根据拟合直线在横坐标上的截距可得原始地质储量(G_i),根据纵坐标截距可得视临界解吸压力$p_d/(\alpha \overline{Z}_d^*)$。

既然$\overline{p}/\overline{Z}^*$-$G_p$直线的纵截距是视临界解吸压力$p_d/(\alpha \overline{Z}_d^*)$,那么在高于临界解吸压力期间(即排水降压期间),$\overline{p}/\overline{Z}^*$-$G_p$之间的变化规律是怎样的呢?为了便于分析,首先假设在排水降压过程中,储层各处均匀降压,如图4-31(a)所示,那么从原始压力p_i降至临界解吸压力p_d的过程中,储层各处均未解吸,所以在压降图上累计产气量保持为零,如图4-31(b)中的黑方块所示。

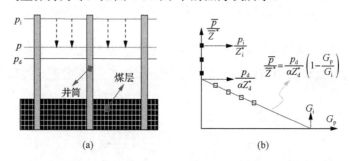

图4-31 假想的均匀降压过程及相应的$\overline{p}/\overline{Z}^*$-$G_p$关系示意图
(a)假想的均匀降压过程示意图;(b)均匀降压时$\overline{p}/\overline{Z}^*$-$G_p$关系示意图

在实际生产中,储层压力呈漏斗形分布,如图4-32(a)所示,图中的平均地层压力虽然高于临界解吸压力,但在近井地带压力已低于临界解吸压力,已有气体解吸。因此实际上,从原始压力p_i降至临界解吸压力p_d的过程中,累计产气量会有所增加,如图4-32(b)中的黑方块所示。

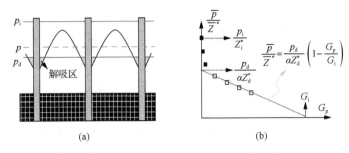

图 4-32 实际生产中压降漏斗和相应的 $\bar{p}/\bar{Z}^*$-G_p 关系示意图

(a)实际生产中压降漏斗示意图；(b) $\bar{p}/\bar{Z}^*$-G_p关系示意图

图 4-32(b)反映了煤层气藏整个开发过程中 $\bar{p}/\bar{Z}^*$-G_p 的变化规律，其中黑色数据点反映排水降压期的规律，白色数据点反映产气期规律。

4) 修正方法与目前方法的对比分析

修正方法在目前方法的基础上进一步考虑了三个因素，下面进行单因素对比分析。

(1) 仅考虑地解压差时对比。

利用以往的压降法确定煤层气储量时，可能存在以下两种问题(胡素明等，2012a)：①如果同时获取了排水降压期和产气期的平均地层压力，但并没有剔除排水降压期的点，全部数据点用于线性拟合，并根据以往的物质平衡方程(4-100)解释横纵坐标截距，解释的地质储量可能严重偏小，同时解释的原始地层压力也会小于其真实值，如图 4-33(a)所示。②若未获取排水降压期的平均地层压力，则只拟合产气期的数据点，继而根据以往的物质平衡方程式(4-100)，将横坐标截距解释为原始地质储量，纵坐标截距解释为视原始地层压力。在这种情况下，横坐标截距解释没有问题，但纵坐标截距解释为视原始地层压力并不正确，纵截距实际上是视临界解吸压力，如图 4-33(b)所示。

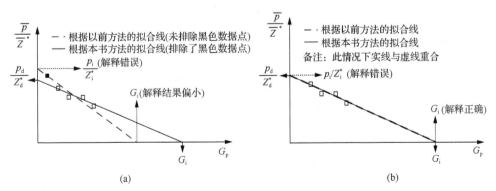

图 4-33 根据以往压降法确定欠饱和煤层气储量时可能导致的两种问题示意图

(a)当同时获取排水降压期和产气期平均地层压力时；(b)当未获取排水降压期平均地层压力时

(2) 仅非均匀解吸时对比。

经研究发现，当忽视非均匀解吸现象时，计算储量将比真实值偏大。

(3) 仅考虑基质收缩效应时对比。

当忽视基质收缩效应时，计算储量将比真实值偏低。

5) 修正方法的验证

为了验证以上所推导的煤层气藏压降法，利用 Eclipse 数值模拟软件，建立了一个水平、等厚、均质且封闭的圆形煤层，且煤层中心单井排采的模型输入的储层参数如表 4-15 所示。

表 4-15 输入数模软件的储层参数

参数	符号	数值	单位	参数	符号	数值	单位
Langmuir 体积	V_L	34.1	m^3/m^3	煤层厚度	h	15.24	m
Langmuir 压力	p_L	0.203	MPa^{-1}	煤层面积	A	1170000	m^2
原始储层压力	p_i	8.97	MPa	煤层温度	T	323.15	K
临界解吸压力	p_d	2.07	MPa	割理渗透率	k	10	mD
原始吸附气含量	C_i	10	m^3/m^3	初始割理孔隙度	ϕ_i	0.02	
煤层埋深	D_{ep}	914.4	m	初始含水饱和度	S_{wi}	0.95	

模型的排采制度仅限定水产量为 $24m^3/d$，模拟时长约为 20 年，软件输出的平均地层压力、累计产气量和累计产水量随时间变化规律如图 4-34 所示。

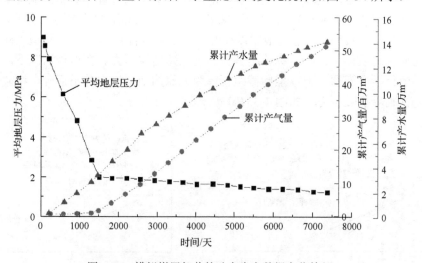

图 4-34 模拟煤层气井的动态生产数据变化特征

从图 4-34 可看出，三条曲线均有明显的分界点，而分界点处的压力正是储层的临界解吸压力。在储层平均压力降至临界解吸压力之前，地层平均压力快速下降,但累计产气量增加很缓慢(增加的气量由近井低压区提供);当储层平均压力低于临界解吸压力以后,累计产气量以平稳的速度增加,但平均地层压力的下降速度变得很缓(这是由于煤层气呈吸附态,吸附气不断解吸,一定程度上维持了储层压力)。

从软件输出的动态数据中选取了某几个时间点的数据(表4-16),用以进行动态储量计算。首先根据式(4-113)计算出动态的平均含水饱和度 S_w(对于本数值模拟实例,也可直接由软件输出 S_w),然后根据式(4-112)计算视偏差因子 $\overline{Z}^*$,最后计算出视平均地层压力 $\overline{p}/\overline{Z}^*$(表4-16)。

表4-16 软件输出的生产数据以及计算的视平均地层压力

软件输出的动态生产数据				计算的中间参数及视平均地层压力		
T/天	$\overline{p}$/MPa	G_p/m³	W_p/m³	S_w	$\overline{Z}^*$	$\overline{p}/\overline{Z}^*$/MPa
0	8.97	0	0	0.95	0.0764	117.3392
731	5.43	100	17431	0.91	0.0569	95.4049
1096	3.89	192800	26135	0.89	0.0484	80.3027
1278	2.92	1041600	30463	0.87	0.0431	67.6923
1461	2.13	1588800	34838	0.86	0.0388	55.3292
2009	1.94	5305900	52059	0.81	0.0377	51.5484
3470	1.75	17791300	88789	0.70	0.0365	47.9260
4931	1.54	31456600	115094	0.63	0.0352	43.7007
6392	1.37	44293600	134174	0.57	0.0342	39.8771

注:T 为生产天数;$\overline{p}$ 为平均地层压力;G_p 为累计产气量;$\overline{Z}^*$ 为平均地层压力下的视偏差因子;$\overline{p}/\overline{Z}^*$ 为平均视压力。

根据表4-16中 G_p 和 $\overline{p}/\overline{Z}^*$ 数据作图,并拟合产气阶段数据点,结果如图4-35所示。

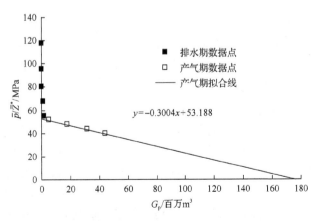

图4-35 模拟煤层气藏的 $\overline{p}/\overline{Z}^*$-$G_p$ 关系图

拟合线在横坐标上的截距为 177.0573，即煤层气地质储量为 177.0573 百万 m³；拟合线在纵坐标上的截距为 53.188，即视临界解吸压力为 53.188MPa，进一步可得临界解吸压力为 2.04MPa。

根据数值模拟软件可知，该气藏模型的真实储量为 176.4447 百万 m³。以该静态储量为准，则根据本节压降法所算储量的相对误差为 0.35%。另外，与输入数值模拟软件的临界解吸压力相比，修正方法确定的临界解吸压力相对误差为 1.45%。这些误差均很小，仅仅是由软件数值计算的误差和人为数据处理的误差共同引起的，表明修正方法正确可靠。

然而该法在实际应用中，难以达到所举数值模拟例子这样高的精度。该法在应用中，需要 Langmuir 体积 V_L、Langmuir 压力常数 b、原始割理孔隙度 ϕ_i 等静态参数，以及平均地层压力 p、累计产气量 G_p 和累计产水量 W_p 等动态参数。在数值模拟研究中，所有参数都可准确获知，但在实际中，以上参数是通过实验、测井、试井等确定的，误差在所避免，甚至可能很大，这些动静态参数的误差将导致储量计算的误差。

通过以上分析，可得出煤层气藏物质平衡储量计算的一些结论与认识。

(1) 推导煤层气藏压降法时，在以往方法的基础上，进一步考虑了煤层气藏的三大特征：①对于原始吸附气含量，采用临界解吸压力下的 Langmuir 方程进行表征，而非原始地层压力下的 Langmuir 方程，通过改进更符合吸附欠饱和的煤层气藏的特征；②对于当前割理孔隙度，以往方法仅考虑压力降低对割理的压缩效应，该方法进一步考虑了基质收缩效应对割理的扩张作用；③在开采过程中，由于存在非均匀解吸的现象，因此用平均地层压力表征当前储层剩余吸附气时，引入了修正系数。考虑以上三种因素的修正方法经过验证表明准确可靠。忽视地解压差和基质收缩特征使储量评价结果偏低，忽视非均匀解吸现象使评价结果偏高。

(2) 煤层气藏 $\bar{p}/\bar{Z}^*$-G_p 的变化规律在排水降压期和产气期截然不同。在排水期 $\bar{p}/\bar{Z}^*$-G_p 直线的下降速度快，在产气期 $\bar{p}/\bar{Z}^*$-G_p 直线的下降速度慢，这似乎显而易见，但是以往方法的压降图却并不能展示这种规律，因为其忽视了地解压差，误认为压降图为单一的直线。而本研究考虑了地解压差，因此建立的 $\bar{p}/\bar{Z}^*$-G_p 压降图呈两段直线，展示了排水期和产气期压降图的区别。

(3) 利用改进的煤层气藏压降法评价储量时应注意选取产气期的数据点。当未识别排水期的数据点，误将其也用于线性拟合时，将使储量评价结果偏低；当正确选取产气期的数据用于线性拟合时，根据拟合直线的横坐标截距可确定原始地质储量，根据纵截距可计算出临界解吸压力，这比实验确定的临界解吸压力更能反映煤储层的平均水平。模拟验证表明，该方法评价的储量和临界解吸压力均准确可靠。尽管如此，仍然建议通过考虑地解压差，继续完善流动物质平衡法，以避免关井测压。

4.7.2 流动物质平衡方程

由于流动物质平衡法不要求关井测压即可确定原始地质储量，其应用已经越来越受重视。Clarkson 等(2007a，2007b)对煤层气藏流动物质平衡法进行了详细的推导，并做了实例分析，具有重要的参考价值，因此节选了 Clarkson 等(2007a，2007b)文献中的流动物质平衡法部分。

1. 单相水流动时流动物质平衡法

在开发欠饱和煤层气藏的初始几个月，通常产水量较大，产气量极少可以忽略，因此相渗问题可以忽略，当达到边界控制流阶段，可以建立流动物质平衡法以确定煤层中水的原始地质储量。下面从单孔介质储层中单相微可压缩流体的径向渗流模型出发推导流动物质平衡法：

$$\frac{1}{r}\frac{\partial}{\partial r}\left(r\frac{\partial p}{\partial r}\right) = \frac{\phi\mu_w C_t}{k}\frac{\partial p}{\partial t} \tag{4-114}$$

式中，ϕ 为裂缝孔隙度；k 为煤储层渗透率，mD；r 为储层离井眼的距离；μ_w 为水的黏度；C_t 为综合压缩系数，$C_t = C_w + C_p$，单相水阶段等于储层和流体压缩系数之和，其中 C_w 为水相压缩系数，atm^{-1}，C_p 为孔隙压缩系数，atm^{-1}。根据式(4-114)可推导出圆形封闭气藏中心一口井定产量生产(流体微可压缩)时生产压差与时间的关系式：

$$p_i - p_{wf} = \Delta p = \frac{q_w t}{C_t N_w} + \frac{B_w \mu_w q_w}{0.543 kh}\left(\ln\frac{r_e}{r_{wa}} - \frac{3}{4}\right) \tag{4-115}$$

式中，q_w 为日产水量，m^3/d；N_w 为水的储量，m^3；t 为生产时间，天；r_e 为气藏控制半径或井眼离边界的距离；r_{wa} 为等效井眼半径。

式(4-115)仅在定产量生产时有效，为使其应用范围扩大到变产量生产的情况，式(4-115)中可代入实测时间，得

$$\Delta p = \frac{q_w t_c}{C_t N_w} + \frac{B_w \mu_w q_w}{0.543 kh}\left(\ln\frac{r_e}{r_{wa}} - \frac{3}{4}\right) \tag{4-116}$$

式中

$$t_c = \frac{Q_w}{q_w} \tag{4-117}$$

其中，Q_w 是累计产水量，m^3；t_c 为等效生产时间，天。令

$$b_{\text{pss}} = \frac{B_\text{w}\mu_\text{w}}{0.543kh}\left(\ln\frac{r_\text{e}}{r_\text{wa}} - \frac{3}{4}\right) \tag{4-118}$$

结合式(4-116)和式(4-118),可得

$$\frac{q_\text{w}}{\Delta p} = -\frac{Q_\text{w}}{\Delta p C_\text{t}}\frac{1}{N_\text{w}b_{\text{pss}}} + \frac{1}{b_{\text{pss}}} \tag{4-119}$$

式(4-119)即为单相微可压缩流体在圆形封闭气藏向气藏中心一口井以径向渗流时的流动物质平衡方程, $q_\text{w}/\Delta p$ 和 $Q/(\Delta p C_\text{t})$ 呈线性关系,根据直线外推的截距,可确定煤层中水的原始地质储量。

2. 单相气流动时流动物质平衡法

对于单相气体径向渗流(如加拿大的马蹄谷煤层气藏是一典型的割理中不含水的煤层气藏),假设煤储层渗透率和综合压缩系数为常数,解吸为瞬态过程的情况下,其扩散方程为

$$\frac{1}{r}\frac{\partial}{\partial r}\left(\frac{p}{\mu_\text{g}z}r\frac{\partial p}{\partial r}\right) = \frac{\phi C_\text{t}}{k}\frac{p}{Z}\frac{\partial p}{\partial t} \tag{4-120}$$

式中

$$C_\text{t} = C_\text{g} + C_\text{f} + C_\text{d} \tag{4-121}$$

其中,C_t 为煤层气体压缩系数(C_g)、储层压缩系数(C_f)和解吸压缩系数(C_d)之和,其中解吸压缩系数定义为

$$C_\text{d} = \frac{B_\text{g}\rho_\text{B}V_\text{m}b}{\phi(1+bp)^2} \tag{4-122}$$

方程式(4-120)可写成拟压力的形式:

$$\frac{1}{r}\frac{\partial}{\partial r}\left(r\frac{\partial m(p)}{\partial r}\right) = \frac{\phi\mu_\text{g}C_\text{t}}{k}\frac{\partial m(p)}{\partial t} \tag{4-123}$$

式中

$$m(p) = \int_{p_\text{b}}^{p}\frac{p}{\mu_\text{g}Z}\text{d}p \tag{4-124}$$

其中,p_b 为参考压力。

为了反映气体性质随压力的变化作用，并且使微可压缩流体的解可以应用，引入拟压力参数：

$$\frac{1}{r}\frac{\partial}{\partial r}\left[r\frac{\partial m(p)}{\partial r}\right]=\frac{\phi(\mu_g C_t)_i}{k}\frac{\partial m(p)}{\partial t_a} \quad (4\text{-}125)$$

式中

$$t_a = (\mu_g C_t)_i \int_0^t \frac{\mathrm{d}t}{\mu_g C_t} \quad (4\text{-}126)$$

对于瞬态解吸下的煤层气藏，C_t应包含解吸压缩系数，且$\mu_g C_t$是在平均储层压力下计算的。假设圆形封闭气藏中心一口井以恒定产量产生，进入拟稳态阶段，则方程(4-125)的近似解为

$$m(p_i) - m(p_{wf}) = \Delta m(p) = \frac{2 q_g p_i}{(\mu_g C_t Z) G_i} t_a + \frac{1.291 \times 10^{-3} T q_g}{kh}\left(\ln\frac{r_e}{r_{wa}} - \frac{3}{4}\right) \quad (4\text{-}127)$$

为了反映边界控制流时的变回压特征，引入拟时间参数并整理，可得

$$\frac{q_g}{m(p_i) - m(p_{wf})} = \frac{-2 q_g t_{ca} p_i}{[m(p_i) - m(p_{wf})]\mu_g C_t Z}\frac{1}{G_i}\frac{1}{b'_{pss}} + \frac{1}{b'_{pss}} \quad (4\text{-}128)$$

式中

$$t_{ca} = \frac{(\mu_g C_t)_i}{q_g}\int_0^t \frac{q_g \mathrm{d}t}{\mu_g C_t} = \frac{(\mu_g C_t Z)_i}{q_g}\frac{G_i}{2 p_i}[m(p_i) - m(p_R)] \quad (4\text{-}129)$$

$$b'_{pss} = \frac{1.291 \times 10^{-3} T}{kh}\left(\ln\frac{r_e}{r_{wa}} - \frac{3}{4}\right) \quad (4\text{-}130)$$

$$G_i = Ah\left[\frac{\phi(1-S_{wi})}{B_{gi}} + \rho_c V_i\right] \quad (4\text{-}131)$$

其中，t_{ca}为拟时间参数；S_{wi}为原始含水饱和度；B_{gi}为原始气体体积分数。

3. 气液两相流时流动物质平衡法

多相流体径向渗流的扩散方程为

$$\frac{1}{r}\frac{\partial}{\partial r}\left(r\frac{\partial p}{\partial r}\right) = \frac{\phi C_t}{\lambda_t}\frac{\partial p}{\partial t} \quad (4\text{-}132)$$

与方程式(4-119)和式(4-121)的假设条件相同,且假设解吸过程为瞬态的,有效渗透率是饱和度的函数,饱和度和压力的梯度很小,毛细管力效应可忽略,且 C_t 和 λ_t 的定义式如下:

$$C_t = S_c C_w + S_g C_g + C_f + C_d \tag{4-133}$$

式(4-133)考虑了气、水、裂缝孔隙和解吸的压缩系数:

$$\lambda_t = \frac{k_g}{\mu_g} + \frac{k_w}{\mu_w} \tag{4-134}$$

King 等(1986)提出了反映气液两相渗流的拟压力、拟时间形式的扩散方程:

$$\nabla^2 m^*(p) = \frac{\phi(\mu_g C_{eff})}{\alpha k_i} \frac{\partial m^*(p)}{\partial t_p} \tag{4-135}$$

式中,气液两相渗流的拟压力 $m^*(p)$ 为

$$m^*(p) = 2\int_{P_b}^{p} k\left(\frac{\rho_g k_{rg}}{\rho_{wsc} \mu_g} + \frac{k_{rw}}{\mu_w B_w}\right) dp \tag{4-136}$$

其中,k 为绝对渗透率,mD;k_{rg} 为气相相对渗透率,小数;k_{rw} 为水相相对渗透率,小数;ρ_{wsc} 为水的地面密度,kg/m³。

$$C_{eff} = \left[\frac{S_w}{B_w} + \frac{(1-S_w)\rho_g}{\rho_{wsc}}\right] C_f + \frac{S_w C_w}{B_w} + \frac{(1-S_w)\rho_g C_g}{\rho_{wsc}} + \frac{M_g}{\phi \rho_{wsc}} \frac{dC_d}{dp} \tag{4-137}$$

气液两相流的拟时间为

$$t_p = \frac{(\mu_g C_{eff})_i}{k_i} \int_{t_0}^{t} \frac{k\left(\frac{\rho_g k_{rg}}{\rho_{wsc} \mu_g} + \frac{k_{rw}}{\mu_w B_w}\right)}{C_{eff}} dt \tag{4-138}$$

在径向坐标中,方程式(4-135)可化为

$$\frac{1}{r}\frac{\partial}{\partial r}\left(r\frac{\partial m^*(p)}{\partial r}\right) = \frac{\phi(\mu_g C_{eff})_i}{\alpha k_i} \frac{\partial m^*(p)}{\partial t_p} \tag{4-139}$$

式中,α 为单位转换系数;k_i 为原始渗透率,mD。

煤层气藏在排水降压期以后，以气相渗流为主导，单相气的扩散方程式(4-139)稍做处理可转化为

$$\frac{1}{r}\frac{\partial}{\partial r}\left(\frac{p}{\mu_g z}r\frac{\partial p}{\partial r}\right)=\frac{\phi C_t}{k_g S_g}\frac{p}{Z}\frac{\partial p}{\partial t} \tag{4-140}$$

可进一步改写成气相拟压力的形式：

$$\frac{1}{r}\frac{\partial}{\partial r}\left(r\frac{\partial m(p)}{\partial r}\right)=\frac{\phi \mu_g C_t}{k_g S_g}\frac{\partial m(p)}{\partial t} \tag{4-141}$$

为了考虑气体性质随时间的变化问题，与单相气渗流的流动物质平衡法一样引入拟时间参数，因此可得

$$\frac{q_g}{[m(p_i)-m(p_{wf})]k_{rg}S_g}=\frac{-2q_g t_{ca} p_i}{[m(p_i)-m(p_{wf})](\mu_g C_t Z)_i}\frac{1}{G_i}\frac{1}{b'_{pss}}+\frac{1}{b'_{pss}} \tag{4-142}$$

式中，b'_{pss} 的定义与方程(4-118)的类似，G_i 和 k 的确定方法可参照单相气渗流时的流动物质平衡法。

第5章 煤层气开发方案设计及优化方法

开发方案设计及优化是煤层气实现高效开发的重要环节,涉及井型优选、井网优化、开发层位优选及排采制度确定等诸多方面。煤层独特的割理系统造成煤层气井型优选的复杂性,需考虑割理不同方向渗透率差异和人工裂缝的综合影响;井网优化考虑煤层气井间干扰对吸附气的加速释放作用,同时需结合煤层气井人工裂缝延伸对产量的作用;开发层位优选主要涉及单层开发和多层开发的适应性分析;另外,排采过程需要考虑煤粉产出、应力敏感等排采控制问题。开发方案设计及优化是技术可行性与经济可行性综合考虑的结果。本章从技术可行性入手,介绍了压裂直井与水平井产能影响因素及适应性,给出了压裂直井的井网和井距,以及多分支井角度的优化方法。对于压裂直井的井网井距优化,开展了不同开发因素(压裂裂缝半长和导流能力)下的井网井距适应性优选,进行了不同地质因素(渗透率及其各向异性)下的井网适应性优选,创建了煤层气压裂直井井网优选图版,应用该图版可以指导煤层气藏开发中优选合理井网。

5.1 煤层气开发井型优选

目前煤层气井型主要有直井、水平井和分支井,我国煤层气直井一般采用水力压裂增产方式开发。井型不同,流体从储层进入井筒的方式不同,井型可改变流体流入状态。井型优选首先需要明确不同井型对产量的影响机理,表现在流动形态、暴露面积、有效渗透率差异等,另外,不同煤阶孔隙割理特征具有明显差异,造成不同煤阶井型优选方法和结果存在差异(石军太等,2012)。

5.1.1 不同井型对产能的影响机理

不同井型对煤层气产能的影响主要体现在流动形态的差异上,需要考虑两点:①储层暴露面积,也就是井与储层的接触面积,影响流动截面大小;②暴露面积下的有效渗透率,影响储层流体的渗透能力,从而影响产能。另外,压裂改造程度、煤层的垂向渗透率等参数也是影响煤层气井型优选的关键因素(徐兵祥等,2014)。

1. 暴露面积

暴露面积指的是井与储层的有效接触面积,即储层暴露于井眼、人工裂缝的面积。压裂直井暴露面积(A_v)受裂缝半长(L_f)和煤层厚度(h)影响,公式为

$$A_v = 2L_f h \tag{5-1}$$

水平井暴露面积 A_h 随水平井长度增加而增大，公式为

$$A_h = 2 \times 3.14 rL \tag{5-2}$$

式中，L 为水平井长度；r 为井眼半径。

图 5-1 为压裂直井与水平井暴露面积对比。

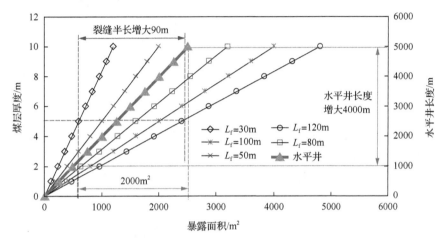

图 5-1　压裂直井与水平井暴露面积对比

从图 5-1 可以得出如下结论：

(1) 对于压裂直井而言，储层厚度 0～10m，裂缝半长从 30～120m，暴露面积为 0～5000m²，变化幅度大。

(2) (多分支) 水平井长度为 0～5000m，暴露面积为 0～2500m²，变化幅度小。

(3) 对于水平井长度小于 1000m 的情况，当储层厚度大于 5m，裂缝半长大于 30m 时，压裂直井暴露面积大于水平井。而实际绝大多数水平井长度小于 1000m，裂缝半长大于 30m，因此，一般情况压裂直井暴露面积大于水平井暴露面积。对于多分支水平井而言，若分支总长达到 6000m，其暴露面积不过 3200m²。对于厚煤层来说，压裂直井暴露面积很容易超过该值。因此，从暴露面积上来说，直井压裂更容易增大储层的暴露面积。

2. 不同井型有效渗透率

由于煤层具有强非均质性，各向异性明显，渗透率差异会影响煤层气渗流模式，影响产能。如图 5-2 所示，煤层直井压裂时，裂缝延伸方向为面割理方向，煤层气井生产过程特别是中后期，流体主要沿着端割理方向流到裂缝，进入井底，因此，端割理方向渗透率对压裂直井产量影响很大。

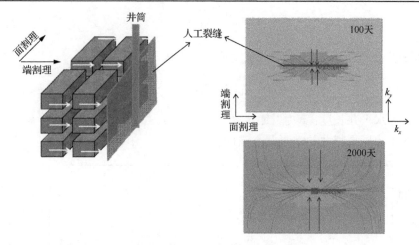

图 5-2　压裂直井流动特征

水平井流动情况有所不同，如图 5-3 所示。水平井眼按照垂直于面割理方向钻进，流动分为平面上向井眼方向上的流动和垂向上向井筒的流动。平面上流动受面割理方向渗透率影响很大，垂向上流动受垂向渗透率影响。水平井产能受面割理渗透率与垂向渗透率综合作用。

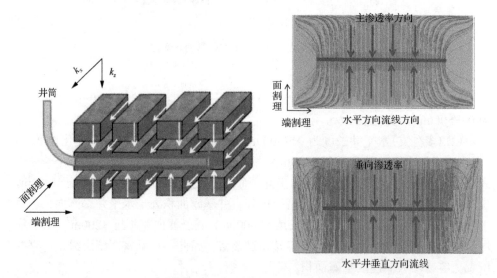

图 5-3　水平井流动特征

因此，对于各向异性煤层来说，水平井能有效利用最大渗透率获取产能，而压裂直井渗流受端割理方向渗透率控制，因此，从这个方面来讲，水平井较压裂直井具有优势。

3. 压裂改造

对于压裂直井来说，裂缝导流能力是影响产能的重要因素之一，煤层气生产过程中吐砂、支撑剂嵌入等甚至会导致裂缝失效，影响产能。在进行压裂直井与水平井优选时，应考虑裂缝导流能力及其失效、水平井筒压降等问题。煤层压裂多采用清水压裂液或其他低伤害压裂液，该类压裂液携砂能力差，有些煤层甚至不加支撑剂，裂缝导流能力有限。且由于煤岩质软，随着孔隙压力降低，支撑剂易发生嵌入，加上压差增大引起吐砂，导致裂缝失效。水平井开发过程中，井筒会出现单相水、气水两相管流，流动阻力大，水平井眼不能看作无限导流。裂缝失效严重情况下，会大大限制压裂直井产能，而水平井由于井筒压降，产能也受到抑制。从图 5-4 和图 5-5 能明显看出裂缝的导流能力对产能影响很大。

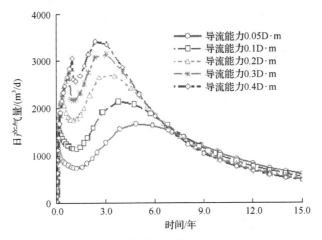

图 5-4　不同裂缝导流能力时产气曲线

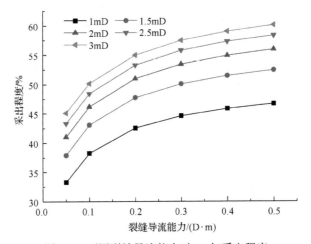

图 5-5　不同裂缝导流能力时 15 年采出程度

4. 垂向渗透率

如图 5-6 所示,煤岩裂隙系统包括面割理与端割理,二者方向均近乎垂直于层理方向。煤层独特的割理系统使煤层垂向渗透率与水平渗透率差异较常规沉积岩要小。因此,较高的垂向渗透率必然提高水平井产能。

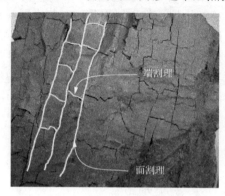 

图 5-6　煤岩割理系统

5.1.2　不同煤阶煤层气井型选择

不同煤阶煤层其孔隙裂隙系统存在较大差异,低煤阶煤层孔隙发育,裂隙不发育;高煤阶煤层孔隙不发育,裂隙发育,渗透率各向异性不严重;中煤阶煤往往表现出很强的渗透率各向异性,这些渗透率特征必然影响井型优选结果。

1. 低、高煤阶煤层气压裂直井与水平井适应性

低、高煤阶煤岩要么孔隙发育,要么裂隙发育,渗透率各向异性不严重。该类煤层的井型优选方法与常规方法相似,可以采用稳态产能公式进行比选。

1) 稳态产能公式

假设裂缝高度等于煤层厚度,裂缝为无限导流,如图 5-7(a)所示,压裂直井稳态产能(Q_{gv})运用有效井径来表达,公式如下:

$$Q_{gv} = \frac{0.2714 k_h h(p_i^2 - p_{wf}^2)}{\ln \frac{r_e}{r'_w}} \frac{T_{sc}}{\mu_g Z T p_{sc}} \tag{5-3}$$

式中,p_i 为原始地层压力;p_{wf} 为井底流压;有效井径(r'_w)为

$$r'_w = \frac{L_f}{2} \tag{5-4}$$

如图 5-7(b)所示，水平井稳态产能(Q_{gh})公式采用 Joshi 公式：

$$Q_{gh} = \frac{0.2714 k_h h (p_i^2 - p_{wf}^2)/\mu_g}{\ln\dfrac{a+\sqrt{a^2-(L/2)^2}}{L/2} + \dfrac{\beta^2 h}{L}\ln\dfrac{h}{2\pi r_w}} \frac{T_{sc}}{ZTp_{sc}} \quad (5\text{-}5)$$

式中

$$a = \frac{L}{2}\left[0.5 + \sqrt{(2r_{eh}/L)^4 + 0.25}\right]^{0.5} \quad (5\text{-}6)$$

$$r_{eh} = \sqrt{r_{ev}(r_{ev}+L/2)} \quad (5\text{-}7)$$

$$\beta = \sqrt{k_h/k_v} \quad (5\text{-}8)$$

其中，r_{ev} 为直井泄油半径；r_{eh} 为水平井泄油半径；r_w 为水平井筒半径；β 为反映水平与垂直渗透率之间差别程度的参数；L 为水平井长度；h 为地层厚度；k_v 为垂向渗透率；k_h 为水平方向渗透率。

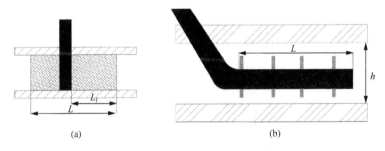

图 5-7 压裂直井与水平井示意图
(a)全部穿透裂缝；(b)水平井

举例如下：水平方向渗透率 k_h=1mD、直井泄油半径 r_{ev}=1210m、水平井的泄油半径 r_{eh}=1500m、水平井的长度 L=1300m、水平井的井筒半径 r_w=0.18m、气体的黏度 μ_g=0.04mPa·s、偏差因子 Z=1.5、地层温度 T=124℃、p_i=90MPa、井底流压 p_{wf}=80MPa，其计算结果如图 5-8 所示。

储层厚度的增大直接增加了垂向渗流面积，水平井产能随之增大，但是从变化率的曲线来看，其产能增加量逐渐变小。厚度与垂向渗透率的关系也影响着产能，如果垂向渗透率很低，即使厚度大，产能也可能很小。随着储层厚度增大，两条垂向渗透率线之间的间隔增大，即产能变化的幅度增大。

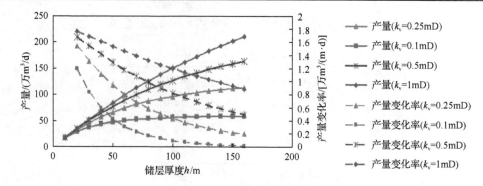

图 5-8 储层厚度与垂向渗透率对产能的影响

当偏心距 $\delta=0$ 时,即水平井打井地层中部,由式(5-3)与式(5-5)可以得到,水平井与直井的稳态产能比:

$$\frac{Q_{gh}}{Q_{gv}} = \frac{\ln\dfrac{r_e}{r_w'}}{\ln\dfrac{a+\sqrt{a^2-(L/2)^2}}{L/2} + \dfrac{\beta^2 h}{L}\ln\dfrac{h}{2\pi r_w}} \tag{5-9}$$

2) 储层厚度影响

对于割理不发育煤层,裂隙渗透率各向均匀,水平井与直井优选主要指标为储层厚度和垂向渗透率。

假定水平井控制面积为直井的 2 倍,图 5-9 为不同储层厚度水平井与直井产能比。随水平井长度增加,产能比增大;随储层厚度增加,产能比减小。对于薄层(该例中,$\beta=5$,储层厚度小于 10m,水平井长度大于 700m),水平井较直井开发效果更好;相反,直井开发效果较水平井更好。

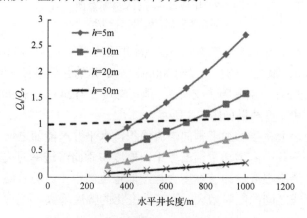

图 5-9 不同储层厚度水平井与直井产能比
水平井控制面积=2×直井控制面积

3) 垂向渗透率影响

图 5-10 反映了不同垂向渗透率对产能影响，由图 5-10 可知：β 值越大，产能比越低，说明垂向渗透率大小影响水平井与直井选择。该例中，$h=10\text{m}$，$\beta>5$，且水平井长度小于 800m 时，直井压裂效果更好。

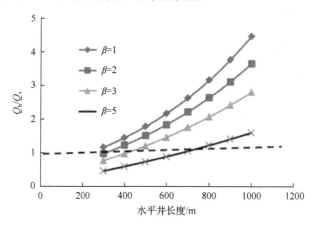

图 5-10 不同 β 值的储层水平井与直井产能比
水平井控制面积=2×直井控制面积

4) 控制面积（井数比）影响

随着水平井与直井控制面积比值增大，水平井优势越来越不明显，如图 5-11 所示。表明相同控制面积下，一口水平井与多口直井比较时，直井井数越多，水平井与直井产能比越低，如图 5-12 所示。

1 口水平井与多口直井对比时，随着直井数增多，产能增大，但效益也增加，因此存在一个临界井数。若按水平井钻井成本=3×直井钻井成本计算，水平井长

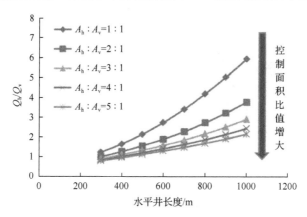

图 5-11 不同控制面积下水平井与直井产能对比
A_h 和 A_v 分别为水平井与直井的控制面积

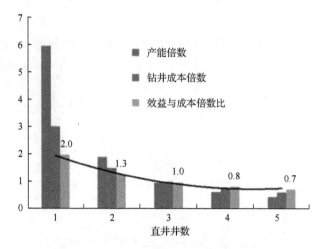

图 5-12　一口水平井与多口直井产能比

度为 1000m，储层厚度 5m，$k_h:k_v=4:1$，裂缝半长 75m，对比水平井与直井产能比、成本比、效益比，如图 5-12 所示。当效益与成本倍数比大于 1 时，说明水平井较压裂直井更有优势；当效益与成本倍数比小于 1 时，说明压裂直井较水平井具有优势。该例中，临界井数为三口直井。当直井井数小于三时，水平井效果好；当直井井数大于三时，压裂直井效果好。

2. 中煤阶煤层气压裂直井与水平井适应性

对于割理发育煤层，平面渗透率各向异性影响直井与水平井产能。如图 5-13 所示，压裂直井产能受端割理方向渗透率影响很大，水平井可通过控制井眼延伸方向，充分利用最大渗透率获取产能。

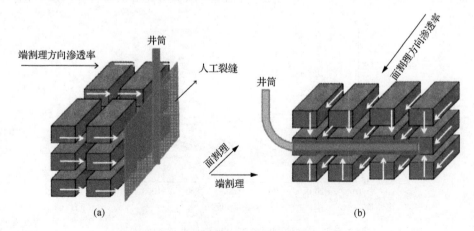

图 5-13　压裂直井与水平井流动模式对比
(a)压裂直井；(b)水平井

通过数值模拟手段，模拟不同端割理渗透率对直井与水平井产能影响。基本参数如下：①储层面积为 1200m×400m；②裂缝半长为 70m；③水平井长度为 600m；④煤层厚度为 15m。

给定渗透率值如表 5-1 所示。压裂直井为三口，水平井为一口，水平井眼方向垂直于面割理方向，如图 5-14 所示。

表 5-1　给定渗透率　　　　　　　　　　　　　　　（单位：mD）

面割理渗透率 k_x	端割理渗透率 k_y	垂向渗透率 k_z
4	4	1
4	3	1
4	2	1
4	1	1

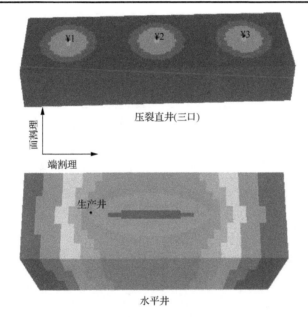

图 5-14　压裂直井与水平井数值模拟模型

图 5-15 为不同端割理渗透率下压裂直井总产量，由图可以看出端割理渗透率对早中期生产影响大，影响产气峰值大小。不同端割理渗透率时累计产气量差距很大，端割理渗透率对压裂影响较敏感。

图 5-16 为不同端割理渗透率下水平井产量曲线，可以看出端割理渗透率对水平井早中期生产影响小，后期影响大。端割理渗透率对水平井产气影响较直井敏感性差一些。

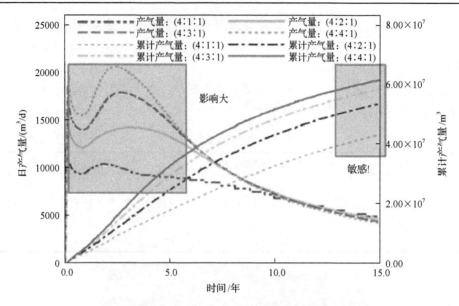

图 5-15　不同端割理渗透率下压裂直井产量(三口井总产量)
括号内的数据为面割理渗透率∶端割理渗透率∶垂直渗透率

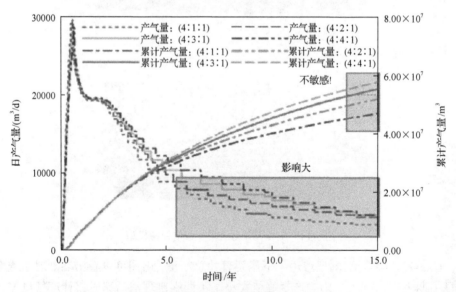

图 5-16　不同端割理渗透率下水平井产量
括号内的数据为面割理渗透率∶端割理渗透率∶垂直渗透率

图 5-17 为不同端割理渗透率时水平井与三口压裂直井产气量对比。该例中，当渗透率低于 1.7mD 时，水平井较直井开发效果好；当渗透率大于 1.7mD 时，直井开发效果更好。

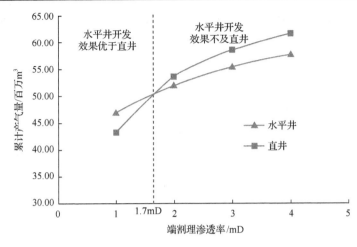

图 5-17　不同端割理渗透率下压裂直井与水平井产量对比

煤层端割理渗透率为直井与水平井优选的重要参数之一，端割理渗透率对压裂直井产量影响敏感，对水平井敏感性差。因此，对于各向异性煤层，水平井更具优势。

3. 不同煤阶煤层气多分支水平井井身方向

1) 多分支井优化原则

多分支水平井能够大幅度提高煤层气单井产量，但其影响因素较多，煤层水平方向的渗透率存在各向异性，对煤层气井的产能有较大影响。煤层气分支井产量模型属于多目标函数，其与煤层地质条件及分支井眼几何结构密切相关。实际的煤储层具有明显的各向异性，多分支水平井产能主要受两方面因素控制：一是多分支水平井的有效泄压面积；二是分支井在垂直于最大渗透率方向的投影长度。

多分支井的有效泄压面积与分支角度密切相关，如图 5-18 所示。

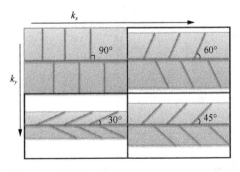

图 5-18　不同分支角度下的多分支井示意图

由图 5-18 可以看出，有效泄压面积随分支角度增大而增大。分支角度为 90°

时,分支井的有效泄压面积最大[图 5-18(a)]。分支在最大渗透率方向的投影长度并不是随着分支角度增大而增大。各向异性地层中,如果分支井的主井眼平行于最大渗透率方向,即图 5-18 中的 x 方向为面割理方向,则在分支长度一定的条件下,分支在垂直于最大渗透率方向上的投影长度随着分支角度的增大而增大,加之分支井的泄压面积也随分支角度增大而增大,两者的共同作用下,分支井的产量随着分支角度的增大而增大。如果分支井的主井眼垂直于最大渗透率方向,即图 5-18 中的 y 方向为面割理方向,在分支长度一定的条件下,分支在最大渗透率方向的投影随着分支角度的增大而减小,但是分支井的有效控制面积随分支角度的增大而增大,两种因素的共同作用下,分支井的产量并不是随着分支角度的增大而增大,而是一定有一个最优角度。

在主支长度和分支长度一定的条件下,分支井最优布井方位的确定原则可以定为:尽可能增加有效泄压面积,以及尽可能使井眼与割理沟通(垂直于主渗透率方向的有效井眼长度越大越好)。煤层气储层在各向同性和各向异性时多分支水平井布井不同。

2) 低、高煤阶多分支水平井角度优化

研究中采用煤层气数值模拟软件 COMET3 进行多分支水平井的模拟,模拟参数参考韩城煤层气藏的储层参数。设定煤储层为 800m×500m 的长方形储层,厚度为 5m,储层渗透率各向同性,平面渗透率均为 1mD,多分支水平井主井筒长为 800m,6 个分支长度均为 250m,分支间距为 200m,初始地层压力 4MPa,生产 15 年,初期定产水量生产,排水量定为 40m³/d,定产水期之后为定井底流压生产,井底流压定为 0.2MPa。主支长度、分支长度不变,模拟分支角度分别为 30°、45°、60°和 90°时多分支井的累计产气量、采出程度,不同角度的多分支水平井示意图如图 5-19 所示。COMET3 数值模拟中的储层参数参照韩城煤层气藏的参数,储层参数如表 5-2 所示。

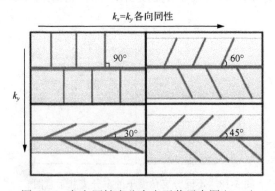

图 5-19 各向同性多分支水平井示意图($k_x=k_y$)

表 5-2　模拟储层参数

参数名称	数值
煤层顶深/m	550
煤层厚度/m	5
Langmuir 体积/(m³/m³)	35
Langmuir 压力/MPa	2.17
临界解吸压力/MPa	2.5
解吸时间/天	10
孔隙度	0.02
渗透率/mD	$k_x=k_y=1$，$k_z=0.1$
地层水密度/(g/m³)	1
井径/m	0.1
孔隙压缩系数/kPa⁻¹	2.46×10^{-6}
渗透率指数	3
裂缝间距/m	0.00521

从模拟结果可以看出(图 5-20)，随着分支角度的增大，多分支水平井的累计产气量逐渐增大，但是增长的趋势逐渐变缓。这是因为分支角度越大，有效泄压面积越大，采出程度越高；反之，有效泄压面积越小，采出程度越低(图 5-21)。各向同性地层中不存在分支在垂直于主渗透率方向的有效长度的影响。

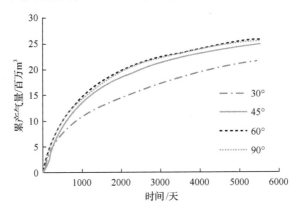

图 5-20　各向同性地层不同分支角度下的累计产气量

从各向同性地层生产 15 年末压力分布(图 5-22)同样可以看出分支角度为 90° 时，低压区(深色区域)的面积最大，即井的有效泄压面积最大，采出程度最大。

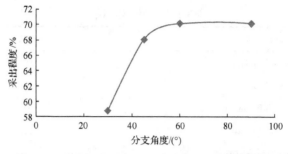

图 5-21 各向同性地层不同分支角度下的采出程度

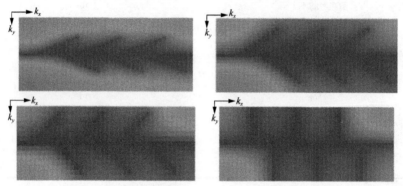

图 5-22 各向同性地层生产 15 年末储层压力分布图

3) 中煤阶多分支水平井角度优化

实际的煤储层的平面渗透率具有各向异性,煤层气多分支井布井有两种方式:一种是分支井的主井眼沿着最大渗透率方向即平行于面割理方向,另一种是分支井的主井眼垂直于最大渗透率方向即垂直于面割理方向。

(1) 主井眼平行于面割理方向布井。

对多分支井的主井眼平行于面割理方向的布井方式,主支长度和分支长度保持一定,分支夹角依次设定为 30°、45°、60° 和 90°,布井方式如图 5-23 所示。

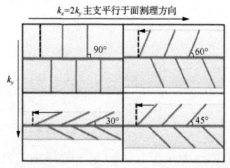

图 5-23 各向异性地层主井眼平行于面割理方向($k_x=2k_y$)

从模拟结果可以看出(图 5-24~图 5-26),各向异性程度不同的地层,均表现出多分支水平井的累计产气量随着分支角度的增加而增加,且随着分支角度增加,累计产气量增加幅度变小。

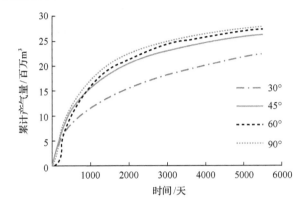

图 5-24　地层($k_x=2k_y$)多分支水平井累计产量随分支角度的变化

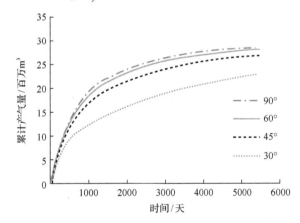

图 5-25　地层($k_x=3k_y$)多分支水平井累计产气量随分支角度的变化

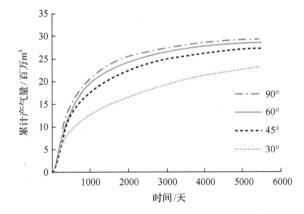

图 5-26　地层($k_x=4k_y$)多分支水平井累计产气量随分支角度的变化

在煤层气各向异性地层中,当主支平行于面割理方向布井时,随分支夹角的增大,分支角度为 90°时井的累计产气量和采出程度最大。多分支水平井的有效泄压面积增加,且分支在垂直于最大渗透率方向的投影也随之增大,因此多分支水平井的累计产气量及采出程度随分支角度增大而增大(图 5-27),但是累计产气量和采出程度随分支角度的增加幅度逐渐变缓,模拟结果显示分支角度 60°和 90°时累计产气量非常接近,实际钻井过程中 90°分支难以实现,可选择 60°左右。

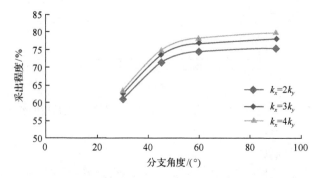

图 5-27 不同各向异性地层中采出程度随分支角度的变化

选择各向异性 $k_x=4k_y$ 的地层中主井眼平行于面割理方向的水平井生产 15 年末的地层压力分布(图 5-28)。从压力分布图同样可以看出,随分支角度的增大,低压区(深色区域)面积增大,即井的有效泄压面积增大,采出程度增大。

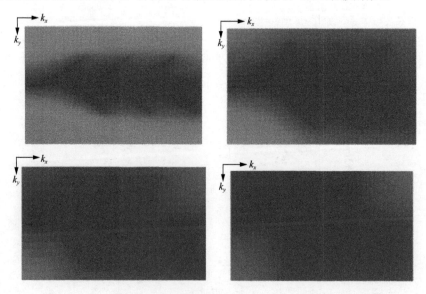

图 5-28 $k_x=4k_y$ 主支平行于面割理方向的分支井 15 年末的压力分布

(2) 主井眼垂直于面割理方向布井。

对于多分支井的主井眼垂直于面割理方向的布井方式，主支长度和分支长度保持一定，分支夹角依次设定为 30°、45°、60°和 90°，布井方式如图 5-29 所示。

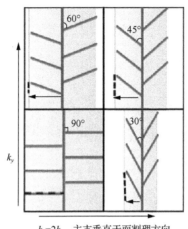

图 5-29　各向异性地层主井眼垂直于面割理方向的布井方式示意图（$k_x=2k_y$）

从模拟结果可以看出（图 5-30～图 5-32），各向异性程度不同的地层中，主井眼垂直于面割理的多分支井累计产气量不再随着角度的增加而增加，在分支角度为 60°时累计产气量最大。这是因为主井眼垂直于面割理方向布井的多分支井随着分支角度的增加，井的有效泄压面积增加，但是分支在垂直于最大渗透率方向的投影长度变短，分支井的产量受两方面因素影响，产量并不是随着分支角度的增加而增大，而是存在一个最优角度。

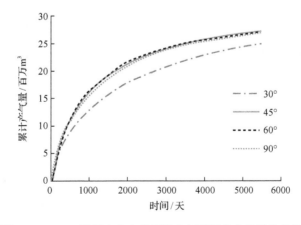

图 5-30　$k_x=2k_y$ 地层中分支井累计产气量随分支角度的变化

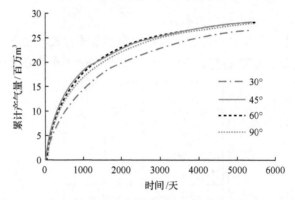

图 5-31 $k_x=3k_y$ 地层中分支井累计产气量随分支角度的变化

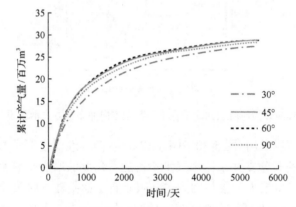

图 5-32 $k_x=4k_y$ 地层中分支井累计产气量随分支角度的变化

各向异性不同程度地层，主井眼垂直于最大面割理方向的多分支井，从生产15年的采收程度可以看出（图5-33），采出程度并不是随着分支角度的增加而增加，而是随分支角度的变化存在拐点，当分支角度为45°~60°时，气体采出程度最大，且各向异性程度越大的地层，拐点越明显。

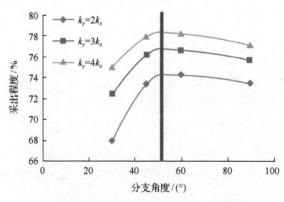

图 5-33 不同各向异性程度地层中分支井的采出程度随分支角度的变化

各向异性地层主支垂直于最大渗透率方向时，分支长度不变，分支角度增大，分支井的控制面积增大，但同时分支在垂直于最大渗透率方向上的投影减小，分支井产量受两个方面的因素控制，采出程度随分支角度的变化存在拐点，当分支角度为 45°～60°时采出程度最大。

选取 $k_x=4k_y$ 地层主井眼垂直于面割理方向布井的分支井生产 15 年末的储层压力分布(图 5-34)，从压力分布图中可以看出，随着分支角度的增大井的有效泄压面积增大，但井有效泄压面积内气体的采出程度不随着分支角度的增加而增加。

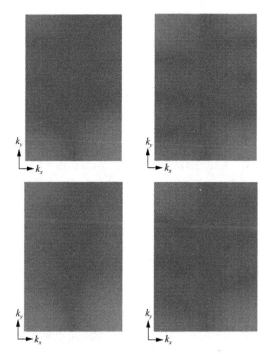

图 5-34　$k_x=4k_y$ 主支垂直于面割理方向的分支井 15 年末的压力分布

各向异性程度不同的地层对比主支方向垂直于面割理方向的分支井和主支方向平行于面割理方向的分支井，发现当分支角度为 30°和 45°时，主支垂直于面割理的布井方式好；当分支角度为 60°和 90°时，主支平行于面割理的布井方式好。对比结果如图 5-35～图 5-37 所示。两种布井方式的分支夹角相同时，井的控制面积相同，但是垂直于最大渗透率方向的投影不相同，采出程度的高低取决于分支长度和主支长度的大小。所以在各向异性地层中，当分支角度较小时建议采用主井眼垂直于面割理方向的布井方式，当分支角度较大时建议采用主井眼平行于面割理方向的布井方式。

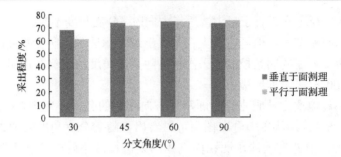

图 5-35 $k_x=2k_y$ 地层中两种布井方式采出程度的对比

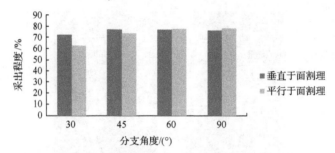

图 5-36 $k_x=3k_y$ 地层中两种布井方式采出程度的对比

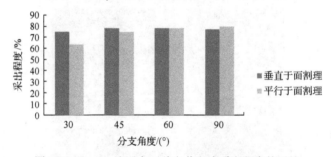

图 5-37 $k_x=4k_y$ 地层中两种布井方式采出程度的对比

5.2 煤层气开发井网优化

对于衰竭式开发的煤层气藏,井网优化的目标是最大程度降低储层压力,避免出现压力死角,实现均衡降压开采。目前常用的井网类型有正方形井网、矩形井网和菱形井网。本节通过数值模拟对比,应用压力传播规律,建立煤层气井网井距优化方法和相应图版(石军太等,2012)。

5.2.1 不同煤储层的煤层气井网适应性图版

由于煤储层的非均质性、地质条件、水文条件复杂等因素,导致煤层气作业理论和施工工艺与应用相对复杂,煤层气生产井井网布置方法就是一个难题。煤层气生产井井网布置取决于诸多因素，包括煤层渗透率、储层压力、煤层破裂压力、煤层闭合压力、煤层压力梯度、水动力条件等(冯培文，2008)。布设井网可以扩大压降影响的范围，各井之间压力变化的干扰会对煤层气的解吸非常有利。对低渗透率煤层，在部署煤层气井井网时，还需要考虑煤层渗透率的各向异性(李明宅，2005)。目前，对煤层气直井开发井网的选择认识还不是太清楚，缺乏针对不同储层条件煤层气藏的井网优选方法。为了高效开发煤层气藏，提高煤层气藏的采收率，需提出不同储层条件下煤层气藏的合理井网。针对不同渗透率、不同各向异性的煤层气藏，基于数值模拟的方法，对正方形井网、矩形井网及菱形井网三种不同井网进行模拟，得出适合不同井网开发的储层渗透率和各向异性的范围。

1. 煤层气直井井网优选方法

应用数值模拟技术，使用 CMG 组分模拟器对煤层气直井开发中正方形、矩形和菱形三种井网进行适应性优选。模拟采用双孔单渗模型，基质孔隙和割理为储存空间，割理为渗流通道，基质孔隙不参与渗流。结合国内的煤储层的实际情况，压裂裂缝半长为 60~80m，因此模拟中裂缝半长采用 75m。美国对渗透率小于 6mD 的煤层，最大井距一般设为 300m(钱凯等，1997)；若渗透率高于 6mD，井距可大于 300m。由于研究的渗透率范围较广(0.4~20mD)，选取具有代表性的井距(350m)，正方形井网情况下单井井网控制面积为 122500m²。为了保证三种井网开发的效果具有可比性，保持三种井网的单井控制面积相同(122500m²)，矩形井网的长宽比为 3:2，菱形井网的边长夹角为 60°和 120°。三种井网的示意图如图 5-38 所示。模拟煤层厚度为 1m，地层压力为 2.8MPa，割理孔隙度为 3%，割理中的原始含水饱和度为 100%，含气量为 15.1m³/t，Langmuir 体积为 28m³/t，Langmuir 压力为 2.4MPa，临界解吸压力为 2.8MPa。模拟主裂缝方向渗透率 k_x(即面割理渗透率)分别为 0.4mD、0.8mD、1.6mD、3mD、6mD、12mD 和 20mD，各向异性系数 k_y/k_x 分别为 0.033、0.1、0.167、0.33、0.5、0.67 和 1。共模拟了 7(不同渗透率)×7(不同各向异性系数)×3(正方形、矩形和菱形井网)=147 套方案，均以 0.3MPa 的定井底流压生产，优化指标为 15 年后的累计产气量。

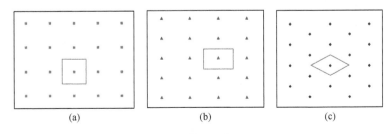

5-38 井网示意图

(a)正方形井网；(b)矩形井网；(c)菱形井网

2. 煤层气直井井网优选结果

当渗透率为 20mD、1.6mD 和 0.4mD，三种井网在不同各向异性煤层中 15 年累计产气量的对比如图 5-39 所示。图 5-40 为正方形井网与菱形井网开发效果对比图。图 5-41 为矩形井网与菱形井网开发效果图。图 5-40 和图 5-41 纵坐标大于 1，表明该井网的开发效果好于菱形井网的开发效果；纵坐标小于 1，表明该井网的开发效果比菱形井网的开发效果差。

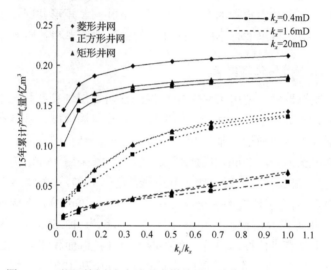

图 5-39 不同面割理方向渗透率煤储层三种井网开发效果对比

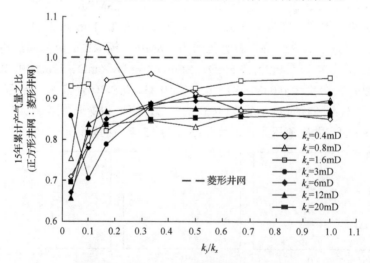

图 5-40 正方形井网与菱形井网开发效果对比

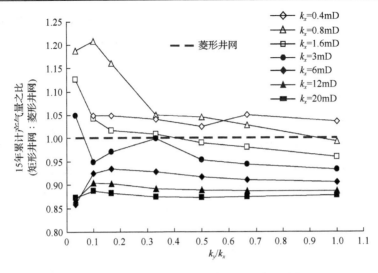

图 5-41　矩形井网与菱形井网开发效果对比

模拟结果表明，当渗透率为 0.4~20mD 时，正方形井网开发效果低于矩形井网和菱形井网(图 5-39 和图 5-40)。当渗透率大于 6mD，菱形井网的开发效果都好于正方形井网和矩形井网(图 5-40 和图 5-41)。当渗透率小于 0.4mD 时，矩形井网的开发效果都好于正方形井网和菱形井网(图 5-39 和图 5-41)。当渗透率为 0.8~3mD，各向异性系数小于某一临界值，矩形井网的开发效果好于菱形井网，各向异性系数大于该临界值，菱形井网的开发效果好于矩形井网(图 5-41)。当渗透率为 0.8mD，该临界值为 0.9；当渗透率为 1.6mD，该临界值为 0.4；当渗透率为 3mD，该临界值为 0.06。

通过研究，创建了煤层气压裂直井井网优选图版(图 5-42)。应用该图版可以

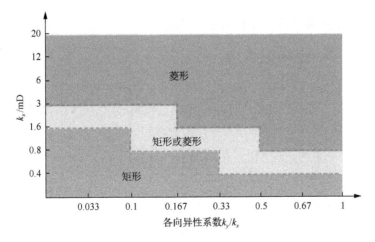

图 5-42　基于某特定煤层气藏渗透率各向异性的直井井网优选图版

指导煤层气藏开发中优选合理井网。对于一个特定的煤层气藏，根据面割理方向的渗透率和各向异性系数，应用该图版可以优选出该煤层气藏开发效果最优的井网。

3. 煤层气直井井网优选结果的理论分析

对于煤层气藏开发中的井网优选，应首先均衡压力在面割理方向和端割理方向的干扰时间，使压力均衡下降，达到解吸、扩散、渗流的目的。无论渗透率多高，由于正方形井网在面割理和端割理方向的干扰时间相差较大(面割理方向很快达到干扰，而端割理方向很慢才达到干扰)，开发效果都低于矩形井网和菱形井网。

排除正方形井网后，菱形井网和矩形的井网的对比与渗透率和各向异性程度有关。

高渗情况下，压力在面割理方向的传播很容易，但在端割理方向的传播相对较难，因此应尽可能增加端割理方向的干扰。在同样大小的单井控制面积下，菱形井网的排距小于矩形井网的排距，因此菱形井网在端割理方向的干扰强于矩形井网，菱形井网的开发效果优于矩形井网的开发效果。

低渗情况下，压力在面割理和端割理方向的传播都较慢，但在面割理方向的传播要好于端割理方向，因此在均衡压力在面割理方向和端割理方向的干扰时间的基础上，应尽可能增加面割理方向的干扰。在同样大小的单井控制面积下，矩形井网的井距小于菱形井网的井距，因此矩形井网在面割理方向的干扰程度要强于菱形井网，矩形井网的开发效果优于菱形井网的开发效果。

中渗情况下，视各向异性系数的不同，矩形井网与菱形井网的过渡带有所差异。在各向异性系数较低的情况下，应尽可能关注面割理方向的干扰；在各向异性系数较高的情况下，应尽可能关注端割理方向的干扰。

5.2.2 基于均衡降压的煤层气井网优化方法

1. 均衡降压对产能重要性

均衡降压指的是井控制范围内，压力波自井眼开始向外传播，同一时间到达各方向流动边界，整个控制范围内压降平稳、均衡(徐兵祥等，2014)。

如图 5-43 所示，对于圆形边界中心一口井，其产能为

$$Q = \frac{0.543kh(p_i - p_{wf})}{\mu \ln(r_e/r_w)} \tag{5-10}$$

偏心井产能公式为

$$Q = \frac{0.543kh(p_i - p_{wf})}{\mu \ln\left[(r_e^2 - d^2)/(r_e r_w)\right]} \tag{5-11}$$

式中，d 为井离中心点距离，m。

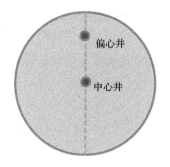

图 5-43　中心井与偏心井示意图

由式(5-10)和式(5-11)可以看出，偏心井产能比中心井产能低，同时也说明了均衡降压对产能影响的重要性。

2. 煤层气开发压力传播及流动特征

我国煤层渗透率较低，直井须压裂才能建产。人工裂缝在一定程度上改变了煤层气渗流模式，影响其压力传播及产能变化规律。另外，煤层一般发育两组割理系统，分为面割理与端割理：面割理延伸较长、连续性好、渗透率较高；端割理连续性差，渗透率低。因此对割理发育的中高阶煤来说，渗透率各向异性明显，渗透率各向异性同样影响煤层气渗流方式和压力传播规律。

1) 压裂直井压力传播特征

对压裂直井而言，人工裂缝方向沿着面割理方向，煤层气开发过程中，等势线以椭圆形式向外扩展，椭圆焦距为裂缝半长，如图 5-44 所示。其椭圆等势面满足：

$$D_X{}^2 - D_Y{}^2 = 4L_f^2 \tag{5-12}$$

式中，D_X、D_Y 分别为椭圆长、短半轴的两倍；L_f 为裂缝半长。

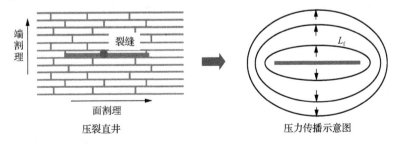

图 5-44　压裂直井压力传播示意图

2) 各向异性压力传播特征

对于各向异性煤层，沿着主渗透率方向压力传播快，其等势面以椭圆或等效矩形的形式向外扩展，如图 5-45 所示。其等效矩形长宽比为

$$\frac{D_x}{D_y} = \sqrt{\frac{k_x}{k_y}} \tag{5-13}$$

式中，D_x、D_y 分别为等效矩形长度与宽度；k_x、k_y 为水平两方向渗透率。

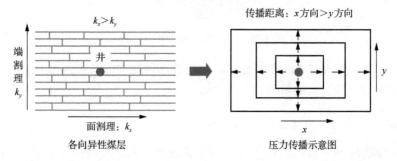

图 5-45　各向异性煤层压力传播示意图

3. 压裂直井井网优化方法

由于割理方向压力传播距离是裂缝长度的函数，若按照压力传播距离关系确定井距，则能满足井控制范围内均衡降压。研究认为，压裂直井井距关系满足式 (5-12)，产能最大。

运用数值模拟方法验证该理论，基本参数如下：①储层面积为 0.16km^2；②裂缝半长为 70m；③渗透率为 4mD；④煤层厚度为 15m。

对比 4 种井距如表 5-3 所示。其中案例 2 按照式 (5-12) 确定。

表 5-3　压裂直井 4 种不同井距参数设置表　　　　　（单位：m）

案例	面割理方向井距	端割理方向井距
案例 1	400	400
案例 2	450	355
案例 3	800	200
案例 4	200	800

图 5-46 为不同井距下气井产量与累计产气量，由图 5-46 可以看出，井距为 450m×355m 时日产气量与累计产气量最大。说明压裂直井按照压力传播距离比确定的井距为最优。

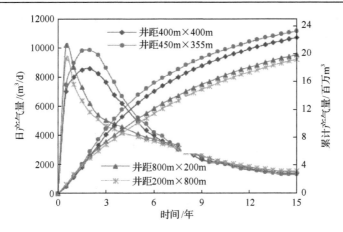

图 5-46　不同井距煤层气井日产气量与累计产气量

4. 各向异性煤层井网优化方法

各向异性储层可以通过坐标变化，转换成均质储层，转化关系为

$$x_0 = x\left(\frac{k_y}{k_x}\right)^{\frac{1}{4}}, \quad y_0 = y\left(\frac{k_x}{k_y}\right)^{\frac{1}{4}} \tag{5-14}$$

按照如上关系，对比了正方形与矩形井网产气规律。如图 5-47 所示，正方形井网为均质储层，而矩形井网按照渗透率比 25∶1，长宽比确定为 5∶1。

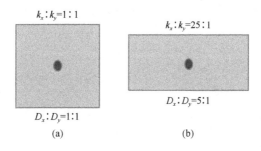

图 5-47　各向异性煤层井网转换为均质煤层下的井网示意图
(a)正方形，均质；(b)矩形 5∶1，渗透率比 25∶1

图 5-48 为产气量与累计产气量对比曲线。由图 5-48 可以看出，两种井网类型产气曲线完全重合。说明这种坐标转换关系是正确的，同时也说明了各向异性煤层按照渗透率比配置井距，可以转化成各向同性煤层，使其均衡降压，产能达到最大。

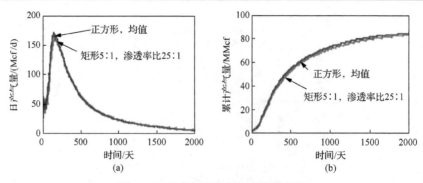

图 5-48 日产气量与累计产气量对比

(a)正方形,均质;(b)矩形 5∶1,渗透率比 25∶1。Mcf 表示千立方英尺,1Mcf=28.317m³;MMcf 表示百万立方英尺,1MMcf=2.8317 万 m³

运用数值模拟研究各向异性对产能影响,基本参数为:①储层面积为 400m×400m;②平均渗透率为 4mD;③煤层厚度为 15m。

不同渗透率值如表 5-4 所示。

表 5-4 几何平均渗透率相同而各向异性系数不同的煤储层渗透率设置表

渗透率	$k_x : k_y$			
	1∶1	4∶1	16∶1	64∶1
k_x/mD	4	8	16	32
k_y/mD	4	2	1	0.5

图 5-49 反映了不同各向异性渗透率比对产能影响。由图 5-49 可知,比值越大,产量越低,比值为 1 时产量最高,同样说明了均衡降压对产能的重要性。

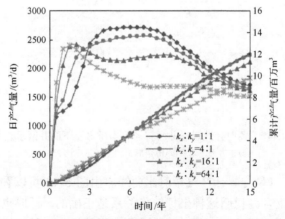

图 5-49 不同各向异性渗透率比下的日产气量、累计产气量对比

运用数值模拟验证按照渗透率比的平方根确定井距为最优井距,参数如下:①储层面积为 0.16km²;②渗透率分别为 16mD、1mD;③煤层厚度为 15m。不同井距

如表 5-4 所示。

图 5-50 反映了不同井距产气量对比,可以看出井距 800m×200m 最优。

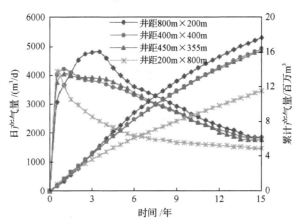

图 5-50　不同井距煤层气井日产气量与累计产气量

5. 各向异性压裂直井井网优化方法

渗透率各向异性加上人工裂缝,是上述两种情况的综合体。那么,该种情况的压力传播满足什么样的关系呢?

如图 5-51 所示,首先将各向异性地层转化成各向同性地层,坐标转换关系为

$$x_0 = x\left(\frac{k_y}{k_x}\right)^{\frac{1}{4}}, \quad y_0 = y\left(\frac{k_x}{k_y}\right)^{\frac{1}{4}} \tag{5-15}$$

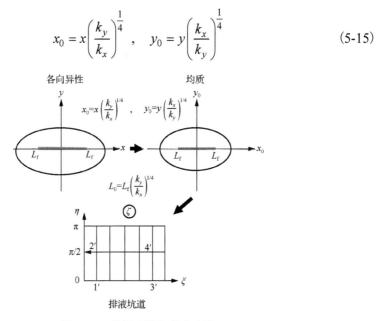

图 5-51　坐标变换与保角变化

那么裂缝半长转变成

$$L_0 = L_f \left(\frac{k_y}{k_x}\right)^{\frac{1}{4}} \quad (5\text{-}16)$$

各向同性地层渗透率为

$$\bar{k} = \sqrt{k_x k_y} \quad (5\text{-}17)$$

该问题转化成各向同性地层裂缝流动问题,若转换后裂缝半长为 L_f,则压力传播关系满足

$$x_0^2 - y_0^2 = L_0^2 \quad (5\text{-}18)$$

转化为原始坐标形式

$$D_x^2 - D_y^2 \left(\frac{k_x}{k_y}\right) = 4L_f^2 \quad (5\text{-}19)$$

式中,D_x、D_y 分别为等效矩形长度与宽度,m。

式(5-19)为各向异性地层压力传播等势线方程。根据均衡降压原理,井距关系按照式(5-19)配比为最优,可以确定矩形井网长度比与菱形井网对角线比。

运用数值模拟验证该理论正确性。基本参数为:①储层面积为 0.16km²;②渗透率分别为 4mD、1mD;③煤层厚度为 15m;④裂缝半长为 70m。

不同井距如表 5-5 所示。

表 5-5　各向异性地层中五种不同井距配置表

案例	面割理方向/m	端割理方向/m
案例 1	400	400
案例 2	450	355
案例 3	600	270
案例 4	800	200
案例 5	200	800

按照公式(5-19)和储层面积恒定的假设,计算最为合理的井距为:574.5m×278.5m。图 5-52 反映了不同井距产气量对比,可以看出井距 600m×270m 与最合理的井距最接近,在五种方案中最优。说明按照式(5-19)确定的井距能够达到均衡降压目的,使产量最大。

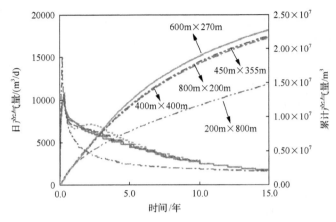

图 5-52 不同井距煤层气井产量与累计产气量

模拟表明，井距 600m×270m 最优

5.2.3 考虑压裂裂缝的煤层气井网优化方法

压裂使得裂缝方向压力传递很快，而垂直裂缝方向压力传递速度仍取决于煤岩孔渗特性，传递速度较慢，致使煤层气藏渗流状况发生改变，这直接影响煤层气井网井距的优化。从国内外学者研究的结果看，影响直井井网的因素主要有压裂半长、煤层渗透率、储层压力、煤层破裂压力、煤层闭合压力、煤层压力梯度、水动力条件等(徐兵祥等，2011b)。

1. 煤层气压裂直井渗流特征

直井压裂后，其裂缝方向为煤层主应力方向，该方向平行于煤层主裂隙方向。若井网设计沿裂缝方向作为井间连线，则：①裂缝方向。煤层气渗流受该方向物性参数的影响，同时在很大程度上受压裂裂缝的控制。②垂直裂缝方向。煤层气渗流主要取决于该方向煤层物性参数。

显然，裂缝方向煤层气渗流能力显著高于垂直裂缝方向，这直接影响到煤层气井网井距的优化。

2. 压裂裂缝参数对煤层气井产能影响

压裂是实现提高低渗煤层气井产能的一个重要措施，压裂裂缝参数包括压裂裂缝长度与裂缝导流能力，二者共同影响着煤层气井产量。采用 CMG 软件 GEM 模块模拟裂缝参数对煤层气井产能的影响，其中煤层孔隙度为 2%、煤层气吸附饱和度为 70%、裂隙渗透率为 1.5mD。

1) 裂缝穿透比

裂缝穿透比指的是裂缝长度与井距之间比值，该值大小显然影响煤层气产能。

裂缝穿透比增加,煤层气井产气能力也会相应增加。

图 5-53 表示不同裂缝穿透比(0.3、0.5、0.7、0.9)时煤层气井产气曲线,此时裂缝导流能力 0.2D·m。可以看出,裂缝穿透比越大,煤层气井初期产气量越高,产气峰值越大;到煤层气井后期产量递减阶段,产气量几乎重合,说明穿透比对煤层气井生产后期产量影响不大。

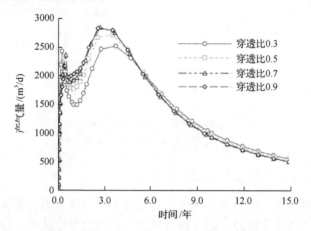

图 5-53　不同裂缝穿透比煤层气井产气线

对应不同裂缝穿透比时煤层气井 15 年采出程度如图 5-54 所示,随着穿透比的增加,采出程度增加,但增加的幅度变小(穿透比从 0.8 增加到 0.9 时采出程度增加不明显)。当裂缝穿透比超过 0.6 时,裂缝穿透比每增加 0.1,采出程度增加值低于 0.5%,此时裂缝穿透比对采出程度影响不明显。因此,存在一个最优的裂缝穿透比。

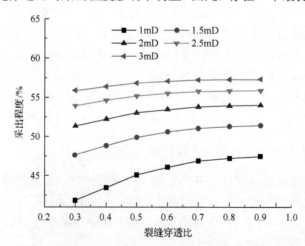

图 5-54　不同渗透率时裂缝穿透比对采出程度影响

不同渗透率情况下,裂缝穿透比对气井采出程度影响有所差别。当渗透率较低时(1mD)，由于裂缝导流能力与煤岩渗透率差异较大，裂缝穿透比对产气的影响较明显。当穿透比为 0.3~0.6 时，采出程度变化很大。而当穿透比大于 0.6 时，影响显得稍小一些。当渗透率较高时(3mD)，裂缝穿透比对煤层气井产气影响总体要小一些。

2) 裂缝导流能力

同样，裂缝导流能力对煤层气产量影响也很大。图 5-55 为不同裂缝导流能力 (0.05D·m、0.1D·m、0.2D·m、0.3D·m、0.4D·m)时煤层气井产气曲线，此时裂缝半长为 70m。可以看出，导流能力越大，初期产气总体较高，产气峰值也越高；而后期产气几乎重合，说明导流能力对后期产量影响不大。

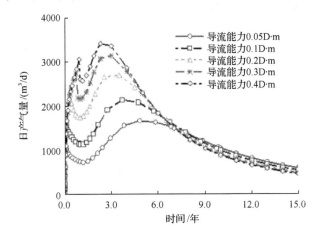

图 5-55 不同裂缝导流能力时产气曲线

对应不同导流能力时煤层气井 15 年末采出程度如图 5-56 所示，当裂缝导流

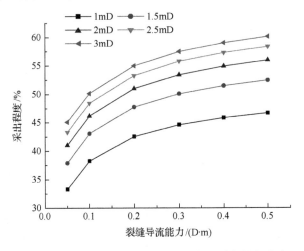

图 5-56 不同渗透率时裂缝导流能力对采出程度影响

能力较低时，随着导流能力的增加，采出程度增加很明显，但增加的幅度（即直线的斜率）沿直线下滑，当裂缝导流能力增加到 0.2D·m 时，导流能力每增加 0.1D·m，采出程度增加值低于 5%。

不同渗透率情况下，导流能力对气井采出程度影响应有所差别，但总体趋势一致。当渗透率为 1~3mD 时，采出程度曲线几乎平行，随着渗透率增加，曲线稍微变陡，说明渗透率较高对导流能力影响越明显。

3. 压裂裂缝参数与井距关系

综上分析，裂缝穿透比与导流能力对煤层气井产气峰值影响很大，穿透比大、导流能力强时，煤层气产气峰值大、采出程度高，但煤层气增产量并不呈比例增加。因此，裂缝穿透比、导流能力要与井距相匹配，给定一个裂缝长度和导流能力时可优化出井距参数。本节以煤层气开采 15 年采出程度达到 50% 时的井距作为评价指标，运用 CMG 软件，选择正方形井网探讨裂缝参数与井距的关系，此时煤层气吸附饱和度为 70%。

1) 裂缝长度与井距

裂缝长度与井距呈正相关关系，裂缝长度越长，井距也可适当放大。

图 5-57 表示不同渗透率煤层在裂缝半长分别为 40m、60m、80m、100m 时 15 年末采出程度达到 50% 时的井距，此时裂缝导流能力为 0.2D·m。

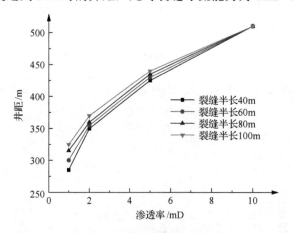

图 5-57 裂缝长度与井距关系

由图 5-57 可以看出，渗透率越大，井距越大，渗透率为 2mD 时井距为 350m 左右，渗透率为 10mD 时井距为 500m 左右。

裂缝半长越长，井距也越大，而不同煤层渗透率时裂缝半长的影响有所差异。当渗透率较小（1mD）时，裂缝半长对井距的影响较大：裂缝半长为 40m 时，井距为285m；裂缝半长为100m时，井距为325m。当渗透率较大（10mD）时，井距均为510m，该情况下裂缝长度对井距几乎没有影响。

2）裂缝导流能力与井距

裂缝导流能力与井距也呈正相关关系，裂缝导流能力越大，井距可适当放大。

图 5-58 表示不同渗透率煤层、裂缝导流能力分别为 0.05D·m、0.1D·m、0.2D·m、0.3D·m、0.4D·m 时，15 年末采出程度达到 50%时的井距，此时裂缝半长为 60m。

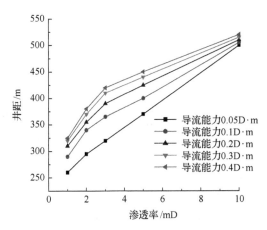

图 5-58　裂缝导流能力与井距关系

由图 5-58 可以看出，随着裂缝导流能力从 0.05D·m 增加到 0.4D·m，井距增大。渗透率为 2mD 时，井距从 295m 增加到 340m；渗透率为 10mD 时，裂缝导流能力的影响很小。

4. 煤层气压裂直井井网优化方法

以上研究表明，裂缝方向井距受压裂的影响，井距可适当放大，而垂直裂缝方向井距主要受该方向煤层物性的影响，井距应适当缩小。因此，对煤层气压裂直井，选择矩形或菱形井网比较合适。其中，矩形长边沿裂缝方向，短边沿垂直于裂缝的方向，矩形长宽比受裂缝参数、储层渗透率的影响；菱形井网长对角线沿裂缝方向，短对角线沿垂直于裂缝的方向，对角线长度比同样受裂缝参数、储层渗透率的影响。

选取我国某煤层气区块储层参数并运用 CMG 软件 GEM 模块对其进行模拟，煤层有效渗透率为 1.6mD，裂隙孔隙度为 2%，煤层厚度平均为 6m，裂缝半长为 60m，裂缝导流能力为 0.2D·m。

由表 5-6 可知，矩形井网选择井距范围为 200～350m，不同的井距组合为

350m×350m、350m×300m、350m×250m、350m×200m。

表 5-6　不同井网类型的指标对比

井网类型	井距	15年末采出程度/%	采出程度增加值/%
矩形井网	350m×350m	45.21	—
	350m×300m	52.15	6.94
	350m×250m	56.37	4.22
	350m×200m	60.18	3.81
菱形井网	700m×700m	27.24	—
	700m×600m	35.3.14	7.58
	700m×500m	42.21	7.29
	700m×400m	51.03	8.82
	700m×300m	56.98	5.95

对菱形井网，选择菱形对角线范围选择 300～700m，不同的井距组合为 700m×700m、700m×600m、700m×500m、700m×400m、700m×300m。

评价指标采用 15 年末采出程度和采出程度增加值（随井距缩小，采出程度增加的值），模拟结果如表 5-6 所示。

由表 5-6 可以看出，矩形井网井距为 350m×300m 时采出程度为 52.15%，而采出程度增加值(6.94%)较高，矩形井网时该井距较合适。菱形井网井距为 700m×400m 时采出程度为 51.03%，采出程度增加值(8.82%)较高，菱形井网时该井距较合适。但菱形井网初期产气量比矩形井网低，菱形井网与矩形井网的优化需要进一步进行经济分析。

综上研究可得出如下认识：

(1)对压裂直井而言，裂缝参数对煤层气井距影响显著，尤其针对低渗透煤层。裂缝改变了煤层气藏渗流特征，进而影响煤层气井产量及采出程度。

(2)矩形井网与菱形井网体现了裂缝方向井距与垂直裂缝方向井距优化特征，属于推荐井网。以实际储层参数为例，模拟结果显示，在给定的优化指标下，选择矩形井网井距为 350m×300m；或者菱形井网，对角线长度为 700m×400m。

5.3　煤层气多层合采适应性评价

我国煤层通常具有横向连片、纵向多层的特点，单层开发或多层合采一直是学术界讨论的热点。单层开发具有排水降压快、易管理、产能清晰等特点，但煤层单层厚度往往较薄，产能有限，经济性受限。多层合采储量动用高，具有高产潜力，但层间差异制约着产气潜力的释放，目前仍是煤层气开发实验方向。

5.3.1 多层合采的优点

1. 增加单井产能

低渗气藏气井单层产能低，单层开采往往达不到工业产能，而采用多层合采方式开采，相当于多个层系的产量在单井处同时生产，虽然由于层间干扰其最终产能要低于每个层系单独开采时的产能之和，但通常大于单层开采时的产能。

2. 延长气井的稳产期

在各层渗透性差异较大的情况下，采用单井多层合并开采时，投产早期高渗透层对气井产能贡献大，低渗透层的贡献小，甚至可以忽略。到开发中后期，高渗层的地层压力降低，而低渗层由于动用程度低，地层压力较高，相应生产压差增大，低渗层对气井产量的贡献也就逐渐增大。这种产量的自然接替是平滑变化的过程，有利于延长气井的稳产期。

3. 节约综合成本

采用单井多层合并开采，与分别钻采每一层系进行开发相比，不仅减少了钻井数量，同时大大减少了地面配套设施的使用，节约了开发的综合成本，大大增加了整个气田的开发效益。对于多层气藏，一般认为将所有产层全部射开实施单井多层合采的方式是实现高效开发的有效手段。为降低其开发成本，一般选择投资和技术要求相对较低的合采方式和井下管柱，光油管合采和单管单封隔器节流嘴控压合采是低渗气藏的主要合采方式。

5.3.2 影响煤层气多层合采效果的因素

煤层气藏多层合采与普通气藏类似，但相比于常规气藏存在更多的制约：一是煤层气主要是以吸附状态存在于煤层中，只有当煤层中的压力降落到低于临界解吸压力时，煤层气才从煤层基质中解吸出来，因此，煤层气的产出与煤层水的产出密切相关；二是煤层一般较浅，煤层裂隙的闭合压力较低，很小的压力变化都会引起渗透率的较大变化，从而引起产能变化；三是煤粉产出对煤层气井产能有较大影响。因此，要正确处理好各层压力、井筒压力、出砂临界压力和临界解吸压力之间的关系，正确处理好地层压力与渗透率的变化关系，因此，对生产压力选择的要求更多(邵长金等，2012)。

1. 储层压力和储层压力梯度

储层压力梯度是储层压力和埋深的综合反映，基本上可以反映地层能量的大小。多层煤在合采时共用一个井筒，当储层压力相差较大且高压煤层位于上部，且其他条件相近的情况下时,高压煤层中的流体将受到压差作用倒灌入低压煤层,不仅使高压煤层煤粉过大,而且抑制了低压煤层的排水降压,失去了合采的意义。当煤层的压力梯度相差较大,且其他条件相近的情况下时,压力传递速率差别大,从而导致供液能力差别较大,这两种情况都会失去合采的意义。

2. 临界解吸压力

分压合采需要有合理的临界解吸压力,在其他情况相近时,若临界解吸压力差别较小(小于 1.2MPa),则多层煤的见气时间相差不大,压力传递相近,这样就实现了合采的目的。假如煤层的临界解吸压力相差较大,首先解吸的煤层会对未出气的煤层产生气锁效应,使临界解吸压力低的煤层不能出气,这样也就失去了合采的意义。

为了综合分析储层压力与临界解吸压力,定义临储压力比为各层临界解吸压力与储层压力的比值,再利用数值模拟分析上下两层不同临储压力比对生产的影响,如图 5-59 所示。发现当下部煤层的临界解吸压力略高于上部煤层时,由于下部煤层压力更高,最终导致各煤层储层压力降到临界解吸压力时间相差不大,储层压降速度同步,合采产能最佳。而当煤层临界解吸压力差别较大,且上部煤层临界解吸压力大于下部煤层时,上部煤层会率先产气,如果继续排水降压,则会使液面降到上部煤层之下,造成煤层过早裸露,使得生产压差过大,由于煤层的强应力敏感造成上部渗透率大幅下降,影响生产。

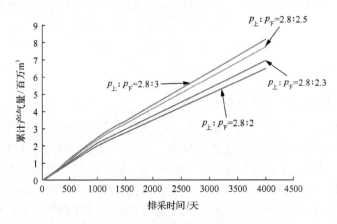

图 5-59 上下层临储压力比差异对合采的影响

3. 层间距与压裂方式

层间距对多煤层是否能合采及采用什么样的压裂方式有着重要的影响。层间距在一定程度上影响着储层压力,这里主要考虑层间距对分层压裂和合层压裂的影响。

在满足封隔器下入的一定条件下,当煤层间距小到可以合层压裂时,首先考虑合层压裂。当煤层间距大于 10m,且分层压裂的距离适中时,应采用分层压裂。

4. 煤层顶底板岩石力学性质

煤层顶底板的岩石力学性质在压裂中起着非常重要的作用，如果顶底板岩石力学性质和煤岩力学性质较接近，在压裂过程中就会压穿围岩，造成裂缝不能在煤层中得到有效的延伸，改变压力传播路径，导致压裂效果受到影响。若围岩与煤层的力学性质相差较大，裂缝就容易在煤层中延伸，压裂效果就会好。

5. 煤层压裂渗透率和供液能力

初始渗透率的大小是由煤层原生裂隙的连通性决定的，压裂后的渗透率则主要是由压裂裂缝的连通性和导流能力共同决定的。在煤层气的产出过程中，煤层含水量相近的情况下，如果煤层之间渗透率相差太大，势必会导致各煤层之间的供液量相差较大，从而各煤层中的压力传递速度差别明显，造成某一层或两层煤不产气或产气较少，失去了合采的意义。

6. 储层出砂/出煤粉

与单层开采相比，合采能够提高气井产量，减小油压降低速度，延长气井稳产期。但由于各个气层压力、物性和控制储量的差异，在合采过程有可能发生较严重的倒灌，导致局部流速大大增加，当某层流速大于临界流速时，就会引起气层内固相颗粒运移，从而引起出砂，导致储层损害。

如图5-60所示，储层出煤粉对煤层开发的主要影响包括：①煤粉在裂隙系统内的赋存与迁移会导致储层渗透能力的严重损失[图5-60(a)]；②煤粉在抽油杆、油管等处的附着胶结会降低杆管的正常功效，引起排水不畅、抽油泵漏失与卡泵等，导致的生产伤害需要频繁的检泵修井作业[图5-60(b)]。

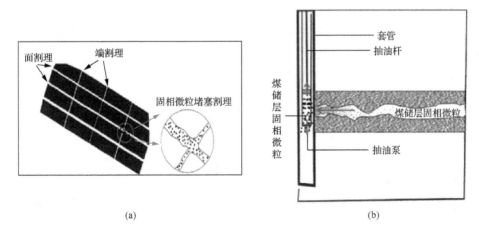

图 5-60　煤储层出煤粉对开发的影响

储层特征和完井方式在生产过程中是无法改变的,因此,地层中流体渗流速度为是否出砂的决定性因素,作业液浸泡和井筒内的动态响应会降低地层出砂临界速度,使地层更易出砂。在此基础上,基于降低单一气层天然气渗流速度的思路,从气藏工程角度提出了高孔密、大孔径射孔及逐层叠加开采和多层压力平衡合采两种多层合采的开采方式和技术路线,使多层合采方式更能兼顾防止出砂,提高气井产量和气田采收率,进而实现提高气田高效开发的目的。

若储层成岩性差、易松散,同时黏土矿物含量高,在孔隙介质流动摩擦力等作用下,黏土颗粒极易发生速敏或水敏,进而产生运移。当气体的流量达到一定极限,即达到出砂门限流速(对应的生产压差为门限压差)时,在储层孔隙内部首先是填隙物作为流动砂随气体运移。当气体的流量继续增加至一个新的极限,即出砂临界速度(对应的生产压差为极限压差)时,构架储层岩石孔隙的骨架颗粒因处于松散的点接触状态,随着作用在岩石颗粒表面摩擦力的增大,骨架颗粒将脱落变成自由砂随气流带出。在单井产能要求相对较高的条件下,气井大压差生产,储层出砂是必然的,但是应尽量使生产压差保持在极限出砂生产压差范围内,以保证储层骨架及孔隙结构的相对稳定,防止储层大量出砂。

根据以上分析,在储层等条件一定的情况下,地层是否出砂从根本上取决于完井方式和地层中流体渗流速度的高低。因此,只要选择适当合理的完井方式,同时控制井底射孔孔眼处流体流速的大小,使其不超过地层出砂临界速度,就能达到防止地层出砂的目的。

7. 合采时机

在相近生产压差下,高渗层会抑制低渗层产气,而当高渗层在生产一段时间后,压力降低,当再与低渗层合采时,低渗层的后端压力(相当于井底压力)就要大于高渗层,在前端压力相同的情况下,低渗层具有更大的生产压差,那么就可以通过压力的差异来弥补渗透率的差异,从而使得两者之间不出现明显的抑制产气现象,使两者在合采情况下可以均衡产气。

在生产初期就采用合采工作制度干扰会较大,同理,在生产后期采用合采干扰也会较大。但在生产中期的某一压力点,再进行多层合采,层间干扰会出现一个最低值。出现这种规律的原因是:当生产初期采用合采工作制度时,渗透率是造成干扰的主要因素;生产后期采用合采工作制度时,压力系统是造成干扰的主要因素;生产中期时这两种因素会出现一个平衡点,可以最大限度地相互抵消两者间的影响,从而使干扰降到最小,并使两层间能够协调生产。但是由于在不同的渗透率、压力系统和产能的影响下,合采时机将会出现不同值,并没有固定值,所以要根据渗透率、压力系统和产能条件,确定最佳的合采时机。

综上所述,多层开发的主要影响因素是尽可能防止由于各层差异过大所导致的反灌和储层伤害,因此,只要能尽可能避免反灌及储层伤害,多层合采的效果就会远远大于单层开发的效果。

5.3.3 对煤层气藏多层合采的新认识

1. 煤储层多层合采的特殊性

目前在评价煤层气多层合采的实用性及开采效果时,往往仍采用常规油气藏多层合采的评价标准。然而,煤层气藏与常规油气藏相比有很大不同,例如,煤层气藏开发过程中具有单层孔隙度低、渗透率低、丰度低、储层中充满水,以及开发特有的排水降压采气过程等特征。因此,在研究煤层气藏多层合采时不能简单地将常规油气藏的经验照搬过来,而是需要根据煤储层的特殊性质进行分析(杜希瑶等,2014)。

(1)煤层气藏通常具有的低孔、低渗、低丰度、埋深浅、纵向分布多而薄的特征,合理的多层开发可以显著提高单井产能。若单层开采,很难达到较高的产能。将垂向上分布不均、性质相异的各层进行合采,能够均匀稳定排水降压,使整个区域内的煤层气均匀解吸,有利于延长气井的稳产期,从而提高单井产能,提高整个煤层气田的开发效益。

(2)煤储层孔隙中充满的水使得多层合采时反灌伤害现象很难发生。开发早期,由于储层中充满水,即使早期不同层间具有较大的压差,由于水的微可压缩性,压力高层的水也很难进入压力低的层系中,此时,仅有压力高的层系生产,大大减少了煤层气合采开发早期的反灌现象,但补开新层位后,由于新层位的压力偏高和边底水能量较大,合采后较长一段时期内,高压层水体通过井筒向低压层倒灌的现象比较明显,从而影响其他较老层位的产能,如图 5-61 所示。

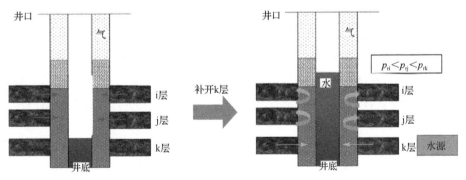

图 5-61 补开新层后反灌示意图

p_{ri}、p_{rj}、p_{rk} 分别为层序调整后 i、j、k 层的地层压力

(3)煤储层开发采用排水降压采气的特殊模式，使各层压力大幅下降，并难以发生多层合采的主要伤害之一——反灌现象。煤层气藏开发中后期，由于煤层气开发特有的排水降压采气模式，此时煤层气井井底压力往往很低，各层压力均大于井底压力，此时不存在反灌现象。

综上所述，由于煤层气藏与常规油气藏不同的特性，煤层气藏采用多层合采时，反灌现象并不严重，同时考虑到多层合采可以能够均匀稳定排水降压，使整个区域内的煤层气均匀解吸，有利于延长气井的稳产期，从而提高单井产能，改善整个煤层气田的开发效益，因此，煤层气藏可以采用多层合采。

2. 煤储层多层合采的主要影响因素

通过分析煤储层与常规储层本身性质及开发手段的差异性，认为在煤储层开发的全过程中，很难发生多层合采的主要伤害——反灌现象。因此对煤储层多层合采而言，影响多层合采的主要因素为尽可能防止储层伤害。由此，可以将不适宜进行多层合采的储层分为两类。

第一类是自身不适宜进行开采的煤层，即极易产煤粉的储层，主要为煤体结构较差极易出煤粉的储层。该类储层的建议为停止开发，或采用相对应的防煤粉措施后再进行开发。

第二类为合理开发参数与其他层不匹配的煤层，如产水差异、储层压力差异、临界解吸压力差异较大，使得满足其中一层的合理开发参数，会导致其他层出现压差过大进而造成储层伤害及出煤粉的现象。该类储层的建议为通过合理设置合采时机分别进行开发或停止开发。

3. 现场案例支持煤储层多层合采的新认识

对A区块3个井组共38口井的资料系统分析合采效果及原因，获得了与常规气藏合采不同的结论，进一步验证了煤储层多层合采的特殊性。

1) 多层合采开发效果好的10口井展示了多层合采的优势

该区块多层合采效果好的井一共有10口，无层系调整(即从开井之日起就开始多层合采)的井有8口，占效果好的井的绝大部分；2口井属层系调整后产能较好的井，如图5-62所示。

图5-62中的井并没有进行层系调整，开井初期即全部层系合采，产量逐年升高，产气量为2500m^3/d左右，产水量5m^3/d左右；动液面后期下降到煤层上部，产气有明显上升，无煤粉产出，生产效果很好。

2) 因合采时机不合适层间产生水伤害，开发效果较差

合采早期的流体相态为单相水，由于液相不可压缩，不存在倒灌；合采中晚期气井井底压力均低于地层压力，也不存在反灌。

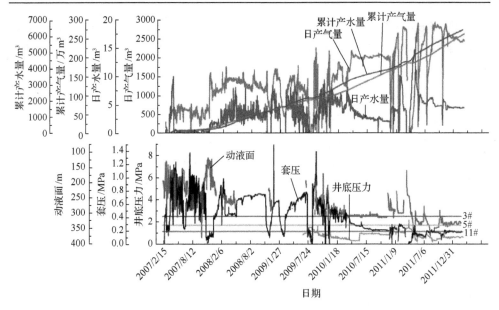

图 5-62 合采效果好井排采曲线(WL1-006 井)

若层系调整或挤水解堵井,补开或重新压开的层周边有水源,这层打开后,由于其他层压力较低,地层水通过井筒反灌到其他层中,影响该井产能。补开新层对产能的影响期长短取决于该层水量的大小、排水期的长短。因而从长远看,水体倒灌对煤层气的影响多发生于新层射开前期,后期无影响,如图 5-63 所示。

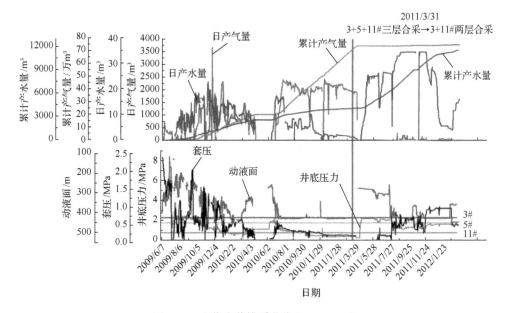

图 5-63 水伤害井排采曲线(WL2-015#)

如图 5-63 井的排采数据，该井前期合采产量较高，为 2000m³/d，2011 年做了挤水解堵措施后，重新压开了新层，由于可能压开了水层，压开之后产水量大幅度上升，基本不产气。

3）因层间胶结强度差异大不适合多层合采

部分合采井产气效果不好是因为储层产煤粉，控制煤粉产出是煤层气开采的共同问题，与单采与合采无关，只有在各层渗透率差异大、层间胶结强度差异大时，合采才会加剧煤粉产出。另一方面，煤粉产出与降液速率密切相关，排液工作制度过强，动液面下降速率过快，煤粉产出概率会大幅增加，如图 5-64 所示。

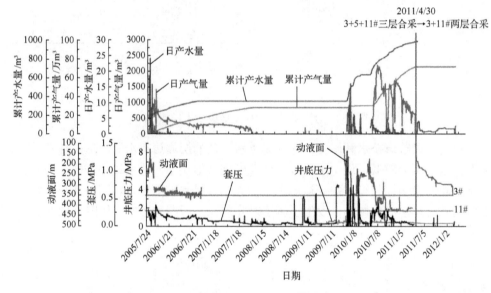

图 5-64 胶结强度差异大井排采曲线（WL1-003#）

如图 5-64 的生产动态曲线，前期为三层合采，2011 年封堵产煤粉老层并重新压开新层后，随着动液面的下降，产气量有明显的上升。考虑到该井生产过程中很早就开始出煤粉，早期合采效果差的原因主要是由于封堵层大量产煤粉影响合采效果。

5.4 煤层气井合理排采方案设计

5.4.1 煤层气井排采过程需要考虑的问题及对策

1. 疏通井眼及附近堵塞物

由于压裂作业对煤层气井近井区域带来伤害，包括固相堵塞、液相渗入及气圈闭，会对后续生产过程中气藏流体流出产生阻碍。在煤层气井排采初期，适当增大排采压差,不会产生强烈的应力敏感效应,可以有效疏通井眼,排出近井地带的堵塞物,达到提高产能的目标。故建议生产初期放大生产压差进行生产。在后续的煤层气生产过程中,对于易出煤粉煤层,近井地带容易形成煤粉堵塞,增大井底的流体渗流阻力。鉴于此,建议在生产过程中间或放大压差,瞬间增强井底流体流动能力,将沉积的煤粉携带出储层,尽可能多地排出近井地带的煤粉,减少煤粉沉积对产能的影响。

2. 排采早期不会造成严重的储层应力敏感

排采速度过快,在近井地带容易发生应力敏感,但是在初期排采,由于储层压力还很高,应力敏感不明显,生产初期放大压差不会造成严重的应力敏感效应,而且生产初期储层为单相水渗流,大压差有利于在短时间内尽可能多地排出地层水,对后续的产气有利。因此,早期排采可以适当增加排采速度。

3. 排采早期较多排出储层远端的水

当井底压力小于临界解吸压力时,如果继续以较大压差进行排水,在近井地带较大范围容易出现气液两相流。不同于生产初期的单相水渗流,气水两相渗流情况下流体阻力增大,会导致压力波传播速度变慢,原因在于气液界面间存在毛细管压力差,同时气水两相流动的流体介质压缩性大。这种情况下,近井地带出现的气水两相渗流将消耗气井的绝大部分压差,导致离井筒较远的单相水流动动力变小,影响储层远端水进入井筒,进而限制气井的有效波及面积,最终影响气井产能。因此,当井底压力略大于临界解吸压力时,应该降低生产压差,保持井底流压高于或稍低于临界解吸压力,进而保证井底区域不出现或少出现气水两相渗流区域,缓慢生产,达到多排出储层远端水的目标。

4. 有效排出近井地带煤粉

对于容易产出煤粉的煤层,让煤粉留在储层将会影响产能及采收率,及早排出沉积的煤粉有利于气井产能。此时可以在生产的各个阶段,选择适宜的时机放大压差生产一段时间,增强储层流体的水动力,将这些煤粉带出储层,但是理论研究容易,实际上需要根据生产摸索合理的排采压差。

5. 有效抑制储层骨架发生破坏

经研究表明,煤岩均存在一个骨架破坏的临界压差,当大于该压差时将会使煤岩产生破坏,一方面影响储层煤岩结构,煤层渗透率、孔隙度等物性会发生变化;另一方面,煤岩发生破坏产生的碎屑及煤粉会在储层内部发生沉积,堵塞气水的渗流通道,降低煤岩渗流能力,进一步影响储层井筒的排采。故建议排采过程中需要控制生产压差小于该临界压差。

6. 生产过程有效排采储层远端的水

在长期生产过程中，储层内部气液两相呈现复杂的分布特点。基于气液相渗曲线特征，在一定的含水饱和度下，相对于绝对渗透率，气相与液相渗透率都降低很多。研究表明，当驱替压差增大时，能够有效提高两相渗透率。因此，间或放大压差一段时间，提高气水两相渗透率，可以有效排出储层远端的水，同时降低煤层整体的含水饱和度，进一步增加气相渗透率，达到提高产量的目的。

7. 生产过程中有效解放水相圈闭的气

储层中割理与孔隙中的水对气体具有圈闭作用，进而形成贾敏效应，导致大量的气体滞留在储层中未被高效开采。研究表明当驱替压差增大时，能够增加圈闭气的流动。鉴于此，间或放大压差一段时间，解放储层中的圈闭气，增加煤层整体的气相饱和度，提高气相渗流能力，达到提高产量的目的。

5.4.2 煤层气井排采强度定量化控制理论及模型

煤层气井的全寿命生产周期按照裂隙中流体渗流机理可划分为两个阶段，即生产初期与生产中后期。生产初期，煤层压力高于临界解吸压力，裂隙饱和水，此时井口排水使储层降压。在生产初期，由于储层内部压力始终高于临界解吸压力，储层内部始终为单相水流动。当井底流压低于临界解吸压力，煤层气井进入生产中后期，由于压降漏斗的存在，井底周围的区域率先发生解吸，裂隙中的流动机理由单相水渗流逐渐转变为气水两相渗流。本节以这两个阶段为基础，以多孔介质单相渗流、气液两相渗流理论为基础，建立适用于煤层气井全寿命生产周期的排采强度定量化控制理论及模型。最后，通过上述建立的数值模型，验证了提出的煤层气井排采强度控制理论(Sun et al.，2018b)。

不同于常规天然气井，井间干扰有助于提高煤层气井的开发效益，所以此处将尽快形成井间干扰作为煤层气井生产初期排采制度定量化设计的标准。井间干扰与煤储层的压力传播规律密不可分，鉴于此，非常有必要先仔细分析处于不同生产阶段的煤储层压力传播速率。

煤层气井生产初期储层内部为单相水流动，该阶段的压力传播速度可由式(5-20)表征，由于水相压缩系数极小，故生产初期的压力传播速度极快。

$$r_\mathrm{i} = 0.12\sqrt{\frac{kt}{\phi\mu C_\mathrm{t}}} \tag{5-20}$$

式中，r_i 为压力传播半径，m；k 为煤储层的渗透率，mD；t 为生产时间，h；ϕ 为孔隙度，无因次；μ 为流体黏度，mPa·s；C_t 为综合压缩系数，MPa^{-1}。

随着压力的降低，煤储层内部逐渐发生解吸，少量解吸气进入裂隙，气体在裂隙中成核成泡。值得注意的是，该阶段由于气相饱和度较小而不能发生流动，故生成的气泡滞留在流动通道内，增加了流动阻力，让压力传播速度下降[图5-65(a)]。随着压力进一步下降，大量解吸气进入裂隙，小气泡相互聚并形成气流，该阶段裂隙内部为气水两相流，由于两相毛细管力的阻碍及气水两相综合压缩系数大的原因，该阶段的压力传播速度较小（Sun et al., 2017）。

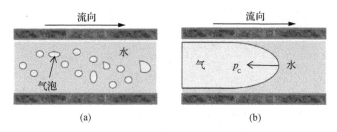

图 5-65　生产中后期煤储层渗流机理
p_c 为毛细管压力

通过上述分析后可以发现，不同生产阶段的煤层气藏压力波传播速率存在较大差异，单相水阶段压力传播速度最快，一旦井底流压低于临界解吸压力，气体进入裂隙，由于表面张力、毛细管力、两相综合压缩系数的影响，压力传播速率会显著下降。基于煤层气藏压力传播速度的变化规律，为了尽快使煤层气井形成井间干扰，建议适当延长煤层气井生产初期生产时间，保持井底流压高于临界解吸压力生产，使储层内部的单相水阶段延长，压力降能够以较快的速度传播，达到快速形成井间干扰的目的。

对比不同排采制度下的压力传播情况，发现煤层气井小压差生产时的压力传播距离远于大压差生产。这是因为小压差生产时井底流压始终高于临界解吸压力，储层内部为单相水流动，压力传播速度极快；大压差生产时，井底流压低于临界解吸压力，井底周围出现非饱和流或气水两相流动，煤储层内部渗流阻力加大，压力传播速度变慢。

由于煤层气井普遍低渗，开发过程中为取得较好的效益，一般会对煤层进行压裂改造。此处将裂缝直井作为研究对象，基于煤层气井压力传播机理，建立煤层气井生产初期排采制度定量化模型。若排采速度过快，井底流压过早低于临界解吸压力，压力传播速度将迅速下降，会极大地限制煤层气井的控制范围；若排采速度过慢，煤层气井将会长时间处于无气排水期，不利于煤层气井的经济高效开发。鉴于此，生产初期的排采强度存在一个最优值，即井底流压降至临界解吸压力的同时形成井间干扰。

假设煤层气藏为均质、等厚、无限大储层，一口压裂直井在该煤层气藏中心进行生产，假设裂缝无限导流，水在割理中的流动可由达西渗流公式表征。根据连续稳态法概念，假设任意时刻的非稳态可由流体稳态方程表征，其表达式为

$$\frac{\partial^2 p}{\partial x^2} + \frac{\partial^2 p}{\partial y^2} = 0 \tag{5-21}$$

裂缝直井的压力传播形态为一簇椭圆，为了得到生产初期的定量化解析解，通过式(5-22)和式(5-23)将椭圆的几何关系转化为线性几何关系：

$$x = L_{\mathrm{f}} \mathrm{ch}\xi \cos\eta \tag{5-22}$$

$$y = L_{\mathrm{f}} \mathrm{sh}\xi \sin\eta \tag{5-23}$$

式(5-22)和式(5-23)中，L_{f}为给煤层气井的裂缝半长，同时也是椭圆的焦距，m；x、y为直角坐标系坐标；ξ、η为椭圆坐标系的坐标。

根据达西定律，煤层气井初期的产水公式为

$$q = \frac{2\pi k h}{\mu} \frac{p_{\mathrm{i}} - p}{\xi_{\mathrm{i}} - \xi} \tag{5-24}$$

式中，h为煤层的有效厚度，m；ξ_{i}为椭圆坐标系下边界的距离；p_{i}和p分别为椭圆坐标系中ξ_{i}和ξ处的压力。

根据煤层的物质平衡方程，由于煤储层压力下降而排出的水量为

$$G_{\mathrm{wp}} = \iint [(\phi\rho_{\mathrm{w}})_{\mathrm{i}} - (\phi\rho_{\mathrm{w}})] \mathrm{d}V = \phi C_{\mathrm{t}} \rho_{\mathrm{w}} \iint (p_{\mathrm{i}} - p) \mathrm{d}V \tag{5-25}$$

式中，G_{wp}为累计产水质量；V为压力扩展范围内的煤层体积，ρ_{w}为水的密度；ϕ为孔隙度。将结合上述式(5-24)和式(5-25)可得

$$G_{\mathrm{wp}} = \phi C_{\mathrm{t}} \rho_{\mathrm{w}} \frac{q\mu}{2\pi k h} \iint (\xi_{\mathrm{i}} - \xi) \mathrm{d}V \tag{5-26}$$

$$\mathrm{d}V = h\mathrm{d}A = h\mathrm{d}x\mathrm{d}y = h\frac{L_{\mathrm{f}}^2}{2}(\mathrm{ch}2\xi - \cos2\eta)\mathrm{d}\xi\mathrm{d}\eta \tag{5-27}$$

将式(5-27)代入式(5-26)中，可得

$$G_{\mathrm{wp}} = \phi C_{\mathrm{t}} \rho_{\mathrm{w}} \frac{q\mu L_{\mathrm{f}}^2}{2\pi k} \int_{\xi_{\mathrm{w}}}^{\xi_{\mathrm{i}}} (\xi_{\mathrm{i}} - \xi) \mathrm{d}\xi \int_0^{\pi} (\mathrm{ch}2\xi - \cos 2\eta) \, \mathrm{d}\eta \tag{5-28}$$

式中，ξ_{w}为椭圆坐标系下的井径。

令

$$D = \frac{1}{2}(\text{ch}2\xi_i - \text{ch}2\xi) - (\xi_i - \xi_w)\text{sh}2\xi = \frac{1}{2}(\text{ch}2\xi_i - 1) \tag{5-29}$$

则式(5-28)可化简为

$$G_{wp} = \phi C_t \rho_w \frac{q\mu L_f^2}{4k} D \tag{5-30}$$

则 D 的表达式为

$$D = \frac{4k}{\phi \mu C_t L_f^2} \frac{\int q \mathrm{d}t}{q} \tag{5-31}$$

结合式(5-29)和式(5-31)，可得到直角坐标系下的压力传播规律：

$$\xi_i = \frac{1}{2}\ln\left(\frac{8k}{\phi\mu C_t L_f^2}\frac{\int q\mathrm{d}t}{q}+1+\sqrt{\left(\frac{8k}{\phi\mu C_t L_f^2}\frac{\int q\mathrm{d}t}{q}+1\right)^2-1}\right) \tag{5-32}$$

将式(5-32)转换为常用单位制下的公式为

$$\xi_i = \frac{1}{2}\ln\left(\frac{0.6912k}{\phi\mu C_t L_f^2}\frac{\int q\mathrm{d}t}{q}+1+\sqrt{\left(\frac{0.6912k}{\phi\mu C_t L_f^2}\frac{\int q\mathrm{d}t}{q}+1\right)^2-1}\right) \tag{5-33}$$

假设煤层气井定产水量进行生产，则式(5-33)可进一步简化为

$$\xi_i = \frac{1}{2}\ln\left(\frac{0.6912k}{\phi\mu C_t L_f^2}t+1+\sqrt{\left(\frac{0.6912k}{\phi\mu C_t L_f^2}t+1\right)^2-1}\right) \tag{5-34}$$

5.4.3 实例分析

根据 5.4.2 节中建立的模型，选取某区块某井的基本物性参数，渗透率为 0.3mD，孔隙度为 0.03，水黏度为 1mPa·s，水的压缩系数为 0.0367MPa^{-1}，裂缝半长取 75m，优选出的井底流压降幅为 70kPa/d，对应的动液面降幅为 7m/d。

同时，依据建立的该井数值模型，分别采取不同的压降速度进行煤层气井排采模拟，分析对比不同压降速度对生产的影响。分别选取压降速度为 60kPa/d、100kPa/d 和 150kPa/d 时进行预测，其预测结果如图 5-66 和图 5-67 所示。

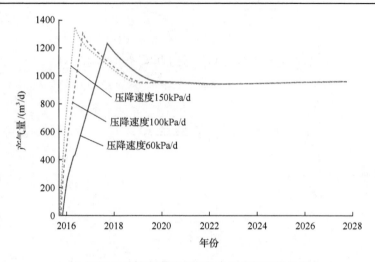

图 5-66　不同开发方案拟合日产气变化趋势

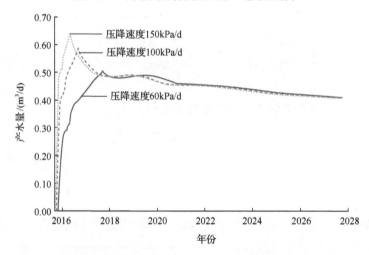

图 5-67　不同开发方案拟合日产水变化趋势

从图 5-66 和图 5-67 中可以看出，在不考虑煤粉和储层伤害的前提下，随着压降速度的增加，日产气量和日产水量均有一定幅度的增加，但也使产气量峰值所对应的时间提前，即单井的波及半径变小。从数模的角度上证实了定量化排采理论的正确性。

从累计产气量对比图 5-68 中可以看出，在不考虑煤粉和储层伤害的前提下，随着压降速度的增加，累计产气量也不断增加，但由于压降速度的增加会导致早期压力波及范围变小，累计产气量的增加幅度不断变小。即增加压降速度对累计产气量的影响随着压降速度的提升越来越小，而压降速度大于 100kPa/d 后几乎无影响。

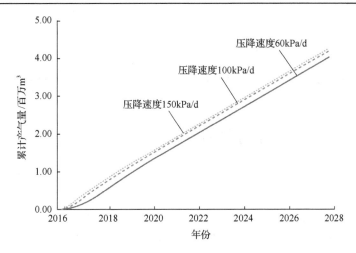

图 5-68　不同开发方案拟合累计产气量变化趋势

综合考虑定量化排采理论模型及数模结果,建议开发早期(见气前)采用缓慢降压的方式生产,日降幅 70kPa/d,以保证最大的压力波及范围。见气后在避免储层应力敏感和出煤粉的前提下尽可能地加快降压速度,一方面有助于累计产气量的提升;另一方面可以将井底已产生的煤粉携带出去,起到改善储层的效果。

第6章 煤层气水平井煤粉迁移特征

6.1 煤粉颗粒迁移的运动学特征

煤粉在水平井筒中迁移时，煤粉受到水流的干扰，产生不同的作用力。通常煤粉在水流中主要受到以下几种力：水流冲击力、有效重力、向上的浮力、颗粒间的摩擦力和黏结力。煤粉所受的力不同，煤粉表现出不同的迁移状态。

煤粉在水中受浮力作用而具有的一种垂向向上移动的迁移趋向，可称之为煤粉在水中的悬浮性，可用悬浮率来表征。煤粉在水中的悬浮性与煤粉的比重和几何形态有关，比重越小悬浮性越强，表面几何形态越复杂悬浮性越强。

煤粉在水中受重力作用而具有的一种垂向向下移动的迁移趋向，可称之为煤粉在水中的沉降特性，可用沉降速度来表征。煤粉在水中的沉降速度与煤粉的比重和几何形态有关，比重越大沉降越快，几何形态越复杂，沉降越慢。煤粉颗粒间的摩擦力和黏结力，是造成煤粉聚集沉淀的主要原因(孟凡圆，2017)。

6.1.1 单颗粒煤粉受到的力

1. 相间阻力

研究煤粉颗粒和流体间的阻力通常从单颗粒沉降入手。1710 年，牛顿在对黏性流体中做恒定流动的圆球受到的阻力进行研究，当固液相对速度 Δu 很大时，得到的阻力公式为

$$F_r = 0.22\pi r_p^2 \rho(u-u_p)^2 \tag{6-1}$$

式中，r_p 为固体颗粒半径；ρ 为流体密度；u 为流体速度；u_p 为固体颗粒速度。

式(6-1)需满足如下条件：

$$Re_p = \frac{(|u-u_p|D_p)}{v}, \quad 700 < Re_p < 2\times 10^5 \tag{6-2}$$

式中，Re_p 为煤粉颗粒流动雷诺数；D_p 为固体颗粒直径；v 为流体运动黏度。

2. 重力与浮力

煤粉颗粒受到的重力：

$$G = \frac{4}{3}\pi\rho_s gr^3 \tag{6-3}$$

式中，ρ_s 为煤粉颗粒的密度。

煤粉颗粒受到的浮力：

$$F = \frac{4}{3}\pi\rho_w gr^3 \tag{6-4}$$

式中，ρ_w 为水的密度。

6.1.2 水平井筒煤粉迁移状态

1. 滑动

煤粉在水中受水流冲击力作用，当水流冲击力大于滑动摩擦力时，煤粉颗粒在水中呈现出滑动特征。若以 F_d 代表作用于煤粉颗粒的冲击力，L 为浮力，W 为煤粉颗粒在水中受到的重力，μ 为滑动摩擦系数。若 $F_d>\mu(W-L)$，煤粉便开始滑动。如图 6-1(a) 所示，固液两相流条件下，该运动现象在水平圆管中表现为煤粉颗粒相对均匀地平铺在圆管底部，当注水泵开启时，只有少数表层煤粉颗粒被间歇性扰动，发生较短距离的滑动；当逐渐加大泵的流量，滑动距离变长，颗粒滑动的时间间隔也逐渐消失(张遂安等，2014)。

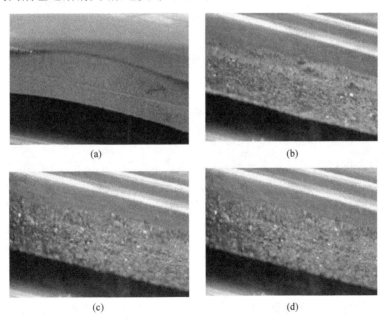

图 6-1 液固两相流条件下煤粉的迁移特征
(a)滑动；(b)滚动；(c)悬移；(d)层移

2. 滚动

当水流冲击力大于滚动摩擦力时，煤粉颗粒在水中呈现出滚动特征。平铺在圆管底部的煤粉，随着泵流量的持续加大，其表层颗粒由滑动逐渐过渡为连续移动，即滚动[图6-1(b)]。煤粉颗粒翻滚，小颗粒甚至发生跳跃现象。滚动距离随着流量增加而变长。其中，煤粉颗粒的形状、磨圆度、粒度及颗粒间的黏结程度均对滚动产生影响(袁安意，2014)。

3. 悬移

当流体流量很大时，导致部分煤粉颗粒受到的水流冲击力方向不再水平。

由于水流推动力和浮力的作用，特别是二者合力远大于煤粉颗粒自身的重力时，煤粉颗粒会在流体中悬浮起来[图6-1(c)]。悬移是指层状堆积于管底部的煤粉颗粒，在液体流量达到一定大小后发生整体悬进，表现为大部分颗粒飞旋起来向前漂移，颗粒翻滚、跳跃前进，更大的一些颗粒则快速地成层滚动迁移，整体如飞沙走石。

4. 层移

层移是指铺陈在管底部的煤粉，其表层颗粒成层较快滚动，近乎流体般流动，流量加大后，表层颗粒层剥式快速流动，主要是表面上多数煤粉颗粒连续、较快速地滚动迁移，侧面观察如整层连续移动，细微颗粒可能有悬浮、悬移现象[图6-1(d)]。层移的发生要求达到一定的流量值，实验中流量一般都达到1000L/h以上。对松软沉积的煤粉，当水流速度达到一定值后，表层煤粉开始运动，随着水流速度继续增大，深层的煤粉颗粒也随着运移，煤粉的运移速度自上而下依次降低。

6.2 水平井筒液固两相流煤粉迁移规律

煤层气井的排采工作制度一般采用定压排采。定压排采是对生产压差(井底流压与储层压力之间的压差)进行有效控制，实现流体速度适中，确保煤粉等固体颗粒能够随煤层气和水正常、连续地排出(熊先钺，2014)，主要通过调整动液面高度来控制生产压差。根据煤层气生产的经验来看，大部分煤层气井产气包括三个阶段：排水降压阶段、稳定生产阶段、产气递减阶段。排水降压阶段又包括三个阶段，即产气前期阶段、产气高峰阶段和产气回落期。本节主要研究的是排水降压阶段的煤粉迁移规律。

在排水降压阶段的初期，解吸的煤层气气量较小，而产水量较大，主要是煤粉颗粒和煤层产水形成的液固两相流；在排水降压阶段的中期，气体快速解吸，产气量逐渐达到峰值，虽然产水量有所下降，但流量依然很大，水流冲击作用下产生大量煤粉，该阶段主要是煤层气-水-煤粉颗粒的三相流(崔金榜等，2016)；在排水降压阶段的后期，产气量先下降后有所上升，并逐渐趋于平稳，而产水量很小，主要是气体-煤粉颗粒两相流动。

煤层气水平井井筒流态复杂，包括层流、湍流。若排量为 20m³/d，则雷诺数近似为 2000，此时为层流和湍流分界点，即井筒内为层流状态。

实验主要研究雷诺数在 6000 以内(即包含层流到湍流全过程)的煤粉迁移情况。目前没有关于气液固三相情况下的煤粉迁移规律的研究，三相流情况主要是在实验设备条件下进行。

6.2.1 液固两相流煤粉迁移流型

对于圆管内的流动，在仔细控制的实验条件下，如保持流动不受外界干扰，管壁光滑，从层流向湍流转换的雷诺数可以达到 10000，但是工业上的临界雷诺数为 2000~4000。

圆管内定常湍流沿主流方向的微分方程如下：

$$\frac{r}{2}\frac{\partial p}{\partial x} = \mu \frac{\mathrm{d}u}{\mathrm{d}r} + \rho \overline{uv} \tag{6-5}$$

式中，p 为压力；v 为流体运动黏度；u 为流体速度；r 为圆管半径；μ 为流体黏度；$\overline{uv}$ 为流体速度与流体黏度的乘积的平均值。

对于充分发展的湍流，$\frac{\partial p}{\partial x}$ 为常数，但是不存在 $\overline{uv}$ 和 r 的关系式，无法解析求解式(6-5)。迄今为止，圆管湍流基本依赖量纲分析、半经验理论和实验测量相结合的方法。

根据煤层气现场生产实践，在排采阶段，当流速/压差达到一定值时，煤粉才能开始迁移(图 6-2)。

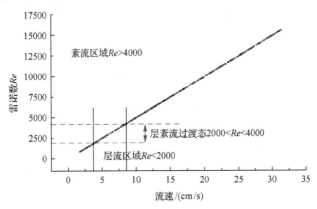

图 6-2 空白实验流速与雷诺数关系曲线

由表 6-1 可知：①较小范围的圆管倾角(-10°～+10°)对流态的影响可以忽略不计，即流量在 280L/h 左右时为层流与过渡态分界点，流量在 570L/h 左右时为过渡态与湍流分界点；②不同角度下压差有所不同，即管道倾角越大，压差越大；③在正角度(管道上倾)下，随着流量和 Re 增大，压差也在增大，负角度(管道下倾)则相反(压差在此取绝对值)。

表 6-1 空白实验液相流态分界点统计

角度/(°)	流量/(L/h)	压差/kPa	Re	流态
10	292	8.789	2046	层流
	574	8.799	4026	过渡态
	845	8.811	5922	湍流
	1448	8.846	10152	湍流
5	287	4.407	2016	层流
	586	4.408	4108	过渡态
	852	4.421	5974	湍流
	1446	4.467	10133	湍流
0	287	0.106	2015	层流
	576	0.107	4037	过渡态
	830	0.136	5817	湍流
	1434	0.147	10053	湍流
−5	288	−4.412	2087	层流
	569	−4.377	4116	过渡态
	808	−4.373	5845	湍流
	1384	−4.35	10006	湍流
−10	278	−8.789	2014	层流
	562	−8.772	4065	过渡态
	806	−8.772	5828	湍流
	1385	−8.73	10018	湍流

空白实验液相情况下，流量与雷诺数的关系如表 6-1 所示。

在进行煤粉液固两相的实验中(表 6-2)，发现其表现与空白实验(未加煤粉的实验)基本一致，流态分界点基本未变，流量、Re 与压差的规律也表现相近。

表 6-2　液固两相流下煤粉迁移状态（>0.83mm）

排采煤粉	角度/(°)	流量/(L/h)	压差/kPa
表层少数颗粒移动	10	878	8.833
	5	828	4.432
	0	800	0.026
	−5	656	−4.397
	−10	606	−8.786
表层较多颗粒移动	10	1016	8.833
	5	997	4.431
	0	955	0.046
	−5	895	−4.384
	−10	852	−8.785
表层颗粒形成连续移动	10	1238	8.867
	5	1210	4.437
	0	1170	0.031
	−5	1099	−4.342
	−10	1024	−8.747
表层颗粒成层移动	10	1434	8.862
	5	1410	4.446
	0	1288	0.072
	−5	1157	−4.36
	−10	1152	−8.767
表层颗粒快速流动	10	1760	8.894
	5	1609	4.469
	0	1490	0.071
	−5	1384	−4.355
	−10	1352	−8.748
堆积颗粒整体悬进	10	1812	8.907
	5	1756	4.485
	0	1642	0.067
	−5	1560	−4.338
	−10	1502	−8.728

从表 6-2~表 6-5 和图 6-3~图 6-6 中可知：①相同粒径煤粉，倾角从−10°~

+10°，煤粉迁移启动流量变大；②圆管倾角相同，煤粉颗粒从滑动到悬移，所需启动流量逐步增大；③圆管倾角相同，不同粒径煤粉，粒径越大，相同迁移状态下启动流量也越大。

表 6-3 液固两相流下煤粉迁移状态（0.25～0.83mm）

排采煤粉	角度/(°)	流量/(L/h)	压差/kPa
表层少数颗粒移动	5	843	4.426
	0	794	0.014
	−5	777	−4.379
表层较多颗粒移动	10	986	8.823
	5	935	4.437
	0	908	0.017
	−5	847	−4.36
	−10	770	−8.79
表层颗粒形成连续移动	10	1125	8.833
	5	1156	4.462
	0	1060	0.035
	−5	936	−4.352
	−10	870	−8.786
表层颗粒成层移动	10	1401	8.843
	5	1376	4.479
	0	1175	0.063
	−5	1093	−4.346
	−10	986	−8.749
表层颗粒快速流动	10	1593	8.857
	5	1570	4.476
	0	1420	0.072
	−5	1353	−4.35
	−10	1317	−8.753
堆积颗粒整体悬进	10	1717	8.868
	5	1640	4.465
	0	1535	0.059
	−5	1516	−4.343
	−10	1492	−8.752

表 6-4 液固两相流下煤粉迁移状态(0.075～0.25mm)

排采煤粉	角度/(°)	流量/(L/h)	压差/kPa
表层少数颗粒移动	10	650	8.803
	5	603	4.428
	0	581	0.001
	-5	537	-4.403
	-10	417	-8.802
表层较多颗粒移动	10	795	8.819
	5	709	4.435
	0	640	0.031
	-5	601	-4.393
	-10	534	-8.776
表层颗粒形成连续移动	10	892	8.844
	5	855	4.432
	0	805	0.034
	-5	742	-4.367
	-10	735	-8.764
表层颗粒成层移动	10	1080	8.856
	5	1058	4.429
	0	1075	0.045
	-5	1065	-4.373
	-10	934	-8.77
表层颗粒快速流动	10	1331	8.875
	5	1548	4.46
	0	1391	0.043
	-5	1250	-4.332
	-10	1132	-8.744
堆积颗粒整体悬进	10	1563	8.874
	5	1704	4.493
	0	1676	0.076
	-5	1450	-4.334
	-10	1324	-8.741

表 6-5 液固两相流下煤粉迁移状态（<0.075mm）

排采煤粉	角度/(°)	流量/(L/h)	压差/kPa
表层少数颗粒移动	10	827	8.819
	5	617	4.419
	0	550	0.001
	−5	496	−4.374
	−10	431	−8.806
表层较多颗粒移动	10	928	8.832
	5	713	4.405
	0	710	0.034
	−5	613	−4.398
	−10	620	−8.778
表层颗粒形成连续移动	10	1292	8.854
	5	1001	4.43
	0	850	0.017
	−5	811	−4.372
	−10	725	−8.766
表层颗粒成层移动	10	1877	8.91
	5	1477	4.475
	0	1011	0.051
	−5	909	−4.37
	−10	944	−8.755
表层颗粒快速流动	10	2066	8.945
	5	1654	4.472
	0	1443	0.074
	−5	1265	−4.356
	−10	1355	−8.73
堆积颗粒整体悬进	10	2256	8.966
	5	1870	4.488
	0	1901	0.085
	−5	1617	−4.338
	−10	1600	−8.743

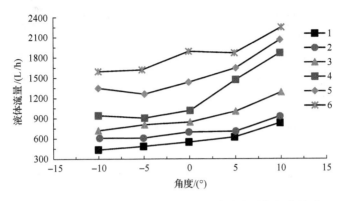

图 6-3 粒径(<0.075mm,>200 目)启动流量与角度关系

数字 1~6 分别代表煤粉启动后不同迁移状态:1.滑动;2.间歇滚动;3.滚动;4.层移;
5.悬移+层移;6.悬移,其中 1 对应煤粉启动流量,图 6-4~图 6-6 同含义

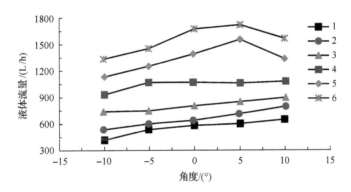

图 6-4 粒径(0.075~0.25mm,60~200 目)启动流量与角度关系

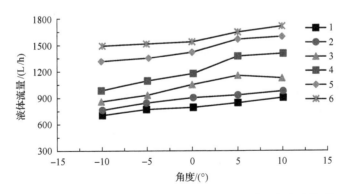

图 6-5 粒径(0.25~0.85mm,20~60 目)启动流量与角度关系

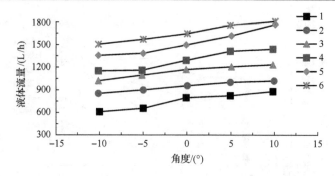

图 6-6 粒径（>0.85mm，<20 目）启动流量与角度关系

由表 6-6 可知，同一管道倾角下，启动流量随煤粉粒度增大而增大。

表 6-6 不同粒径范围与启动流量的变化关系

粒径/mm	不同角度的启动流量/(L/h)				
	10°	5°	0°	−5°	−10°
>0.85	938	859	800	802	836
0.25~0.85	902	843	794	777	709
0.075~0.25	650	603	581	537	417
<0.075	827	617	550	496	431

6.2.2 液固两相流煤粉迁移启动条件

根据水力学相关知识，当水流流量增大到可以使得水流底部床面上的泥沙开始运动时，此时水流流量称为泥沙的启动流量。因此，将该定义应用在煤层气水平井煤粉的迁移上，通过煤粉迁移实验揭示排采煤粉的启动条件。煤粉颗粒和泥沙类似，启动具有一定的随机性，即同样水流条件下，即使相同粒径、相同形状的煤粉颗粒可以启动，也可能不启动。这就需要引入启动的判别标准，探讨启动的临界条件。

作用在煤粉颗粒上的力主要有水流的水平推移力（F_D）、垂直上举力（F_L）和重力（W），分别可以表示为

$$F_D = C_D \frac{\pi d^2}{4} \frac{\rho_l u^2}{2} \tag{6-6}$$

$$F_L = C_L \frac{\pi d^2}{4} \frac{\rho_l u^2}{2} \tag{6-7}$$

$$W = (\rho_s - \rho_l) g \frac{\pi d^3}{6} \tag{6-8}$$

式(6-6)~式(6-8)中，C_D 为水平推移力系数，无量纲；C_L 为垂直上举力系数，无量纲；d 为煤粉粒径，m；u 为流体流速，m/s；ρ_s 为煤粉颗粒密度，kg/m³；ρ_l 为流体密度，kg/m³。

因此，煤粉颗粒启动条件：

$$F_D = f(W - F_L) \tag{6-9}$$

式中，f 为煤粉颗粒间的摩擦系数，无量纲。

将式(6-6)~式(6-8)代入式(6-9)，将 θ 定义为流体的剪切应力(即相邻流动层间的摩擦力)，可以得到

$$\theta = \frac{u^2}{\left(\dfrac{\rho_s}{\rho_l} - 1\right) gd} = \frac{4}{3} \frac{f}{fC_L + C_D} \tag{6-10}$$

爱因斯坦将 u 取值为距离颗粒顶部 $0.35d$ 时的均流速值。根据流速垂线分布公式：

$$\frac{u}{u_*} = 2.5 \ln \frac{y}{d} + 8.5 \tag{6-11}$$

式中，y 为 u 对应的水流深度；u_* 是对应 d 处的水流速度，将 $y = 0.35d$ 代入式(6-11)，可以得到

$$u = u_* \left(2.5 \ln \frac{0.35d}{d} + 8.5 \right) = 5.875 u_* \tag{6-12}$$

煤粉颗粒雷诺数定义为

$$Re_* = \frac{u_* d}{v} \tag{6-13}$$

式中，v 为流体的运动黏度；C_D 和 C_L 为颗粒雷诺数的 Re_* 的函数，可以假设：

$$C_D = F_1(Re_*) \tag{6-14}$$

$$C_L = F_2(Re_*) \tag{6-15}$$

将式(6-14)和式(6-15)代入式(6-10)，可以得到

$$\theta = \frac{u_*^2}{\left(\dfrac{\rho_s}{\rho_l} - 1\right) gd} = \frac{0.0386 f}{fF_2(Re_*) + F_1(Re_*)} = F(Re_*) \tag{6-16}$$

以 $\dfrac{u_*^2}{\left(\dfrac{\rho_s}{\rho_l}-1\right)gd}$ 为纵坐标，$Re_* = \dfrac{u_* d}{\nu}$ 为横坐标，绘制希尔兹曲线。由于图示法求解在工程上运用起来比较困难，故许多学者对此进行了再研究。

本书运用 Cao 等(2006)总结的表达式：

$$\begin{cases}\theta = 0.1096 Re^{-0.2607}, & Re \leqslant 2 \\ \theta = \dfrac{0.18}{Re} \times \left[1+(0.1359Re)^{2.5795}\right]^{0.5003}, & 2 < Re < 60 \\ \theta = 0.045, & Re \geqslant 60\end{cases} \quad (6\text{-}17)$$

绘制出不同倾角下的液固两相流动的希尔兹曲线，如图 6-7～图 6-9 所示。计算机软件每隔 2s 采集一次管道压差和液体流量。因此，每组实验都有 1500 多个数据点，绘制的曲线规律高度一致。

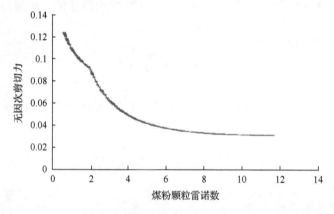

图 6-7　煤粉颗粒希尔兹曲线(0°)

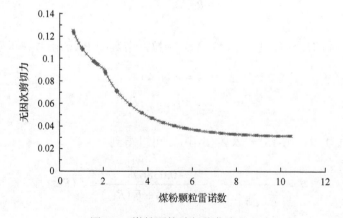

图 6-8　煤粉颗粒希尔兹曲线(5°)

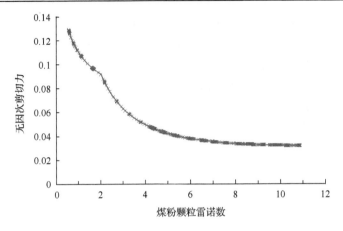

图 6-9 煤粉颗粒希尔兹曲线(-5°)

1. 水流携带煤粉能力分析

影响水流携带煤粉能力的因素很多,不能完全用理论分析取得结果,一般采用经验公式。这些经验公式包括流速、水深及煤粉粒径等因素。

从能量平衡角度,应用量纲分析得到

$$S=M\left(\frac{V^3}{gR\omega}\right)^m \tag{6-18}$$

式中,S 为单位体积煤水混合液内煤粉重量;ω 为煤粉颗粒的沉降速度;V 为断面平均流速;R 为煤粉颗粒的半径;M 为系数;m 为指数。

因

$$\lg S=\lg M+m\lg\frac{V^3}{gR\omega} \tag{6-19}$$

是直线方程,所以在双对数坐标纸上绘制 $S-\frac{V^3}{gR\omega}$ 关系图,得到一条直线,直线斜率就是 m,截距即为 M。这种计算方式为以后进行煤层产出水对煤粉颗粒的携带能力分析提供了一个很好的思路。

2. 水平圆管液固两相流流量和压差的关系

根据流体力学基本原理可知,管道中液体流量与压差有密切的联系,压差是液流的主要驱动力。影响煤粉迁移状态的因素很多,内因包括煤粉粒度、圆球度、密度、形状等。内因基础上研究压差对流动的影响,是研究煤粉迁移变化的外因本质，这对揭示地层条件下水平井煤粉运移有重要启示。

通过大量实验数据得到的不同粒径范围下，不同角度的压差和流量的关系，由图 6-10～图 6-13 与表 6-7 可得到如下结论。

(1) 管道流量与管道压差用一次线性函数拟合的拟合度很高，反映出随压差增大，流量也持续增大的线性关系。

(2) 同一煤粉粒径范围下，管道倾角增大，压差增大。倾角 10°下管道压差为倾角 5°时的近两倍。

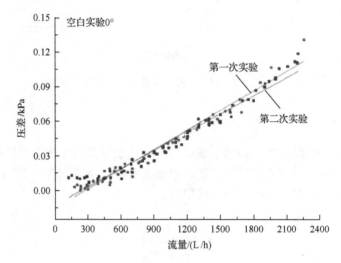

图 6-10 流量和压差关系（<0.075mm）

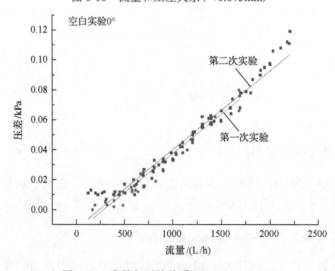

图 6-11 流量和压差关系（0.075～0.25mm）

第 6 章 煤层气水平井煤粉迁移特征

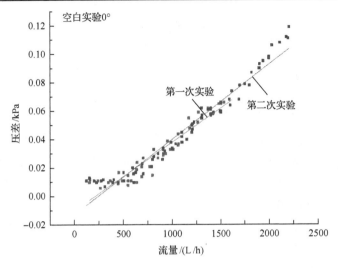

图 6-12　流量和压差关系（0.25～0.85mm）

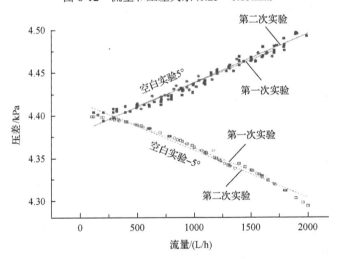

图 6-13　流量和压差关系（＞0.85mm）

表 6-7　不同管道倾角下流量和压差拟合关系

类别	拟合方程	R^2
空白实验 0°	$Y=-0.01+5.28\times 10^{-5}X$	0.95
空白实验 5°	$Y=4.38+5.73\times 10^{-5}X$	0.96
空白实验 -5°	$Y=4.42-5.59\times 10^{-5}X$	0.98
空白实验 10°	$Y=8.78+5.55\times 10^{-5}X$	0.97
空白实验 -10°	$Y=8.82-5.66\times 10^{-5}X$	0.98

该实验模型流量 Q 和压差 Δp 的关系符合圆管的泊肃叶公式：

$$Q = \frac{\pi D^4}{128\mu} \frac{\Delta p}{L} \tag{6-20}$$

式中，D 为管径；μ 为水的黏度；L 为水平管长。

6.2.3 液固两相流煤粉迁移模型

煤层气井煤粉颗粒随水流产出实际上是三维、非恒定的物理现象，运动机制相当复杂。人们对这一问题基本上处于认识阶段，无法通过严格的理论准确地预测其产出规律。现在主要的研究途径：①历史资料的综合分析；②经验公式；③数学模式；④物理模型。因此本节以物理模型为主，通过实验数据的分析总结，初步得出迁移的数学模型。对排采初期的液固两相湍流的模拟，近些年大量学者进行了广泛研究，湍流两相流的模拟如下：

(1) 直接模拟。小尺度网格内对瞬态的 N-S 方程直接求解，这种求解办法可以对湍流发展了解得更全面，但是要求计算机的储存量和计算量太大，无法解决工程问题。

(2) 大涡模拟。其模拟思路是对大涡直接求解，这种方法也不适用于工程应用。

(3) 统观模拟。工程应用只关心流动的时均值，21 世纪最现实的工程模拟方法仍然是雷诺时均方程。对时均方程出现的关联项需采用封闭模式，可分为湍流黏性系数模式和 Reynolds 模式。

颗粒相的模拟是两相湍流模拟的主要问题，模式类型如下：

(1) 无滑移模式。这种模式将两相流看作单一流体，假定流体和颗粒时均速度相等，把颗粒当作流体的一个组分。

(2) 颗粒轨道模式。该模式的基本假设：颗粒为与流体有滑移的离散群；颗粒按初始尺寸分组，各自有质量变化，互不干扰；各组颗粒由一定的初始位置出发沿各自的轨道运动，互不相干。

(3) 多连续介质模式。该模式是把煤粉颗粒当作拟流体，流体和颗粒的速度、体积分数均不同，流体和颗粒间有相对滑移。

现如今，液固两相流的研究大多基于连续介质理论，而且实际煤层气排采初期有时会产生煤粉和水的混合液，通常煤粉的量也特别大。因此研究水平井液固两相下的煤粉迁移，要根据高浓度液固两相流理论，传统的低浓度理论已经不适用。过去研究高浓度液固两相流理论通常是在低浓度理论的基础上引入修正系数，但是这类修正不可能真正表达流动的本质。因此可以采用连续介质理论和分子动理论相结合的方法来研究煤粉和水的混合液的流动，其中，煤粉颗粒用 Boltzmann 方程来表述，煤层产水用连续介质守恒方程理论来描述，进而揭示排采初期的煤粉迁移规律。

为了简化煤粉颗粒速度分布函数 $f=f(v_i,x_i,r,t)$，物理意义是空间位置 x_i 和时间 t 时，速度空间 $[v_i,v_i+\mathrm{d}v_i]$，$[r,r+\mathrm{d}r]$ 的颗粒数。

煤粉颗粒速度分布函数的 Boltzmann 方程为

$$\frac{\partial f}{\partial t}+\frac{\partial}{\partial x_i}(v_i f)+F_i\frac{\partial f}{\partial v_i}+\frac{\partial}{\partial r}\left(\frac{Mf}{3m}\right)=\left(\frac{\partial f}{\partial t}\right)_c \tag{6-21}$$

式中，F_i 为作用在煤粉颗粒上的质量力；m 为颗粒质量；r 为颗粒半径；M 为颗粒的质量转化。

该方程对低浓度和高浓度同时适用，因此，可以先将方程简化成低浓度，进而获得高浓度情况下的方程。

液固两相流煤粉迁移模型的建立是在前述模型实验的分析结果的基础上进行的。影响煤粉迁移的因素包含管道流量、压差、流速、管径、管壁粗糙度、管道温度、流体黏度与密度、煤粉形状、粒径、圆度与密度等。在众多因素影响情况下，需要对无关因素、次要因素和关键因素进行识别与取舍，进而建立贴合实际又实用有效的数学模型。

(1)温度传感器采集到的管道温度基本不变，一直保持 20℃±1℃，而温度主要影响流体黏度，因此管道温度可作为无关因素忽略。

(2)根据实验雷诺数(Re)理论计算值和经验公式 $\delta=11.6d/Re$ 可得黏性底层厚度 δ(黏性底层即紧靠固体边界表面的一层极薄的层流层)，如表 6-8 所示。

表 6-8 空白实验粒径小于 0.075mm 的管道黏性底层厚度计算

管道倾角/(°)	空白实验黏性底层厚度/mm		钻屑样黏性底层厚度/mm		捞砂样黏性底层厚度/mm	
	最大	最小	最大	最小	最大	最小
10	4.395	0.405	3.713	0.343	2.519	0.536
5	4.912	0.401	4.323	0.394	3.734	0.625
0	4.680	0.368	3.267	0.346	3.350	0.912
−5	5.381	0.391	4.865	0.430	2.291	0.691
−10	5.024	0.392	3.672	0.398	5.786	0.554

无论管道倾角多大，其黏性底层厚度(δ)始终大于管壁绝对粗糙度($\delta>\varepsilon$)，根据管流力学相关知识可知，此时流体相当于在非常光滑的管道中流动。关于煤粉本身的性质方面，为简化模型，可认为煤粉颗粒圆度均一、形状规整。

假设圆管长 L 的压降为 Δp，Δp 与管长 L、管径 d、平均流速 v、清水密度 ρ 和黏度 μ、管内壁突起高度 ε 等相关：

$$f(\Delta p, v, \mu, \rho, \lambda, \delta, \varepsilon) = 0 \tag{6-22}$$

式中，ρ、v、d 因次分别为 ML^{-3}、LT^{-1} 和 L，所以可以写为四个无因次量的组成的函数：

$$f\left(\frac{\Delta p}{\rho v^2}, \frac{\mu}{vd}, \frac{l}{d}, \frac{\varepsilon}{d}\right) = 0 \tag{6-23}$$

式 (6-23) 可改写为

$$\frac{\Delta p}{\rho v^2} = f_1\left(Re, \frac{l}{d}, \frac{\varepsilon}{d}\right) \tag{6-24}$$

因为 $\Delta p = \gamma \Delta h$，$\Delta h$ 为两端测压管的高度差，所以

$$\gamma \Delta h = \rho v^2 f_1\left(Re, \frac{l}{d}, \frac{\varepsilon}{d}\right) \tag{6-25}$$

式中，$\frac{\rho}{\gamma} = \frac{1}{g}$，$\lambda = f\left(Re, \frac{\varepsilon}{d}\right)$，达塞-韦斯巴公式：

$$\Delta h = \lambda \frac{l}{d} \frac{v^2}{2g} \tag{6-26}$$

Mises 根据相似理论得到公式

$$\lambda = 0.0024 + \sqrt{\frac{\varepsilon}{d}} + \frac{0.3}{\sqrt{Re}} \tag{6-27}$$

因为该管道的绝对粗糙度 0.002mm 很小，相对粗糙度可以忽略（阻力系数 λ 是雷诺数和管壁相对粗糙率的函数），所以实验阻力系数可以表示为

$$\lambda = 0.0024 + \frac{0.3}{\sqrt{Re}} \tag{6-28}$$

因此，该管流研究的主要任务就是探讨阻力系数 λ 和雷诺数 Re 间的关系。

当雷诺数小，接近于临界值时：

$$\lambda = 0.0024\left(1 - \frac{1000}{Re}\right) + \frac{0.3}{\sqrt{Re}}\sqrt{1 - \frac{1000}{Re}} + \frac{8}{Re} \tag{6-29}$$

利用流体力学中量纲和谐原理，对影响物理模拟过程中的各有关变量进行量纲分析，通过定性的分析掌握煤粉启动规律。然后根据前述实验确定这些无量纲准数之间的关系，从而得出确切的煤粉启动迁移模型。

影响煤粉启动-迁移的因素主要有压差Δp、流量Q、煤粉粒径d、管道倾角θ、煤粉密度ρ，瑞利法分析上述五个物理量间的关系，因此有

$$Q = f(\Delta p, d, \rho, \theta) = K\Delta p^{\alpha_1} d^{\alpha_2} \rho^{\alpha_3} \theta^{\alpha_4} \tag{6-30}$$

式中，K为常数。以质量 M、长度 L、时间 T 作为基本量纲，则式(6-30)的量纲方程为

$$\left[M^0 L^3 T^{-1}\right] = \left[ML^{-1}T^{-2}\right]^{\alpha_1} [L]^{\alpha_2} \left[ML^{-3}\right]^{\alpha_3} [\theta]^{\alpha_4}$$

因为管道倾角为无量纲量，所以可令其参数为a值，进而得到

$$Q = K\Delta p^{\frac{1}{2}} d^2 \rho^{-\frac{1}{2}} \theta^a \tag{6-31}$$

上述关系式中常数K与a值可通过前述实验(单因素启动流量影响分析)确定。通过前述单因素启动流量模型，结合相关数学分析，利用如下四类独立的单因素方程可求得参数$K=0.00028$，$a=0$。

因此最终求得煤粉液固两相流情况下的启动运移模型为

$$Q = 0.0028 d^2 \sqrt{\frac{\Delta p}{\rho}} \tag{6-32}$$

式中，ρ为煤粉密度，$\rho>0$，g/cm^3；Δp为管道压差，$\Delta p>0$，Pa；Q为管道流量，L/h；d为煤粉粒径，目数。

管道下倾时压差取绝对值，管道倾角θ在求解过程中因指数为0化为1，不在模型方程之列，但不代表管道倾角对煤粉启动没有影响，实际上管道上倾角度越大，管道压差越大；管道下倾角度越大，管道压差绝对值越小，相应的流量变化也不一样。

整体来看，该模型只是一个定量的经验模型，由于实验本身误差，以及煤粉粒径、密度及启动流量实验样本偏少，因此其精度有限，只能在一定条件下大致预测不同粒径、不同密度、不同管道倾角下的煤粉启动流量。

模型使用说明：①当煤粉密度ρ取2.5g/cm^3以上时，对应实验样品可以是石

英砂等密度较大颗粒；②当 ρ 取 1.5g/cm³ 以下时，对应实验样品可为煤粉等密度较小颗粒；③当 ρ 取 1.5~2.5g/cm³ 时，可能为煤砂混合体，即密度不均颗粒。

当煤粉粒径 d 取 20 目时，模型中可代表小于 20 目的大颗粒煤粉；d 取 60 目时，模型中可代表 20~60 目的颗粒煤粉；d 取 200 目时，模型中可代表 60~200 目的颗粒煤粉；d 取 400 目时，模型中可代表大于 200 目的小粒径煤粉。

该模型原则上只适应管道倾角 $0°<\theta<10°$ 的煤粉启动流量预测。当管道压差 Δp 取值为 0~0.15kPa 时，一般对应管道倾斜角度为近水平或水平 0°；当管道压差 Δp 取值为 0.15~4.50kPa 时，一般对应管道倾斜角度为 $0°<\theta<5°$；当管道压差 Δp 取值为 4.50~9.0kPa 时，一般对应管道倾斜角度为 $5°<\theta<10°$。

6.3 水平井筒气液固三相流煤粉迁移规律

6.3.1 气液固三相流煤粉迁移流型研究

流型需要通过肉眼观察或照相法判别。目前也有个别能够通过在线计量分相流量、压力参数来实时判别流型的仪器(如西安交通大学多相流国家重点实验室研制的流型在线识别仪)，但是存在计量精度差、成本昂贵的缺点。因此本节实验是采用摄像+肉眼观察+人工记录判别的方法。根据管内气液比由小到大气液两相流通常分为：气泡流、塞状流、分层流、波状流、弹状流、环状流、雾流。以上是最常用的流型划分方法，不同领域不同学者都有各自的划分方法。

由图 6-14 与表 6-9 可知：①气体占据了管道上部，液流沿下管道流动，基本互不干扰，对煤粉影响较小，总体携粉能力很差；②波状性质的分层流，携粉能力较强，一般会扰动表层煤粉并间歇向前携带，但对大颗粒煤粉效果不明显。

图 6-14　气液固三相流 0°条件下的煤粉迁移特征

表 6-9 气液固三相流 0°下迁移状态

固定流量/(L/h)	气液比	流型	煤粉迁移状况	备注
200	1/10~1/2	分层流	气液渐分层,气体扰动煤粉,晃动,迁移不明显	
	3~6	分层流(带波状)	气液分层,气体占据管道上部,煤粉来回扰起搅动,管道间歇浑浊,小颗粒悬移,大颗粒复沉淀	波状可能源于观察段两头水流遇阻折返
	9~21	分层流(带波状+弹状)	同前,变化不明显,偶尔的弹状流(气液比 9:1 后出现)使携带煤粉明显	波状、弹状可能源于通径与观察段两头水流遇阻折返
400	1/10~1/3	分层流	气液渐分层,气引起水面波动,煤粉原地扰动,基本不迁移	
	1~2	分层流	气液分层,气体占据管道上部,波动使煤粉迁移,沉淀明显,管道间歇浑浊	
	3~9	分层流	气液分层,管道下部液固扰动明显,上分层煤粉悬移速度大于下分层,且气液比增大,携粉能力渐明显	
600	1/10~1/5	分层流	气泡涌入管道不断聚集、延伸、向前拓展,气液渐分层,煤粉受扰动,表面可见滚动迁移	加气前已可见较多小颗粒滚动迁移
	1/2~2	分层流	气液分层,煤粉扰起携带明显,管道渐浑浊。煤粉铺陈薄的地方截面气占比大,流速快,冲刷携带明显	
	3~7	分层流	随气液比增大,扰起的煤粉在气水界面处携带速度最快,整体煤粉迁移较明显	
	8	分层流	煤粉被逐渐的层层扰动迁移,但效率较低,偶尔的弹状流多层扰起携带明显	

由图 6-15 所示,随着气液比增大,依次出现气泡流、塞状流与弹状流,不同流态对煤粉的携带能力由强到弱依次为弹状流＞塞状流＞气泡流(孙海英,2005)。小气泡流几乎影响不到煤粉,大气泡流只是轻微扰动表层煤粉。塞状流和弹状流对表层煤粉扰动明显,可使煤粉直接悬起,但会出现前后悬移部分带走、部分沉淀。

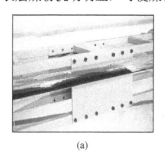
(a)

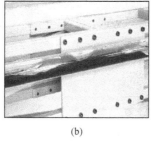
(b)

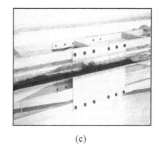
(c)

图 6-15 气液固三相流 5°条件下的煤粉迁移特征
(a)气泡流;(b)塞状流;(c)弹状流

由图 6-16 所示,随着气体比例增大,气体逐渐挤占液体空间,形成气驱水的状态。随着气体比例继续增大，管道上部被气体占据，下部则为液固混合体。随着气体比例进一步增大，管底煤粉被全部冲离管道，表现出超强携粉能力。随着管道负角度增大，携粉效果更加明显。

图 6-16　气液固三相流-5°条件下的煤粉迁移特征

由图 6-17～图 6-19、表 6-10 和表 6-11 可看出，不同管道倾角下会产生不同的流型种类，而不同的流型有着不同携粉能力。水平情况下主要产生分层流；正角度情况下会产生气泡流、塞状流、弹状流三种主要流型，其中，弹状流对煤粉的扰动最强烈，携带效果也最好，塞状流次之，泡状流最差；而负角度时则为气驱水-分层型，随着气体不断加入，气体会在管道中不断聚集延伸，挤占液体空间，形成气驱水状态，管道上部会逐渐被气体占据，而下部则被液固混合体且流动液体不断冲击固体堆积物，使煤粉被液体迅速地往下游冲去。总体来看，携粉能力由强到弱的顺序依次为：气驱水-分层型、弹状流、塞状流、气泡流和分层流。

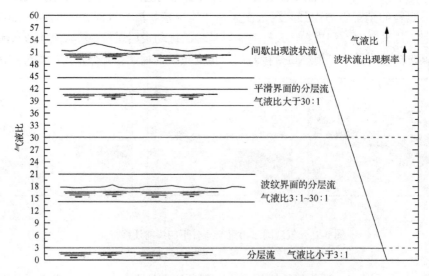

图 6-17　水平圆管 0°时三相流流型

第 6 章　煤层气水平井煤粉迁移特征

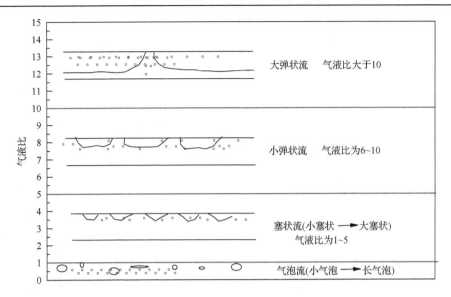

图 6-18　水平圆管上倾（正角度）时三相流流型分类

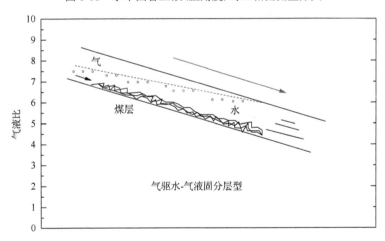

图 6-19　水平圆管下倾（负角度）时三相流流型分类

表 6-10　气液固三相流 5°条件下迁移状态

固定流量/(L/h)	气液比	流型	煤粉迁移状况
100	1/10~1	泡状流	小气泡不断产生、聚集成大气泡或团块状，向上漂浮，扰动煤粉很有限
	3~6	塞状流	由小塞状转变为大塞状，扰动明显，管道浑黑，煤粉几乎全部扰起携带
	10~15	弹状流	气体聚集成气包，在管道上部不连续分布，扰动煤粉能力很强，气包间是气液固混合体，携粉能力最强，气包下携粉能力也较强，但大颗粒易产生重力回流，有效迁移距离相对小

续表

固定流量/(L/h)	气液比	流型	煤粉迁移状况
100	18~60	大弹状流	接近柱塞流，气包在管道占比很大，液流紧贴管底流动，大的气柱对煤粉扰动很大，液流携带向前运移，管道一直污黑，存在明显回流，随时间推移，管道从前至后逐渐变清澈，明煤粉渐被携离出管道
300	1/10~1/3	泡状流	小气泡不断产生、聚集成大气泡或团块状，向上漂浮，扰动煤粉很有限
300	1~2	塞状流	管道渐浑浊，煤粉前后扰动，部分悬移带走，底部沉积煤粉无明显变化
300	4~12	弹状流	煤粉整体扰动起来。气体聚集成气包，在管道上部不连续分布，扰动煤粉能力很强，气包间是气液固混合体，携粉能力最强，气包下携粉能力也较强，但大颗粒易产生重力回流，即有效迁移距离相对小。之后弹状流不断扩大，携粉能力逐渐增强，随时间推移，管道从前至后逐渐变清澈，表明煤粉渐被携离出管道
500	1/10~1/5	泡状流	小气泡不断产生、聚集成大气泡或团块状，向上漂浮，扰动煤粉很有限
500	1/2~1	塞状流	由小塞状转变为大塞状，扰动明显，管道浑黑，煤粉几乎被全部扰起携带
500	2~6	弹状流	从小弹状到大弹状流，煤粉携带能力增强
700	1/10~1/5	泡状流	小气泡不断产生、聚集成大气泡或团块状，向上漂浮，扰动煤粉很有限
700	1/2~1	塞状流	由小塞状转变为大塞状，扰动明显，管道浑黑，煤粉几乎被全部扰起携带
700	2~5	弹状流	从小弹状到大弹状流，煤粉携带能力增强

表 6-11 气液固三相流-5°下迁移状态

固定流量/(L/h)	气液比	流型	煤粉迁移状况
100	1/10~1	气驱水，气水分层型。气泡聚集且不断延伸、挤压液体空间。随气液比增大，管道截面气占比很大，液体沿管下壁快速流动，整个管道以气为主	小气泡不断产生、聚集成大气泡或团块状，并不断挤压液体空间，气水界面附近煤粉逐渐扰动，其他地方无变化
100	3~6		气体不断延伸，气占比增大明显，气水界面的煤粉被迅速扰起悬移迁走，前面铺陈管底的煤粉，因为液体被驱走，沿下管壁流速很快，冲击携带煤粉能力很强
100	10~12		不管煤粉沉积多厚，整体被快速扰起带走(1s可至少迁移20cm以上)，管道浑黑，很快管道变澄清，煤粉全部离开管道
300	1/10~1/3	与固定流量为100L/h的流形相同	与固定流量为100L/h的煤粉迁移状况相同
300	1~2		
300	4~6		
500	1/10~1/5	与固定流量为100L/h的流形相同	与固定流量为100L/h的煤粉迁移状况相同
500	1/2~1		
500	2~3		

6.3.2 气液固三相流煤粉迁移模型研究

Lagrange 方法：该种方法主要研究单一颗粒的轨迹，它是通过牛顿第二定律进行描述的。在大多数情况下，微粒的随机热运动被忽略，所以确定颗粒的路径时，这种方法只适用于颗粒较大或流动能力较强的情况。

Euler 方法：和 Lagrange 方法描述单个颗粒的轨迹相比，Euler 方法则主要是获取有关颗粒的空间分布特征和非球形颗粒的空间取向分布特征（李强，2002）。

根据天津大学的闻建平等（2001）提出双流体模型与粒子分散模型相结合的方法，建立了一个用于描述气液固三相湍流的模型。Euler 坐标中通过双流体模型研究气液两相流，Lagrange 坐标中探究颗粒的运动，简称 E-E-L 模型，该模型假设液体、气体为连续相，固体粒子为分散相。

分散单元法模型：

$$m_i \frac{dv_i}{dt} = f_{dl,i} + f_{dg,i} + \sum_{j=1}^{N}(f_{n,ij} + f_{t,ij}) + f_{b,i} + m_i g \quad (6-33)$$

式中，v_i 为固体粒子的流速；$f_{dg,i}$ 和 $f_{dl,i}$ 分别为气体和液体作用在颗粒上的曳力；$f_{n,ij}$ 和 $f_{t,ij}$ 分别为颗粒 i 和 j 碰撞的法向作用力和切向作用力；$f_{b,i}$ 为 i 颗粒所受浮力；m_i 为固体粒子 i 的质量。

$f_{dl,i}$ 可以用液固相对速度表示：

$$f_{dl,i} = C_{d,l} \frac{\pi d^2}{4} \rho_l |u_l - u_i|(u_l - u_i)/2 \quad (6-34)$$

式中，u_l 为液相局部速度；ρ_l 为流体密度；u_i 为固相速度；$C_{d,l}$ 为液相和颗粒相互作用的曳力系数：

$$\begin{cases} C_{d,l} = \dfrac{24R^{-4.7}}{Re_*(1+0.15Re_*^{0.687})}, & Re_* < 1000 \\ C_{d,l} = 0.04R^{-0.47}, & Re_* \geqslant 1000 \end{cases} \quad (6-35)$$

其中，R 为局部含液率。

气液固三相流情况下煤粉启动迁移情况更加复杂，实验研究发现，三相情况下煤粉不存在启动与否的命题，基本上只要加入气相煤粉便会受扰动而迁移，且三相情况下管道压差变化剧烈，与两相流完全不同，因此三相情况下主要研究压差、流量、气液比、煤粉粒径及密度、管道倾斜度之间的关系。与液固两相流实验一样，建立三相流煤粉迁移模型过程中忽略管径、管壁粗糙度、管道温度、煤粉形状、圆度等无关或次要因素，进而建立贴合实际又实用有效的数学模型。

三相流情况下，影响煤粉迁移的因素主要有压差 Δp、流量 Q、气液比 G_1、煤粉粒径 d、管道倾角 θ、煤粉密度 ρ，瑞利法分析上述六个物理量间的关系，因此有

$$Q = f(\Delta p, G_1, d, \rho, \theta) = K\Delta p^{\alpha_1} d^{\alpha_2} \rho^{\alpha_3} \theta^{\alpha_4} G_1^{\alpha_5} \qquad (6\text{-}36)$$

式中，K 为常数。以质量 M、长度 L、时间 T 作为基本量纲，则式(6-36)的量纲方程为

$$[M^0 L^3 T^{-1}] = [ML^{-1}T^{-2}]^{\alpha_1} [L^{\alpha_2}] [ML^{-3}]^{\alpha_3} [\theta^{\alpha_4}] [G_1^{\alpha_5}]$$

管道倾角与气液比本来就看作无量纲量，因此可令其分别为 a、b 值，进而得到

$$Q = K\Delta p^{\frac{1}{2}} d^2 \rho^{-\frac{1}{2}} \theta^a G_1^b = Kd^2 \theta^a G_1^b \sqrt{\frac{\Delta p}{\rho}} \qquad (6\text{-}37)$$

式(6-37)中，常数 K、a、b 值可通过前述实验（单因素启动流量影响分析）确定。将式(6-37)转化为压差的显式表达式：

$$\Delta p = K'Q^2 \rho d^{-4} \theta^{a'} G_1^{b'} \qquad (6\text{-}38)$$

式中，$K'=K^{-2}$；$a'=-2a$；$b'=-2b$。

通过前述三相流情况下单因素管道压差变化分析，结合相关数学分析，利用如下五类独立的单因素方程（表 6-12）可求得参数 a'=3.63，b'=0.25，K'=5.88。

表 6-12　启动模型建立参考单因素方程

类别	单因素综合方程
管道倾角与压差	$y=0.1396x+1.226$
煤粉粒径与压差	$y=0.0023x+1.434$
煤粉密度与压差	$y=0.6393x+1.067$
气液比与压差	$y=0.0015x^2-0.101x+3.137$
管道流量与压差	$y=0.00001x^2-0.0128x+4.421$

因此最终求得气液固三相流情况下压差影响煤粉运移的经验模型为

$$\Delta p = 5.88 Q^2 G_1^{0.25} d^{-4} \rho \theta^{3.63} \qquad (6\text{-}39)$$

式中，ρ 为煤粉密度，$\rho>0$，g/cm³；Q 为管道流量，L/h；d 为煤粉粒径，目数；

Δp 为管道压差，kPa；G_l 为气液比(流型)，$G_l>0$，无量纲。

由上述经验方程可知，煤粉粒径及管道倾角对管道压差产生影响，进而对煤粉运移产生影响，影响力最大；其次为气液比(流型)和管道流量的影响；而煤粉密度对煤粉运移影响不是很明显。

整体来看，该模型现阶段也仅是一个定量的经验模型，由于实验样次偏少且实验本身误差，以及煤粉粒径、密度尚未标准化、定量化，因此其精度有限，只能在一定条件下大致预测影响煤粉迁移的管道压差变化。

模型使用说明：①当煤粉密度 ρ 取 2.5g/cm^3 以上时，对应实验样品可以是石英砂等密度较大颗粒；②当 ρ 取 1.5g/cm^3 以下时，对应实验样品可为煤粉等密度较小颗粒；③当 ρ 取 $1.5\sim2.5\text{g/cm}^3$ 时，可能为煤砂混合体，即密度不均颗粒。

当煤粉粒径 d 取 20 时，模型中可代表小于 20 目的大颗粒煤粉；d 取 60 目时，模型中可代表 20~60 目的颗粒煤粉；d 取 200 目时，模型中可代表 60~200 目的颗粒煤粉；d 取 400 目时，模型中可代表大于 200 目的小粒径煤粉。

该模型原则上只适应管道倾角 $0°<|\theta|<10°$ 的煤粉启动流量预测。

结 束 语

随着非常规天然气资源开发逐步进入快车道，未来非常规天然气在国民经济发展中的显赫地位与作用不容置疑。作为非常规天然气家族的重要成员，煤层气在工业化开发的历程中属于"年长者"，其中揭示的煤层气在原始储层的赋存方式、吸附机理及基质孔隙吸附气体的解吸机理、煤层气向割理储渗空间的输运机制、气体产出机理及影响产出因素等理论技术的进展不仅成就了煤层气资源的开发，也将会有效地指导和影响后来的页岩气资源的开发。

煤层气属于低品位资源，由于储层纳米孔隙发育，气体主要为吸附态赋存，中高煤阶储层渗透率非常低，导致开发难度大，单井产能低，但是作为常规天然气的重要补充，同时也为安全开采原煤提供了有力保障，创造了良好的经济效益与社会效益。

未来大规模增加煤层气产能及显著改善开发效果的技术发展方向将包括：精准识别煤体结构特征及煤层气储层孔渗饱定量评价技术；客观体现煤层气储层孔渗展布的"微观、中观、宏观"三位一体三维地质建模技术；科学反映煤层气原始储层内的气水赋存方式、产出机理与不同开发方式的产能预测等评价方法；经济低伤害复杂井眼轨迹的钻完井技术；低成本低伤害的多途径、多作用机理、大规模的增产改造技术；有效诱发煤储层吸附气解吸释放的材料、装备及工艺技术；低成本长寿命适合井筒气液固多相流体举升的排采装置。

煤层气的资源量巨大，随着科学技术的快速发展与深入发展，煤层气开发的巨大潜力将变为巨大的效益，必将成为未来非常规天然气瞩目的增长点。

参 考 文 献

陈昌国, 魏锡文, 鲜学福. 2000. 用从头计算研究煤表面与甲烷分子相互作用. 重庆大学学报, 23(3): 77.

陈元千, 胡建国. 2008. 确定饱和型煤层气藏地质储量可采储量和采收率方法的推导及应用. 石油与天然气地质, 29(1): 151-156.

崔金榜, 李沛, 马东民, 等. 2016. 煤层气水平井井筒煤粉迁移规律试验研究. 煤炭科学技术, 44(5): 74-78, 176.

村田逞诠. 1992. 煤的润湿性研究及其应用. 北京: 煤炭工业出版社.

戴金星, 戚厚发. 1982. 我国煤中发现的气孔及其在天然气勘探上的意义. 科学通报, (5): 298-301.

杜希瑶, 李相方, 徐兵祥, 等. 2014. 韩城地区煤层气多层合采开发效果评价. 煤田地质与勘探, 42(2): 28-34.

冯培文. 2008. 潞安矿区煤层气生产井井网布置方法的探讨. 中国煤炭地质, 20(11): 21-23.

傅贵, 秦凤华, 阎保金. 1997. 我国部分矿区煤的水润湿性研究. 阜新矿业学院学报(自然科学版), (6): 666-669.

傅家谟. 1995. 干酪根地球化学. 广州: 广东科技出版社.

傅家谟, 刘德汉, 盛国英. 1990. 煤成烃地球化学. 北京: 科学出版社.

傅雪海, 秦勇, 韦重韬. 2003. 煤层气地质学. 徐州: 中国矿业大学出版社.

高世桥. 2009. 毛细力学. 北京: 科学出版社.

管俊芳, 侯瑞云. 1999. 煤储层基质孔隙和割理孔隙的特征及孔隙度的测定方法. 华北水利水电学院学报, (1): 24-28.

韩保山. 2010. 煤层气地面垂直压裂井排采特征及分阶段管理//2010 第十届国际煤层气研讨会, 北京.

韩德馨. 1996. 中国煤岩学. 徐州: 中国矿业大学出版社.

郝琦. 1987. 煤的显微孔隙形态特征及其成因探讨. 煤炭学报, (4): 51-56, 97-101.

何选明. 2010. 煤化学. 第二版. 北京: 冶金工业出版社.

何学秋, 聂百胜. 2001. 孔隙气体在煤层中扩散的机理. 中国矿业大学学报, 30(1): 1-4.

胡素明, 李相方. 2010. 考虑煤自调节效应的煤层气藏物质平衡方程. 天然气勘探与开发, 33(1): 38-41, 95.

胡素明, 李相方, 赵明, 等. 2010. 对现行煤层气资源储量规范存在的问题探讨. 天然气勘探与开发, 33(2): 71-73.

胡素明, 李相方, 胡小虎, 等. 2012a. 考虑煤层气藏地解压差的物质平衡储量计算方法. 煤田地质与勘探, 40(1): 14-19.

胡素明, 李相方, 胡小虎, 等. 2012b. 欠饱和煤层气藏的生产动态预测方法. 西南石油大学学报(自然科学版), 34(5): 119-124.

胡小虎, 郑世毅, 胡素明, 等. 2011a. 用压力平方方法解释煤层气藏气-水两相渗流试井. 石油天然气学报, 33(2): 118-122.

胡小虎, 郑世毅, 李保振, 等. 2011b. 物质平衡法对定容煤层气藏生产动态的预测. 煤田地质与勘探, 39(3): 29-32.
黄第藩. 1984. 陆相有机质演化和成烃机理. 北京: 石油工业出版社.
贾承造. 2007. 煤层气资源储量评估方法. 北京: 石油工业出版社.
李贵中. 2008. 煤层气储量计算及其参数评价方法. 天然气工业, 28(3): 83-85.
李靖, 李相方, 李莹莹, 等. 2015a. 储层含水条件下致密砂岩/页岩无机质纳米孔隙气相渗透率模型. 力学学报, 47(6): 932-944.
李靖, 李相方, 李莹莹, 等. 2015b. 页岩黏土孔隙气-液-固三相作用下甲烷吸附模型. 煤炭学报, 40(7): 1580-1587.
李靖, 李相方, 王香增, 等. 2016. 页岩无机质孔隙含水饱和度分布量化模型. 石油学报, 37(6): 903-914.
李靖, 陈掌星, 李相方, 等. 2018. 页岩及黏土纳米孔隙中液态水分布量化研究. 中国科学: 技术科学, 48(11): 1219-1233.
李明宅. 2005. 沁水盆地枣园井网区煤层气采出程度. 石油学报, (1): 91-95.
李明宅, 徐凤银. 2008. 煤层气储量评价方法与计算技术. 中国石油勘探, (5): 37-45.
李明宅, 胡爱梅, 孙晗森, 等. 2002. 煤层气储量计算方法. 天然气工业, 22(5): 32-34.
李强. 2002. 二相流双流体模型的数值求解方法研究. 西安: 西北工业大学.
李清, 彭兴平. 2012. 延川南工区煤层气排采速率定量分析. 石油与天然气学报, 34(12): 123-127.
李士伦, 等. 2000. 天然气工程. 北京: 石油工业出版社.
李相方, 石军太, 杜希瑶, 等. 2012. 煤层气开发降压解吸运移机理. 石油勘探与开发, 39(2): 203-213.
李相方, 蒲云超, 孙长宇, 等. 2014. 煤层气与页岩气吸附/解吸的理论再认识. 石油学报, 35(6): 1113-1129.
李晓平. 2008. 地下油气渗流力学. 北京: 石油工业出版社.
李晓平. 2015. 地下油气渗流力学. 第2版. 北京: 石油工业出版社.
刘士和. 2005. 高速水流. 北京: 科学出版社.
柳迎红, 房茂军, 廖夏. 2015. 煤层气排采阶段划分及排采制度制定. 洁净煤技术, 21(3): 121-124, 128.
马尊美. 1987. 煤的最高内在水分测定方法及应用. 煤炭科学技术, (6): 23-25.
孟凡圆. 2017. 煤层气水平井多相流煤粉迁移规律研究. 北京: 中国石油大学(北京).
倪小明, 苏现波, 张小东. 2010. 煤层气开发地质学. 北京: 化学工业出版社.
聂百胜, 张力. 2000. 煤层甲烷在煤孔隙中扩散的微观机理. 煤田地质与勘探, 28(6): 20-22.
秦匡宗, 赵丕裕. 1990. 用固体~(13)C 核磁共振技术研究黄县褐煤的化学结构. 燃料化学学报, (1): 3-9.
秦义, 李仰民, 白建梅, 等. 2011. 沁水盆地南部高煤阶煤层气井排采工艺研究与实践. 天然气工业, 31(11): 22-25.
邵长金, 邢立坤, 李相方, 等. 2012. 煤层气藏多层合采的影响因素分析. 中国煤层气, (3): 8-12.
石军太. 2012. 天然气藏相变渗流机理及其应用研究. 北京: 中国石油大学(北京).
石军太, 李相方, 张冬玲, 等. 2012. 煤层气直井开发井网适应性优选. 煤田地质与勘探, 40(2): 28-30.

石军太, 李相方, 徐兵祥, 等. 2013. 煤层气解吸扩散渗流模型研究进展. 中国科学: 物理学 力学 天文学, 43(12): 1548-1557.
宋岩, 张新民. 2005. 煤层气成藏机制及经济开采理论基础. 北京: 科学出版社.
孙海英. 2005. 水平管道两相流模型与试验研究. 大庆: 大庆石油学院.
孙培德. 1993. 煤层瓦斯流场流动方程的补正. 煤田地质与勘探, 21(5): 61-62.
孙赞东, 贾承造; 李相方, 等. 2011. 非常规油气勘探与开发. 北京: 石油工业出版社.
孙政, 李相方, 徐兵祥, 等. 2018. 一种表征煤储层压力与流体饱和度关系的数学模型. 中国科学: 技术科学, 48(5): 457-464.
谈慕华, 黄蕴元. 1985. 表面物理化学. 北京: 中国建筑工业出版社.
王钒潦, 李相方, 汪洋, 等. 2013. 考虑压力拱效应的苏里格气田上覆压力计算. 大庆石油地质与开发, 32(5): 61-66.
王钒潦, 史云清, 李相方, 等. 2016. 倾斜储层压力拱比计算方法. 油气地质与采收率, 23(5): 98-104.
王红岩, 刘洪林, 李贵中, 等. 2004. 煤层气储量计算方法及应用. 天然气工业, 24(7): 26-28.
王景明. 1988. 煤层的裂隙及其应用. 煤田地质与勘探, 2: 11-14.
王政华, 康天合. 2012. 基于煤的孔隙特性与润湿性的煤层注水压力的确定. 煤炭技术, 31(10): 60-62.
闻建平, 黄琳, 周怀, 等. 2001. 气液固三相湍流流动的 E-E-L 模型与模拟. 化工学报, (4): 343-348.
吴俊. 1991. 我国煤成烃的有机岩石学及地球化学研究. 矿物岩石地球化学通讯, (1): 1-3.
吴世跃. 1994. 煤层瓦斯扩散渗流规律的初步探讨. 山西矿业学院学报, 12(3): 259-263.
肖贤明. 1991a. 生油岩镜质组类型及其反射率分布规律. 石油学报, 2: 78-85.
肖贤明. 1991b. 生油岩矿物沥青基质荧光强度变化规律与成熟度的关系. 自然科学进展, (3): 241-245.
熊先钺. 2014. 韩城区块煤层气连续排采主控因素及控制措施研究. 北京: 中国矿业大学(北京).
徐兵祥, 李相方, 赵明, 等. 2010. 煤层气从基质进入割理流动机理研究//2010 年中国非常规天然气勘探开发技术研讨会, 西安.
徐兵祥, 李相方, 胡小虎, 等. 2011a. 煤层气典型曲线产能预测方法. 中国矿业大学学报, 40(5): 743-747.
徐兵祥, 李相方, 邵长金, 等. 2011b. 考虑压裂裂缝的煤层气藏井网井距确定方法. 煤田地质与勘探, 39(4): 16-19.
徐兵祥, 李相方, 杜希瑶, 等. 2013. 煤层气井解吸区预测模型研究. 中国矿业大学学报, 42(3): 421-427.
徐兵祥, 李相方, 任维娜, 等. 2014. 基于均衡降压理念的煤层气井网井距优化模型. 中国矿业大学学报, 43(1): 88-93.
杨起, 韩德馨. 1979. 中国煤田地质学(上、下册). 北京: 煤炭工业出版社.
杨万里, 李永康, 高瑞祺, 等. 1981. 松辽盆地陆相生油母质的类型与演化模式. 中国科学: 数学, 24(8): 1000-1008.
叶建平, 张健, 王赞惟. 2011. 沁南潘河煤层气田生产特征及其控制因素. 天然气工业, 31(5): 28-30.

袁安意. 2014. 煤层气井煤粉产出规律实验研究. 青岛：中国石油大学(华东).
张慧. 2001. 煤孔隙的成因类型及其研究. 煤炭学报, 26(1): 40-44.
张慧. 2003. 中国煤的扫描电子显微镜研究. 北京：地质出版社.
张慧. 2016. 非常规油气储层的扫描电镜研究. 北京：地质出版社.
张胜利, 李宝芳. 1996. 煤层割理的形成机理及在煤层气勘探开发评价中的意义. 中国煤田地质, (1): 72-77.
张遂安. 2004. 有关煤层气开采过程中煤层气解吸作用类型的探索. 中国煤层气, 1(1): 26-28.
张遂安. 2008. 煤层气开发与开采. 北京：中国石油大学(北京).
张遂安, 曹立虎, 杜彩霞. 2014. 煤层气井产气机理及控采控压控粉研究. 煤炭学报, 39(9): 1927-1931.
郑得文, 张居峰, 孙广伯. 2008. 煤层气资源储量评估基础参数研究. 中国石油勘探, (3): 1-4.
仲红军, 梁冰, 张秀慧. 2008. 煤层气资源储量的预测方法. 煤炭技术, 27(8): 112-114.
周世宁, 林柏泉. 1992. 煤层瓦斯赋存与流动理论. 北京：煤炭工业出版社.
Ahmed T H, Centilmen A, Roux B P. 2006. A generalized material balance equation for coalbed methane reservoirs//The SPE Annual Technical Conference and Exhibition, San Antonio.
Allardice D J, Evans D G. 1971. The-brown coal/water system: Part 2. Water sorption isotherms on bed-moist Yallourn brown coal. Fuel, 50(3): 236-253.
Aminian K, Ameri S, Bhavsar A, et al. 2004. Type curve for coalbed methane prediction. SPE 91482.
Aminian K, Ameri S, Bhavsar A B, et al. 2005. Type curves for production prediction and evaluation of coalbed methane reservoirs//SPE Eastern Regional Meeting, Society of Petroleum Engineers Morgantown.
Ammosov I I, Eremin I V. 1963. Fracturing in Coal. Moscow: IZDAT Publisher.
Anbarci K, Ertekin T. 1990. A comprehensive study of pressure transient analysis with sorption phenomena for single-phase gas flow in coal seams//SPE Annual Technical Conference and Exhibition, Society of Petroleum Engineers, New Orleans.
Arenas A G. 2004. Development of production type curve for coalbed methane reservoirs. Virginia: West Virginia University.
Arrey E N. 2004. Impact of Langmuir isotherm on production behavior of CBM reservoir. Virginia: West Virginia University.
Belitskii A A. 1949. Concerning the problem of the mechanism of shear fracture formation. Bulletin of Natural Geology: 218-223.
Bertrand F, Cerfontaine B, Collin F, et al. 2017. A fully coupled hydro-mechanical model for the modeling of coalbed methane recovery. Journal of Natural Gas Science & Engineering, 46: 307-325.
Bhavsar A. 2005. Prediction of coalbed methane reservoir performance with type curves. Virginia: West Virginia University.
Brooks J. 1981. Organic maturation of sedimentary organic matter and petroleum exploration: A review//Brooks J. Organic Maturation Studies and Fossil Fuel Exploration, Great Yarmouth: 1-39.

Brown K, Schlüter S, Sheppard A, et al. 2014. On the challenges of measuring interfacial characteristics of three-phase fluid flow with x-ray microtomography. Journal of Microscopy, 253(3): 171-182.

Cai Y D, Liu D M, Liu Z H, et al. 2016. Evolution of pore structure, submaceral composition and produced gases of two Chinese coals during thermal treatment. Fuel Processing Technology, 156: 298-309.

Cao Z, Pender G, Meng J. 2006. Explicit formulation of the shelds diagram for incipient motion of sediment. Journal of Hydraulic Engineering, 132(10): 1097-1099.

Cassie A B D. 1948. Contact angles. Discussions of the Faraday Society, 3(5): 11-16.

Cervik J. 1967. Behavior of coal-gas reservoirs//Proceeding of the SPE Eastern Regional Meeting, Pittsburgh.

Chen Z, Liao X, Zhao X, et al. 2016. A semi-analytical mathematical model for transient pressure behavior of multiple fractured vertical well in coal reservoirs incorporating with diffusion, adsorption, and stress-sensitivity. Journal of Natural Gas Science & Engineering, 29: 570-582.

Cinco-Ley H, Ramey H J, Miller F G. 1975. Pseudo-skin factors for partially-penetrating directionally-drilled wells. Society of Petroleum Engineers. doi: 10.2118/5589-MS.

Clarkson C R. 2009. Case study: Production data and pressure transient analysis of Horseshoe Canyon CBM wells. Canadian Petroleum Technology, 48(10): 27-38.

Clarkson C R, Salmachi A. 2017. Rate-transient analysis of an undersaturated CBM reservoir in Australia: Accounting for effective permeability changes above and below desorption pressure. Journal of Natural Gas Science & Engineering, 40: 51-60.

Clarkson C R, Bustin R M, Seidle J P. 2007a. Production-data analysis of single-phase (gas) coalbed-methane wells. SPE Reservoir Evaluation & Engineering, 10(3): 312-331.

Clarkson C R, Jordan C L, Gierhart R R, et al. 2007b. Production data analysis of CBM wells//Rocky Mountain Oil & Gas Technology Symposium, USA Society of Petroleum Engineers, Denver.

Connan J. 1974. Time-temperature relation in oil genesis. AAPG Bulletin, 58: 2516-2521.

Dawson G K W, Esterle J S. 2010. Controls on coal cleat spacing. International Journal of Coal Geology, 82(3-4): 213-218.

Enoh M. 2007. A tool to predict the production performance of vertical wells in a coalbed methane reservoir. Virginia: West Virginia University.

Ertekin T, Sung W, Schwerer F C, 1986. Production performance analysis of horizontal drainage wells for the degasification of coal seams//61st Annual Technical Conference and Exhibition of the Society of Petroleum Engineers, New Orleans.

Ertekin T, Sung W, Schwerer F C. 1988. Production performance analysis of horizontal drainage wells for the degasification of coal seams. Journal of Petroleum Technology, 40(5): 625-632.

Ez V V. 1956.Microteconics of coal layer and sudden ejections.Geophsics, 34(161): 5-72.

Gan H, Nandi S P, Walker P L. 1972. Nature of the porosity in American coals. Fuel, 51(4): 272-277.

Gas Research Institute. 1994. A guide to coalbed methane reservoir engineering. GRI Reference, No. GRI-94/0397.

Ge J. 1982. Fluid flow in porous media. Beijing: Petroleum Industry Press.

Gerami S, Darvish M, Morad K, et al. 2008. Type curves for gry CBM reservoirs with equilibrium desorption. Journal of Canadian Petroleum Technology, 47(7): 48-56.

Gibbs J W. 1878. On the equilibrium of heterogeneous substances. American Journal of Science and Arts, 16(3): 441-458.

Gosiewska A, Drelich J, Laskowski J S, et al. 2002. Mineral matter distribution on coal surface and its effect on coal wettability. Journal of Colloid and Interface Science, 247(1): 107-116.

Gray I. 1987. Reservoir engineering in coal seams: Part2-Observations of gas movement in coal seams. SPE Reservoir Engineering, 2(1): 35-40.

Guo X, Du Z M, Li S L. 2003. Computer modeling and simulation of coalbed methane reservoir//SPE Eastern Regional/AAPG Eastern Section Joint Meeting, Pittsburgh.

Gutierrez-Rodriguez J A, Purcell R J, Aplan F E. 1984. Estimating the hydrophobicity of coal. Journal of Colloids and Surfaces, 12: 1-25.

Harpalani S, Schraufnagel R. 1990. Shrinkage of coal matrix with release of gas and its impact on permeability of coal. Fuel, 69(5): 551-556.

Hossein J. 2006. Effects of resident water and non-equilibrium adsorption on the primary and enhanced coalbed methane gas recovery. Tucson: The University of Arizona.

Hunt J M. 1979. Petroleum geochemistry and geology. San Francisco: W. H. Freeman and Company.

Ibrahim A, Nasr-El-Din H. 2015. A comprehensive model to history match and predict gas/water production from coal seams. The International Journal of Coal Geology, 146: 79-90.

Ivanov G A. 1939. Cleavage (structural units) in coal and associated rocks and the methods of its prctical utilization//Part 1, GONTI.

Jalali J, Mohaghegh S D. 2004. A coalbed methane reservoir simulator designed and developed for the independent producers//2004 SPE Eastern Regional Meeting, Charleston.

Joubert J I, Grein C T, Bienstock D. 1973. Sorption of methane in moist coal. Fuel, 52(3): 181-185.

Joubert J I, Grein C T, Bienstock D. 1974. Effect of moisture on the methane capacity of American coals. Fuel, 53(3): 186-191.

Kaneko K, Murata K. 1997. An analytical method of micropore filling of a supercritical gas. Adsorption Journal of the International Adsorption Society, 3(3): 197-208.

Karn F S, Friedel R A, Thames B M, et al. 1970. Gas transport through sections of solid coal. Fuel, 49(3): 249-256.

King G R. 1990. Material-balance techniques for coal-seam and devonian shale gas reservoirs with limited water influx. SPE Reservoir Engineering, 8(1): 67-72.

King G R, Ertekin T, Schwerer F C. 1986. Numerical simulation of the transient behavior of coal-seam degasification wells. SPE Formation Evaluation: 237-254.

Klaus J, Michenfelder A W H. 1987. Molecular structure of a brown coal. Fuel, 66(8): 1164-1165.

Kolesar J E, Ertekin T, Obut S T. 1990a. The unsteady-state nature of sorption and diffusion phenomena in the micropore structure of coal: Part 1-theory and mathematical formulation. SPE Formation Evaluation, 5(1): 81-88.

Kolesar J E, Ertekin T, Obut S T, et al. 1990b. The Unsteady-state nature of sorption and diffusion phenomena in the micropore structure of coal: Part 2-solution. SPE Formation Evaluation, doi: 10. 2118/19398-PA.

Krooss B M, Van Bergen F, Gensterblum Y, et al. 2002. High-pressure methane and carbon dioxide adsorption on dry and moisture-equilibrated Pennsylvanian coals. International Journal of Coal Geology, 51(2): 69-92.

Kucuk F. 1979. Transient flow in elliptical systems. SPE, 19(6): 401-410.

Kulander B R, Dean S L. 1978. Gravity, magnetics, and structure of the allegheny plateau/western valley and ridge in west virginia and adjacent states. West Virginia: West Virginia Geological and Economic.

Langenberg C W, Kalkreuth W D, Levine J, et al. 1990. Coal geology and its application to coal-bed methane reservoirs. Alberta Research Council, ARC/AGS Information Series 109: 163.

Laubach S E, Marrett R A, Olson J E, et al. 1998. Characteristics and origins of coal cleat: A review. International Journal of Coal Geology, 35(1-4): 175-207.

Levine D G, Schlosberg R H, Silbernagel B G. 1982. Understanding the chemistry and physics of coal structure: A review. Proceedings of the National Academy of Sciences, 79(10): 3365-3370.

Levine J R. 1996. Model study of the influence of matrix shrinkage on absolute permeability of coal bed reservoirs//Gayer R, Harris I. Coalbed Methane and Coal Geology. London: Geologic Society Special Publication, 109: 197-212.

Li J, Li X F, Wang X Z, et al. 2016. Water distribution characteristic and effect on methane adsorption capacity in shale clay. International Journal of Coal Geology, 159: 135-154.

Li J, Li X F, Shi J T, et al. 2017a. Mechanism of liquid-phase adsorption and desorption in coalbed methane systems: A new insight into an old problem. SPE Reservoir Evaluation & Engineering, 20(3): 639-653.

Li J, Li X F, Wu K L, et al. 2017b. Thickness and stability of water film confined inside nanoslits and nanocapillaries of shale and clay. International Journal of Coal Geology, 179: 253-268.

Li X F, Shi J T, Du X Y, et al. 2012. Transport mechanism of desorbed gas in coalbed methane reservoirs. Petroleum Exploration and Development, 39(2): 1-12.

Ma T. 2004. An introduction to coalbed methane//Proceeding of the Canadian International Petroleum Conference, Hycal Energy Research Laboratories, Calgary.

Mahajan O P, Walker Jr P L. 1971. Water adsorption on coals. Fuel, 50(3): 308-317.

Mangalam S, Meyers J, Dagenhart J, et al. 1985. Symposium on Laser Anemometry//ASME 1985 Winter Annual Meeting, Miami.

Maricic N. 2004. Parametric and predictive analysis of horizontal well configurations for coalbed methane reservoirs in appalachian basin. Morgantown: West Virginia.

McKee C R, Bumb A C. 1987. Flow-testing coalbed methane production wells in the presence of water and gas. SPE Formation Evaluation, 2(4): 599-608.

Meng Y, Wang J, Li Z, et al. 2018. An improved productivity model in coal reservoir and its application during coalbed methane production. Journal of Natural Gas Science & Engineering, 49: 342-351.

Nie R, Meng Y, Guo J, et al. 2012. Modeling transient flow behavior of a horizontal well in a coal seam. International Journal of Coal Geology, 92(2): 54-68.

Okuszko K E, Gault B W, Mattar L. 2007. Production decline performance of CBM wells//Journal of Canadian International Petroleum Conference. Canada Petroleum Society of, Calgary.

Okuszko K, Gault B, Mattar L. 2008. Production decline performance of CBM wells. Journal of Canadian Petroleum Technology, 47(7): 57-61.

Palmer I, Mansoori J. 1996. How permeability depends on stress and pore pressure in coalbeds: A new model//paper SPE 36737, Proceedings of the 71st Annual Technical Conference, Denver.

Palmer I. Mansoori J. 1998. How permeability depends on stress and pore pressure in coalbeds: A New Model//paper SPE 52607, SPEREE: 539-544.

Pavone A M, Schwerr F C. 1984. Development of coal gas production simulators and mathematical models for well test strategies. Final Report under GRI Contract Number, 5081-321-0457.

Pinzon C L, Patterson J. 2004. Production analysis of coalbed wells using analytical transient solutions//SPE Eastern Regional Meeting, Society of Petroleum Engineers, Charleston.

Price H S, McCulloch R C, Edwards J C, et al. 1973. A computer model study of methane migration in coal beds. The Canadian Mining and Metallurgical Bulletin, 66(737): 103-112.

Radke M, Willsch H, Teichmüller M. 1990. Generation and distribution of aromatic hydrocarbons in coals of low rank. Organic Geochemistry, 15(6): 539-563.

Reeves S, Pekot L. 2001. Advanced reservoir modeling in desorption-controlled reservoirs//SPE Rocky Mountain Petroleum Technology Conference, Keystone.

Rice D D, Clayton J L, Pawlewicz M J. 1989. Characterization of coal-derived hydrocarbons and source-rock potential of coal beds, San Juan Basin, New Mexico and Colorado, USA. International Journal of Coal Geology, 13(1), 597-626.

Rightmire C T, Eddy G E, Kirr J N. 1984. Coalbed methane resources of the United States. Tulsa: American Association of Petroleum Geologists.

Romeo M F. 2014. Coal and coalbed gas: Fueling the future. London: George Newnes ltd.

Saghafi A, William R J. 1987. Numerical simulation of flow of coalbed methane and prediction of methane drawing out//The 22nd International Mining Safety Conference. Beijing: Coal Industry Press.

Salathiel R A. 1973. Oil recovery by surface film drainage in mixed-wettability rocks. Journal of Petroleum Technology, 25(10): 1216-1224.

Sanchez M A. 2004. The impact of stimulation on production decline type curves for CBM wells. Virginia: West Virginia University.

Sawyer W K, Paul G W, Schraufnagle R A. 1990. Development and application of a 3D coalbed simulator//paper CIM/SPE 90-119, Proceedings of the Petroleum Society CIM, Calgary.

Seidle J P, Huitt L G. 1995. Experimental measurement of coal matrix shrinkage due to gas desorption and implications for cleat permeability increases. International Meeting on Petroleum Engineering, Beijing.

Seidle J P. 1992. A numerical study of coal-bed dewatering. International Meeting on Petroleum Engineering, Beijing.

Seidle J P. 1993. Long-term gas deliverability of a dewatered coalbed. Journal of Petroleum Technology, 45(6): 564-569.

Seidle J P. 1999. A modified p/zmethod for coal wells. Indian Journal of Otolaryngology & Head & Neck Surgery, 30(2): 89.

Shi J, Chang Y, Wu S, et al. 2018a. Development of material balance equations for coalbed methane reservoirs considering dewatering process, gas solubility, pore compressibility and matrix shrinkage. International Journal of Coal Geology, 195: 200-216.

Shi J, Wang S, Zhang H, et al. 2018b. A novel method for formation evaluation of undersaturatedcoalbed methane reservoirs using dewatering data. Fuel, 229: 44-52.

Smith D M, Wiiiams F L. 1984. Diffusional effects in the recovery of methane from coalbeds. SPE Journal, 24(5): 529-535.

Soltanzadeh H, Hawkes C D, McLellan P J, et al. 2009. Poroelastic modelling of production and injection-induced stress changes in a pinnacle reef// 3rd Canus Rock Mechanics Symposium, Toronto.

Song F, Liu C, Wu B. 2001. Elliptic transient flow of vertically fractured well in anisotropic reservoir. Petroleum Exploration Development, 28(1): 57-59.

Spiro B, Welte D H, Rullkotter J, et al. 1983. Asphalts, oil and bitumious rocks from the Dead Sea area: A geochemical correlation study. AAPG Bulletin, 67: 1163-1175.

Spiro C L, Kosky P G. 1982. Space-filling models for coal. 2. Extension to coals of various ranks. Fuel, 61(11): 1080-1084.

Spivey J, Semmelbeck M. 1995. Forecasting long-term gas production of dewatered coal seams and fractured gas shales. Tree Physiology, 30(1): 32-44.

Sun Z, Li X, Shi J, et al. 2017. A semi-analytical model for drainage and desorption area expansion during coal-bed methane production. Fuel, 204: 214-226.

Sun Z, Li X, Shi J, et al. 2018a. A semi-analytical model for the relationship between pressure and saturation in the CBM reservoirs. Journal of Natural Gas Science & Engineering, 49: 365-375.

Sun Z, Shi J, Wang K, et al. 2018b. The gas-water two phase flow behavior in low-permeability CBM reservoirs with multiple mechanisms coupling. Journal of Natural Gas Science & Engineering, 52: 82-93.

Sun Z, Shi J, Wu K, et al. 2018c. A fully-coupled gas-water two phase productivity equations for low-permeability CBM wells. Journal of Petroleum Science & Engineering, 166: 611-200.

Sun Z, Shi J, Zhang T, et al. 2018d. A fully-coupled semi-analytical model for effective gas/water phase permeability during coal-bed methane production. Fuel, 223: 44-52.

Sun Z, Shi J, Zhang T, et al. 2018e. The modified gas-water two phase version flowing material balance equation for low permeability CBM reservoirs. Journal of Petroleum Science & Engineering, 165: 726-735.

Thimons E D, Kissell F N. 1973. Diffusion of methane through coal. Fuel, 52(4): 274-280.

Thomas L J, Thomas L P. 2002. Coal Geology. Hoboken: John Wiley & Sons.

Tissot B P, Welte D H. 1978. Petroleum Formation and Occurrence: A New Approach to Oil and Gas Exploration. Amsterdam: Springer.

Tissot B P, Welte D H. 1984. Petroleum Formation and Occurrence. Amsterdam: Springer.

Tissot B, Durand B, Es J. 1974. Influence of nature and diagenesis of organic matter in formation of petroleum. AAPG Bulletin, 58(3): 499-506.

Ungerer P. 1990. State of the art of research in kinetic modelling of oil formation and expulsion. Organic Geochemistry, 16(1-3): 1-25.

Wang F, Li X, Couples G, et al. 2015. Stress arching effect on stress sensitivity of permeability and gas well production in Sulige gas field. Journal of Petroleum Science & Engineering, 125: 234-246.

Waples D W, Sloan J R. 1980. Carbon and nitrogen diagenesis in deep sea sediments. Geochimica et Cosmochimica Acta, 44(10): 1463-1470.

Weeks L G. 1958. Habitat of oil and some factors that control it: General review. New York: Habitat of Oil.

Wenzel R N. 1949. Surface roughness and contact angle. Journal of Physical & Colloid Chemistry, 53(9): 1466-1467.

Xu B, Li X, Haghighi M, et al. 2013. An analytical model for desorption area in coal-bed methane production wells. Fuel, 106(2): 766-772.

Xu B, Li X, Ren W, et al. 2017. Dewatering rate optimization for coal-bed methane well based on the characteristics of pressure propagation. Fuel, 188: 11-18.

Yarmohammadtooski Z, Salmachi A, White A, et al. 2017. Fluid flow characteristics of Bandanna Coal Formation: A case study from the Fairview Field, eastern Australia. Journal of the Geological Society of Australia, 64(3): 319-333.

Zhang J. 2015. Numerical simulation of hydraulic fracturing coalbed methane reservoir. Fuel, 143(10): 543-546.

Zhao D, Zhao Y, Feng Z. 2011. Laboratory experiment on coalbed-methane desorption influenced by water injection and temperature. Journal of Canadian Petroleum Technology, 50(7-8): 24-33.

Zhou F, Chen Z, Rahman S. 2015. Effect of hydraulic fracture extension into sandstone on coalbed methane production. Natural Gas Science & Engineering, 22: 459-467.

Zulkarnain I. 2005. Simulation study of the effect of well spacing, permeability anisotropy, and Palmer and Mansoori model on coalbed methane production. Texas: Texas A & M University.